装配式建筑工程总承包管理实施指南

主编 赵 丽

中国建筑工业出版社

图书在版编目（CIP）数据

装配式建筑工程总承包管理实施指南/赵丽主编. —北京：中
国建筑工业出版社，2019.5（2023.3重印）
ISBN 978-7-112-23466-0

Ⅰ.①装… Ⅱ.①赵… Ⅲ.①建筑工程-承包工程-施工管理
Ⅳ.①TU71

中国版本图书馆 CIP 数据核字（2019）第 047583 号

本书结合装配式建筑建造方式，以成本为核心，全寿命周期为主线，阐述项目前期策划、设计、采购、部品部件生产、施工部署、资源配置、施工组织、现场吊装安装、成品保护、竣工运营、用户服务等各环节、各专业如何进行系统化整合与集成化管理。针对装配式建筑特点与传统施工的不同点，在不同阶段指出重要管控要点及主要管控事项，以及如何解决从技术方案、施工生产及合约商务系统联动问题以及专业分包与技术产业工人等管理问题，揭示了装配式建筑工程总承包管理本质。本指南还解析和分享了四个装配式建筑工程案例，旨在帮助广大的项目管理者深入理解和认识装配式建筑的新型建造方式，具有较高行业借鉴意义和划时代的深远意义。

责任编辑：赵晓菲 张 磊 曾 威
责任设计：李志立
责任校对：王 瑞

装配式建筑工程总承包管理实施指南
主编 赵 丽
*
中国建筑工业出版社出版、发行（北京海淀三里河路9号）
各地新华书店、建筑书店经销
北京科地亚盟排版公司制版
北京建筑工业印刷厂印刷
*
开本：787×1092毫米 1/16 印张：28¾ 字数：713千字
2019年5月第一版 2023年3月第六次印刷
定价：**78.00**元
ISBN 978-7-112-23466-0
（33769）

编 写 成 员

编委主任　沈　健

副 主 任　王　展

主　　编：赵　丽

副 主 编：萧雅迪　赵统军

编　　委：陈新喜　赵　辉　鲍延波　李大平　张述坚　许向阳

　　　　　李书颖　付成献　王　刚　李金华　李建新

编写成员：郭志鑫　杨　峰　康　鹏　缑立鹏　李　赟　雷　克

　　　　　陈　华　李　广　李宁杰　邵文梅　郭雨桐　夏凌云

　　　　　郭绍华　高　纬　王其鹏　王　振　孙建军　余少乐

　　　　　朱　勇　杨　勇　江振华　李　鑫　刘　丹　吴　凯

前　言

　　进入新时代,建筑业发生了深刻的变化,在十九大精神指引下,企业在贯彻落实创新、协调、绿色、开放、共享的发展理念,转型升级中主动探索装配式建筑新型建造方式,已成为新形势下的新目标和新任务。装配式建筑也不断揭示新时代工程项目管理的新特征、新规律、新趋势,推动传统建筑业逐步向建筑产业现代化转型升级。

　　2016年9月《国务院办公厅关于大力发展装配式建筑的指导意见》明确提出:"健全标准规范体系、创新装配式建筑、优化部品部件、提升装配施工水平、推进建筑全装修、推广绿色建材、推行工程总承包、确保工程质量安全"8项重点任务;2017年《国务院办公厅关于促进建筑业持续健康发展的意见》国办发〔2017〕19号特别指出:"推进建筑产业现代化,坚持标准化设计、工厂化生产、装配化施工、一体化装修、信息化管理、智能化应用,推动建造方式创新,大力发展装配式混凝土和钢结构建筑,力争用10年左右的时间,使装配式建筑占新建建筑面积的比例达到30%"。2018年全国住房和城乡建设工作会议上,再次明确大力发展钢结构等装配式建筑,加快完善装配式建筑技术和标准体系,加快推行工程总承包,发展全过程工程咨询的建筑业发展方向。再一次明确了建筑业未来发展方向与发展模式。各级政府顺势而为全面推进装配式建筑发展,鼓励财政、金融、税收、土地等方面出台支持政策和措施,上海更是站在全国前沿,从拿地开始对装配率提出40%~50%的要求。目前全国已有31个省市出台了装配式建筑的指导意见和相关补助标准,并对装配式建筑的发展提出了明确要求。装配式建筑的迅猛发展,直接带动了设计、生产、施工、部品部件生产、装配化装修、设备制造、运输物流及相关配套产业和了地方经济发展,因此装配式建筑已成为建筑业转型发展的重要目标。

　　与传统施工不同的是,装配式建造方式来源于施工工艺和施工技术的根本性变革,在产品定位、工程设计、预制构件生产、施工安装、绿色建造、运营维护、用户服务等集成化管理过程中推进了建筑产业现代化。中建八局早在20世纪80年代就进行装配式建筑实践,近年,中建八局紧跟国家导向和战略部署,从产、学、研、干一体化出发,通过转型升级系统整合产业链,创造了企业的价值链,承建了120多项装配式建筑,建筑面积达1800多万平方米。由初期的摸索阶段,到如今的全过程产业链系统整合和集成化管理,积累了丰富的实践经验和阶段性理论研究,走出了一条独特的具有八局特色的装配式工程总承包道路,形成了装配式建筑全寿命周期的设计、采购、生产、施工、运营一体化工程总承包管理体系,改变了传统建筑业竞争的基础,特别是提出装配式建筑工程总承包管理模式必须突破项目层次上升到企业发展战略和价值链融合,通过企业总部资源支持才能获得装配式建筑工程总承包管理一体化集成优势,从而为项目增值,为客户服务,创造更大的利润空间。

　　装配式建筑工程总承包管理模式代表了建设工程项目组织模式发展的主要趋势,在工程实践中根据业主不同的需求和项目实施不同的环境,呈现出投资管理的多元化和项目管理的多样化特征，在经济全球一体化和工程项目全寿命周期背景下，巨大的竞争压力驱使业主和承包商寻求为工程创造更大效益和效率的项目管理方式，企业管理者和项目管理者对装配式建筑工程总承包管理模式在新形势下迫切需要重新再认识和再理解，才能从施工管理层面进一步提升和转变。

本指南共十九章，立足于当前施工总承包向工程总承包跨越，结合装配式建筑建造方式，将现代科学技术、管理、信息与传统建筑业相融合，以成本为核心，全寿命周期为主线，从项目前期策划、设计、采购、部品部件生产、施工部署、资源配置、施工组织、现场吊装安装、成品保护、竣工运营、用户服务等各环节、各专业进行系统化整合与集成化管理。针对装配式建筑特点与传统施工的不同点，在不同阶段找出了重要管控要点及主要管控事项，特别是在施工现场并存着装配式施工和传统现浇施工两种不同的施工作业方法，不仅增加了施工难度，而且加大了履约风险管控，指出了在设计、采购、生产、施工、运营等环节整合中的总包管理责任和风险防范问题，从技术方案、施工生产及合约商务系统联动问题以及专业分包与技术产业工人等管理问题，阐述装配式建筑工程总承包管理本质，就是要充分发挥工程总承包管理的集成优势，而不仅仅是施工技术优势，装配式建筑需要强大的资源整合能力、深化设计能力、优质采购网络、精良施工技术、专业分包资源支持和有效的信息监控手段等。本指南以四个装配式建筑工程案例予以解析和分享，旨在帮助广大的项目管理者深入理解和认识装配式建筑的新型建造方式，具有较高行业借鉴意义和划时代的深远意义。

装配式建筑新型建造方式以基于工程总承包管理的 BIM 技术应用，精准设计、精细管理、精益建造，与时俱进的将信息技术和先进管理手段相融合，将建筑产品全寿命周期的融投资、规划设计、开发建设、预制构件生产、施工生产、运输吊装、安装组装、运营维护等环节进行产业链系统集成化管理，形成了 F＋EPC＋PC、EPC＋PC＋BIM＋VR＋等物联网＋管理模式，从绿色建造走向智慧建造，低碳、节能降低了对国家资源的消耗，保护了环境。

与传统建筑模式相比，装配式结构部件采用了工厂高精度生产预制，由高科技生产设备把控；一次成优，现场手工变成了机械，工地变成了工厂，施工变成了总装，农民工变成了产业工，技术工人变成了操作工，极大提高了建筑业的生产力水平，改变了传统生产力与生产关系，让建筑质量更有保障，施工更安全。

装配式建筑作为一种新型绿色建造方式，存在着新的发展机遇和商机。到 2020 年全国装配式建筑市场空间约 2 万亿，到 2025 年超 6.8 万亿元。目前全国装配式建筑方兴未艾，转型升级是时代赋予中国建筑的重大历史使命，深入研究新型建造方式的内涵和内容构成，着力推动装配式建筑总承包管理建造方式，是推进建筑产业现代化的作用机制和有效路径，随着市场需求和工程规模的不断扩张，设计、生产、施工、安装的管理、工程技术人员和技术产业工人严重不足，能力和水平不能满足市场需求，是推进装配式建筑的主要瓶颈之一，将会影响装配式建筑的质量安全。装配式建筑建造方式已成为新时代的主旋律，加快转变发展方式，推动工程建设组织实施方式创新、商业模式创新和工程项目管理模式创新为满足企业转型升级和市场需要，加快装配式建筑相关管理与技术人员认识和理解，我们在系统总结了中建八局装配式建筑施工经验的基础上，提炼总结编写《装配式建筑工程总承包管理实施指南》，旨在对建筑业装配式建筑工程总承包有全新的认识和理解，并具有与之相匹配的专业技能；不断提升装配式建筑全产业链集成化总承包管理优势，提高装配式建筑从业队伍的综合素质，确保工程质量与安全，促进装配式建筑又快又好健康发展。

本《指南》站在总承包商视角探讨装配式建筑工程总承包管理中存在的一些现实问题，感受颇多，期望在我国装配式建筑大发展的时期，能和广大建筑业从业者、高校理论研究者、施工企业的管理者以及建筑行业的领导者等共同研讨和探索实践，本《指南》在总结提炼再提升的过程中，广泛征求各单位和项目及专家意见，在此抛砖引玉，旨在为新时代探索新型建造方式的工程总承包管理模式提供一套完整、系统、通俗易懂、简单实用操作指南。由于编者知识、阅历、经验有限，加之编写仓促，且编写人员承担着项目繁重的施工作业，在理解和阐述中难免有不妥之处，存在诸多问题，不足之处敬请批评指正！您的宝贵意见（反馈邮箱 458815874@qq.com），我们将虚心接受并努力学习，修订完善，使本指南不断持续改进，用丰富的实践经验和理论成果，服务于装配式建筑工程总承包，为建设美丽中国做出贡献。谨此向给予本指南考察调研与支持服务的项目、专家、学者及项目管理人员表示衷心感谢！同时在编写过程中我们参考了大量国内外著作等成果，一并致以真诚感谢！

目 录

第1章 总则、术语和编制依据

1.1 总则

1.1.1 编写目的

本《指南》是针对目前装配式建筑工程所普遍存在的工期紧、任务重、产业链条长、质量精度要求高、成本投入大、违约风险高、履约控制难等急需解决的问题，在系统提炼和总结我局现有装配式住宅工程、商业综合体工程等项目成功经验和教训的实例基础上，结合国家导向、市场需求以及企业自身发展战略编写而成的。本《指南》对所有装配式建筑进行系统梳理，找出装配式建筑的共性，制定统一的管理标准，旨在指导和引导初做装配式建筑的企业、项目经理从单一施工承包项目管理到设计、采购、工业化生产、施工部署、竣工交钥匙等全寿命周期的一体化集成管理总承包思路转变，特别指出做装配式建筑与传统施工的区别与不同点及关注点，要求对建筑生产全过程各个阶段的各个生产要素进行技术集成和系统整合，达到建筑设计标准化、构件生产工厂化、现场施工装配化、土建装修一体化、生产经营社会化有序的工业化流水式作业，从而提高质量，提高效率，提高寿命，降低成本，降低能耗。

1.1.2 适用范围

本《指南》适用于新建、改扩建等装配式建设工程、工业与民用房屋建筑工程，尤其适用于大型、特大型群体工程、房地产住宅项目和城市综合体项目。

1.1.3 装配式建筑（PC建筑）

装配式建筑是一种新型的绿色建造方式，是指在工程建造过程中能够提高工程质量，保证安全生产，节约资源、保护环境、提高效率和效益的技术和组织管理方式。

装配式建筑是以建筑为最终产品，强调标准化、工厂化和装配化，以及室内装修与主体结构一体化，具有系统化、集约化的显著特征。装配式建筑建造的全过程是运用工业化的理念，采用标准化设计方法，通过建筑师对全过程的控制，进而实现工程建造方式的工业化，以及建筑产业的现代化。

1.2 基本术语

1.2.1 全寿命周期

建设工程的全寿命周期包括工程的决策阶段、实施阶段和使用阶段。涉及工程各参建方的管理，包括投资方的管理、开发方的管理、设计方的管理、施工方的管理、供货方的管理、工程使用期管理方的管理等。我国建设工程领域的迅猛发展对工程质量、使用年限、资源的利用率等方面都提出了更高要求，因此，全寿命周期管理在建设工程领域日益受到重视。

1.2.2 集成化管理

建设工程项目管理集成化，是指运用集成思想，通过保证管理对象和管理系统的内部联系，提高系统的整体协调，最终实现提高管理效益的目的，达到建设工程项目的集成管理，为此，不仅注重建设工程项目质量、进度和费用三大目标的系统性，更加强调建设工程项目的全寿命期管理。

1.2.3 建筑产业现代化

建筑产业现代化是以新型建筑工业化为核心，运用现代科学技术和现代化管理模式，实现传统生产方式向现代工业化生产方式的转变，并实现社会化大生产，从而全面提高建筑工程的效率、效益和质量。

1.2.4 建筑工业化

建筑工业化是指按照大工业生产方式改造建筑业，使之逐步从手工业生产转向社会化大生产的过程。它的基本途径是建筑标准化、构配件生产工厂化、施工机械化和组织管理科学化，并逐步采用现代科学技术的新成果，以提高劳动生产率，加快建设速度，降低工程成本，提高工程质量。

1.2.5 住宅产业化

住宅产业化是指利用科学技术改造传统住宅产业，实现以工业化的建造体系为基础，以建造体系和部品体系的标准化、通用化、模数化为依托，以住宅设计、生产、销售和售后服务为一个完整的产业系统，以节能、环保和资源的循环利用为特色，在提高劳动生产率的同时，提升住宅的质量与品质，最终实现住宅的可持续发展。

1.2.6 装配式建筑

装配式建筑是指建筑的部分或全部构件在构件预制工厂生产完成，然后通过相应的运输方式运到施工现场，采用可靠的安装方式和安装机械将构件组装起来，成为具备使用功能的建筑物的建筑施工方式。从使用功能划分，装配式建筑可划分为装配式工业建筑与装配式民用建筑，其中民用建筑又划分为公共建筑和住宅建筑。从建筑材料划分，装配式建筑可分为装配式混凝土建筑、装配式钢结构建筑和装配式木结构建筑。

1.2.7 装配式混凝土结构

装配式混凝土结构，是指由预制混凝土构件通过可靠的连接方式装配而成的混凝土结构，包括装配整体式混凝土结构、全装配式混凝土结构等。

1.2.8 装配整体式混凝土结构

由预制混凝土构件通过可靠的连接方式进行连接并与现场后浇混凝土、水泥基灌浆料形成整体的装配式混凝土结构，简称装配整体式结构。

1.2.9 预制混凝土构件

预制混凝土构件是指在工厂或现场预先制作的混凝土构件，包括预制混凝土夹心保温外墙板、预制外墙挂板、叠合楼板、预制剪力墙、预制楼梯、预制阳台板、预制空调板、预制飘窗等多种类型。

1.2.10 预制混凝土构件连接

预制混凝土构件连接指的是通过钢筋、连接件或施加预应力进行连接，在连接部位浇筑混凝土而使结构能够整体受力的连接形式，钢筋连接包括搭接、焊接、机械连接、套筒灌浆连接及浆锚连接。

1.2.11 预制率

预制率，指装配式建筑室外地坪以上的主体结构和围护结构中，预制构件部分的混凝土用量占对应部分混凝土总用量的体积比。

1.2.12 装配率

装配率，指装配式建筑中预制构件、建筑部品的数量（或面积）占同类构件或部品总数量（或面积）的比率。

1.2.13 钢筋套筒灌浆连接

钢筋套筒灌浆连接，是指在金属套筒中插入单根带肋钢筋并注入灌浆料拌合物，通过拌合物硬化形成整体并实现传力的钢筋对接连接方式。

1.2.14 钢筋浆锚搭接连接

在预制混凝土构件中预留孔道，在孔道中插入需搭接的钢筋，并灌注水泥基灌浆料而实现的钢筋搭接连接方式。

注释：预制率、装配率是评价装配式建筑的重要指标之一，也是政府制定装配式建筑扶持政策的主要依据指标。各个省、市由于产业政策和推广技术不同，预制率、装配率计算略有差异，本书以《工业化建筑评价标准》GB/T 51129 中所述概念为准。

1.3 编制依据

本书的编制主要依据国家政策法规、规范图集，以及中建八局实施的装配式住宅和公建项目实践经验。

1.3.1　政策法规

手册编制所依据的政策法规如表1-1所示。

政策法规　　　　　　　　　　　　　　　　　　　　　　　　表1-1

序号	日期	部门	政策名称
1	2016年2月	国务院	《关于进一步加强城市规划建设管理工作的若干意见》
2	2016年8月	住建部	《2016-2020年建筑业信息化发展纲要》
3	2016年9月	国务院	《关于大力发展装配式建筑的指导意见》
4	2016年10月	工信部	《建材工业发展规划（2016-2020年）》
5	2017年2月	国务院	《关于促进建筑业持续健康发展的意见》
6	2017年3月	住建部	《"十三五"装配式建筑行动方案》
7	2017年3月	住建部	《装配式建筑示范城市管理办法》
8	2017年3月	住建部	《装配式建筑产业基地管理办法》
9	2017年5月	住建部	《建筑业发展"十三五"规划》
10	2017年5月	国务院	《"十三五"节能减排综合工作方案》

1.3.2　规范图集

手册编制所依据的政策法规如表1-2所示。

规范图集　　　　　　　　　　　　　　　　　　　　　　　　表1-2

序号	标准类型	标准名称	标准编号	备注
1	地方标准	《混凝土结构工程施工规范》	GB 50666—2011	—
2	地方标准	《混凝土结构工程施工质量验收规范》	GB 50204—2015	—
3	国家标准	装配式混凝土建筑技术标准	GB/T 51231—2016	—
4	国家标准	装配式建筑评价标准	GB/T 51129—2017	—
5	国家标准	工业化建筑评价标准	GB/T 51129—2015	—
6	行业标准	装配箱混凝土空心楼盖结构技术规程	JGJ/T 207—2010	—
7	行业标准	装配式混凝土结构技术规程	JGJ 1—2014	—
8	行业标准	钢筋套筒灌浆连接应用技术规程	JGJ 355—2015	—
9	行业标准	装配式混凝土结构技术规程	JGJ 1—2014	—
10	行业标准	预制预应力混凝土装配整体式框架结构技术规程	JGJ 224—2010	—
11	行业标准	预制带肋底板混凝土叠合楼板技术规程	JGJ/T 258—2011	—
12	行业标准	装配式混凝土结构技术规程	JGJ 1—2014	—
13	行业标准	装配式劲性柱叠合梁框架结构技术规程	JGJ/T 400—2017	—
14	CECS	混凝土及预制混凝土构件质量控制规程	CECS 40：92	—
15	CECS	钢筋混凝土装配整体式框架节点与连接设计规程	CECS 43：92	—
16	地方标准	预制混凝土构件质量检验标准	DB11/T 968—2013	北京
17	地方标准	装配式剪力墙住宅建筑设计规程	DB11/T 970—2013	北京
18	地方标准	装配式剪力墙结构设计规程	DB11/T 1003—2013	北京
19	地方标准	装配式混凝土结构工程施工及质量验收规程	DB11/T 1030—2013	北京
20	地方标准	预制混凝土构件质量控制标准	DB11/T 1312—2013	北京
21	地方标准	建筑预制构件接缝密封防水施工技术规程	DB11/T 1447—2017	北京

续表

序号	标准类型	标准名称	标准编号	备注
22	地方标准	清水混凝土预制构件生产与质量验收标准	DB11/T 698—2009	北京
23	地方标准	预拌混凝土和预制混凝土构件生产质量管理规程	DG/TJ 08-2034-2008	上海
24	地方标准	装配整体式混凝土结构施工及质量验收规范	DGJ 08-2117-2008	上海
25	地方标准	装配整体式混凝土公共建筑设计规程	DGJ 08-2154-2014	上海
26	地方标准	装配整体式混凝土结构预制构件制作与质量检验规程	DGJ 08-2069-2016	上海
27	地方标准	装配整体式混凝土居住建筑设计规程	DG/TJ 08-2071-2016	上海
28	地方标准	工业化住宅建筑评价标准	DG/TJ 08-2198-2016	上海
29	地方标准	装配式混凝土建筑结构技术规程	DBJ 15-107-2016	广东
30	地方标准	预制装配整体式钢筋混凝土结构技术规范	SJG 18—2009	深圳
31	地方标准	预制装配钢筋混凝土外墙技术规程	SJG 24—2012	深圳
32	地方标准	装配整体式混凝土结构技术规程（暂行）	DB21/T 1868—2010	辽宁
33	地方标准	预制混凝土构件制作与验收规程（暂行）	DB21/T 1872—2011	辽宁
34	地方标准	装配式建筑全装修技术规程（暂行）	DB21/T 1893—2011	辽宁
35	地方标准	装配整体式混凝土结构技术规程（暂行）	DB21/T 1924—2011	辽宁
36	地方标准	装配整体式建筑设备与电气技术规程（暂行）	DB21/T 1925—2011	辽宁
37	地方标准	装配整体式剪力墙结构设计规程（暂行）	DB21/T 2000—2012	辽宁
38	地方标准	预制混凝土装配整体式框架（润泰体系）技术规程	苏 JG/T 034—2009	江苏
39	地方标准	装配整体式混凝土剪力墙结构技术规程	DGJ 32/TJ 125—2016	江苏
40	地方标准	装配式结构工程施工质量验收规程	DGJ 32/J 184—2016	江苏
41	地方标准	预制预应力混凝土装配整体式结构技术规程	DGJ 32/TJ 199—2016	江苏
42	地方标准	叠合板式混凝土剪力墙结构技术规程	DB 33/T 1120—2016	浙江
43	地方标准	装配整体式混凝土结构工程施工质量验收规范	DB 33/T 1123—2016	浙江
44	地方标准	装配整体式剪力墙结构技术规程（试行）	DB 34/T 1874—2013	安徽
45	地方标准	装配整体式建筑预制混凝土构件制作与验收规程	DB 34/T 5033—2015	安徽
46	地方标准	装配整体式混凝土结构工程施工及验收规程	DB 34/T 5043—2016	安徽
47	地方标准	装配整体式混凝土结构设计规范	DB 37/T 5018—2014	山东
48	地方标准	装配整体式混凝土结构工程施工及质量验收规程	DB 37/T 5019—2014	山东
49	地方标准	装配整体式混凝土结构工程预制构件制作与验收规程	DB 37/T 5020—2014	山东
50	地方标准	装配式住宅建筑设备技术规程	DBJ 41/T 159—2016	河南
51	地方标准	装配整体式混凝土结构技术规程	DBJ 41/T 154—2016	河南
52	地方标准	装配式混凝土构件制作与验收技术规程	DBJ 41/T 155—2016	河南
53	地方标准	装配式住宅整体卫浴间应用技术规程	DBJ 41/T 158—2016	河南
54	地方标准	装配整体式混凝土剪力墙结构技术规程	DB 42/T 1044—2015	湖北
55	地方标准	混凝土叠合楼盖装配整体式建筑技术规程	DBJ43/T 301—2013	湖南
56	地方标准	混凝土装配—现浇式剪力墙结构技术规程	DBJ43/T 301—2015	湖南
57	地方标准	装配式住宅建筑设备技术规程	DBJ 50/T-186-2014	重庆
58	地方标准	装配式混凝土住宅构件生产与验收技术规程	DBJ 50/T-190-2014	重庆
59	地方标准	装配式住宅构件生产和安装信息化技术导则	DBJ 50/T-191-2014	重庆
60	地方标准	装配式混凝土住宅结构施工及质量验收规程	DBJ 50/T-192-2014	重庆
61	地方标准	装配式混凝土住宅建筑结构设计规程	DBJ 50-193-2014	重庆
62	地方标准	装配式住宅部品标准	DBJ 50/T 217—2015	重庆
63	地方标准	四川省装配整体式住宅建筑设计规程	DBJ 51/T 038—2015	四川

续表

序号	标准类型	标准名称	标准编号	备注
64	地方标准	装配式混凝土结构工程施工与质量验收规程	DBJ 51/T 054—2015	四川
65	地方标准	预制装配式混凝土结构技术规程	DBJ 13-216-2015	福建
66	地方标准	装配整体式混凝土剪力墙结构设计规程	DB13(J)/T 179—2015	河北
67	地方标准	装配式混凝土剪力墙结构建筑与设备设计规程	DB13(J)/T 180—2015	河北
68	地方标准	装配式混凝土构件制作与验收标准	DB13(J)/T 181—2015	河北
69	地方标准	装配式混凝土剪力墙结构施工及质量验收规程	DB13(J)/T 182—2015	河北
70	地方标准	装配整体式混合框架结构技术规程	DB13(J)/T 184—2015	河北
71	标准图集	装配式混凝土结构表示方法及示例（剪力墙结构）	15G107-1	—
72	标准图集	装配式混凝土连接节点构造	15G310-1	—
73	标准图集	装配式混凝土连接节点构造	15G310-2	—
74	标准图集	预制混凝土剪力墙外墙板	15G365-1	—
75	标准图集	预制混凝土剪力墙内墙板	15G365-2	—
76	标准图集	桁架钢筋混凝土叠合板（60mm厚底板）	15G366-1	—
77	标准图集	预制钢筋混凝土板式楼梯	15G367-1	—
78	标准图集	预制钢筋混凝土阳台板、空调板及女儿墙	15G368-1	—
79	标准图集	装配式混凝土结构住宅建筑设计示例（剪力墙结构）	15J939-1	—

1.3.3　工程案例

本手册编制过程中，共参考了119项装配式工程案例，合计装配式建筑面积约1800万 m^2 ，表1-3列出了近2年的部分工程项目，供读者参考。

工程实施案例　　　　　　　　　　　　　　　　　表1-3

序号	项目名称	总建筑面积（万 m^2 ）	装配构件类型
1	姚江新区启动区一期4号地块项目	25	预制外挂墙板、预制飘窗、预制梁、预制阳台板、预制楼梯
2	南京葛洲坝项目	11	墙、叠合板、楼梯
3	南京江北金茂项目	10.6	墙、叠合板、楼梯
4	宝山区顾村大型居住社区 BSP0-0104 单元 0402-03 地块动迁安置房项目	9.3106	墙、叠合梁、叠合板、楼梯、阳台、空调板
5	周浦镇西社区 PDP0-1001 单元北块 A2-2 地块	5.1	柱、墙、叠合板、楼梯、阳台、空调板
6	新建闵行区颛桥镇闵行新城 MHC10601 单元 01-21A-03 地块动迁安置房项目	29.1908	墙、叠合板、楼梯、阳台、空调板
7	杨浦区 106 街坊动迁安置房项目（二期）	1.3	墙、叠合板、楼梯
8	临港芦潮港社区 E0602 地块商住项目	4.5	柱、墙、叠合梁、叠合板、楼梯、阳台、空调板
9	前滩 52-01 地块办公、商业及住宅项目	6.5	叠合梁、叠合板、楼梯
10	颛桥镇闵行新城 MHPO-1101 单元 03-05、04-02 地块商办项目	23	预制框架柱、预制框架梁、预制楼层次梁、预制叠合板、预制楼梯、预制双T板
11	闵行区马桥镇 MHC10803 单元 28A-02A 地块商办项目	15.1894	叠合梁、叠合板、预制柱、楼梯

续表

序号	项目名称	总建筑面积（万 m²）	装配构件类型
12	前滩 49-01 地块	6.7	墙、叠合板、楼梯、阳台、空调板
13	杨浦区定海社区 138 地块 C1-2 地块	17.88	装配式部分未完成设计
14	杨浦区平凉街道 18 街坊住宅项目	11.9	墙、飘窗、楼梯、阳台
15	南汇 K04-03	7.1243	预制剪力墙、预制填充墙、预制叠合板、预制楼梯、预制阳台、预制空调板
16	南汇 K05-01	25.0781	预制剪力墙、预制填充墙、预制叠合板、预制楼梯、预制阳台、预制空调板
17	小东门项目	59.517	预制板、预制梁、预制柱
18	青浦农贸市场	3.1075	梁，柱，叠合板，楼梯
19	杭州金茂	14.2312	叠合板、楼梯、阳台
20	市北高新园 N070501 单元 10-03 地块项目	31	预制凸窗、阳台、外墙、内墙、楼梯
21	同济大学生命科学与创新创业大楼项目	13	预制叠合板、楼梯、叠合梁、柱、外挂板
22	顾村信达 10-03/10-05 地块项目	26	预制凸窗、阳台、外墙、内墙、楼梯、叠合板
23	南京市南站滨河中小学校	4.3875	叠合板、叠合梁、预制楼梯
24	南京市江宁区中医医院门诊及医教研中医康复综合大楼	6.5	叠合板、叠合梁、预制楼梯等
25	奉城镇 57-05 区域地块项目	18.1	预制外墙板、预制阳台板、预制楼梯、预制叠合板、预制内墙板、预制凸窗
26	闵行校区九期学生公寓	2.8	预制外墙板、预制阳台板、预制楼梯、预制叠合板、预制内墙板
27	老西门新苑 A 区项目	9.1	预制外墙板、预制阳台板、预制楼梯、预制叠合板、预制装饰立板、预制内墙板
28	怀柔区刘各长村棚户区改造土地开发安置房项目Ⅱ标段	8.8	阳台、外墙、内墙、楼梯、叠合板
29	北京市通州区台湖镇北神树村 B-30 地块 R2 二类居住用地项目	14	阳台、外墙、内墙、楼梯、叠合板、女儿墙
30	孙河 N 地块项目	6.7	阳台、外墙、内墙、楼梯、叠合板、空调板
31	A34 号公租房等 4 项（丰台区南苑乡槐房村和新宫村 1404-657 等地块二类居住及基础教育用地（配建"公共租赁住房"）项目）	8.1	柱梁为钢结构，内墙、外墙为 ALC 板，楼梯为预制，钢筋桁架楼承板
32	南京市江宁区综合档案馆（含城建档案馆）工程	3.7762	预制叠合板、楼梯、叠合梁、外墙板，内墙板
33	南京龙湖新城科技园项目	37.5443	预制梁、预制叠合板、预制楼梯、预制外围填充墙、预制框架梁预制次梁
34	淳政储出［2017］19 号地块	20	预制凸窗、预制叠合板、楼梯
35	上海市松江区中山街道 SJC10010 单元 45-04 号地块	9	预制凸窗、阳台、外墙、内墙、楼梯、叠合板
36	余政储出（2016）49 号地块 1-10 号楼、地下室工程	11	叠合板、楼梯、叠合梁、阳台

续表

序号	项目名称	总建筑面积（万 m²）	装配构件类型
37	浦东新区曹路区级征收安置房 14-02 地块项目	19.4327	
38	上海市浦东新区惠南民乐大型居住社区 F02-02（装配式）地块	13.3	预制剪力墙、预制填充墙、叠合板、阳台板、空调板、预制楼梯
39	合肥滨湖沁园项目	13	
40	合肥清华启迪科技城清华花园	30.7	
41	浦东民乐大型居住社区 D08-08 项目	6.6	预制剪力墙、预制填充墙、叠合板、阳台板、空调板、预制楼梯
42	浦东民乐大型居住社区 D09-01 项目	9.5	
43	上海复兴医药项目	9.2	
44	览海康复医院项目	4.4	
45	济南山东省交通医院项目	5.6	
46	国丰·壹号院项目	16	叠合梁板、楼体
47	北京未来科学城 1430 地块项目	23.57	叠合板、空调板、楼梯
48	天津中储唐口开发项目二期	10.9	梁、墙、叠合板、楼梯
49	北京延庆南三村棚户区改造项目	45	墙、叠合板、楼梯、空调板、阳台
50	北京白盆窑项目	18.7	叠合板、楼梯
51	彩虹湾（暂名）保障性住房基地四期动迁安置房项目	36.7	墙、叠合板、空调板、楼梯
52	广西建设职业技术学院新校区二期教学楼和学生宿舍工程	4.85	柱、梁为装配式钢结构。楼梯、部分卫生间、局部外墙板为装配式混凝土预制构件。部分卫生间为整体卫浴
53	西客站安置一区 11-2 地块房地产开发项目	22.08	叠合板、楼梯
54	济南高铁围合项目二标段	37	叠合梁板、楼体
55	海尔云世界滟澜公馆 B2 地块（一期）项目	8.34	叠合板、楼梯
56	中央商务区控制中心项目	6	板、楼梯、内墙、外墙、集成卫生间、管线分离
57	济南高新区遥墙街道多村整合改造项目 A 区	62	墙、叠合板、空调板、太阳能板、楼梯
58	招商·雍华府（二期）	7.124338	楼梯、叠合板、空调板、女儿墙
59	高新区埠东安置区一期 3 标段工程	9.8	叠合板、楼梯
60	西蒋峪 B 地块房地产开发项目一标段幼儿园	0.378	楼板（叠合板）、楼梯、外墙
61	西蒋峪 B 地块房地产开发项目一标段 1-13 号楼	29.4373	楼梯
62	上海市浦东新区民乐大型居住社区 C01-05 地块经济适用房	4.8177	预制剪力墙、预制填充墙、预制楼梯、预制叠合板、预制空调板
63	上海浦东新区民乐大型居住社区 F05-02 地块经济适用房	14.8	预制墙、预制楼板、预制梁、预制空调板、预制楼梯

序号	项目名称	总建筑面积（万 m²）	装配构件类型
64	上海浦东新区民乐大型居住社区 F04-02 地块经济适用房	25	预制外墙、预制内墙、预制叠合板、预制阳台板、预制楼梯
65	门头沟永定镇 MC00-0017-6018 地块 R2 类二类居住用地项目	13.1144	预制楼梯、预制叠合板
66	密云区檀营乡配建自住型商品房项目	23.17	预制外挂墙板、预制楼板、预制空调板、预制楼梯
67	浦口区复兴小学建设工程项目	3.01	预制剪力墙、预制填充墙、预制楼梯、预制叠合板、预制空调板
68	南京市鼓楼幼儿园江北分园建设项目 EPC 总承包	1.11	预制墙、预制楼梯、预制梁、预制空调板、预制楼梯
69	南京市江宁金茂小学	2.49	预制外墙、预制内墙、预制叠合板、预制阳台板、预制楼梯
70	发展全地面起重机建设项目科技大楼工程	3.67	预制楼梯、预制叠合板
71	天成岭秀·岭贤府	3.40	预制外挂墙板、预制楼板、预制空调板、预制楼梯
72	宁波宁丰 2-1 地块项目施工总承包工程（标段二）	4.57	
73	嘉定区云翔拓展大区保障房项目 08A-05A 地块 1 号	24.46	
74	西蒋峪房地产开发项目	17.03	
75	山东建筑大学教学实验综合楼工程	1.1936	
76	青岛万达游艇产业园 48 班小学建设工程	2.79	
77	济南市吴家堡片区城中村改造安置房一期项目	50.83	
78	西客站高铁围合	34	
79	济南高新区安置房	19.31	
80	滨州市人民医院西院区项目	32.02	
81	济南鲁能泰山 7 号	17.2	
82	历下区丁家村城中村改造村民安置用房项目 10-15 号楼、3 号车库、2 号换热站	14.91	
83	济南新知外国语学校	7.68	
84	新东站	18.8	
85	滨江鲁能硅谷公馆项目	23.47	
86	龙湖颢桥项目	10.26	
87	上海 JW 万豪侯爵酒店项目	11.79	
88	盘锦市体育中心项目	13.2	预制看台板
89	长春一汽技术中心乘用车所项目	7.88	预制柱、预制剪力墙、预制双 T 板、预制楼梯、预制梁
90	住宅、公建（沈阳汪河路项目）一标段	18.74	预制外墙、预制内墙、预制叠合板、预制楼梯

1.4 全国 31 个省市装配式建筑"十三五"行动方案与补贴政策

住建部在《"十三五"装配式建筑行动方案》中，提出了两个总目标：

（1）到 2020 年，全国装配式建筑占新建建筑的比例达到 15％以上，其中重点推进地区达到 20％以上，积极推进地区达到 15％以上，鼓励推进地区达到 10％以上。

（2）到 2020 年，培育 50 个以上装配式建筑示范城市，200 个以上装配式建筑产业基地，500 个以上装配式建筑示范工程，建设 30 个以上装配式建筑科技创新基地，充分发挥示范引领和带动作用。

全国各省市积极响应，根据《"十三五"装配式建筑行动方案》目标，全国 31 个省市陆续出台了装配式建筑目标及相关扶持政策，摘要如下：

1.4.1 北京

1. 依据

《北京市人民政府办公厅关于加快发展装配式建筑的实施意见》

2. 目标

到 2018 年，实现装配式建筑占新建建筑面积的比例达到 20％以上，到 2020 年，实现装配式建筑占新建建筑面积的比例达到 30％以上。

3. 补助

（1）对于未在实施范围内的非政府投资项目，凡自愿采用装配式建筑并符合实施标准的，给予实施项目不超过 3％的面积奖励。

（2）对于实施范围内的预制率达到 50％以上、装配率达到 70％以上的非政府投资项目予以财政奖励。

（3）增值税即征即退优惠政策。

（4）采用装配式建筑的商品房开发项目在办理房屋预售时，可不受项目建设形象进度要求的限制。

1.4.2 上海

1. 依据

（1）《上海市装配式建筑 2016-2020 发展规划》。

（2）《上海市建筑节能和绿色建筑示范项目专项扶持办法》。

2. 目标

（1）各区县政府和相关管委会在本区域供地面积总量中落实的装配式建筑的建筑面积比例，2015 年不少于 50％。2016 年起外环线以内新建民用建筑应全部采用装配式建筑、外环线以外超过 50％。2017 年起外环线以外在 50％基础上逐年增加。

（2）"十三五"期间，全市装配式建筑的单体预制率达到 40％以上或装配率达到 60％以上。外环线以内采用装配式建筑的新建商品住宅、公租房和廉租房项目 100％采用全装修。

3. 补助

符合装配整体式建筑示范的项目（居住建筑装配式建筑面积 3 万 m² 以上，公共建筑装配式建筑面积 2 万 m² 以上。建筑要求：装配式建筑单体预制率应不低于 45％或装配率不低于 65％），每平方米补贴 100 元。

1.4.3 天津

1. 依据

《天津市人民政府办公厅印发关于大力发展装配式建筑实施方案》

2. 目标

（1）2017 年底前，政府投资项目、保障性住房和 5 万 m² 及以上公共建筑应采用装配式建筑，建筑面积 10 万 m² 及以上新建商品房采用装配式建筑的比例不低于总面积的 30％。

（2）2018 至 2020 年，新建的公共建筑具备条件的应全部采用装配式建筑，中心城区、滨海新区核心区和中新生态城商品住宅应全部采用装配式建筑。采用装配式建筑的保障性住房和商品住房全装修比例达到 100％。

（3）2021 至 2025 年，全市范围内国有建设用地新建项目具备条件的全部采用装配式建筑。

3. 补助

（1）对采用建筑工业化方式建造的新建项目，达到一定装配率比例，给予全额返还新型墙改基金、散水基金或专项资金奖励。

（2）经认定为高新技术企业的装配式建筑企业，减按 15％的税率征收企业所得税，装配式建筑企业开发新技术、新产品、新工艺发生的研究开发费用，可以在计算应纳税所得额时加计扣除。

（3）实行建筑面积奖励。

（4）增值税即征即退优惠。

1.4.4 重庆

1. 依据

《关于加快推进建筑产业现代化的意见》。

2. 目标

（1）到 2017 年，全市新开工的保障性住房必须采用装配式施工技术。建筑产业现代化试点项目预制装配率达到 15％以上。

（2）到 2020 年，全市新开工建筑预制装配率达到 20％以上。

（3）到 2025 年达到 30％以上。

3. 补助

（1）对建筑产业现代化房屋建筑试点项目每立方米混凝土构件补助 350 元。

（2）节能环保材料预制装配式建筑构件生产企业和钢筋加工配送等建筑产业化部品构件仓储、加工、配送一体化服务企业，符合西部大开发税收优惠政策条件的，依法减按 15％税率缴纳企业所得税。

1.4.5 黑龙江

1. 依据

《黑龙江省人民政府办公厅关于推进装配式建筑发展的实施意见》。

2. 目标

(1) 到 2020 年末，全省装配式建筑占新建建筑面积的比例不低于 10%。试点城市装配式建筑占新建建筑面积的比例不低于 30%。

(2) 到 2025 年末，全省装配式建筑占新建建筑面积的比例力争达到 30%。

3. 补助

(1) 土地保障，全省各级国土资源部门要优先支持装配式建筑产业和示范项目用地。

(2) 金融服务，使用住房公积金贷款购买已认定为装配式建筑项目的商品住房，公积金贷款额度最高可上浮 20%。

(3) 招商优惠、科技扶持、财政奖补、税收优惠、行业支持。

1.4.6 吉林

1. 依据

《吉林省人民政府办公厅关于大力发展装配式建筑的实施意见》

2. 目标

(1) 到 2020 年，创建 2～3 家国家级装配式建筑产业基地。全省装配式建筑面积不少于 500 万 m²。长春、吉林两市装配式建筑占新建建筑面积比例达到 20% 以上，其他设区城市达到 10% 以上。

(2) 2021-2025 年，全省装配式建筑占新建建筑面积的比例达到 30% 以上。

3. 补助

设立专项资金。税费优惠。优先保障装配式建筑产业基地（园区）、装配式建筑项目建设用地。优先推荐装配式建筑参与评优评奖等。

1.4.7 辽宁

1. 依据

《辽宁省人民政府办公厅关于大力发展装配式建筑的实施意见》。

2. 目标

(1) 到 2020 年底，全省装配式建筑占新建建筑面积的比例力争达到 20% 以上，其中沈阳市力争达到 35% 以上，大连市力争达到 25% 以上，其他城市力争达到 10% 以上。

(2) 到 2025 年底，全省装配式建筑占新建建筑面积比例力争达到 35% 以上，其中沈阳市力争达到 50% 以上，大连市力争达到 40% 以上，其他城市力争达到 30% 以上。

3. 补助

(1) 财政补贴。

(2) 增值税即征即退优惠。

(3) 优先保障装配式建筑部品部件生产基地（园区）、项目建设用地。

(4) 允许不超过规划总面积的 5% 不计入成交地块的容积率核算等。

1.4.8　河北

1. 依据

《河北省人民政府办公厅关于大力发展装配式建筑的实施意见》。

2. 目标

（1）培育 4 个省级住宅产业现代化综合试点城市，到 2016 年底，全省住宅产业现代化项目开工面积达到 200 万 m^2，单体预制装配率达到 30% 以上。

（2）到 2020 年底，综合试点城市 40% 以上的新建住宅项目采用住宅产业现代化方式建设，其他设区市达到 20% 以上。

3. 补助

（1）优先安排建设用地。

（2）对新开工建设的城镇装配式商品住宅和农村居民自建装配式住房项目，由项目所在地政府予以补贴。

（3）增值税即征即退 50% 的政策。

1.4.9　山西

1. 依据

《山西省人民政府办公厅关于大力发展装配式建筑的实施意见》

2. 目标

（1）2017 年，太原市、大同市装配式建筑占新建建筑面积的比例达到 5% 以上，2018 年达到 15% 以上。

（2）到 2020 年底，全省 11 个设区城市装配式建筑占新建建筑面积的比例达到 15% 以上，其中太原市、大同市力争达到 25% 以上。

（3）到 2025 年底，装配式建筑占新建建筑面积的比例达到 30% 以上。

3. 补助

相应税收优惠。优先安排建设用地。开辟装配式建筑工程报建绿色通道。

1.4.10　内蒙古

1. 依据

《内蒙古自治区人民政府办公厅关于大力发展装配式建筑的实施意见》。

2. 目标

（1）2020 年，全区新开工装配式建筑占当年新建建筑面积的比例达到 10% 以上，其中，政府投资工程项目装配式建筑占当年新建建筑面积的比例达到 50% 以上，呼和浩特市、包头市、赤峰市装配式建筑占当年新建建筑面积的比例达到 15% 以上，呼伦贝尔市、兴安盟、通辽市、鄂尔多斯市、巴彦淖尔市、乌海市装配式建筑占当年新建建筑面积的比例达到 10% 以上，锡林郭勒盟、乌兰察布市、阿拉善盟装配式建筑占当年新建建筑面积的比例达到 5% 以上。

（2）2025 年，全区装配式建筑占当年新建建筑面积的比例力争达到 30% 以上，其中，政府投资工程项目装配式建筑占当年新建建筑面积的比例达到 70%，呼和浩特市、包头市装配式建筑占当年新建建筑面积的比例达到40％以上，其余盟市均力争达到30％以上。

3. 补助

(1) 优先保障装配式建筑产业基地和项目建设用地。

(2) 一定比例的后补助资金。

(3) 税收优惠。积极的信贷支持。实行容积率差别核算。运输超大、超宽的预制构件实行高速公路通行费减免优惠政策。

1.4.11 河南

1. 依据

《河南省住房和城乡建设厅关于推进建筑产业现代化的指导意见》。

2. 目标

(1) 到2017年，全省预制装配式建筑的单体预制化率达到15％以上。

(2) 到2020年年底，全省装配式建筑（装配率不低于50％）占新建建筑面积的比例达到20％，政府投资或主导的项目达到50％。

(3) 到2025年年底，全省装配式建筑占新建建筑面积的比例力争达到40％，符合条件的政府投资项目100％采用装配式施工。

3. 补助

(1) 优先安排建设用地。

(2) 对获得绿色建筑评价二星级运行标识的保障性住房项目省级财政按 20 元/m² 给予奖励，一星级保障性住房绿色建筑达到 10 万 m² 以上规模的执行定额补助上限，并优先推荐申请国家绿色建筑奖励资金。

(3) 新型墙体材料专项基金实行优惠返还政策等。

(4) 容积率奖励。

1.4.12 湖北

1. 依据

《湖北省人民政府办公厅关于大力发展装配式建筑的实施意见》。

2. 目标

(1) 到2020年，武汉市装配式建筑面积占新建建筑面积比例达到35％以上，襄阳市、宜昌市和荆门市达到20％以上，其他设区城市、恩施州、直管市和神农架林区达到15％以上。

(2) 到2025年，全省装配式建筑占新建建筑面积的比例达到30％以上。

3. 补助

配套资金补贴、容积率奖励、商品住宅预售许可、降低预售资金监管比例等激励政策措施。

1.4.13 湖南

1. 依据

《湖南省人民政府办公厅关于加快推进装配式建筑发展的实施意见》。

2. 目标

到 2020 年，全省市州中心城市装配式建筑占新建建筑比例达到 30％以上，其中长沙市、株洲市、湘潭市三市中心城区达到 50％以上。

3. 补助

（1）财政奖补。纳入工程审批绿色通道。税费优惠。优先办理商品房预售。优化工程招投标程序等。

（2）容积率奖励，对房地产开发项目，主动采用装配式方式建造且装配率大于 50％的，经报相关职能部门批准，其项目总建筑面积的 3％～5％可不计入成交地块的容积率核算。

1.4.14　山东

1. 依据

《山东省人民政府办公厅大力发展装配式建筑的实施意见》。

2. 目标

（1）2017 年，装配式建筑面积占新建建筑面积比例达到 10％左右。

（2）到 2020 年，济南、青岛装配式建筑占新建建筑比例达到 30％以上，其他设区城市和县（市）分别达到 25％、15％以上。

（3）到 2025 年，全省装配式建筑占新建建筑比例达到 40％以上。

3. 补助

（1）在建设用地安排上要优先支持发展装配式建筑产业。

（2）享受贷款贴息等税费优惠。

（3）外墙预制部分的建筑面积（不超过规划总建筑面积 3％），可不计入成交地块的容积率核算。

1.4.15　江苏

1. 依据

《江苏省关于加快推进建筑产业现代化促进建筑产业转型升级的意见》。

2. 目标

（1）到 2020 年，全省装配式建筑占新建建筑比例将达到 30％以上。

（2）到 2025 年全省装配式建筑占新建建筑的比例超过 50％，装饰装修装配化率达到 60％以上。

3. 补助

财政扶持政策。相应税收优惠。优先安排用地指标。容积率奖励。

1.4.16　安徽

1. 依据

《安徽省人民政府办公厅关于大力发展装配式建筑的通知》。

2. 目标

（1）到 2020 年，装配式建筑占新建建筑面积的比例达到 15％。

(2) 到 2025 年，力争装配式建筑占新建建筑面积的比例达到 30％。

3. 补助

企业扶持政策。专项资金。工程工伤保险费计取优惠政策。差别化用地政策，土地计划保障。利率优惠等。

1.4.17 浙江

1. 依据

《浙江省人民政府办公厅关于推进绿色建筑和建筑工业化发展的实施意见》。

2. 目标

到 2020 年，浙江省装配式建筑占新建建筑的比重达到 30％，单体装配化率达到 30％以上。

3. 补助

(1) 安排专项用地指标。

(2) 对满足装配式建筑要求的农村住房整村或连片改造建设项目，给予不超过工程主体造价 10％的资金补助。

(3) 使用住房公积金贷款购买装配式建筑的商品房，公积金贷款额度最高可上浮 20％。

(4) 对于装配式建筑项目，施工企业缴纳的质量保证金以合同总价扣除预制构件总价作为基数乘以 2％费率计取，建设单位缴纳的住宅物业保修金以物业建筑安装总造价扣除预制构件总价作为基数乘以 2％费率计取。

(5) 容积率奖励。

1.4.18 江西

1. 依据

《江西省人民政府关于推进装配式建筑发展的指导意见》。

2. 目标

(1) 2018 年，全省采用装配式施工的建筑占同期新建建筑的比例达到 10％，其中，政府投资项目达到 30％。

(2) 2020 年，全省采用装配式施工的建筑占同期新建建筑的比例达到 30％，其中，政府投资项目达到 50％。

(3) 到 2025 年底，全省采用装配式施工的建筑占同期新建建筑的比例力争达到 50％，符合条件的政府投资项目全部采用装配式施工。

3. 补助

(1) 优先支持装配式建筑产业和示范项目用地。

(2) 招商引资重点行业。

(3) 容积率差别核算。

(4) 税收优惠。

(5) 资金补贴和奖励。

1.4.19 广东

1. 依据

《广东省人民政府办公厅关于大力发展装配式建筑的实施意见》。

2. 目标

(1) 珠三角城市群,到 2020 年年底前,装配式建筑占新建建筑面积比例达到 15% 以上,其中政府投资工程装配式建筑面积占比达到 50% 以上。到 2025 年年底前,装配式建筑占新建建筑面积比例达到 35% 以上,其中政府投资工程装配式建筑面积占比达到 70% 以上。

(2) 常住人口超过 300 万的粤东西北地区地级市中心城区,要求到 2020 年年底前,装配式建筑占新建建筑面积比例达到 15% 以上,其中政府投资工程装配式建筑面积占比达到 30% 以上。到 2025 年年底前,装配式建筑占新建建筑面积比例达到 30% 以上,其中政府投资工程装配式建筑面积占比达到 50% 以上。

(3) 全省其他地区,到 2020 年年底前,装配式建筑占新建建筑面积比例达到 10% 以上,其中政府投资工程装配式建筑面积占比达到 30% 以上。到 2025 年年底前,装配式建筑占新建建筑面积比例达到 20% 以上,其中政府投资工程装配式建筑面积占比达到 50% 以上。

3. 补助

优先安排用地计划指标。增值税即征即退优惠政策。适当的资金补助。优先给予信贷支持。

1.4.20 广西

1. 依据

《大力推广装配式建筑促进我区建筑产业现代化发展的指导意见》。

2. 目标

(1) 到 2018 年底,综合试点城市装配式建筑占新建建筑的比例达到 8% 以上,城市建成区新建保障性安居工程和政府投资公共工程采用装配式建造的比例达到 10% 以上。

(2) 到 2020 年底,综合试点城市装配式建筑占新建建筑的比例达到 20% 以上,城市建成区新建保障性安居工程和政府投资公共工程采用装配式建造的比例达到 20% 以上,新建全装修成品房面积比率达到 20% 以上。其他设区市装配式建筑占新建建筑的比例达到 5% 以上,新建保障性安居工程和政府投资公共工程采用装配式建造的比例达到 10% 以上,新建全装修成品房面积比率达到 10% 以上。

(3) 到 2025 年底,全区装配式建筑占新建建筑的比例力争达到 30%。

3. 补助

优先安排建设用地。相应的减免政策。报建手续开辟绿色通道。

1.4.21 海南

1. 依据

《海南省促进建筑产业现代化发展指导意见》。

2. 目标

到 2020 年，全省采用建筑产业现代化方式建造的新建建筑面积占同期新开工建筑面积的比例达到 10%，全省新开工单体建筑预制率（墙体、梁柱、楼板、楼梯、阳台等结构中预制构件所占的比重）不低于 20%，全省新建住宅项目中成品住房供应比例应达到 25% 以上。

3. 补助

优先安排用地指标。安排科研专项资金。享受相关税费优惠。提供行政许可支持等。

1.4.22 陕西

1. 依据

《陕西省人民政府办公厅关于大力发展装配式建筑的实施意见》。

2. 目标

装配式建筑占新建建筑的比例，2020 年重点推进地区达到 20% 以上，2025 年全省达到 30% 以上。

3. 补助

（1）资金支持，补助奖励。

（2）优先保障装配式建筑项目和产业土地供应。

（3）符合高新技术企业条件的装配式建筑部品部件生产企业，企业所得税税率适用 15%。

（4）增值税即征即退。

1.4.23 甘肃

1. 依据

《甘肃省人民政府办公厅关于大力发展装配式建筑的实施意见》。

2. 目标

（1）到 2020 年，初步建成全省产业布局合理的装配式建筑产业基地。

（2）到 2025 年，基本形成较为完善的技术标准体系、科技支撑体系、产业配套体系、监督管理体系和市场推广体系。力争装配式建筑占新建建筑面积的比例达到 30% 以上。

3. 补助

（1）按照装配式方式建造的，其外墙预制部分建筑面积可不计入面积核算，但不应超过总建筑面积的 3%。

（2）优先支持评奖评优评先。

（3）通过先建后补、以奖代补等方式给予金融支持。

（4）免征增值税。

1.4.24 宁夏

1. 依据

《宁夏回族自治区人民政府办公厅关于大力发展装配式建筑的实施意见》。

2. 目标

（1）从 2017 年起，各级人民政府投资的总建筑面积 3000m² 以上的学校、医院、养老等公益性建筑项目，单体建筑面积超过 10000m² 的机场、车站、机关办公楼等公共建筑和保障性安居工程，优先采用装配式方式建造。

（2）到 2020 年，装配式建筑占同期新建建筑的比例达到 10%。

（3）到 2025 年，全区装配式建筑占同期新建建筑的比例达到 25%。

3. 补助

（1）实施贴息等扶持政策，强化资金撬动作用。

（2）对以招拍挂方式供地的建设项目，在建设项目供地面积总量中保障装配式建筑面积不低于 20%。对以划拨方式供地、政府投资的公益性建筑、公共建筑、保障性安居工程，在建设项目供地面积总量中保障装配式建筑面积不少于 30%。

（3）加大信贷支持力度。增值税即征即退优惠政策。

1.4.25 青海

1. 依据

《青海省人民政府办公厅关于推进装配式建筑发展的实施意见》。

2. 目标

到 2020 年，全省装配式建筑占同期新建建筑的比例达到 10% 以上，西宁市、海东市装配式建筑占同期新建建筑的比例达到 15% 以上，其他地区装配式建筑占同期新建建筑的比例达到 5% 以上。

3. 补助

优先保障用地。符合高新技术企业条件的装配式建筑部品部件生产企业，企业所得税税率适用 15% 的优惠政策。享受绿色建筑扶持政策。

1.4.26 新疆

1. 依据

《新疆维吾尔自治区关于大力发展自治区装配式建筑的实施意见》。

2. 目标

（1）到 2020 年，装配式建筑占新建建筑面积的比例，积极推进地区达到 15% 以上，鼓励推进地区达到 10% 以上。

（2）到 2025 年，全区装配式建筑占新建建筑面积的比例达到 30%。

3. 补助

（1）财政奖励政策。具备条件的城市设立财政专项资金，对新建装配式建筑给予奖励，支持装配式建筑发展。

（2）税费优惠政策。对于符合《资源综合利用产品和劳务增值税优惠目录》的部品部件生产企业，可按规定享受增值税即征即退优惠政策。

（3）金融支持政策。对建设装配式建筑园区、基地、项目及从事技术研发等工作且符合条件的企业，金融机构要积极开辟绿色通道。

（4）用地支持政策、科技支持政策。

（5）规划支持政策，对装配式建筑项目给予不超过3%的容积率奖励。

（6）评优评奖政策。在人居环境奖评选、生态园林城市评估、绿色建筑评价等工作中增加装配式建筑方面的指标要求。在评选优质工程、优秀工程设计和考核文明工地时，优先考虑装配式建筑。

1.4.27 四川

1. 依据

《四川省人民政府办公厅关于大力发展装配式建筑的实施意见》。

2. 目标

（1）到2020年，全省装配式建筑占新建建筑的30%，装配率达到30%以上，其中五个试点市装配式建筑占新建建筑35%以上。新建住宅全装修达到50%。

（2）2025年，装配率达到50%以上的建筑，占新建建筑的40%。桥梁、铁路、道路、综合管廊、隧道、市政工程等建设中，除须现浇外全部采用预制装配式。新建住宅全装修达到70%。

3. 补助

（1）土地支持。优先支持建筑产业现代化基地和示范项目用地，对列入年度重大项目投资计划的优先安排用地指标，加强建筑产业现代化项目建设用地保障。

（2）税收优惠。利用现代化方式生产的企业，经申请被认定为高新技术企业的，减按15%的税率缴纳企业所得税。

（3）容积率奖励，在办理规划审批时，其外墙预制部分建筑面积（不超过规划总建筑面积的3%）可不计入成交地块的容积率核算。

（4）评优评奖优惠政策。装配率达到30%以上的项目，享受绿色建筑政策补助，并在项目评优评奖中优先考虑。

（5）科技创新扶持政策、金融支持、预售资金监管、投标政策、基金支持。

1.4.28 贵州

1. 依据

《贵州省政府办公厅下发关于大力发展装配式建筑的实施意见》。

2. 目标

（1）从2018年10月1日起，对以招标拍卖方式取得地上建筑规模10万平方米以上的新建项目，不少于建筑规模30%的建筑积极采用装配式建造。

（2）到2020年底，全省采用装配式建造的项目建筑面积不少于500万m^2，装配式建筑占新建建筑面积的比例达到10%以上，积极推进地区达到15%以上，鼓励推进地区达到10%以上。

（3）到2023年底，全省装配式建筑占新建建筑面积的比例达到20%以上，积极推进地区达到25%以上，鼓励推进地区达到15%以上，基本形成覆盖装配式建筑设计、生产、施工、监管和验收等全过程的标准体系。

（4）力争到2025年底，全省装配式建筑占新建建筑面积的比例达到30%。

3. 补助

资金支持。拓宽融资渠道。优先支持装配式建筑企业、基地和项目用地。增值税即征即退优惠政策。分期交纳土地出让金。面积奖励等。

1.4.29　云南

1. 依据

《云南省人民政府办公厅关于大力发展装配式建筑的实施意见》。

2. 目标

到2020年，昆明市、曲靖市、红河州装配式建筑占新建建筑面积比例达到20%，其他每个州、市至少有3个以上示范项目。到2025年，力争全省装配式建筑占新建建筑面积比例达到30%，其中昆明市、曲靖市、红河州达到40%。

3. 补助

享受增值税退（免）税。开辟绿色通道，提供多样化金融服务。保障项目建设用地需求。

1.4.30　西藏

1. 依据

《西藏自治区人民政府办公厅关于推进高原装配式建筑发展的实施意见》。

2. 目标

2020年前，相关项目审批部门要选择一定数量可借鉴、可复制的典型工程作为政府推行示范项目。"十四五"期间，相关项目审批部门要确保国家投资项目中装配式建筑占同期新建建筑面积的比例不低于30%。

3. 补助

加大财政扶持。加强土地保障。落实招商引资政策。落实税费优惠政策。加强金融服务。加大行业扶持力度。

第2章　装配式建筑管理模式

2016年，国办发71号文明确指出："装配式建筑工程原则上应采取工程总承包模式"并提出"发展装配式建筑是建造方式的重大变革"。国家高度重视推行工程总承包管理模式，并作为建筑业转型发展的重要措施。

"变革"主要是指从传统粗放建造方式向新型工业化建造方式的转变，这是新时代我国建筑业从高速增长阶段向高质量发展阶段转变的必然要求，是推进供给侧结构性改革、培育新产业新动能、促进建筑业转型升级的重要举措。装配式建筑以节能、环保、低污染、高效率、工期短、施工质量、安全可控等优势，有利于节约资源、保护环境。有利于提升劳动生产效率和质量安全水平；有利于促进建筑业与信息化、工业化深度融合。发展装配式建筑是建造文明的发展进程，装配式建造与传统建造方式相比具有一定的先进性、科学性，这一新型的建造方式不仅表现在建造技术上，更重要体现在企业的经营理念、组织内涵和核心能力等方面发生了根本性变革，是一场生产方式和管理模式的转变。

2016年，国办发71号文明确指出："装配式建筑工程原则上应采取工程总承包模式"。国家高度重视推行工程总承包管理模式，并作为建筑业转型发展的重要措施。通过采用工程总承包模式，可以有效地建立先进的技术体系和高效的管理体系，打通产业链的壁垒，解决设计、生产，制作、施工一体化问题，解决技术与管理脱节问题。保证工程建设高度组织化，降低先期成本提高问题，实现资源优化、提高生产效率和项目整体效益最大化。装配式建筑采用EPC工程总承包模式的主要优势体现在：

（1）缩短工期。通过设计单位与施工单位协同配合，将产品设计定位与施工部署统一起来，优势互补平等搭接深度融合，节约工期，也可分阶段设计，使施工进度大大提升。比如：深基坑施工与建筑施工图设计交叉同步：构件生产、机电、装修提前介入，穿插作业等。

（2）成本可控。EPC工程总承包是全过程管控。工程造价控制融入了设计环节，注重设计价值链分析和工程可施工性，减少变更，最大限度地保证成本可控。

（3）责任明确。采用EPC工程总承包模式使工程质量责任主体清晰明确，一个责任主体，避免职责不清。尤其是保证施工图最大限度减少设计文件的错、漏、碰、缺。

（4）管理简化。在工程项目实施的设计管理、造价管理、商务协调、材料采购项目管理及财务税制等方面，统一在一个企业团队管理，便于协调、避免相互扯皮。

（5）降低风险。通过采用EPC工程总承包管理，避免了不良企业挂靠中标，以及项目实施中的大量索赔等后期管理问题。尤其是杜绝"低价中标高价结算"的风险隐患。

装配式建筑作为一种新型的绿色建造方式，存在新的发展机遇。到2020年全国装配式建筑市场空间约2万亿，到2025年超6.8万亿元。而我国建筑工业化尚处在初级阶段，装配式建筑产业链有待整合和完善，企业模式较为单一。目前主要有三种企业模式：

（1）资源整合模式。以万科等房地产企业为主，具有资金优势和项目开发的带动能力。但不擅长装配式技术的研发和创新，对于设计、生产、施工的现场把控能力较弱。

（2）施工总承包带动模式。主要是大型国有建筑企业等施工企业，有专业施工团队，施工优势明显，但对市场把控较弱，对产业链各环节的协调能力较差。

（3）工程总承包全产业链模式。以中建为代表，拥有较强的设计、融资、建造一体化的运营运作能力，业务范围全面而专业，具备了装配式建筑产业链上几乎所有环节需要的能力，可提供项目规划设计、管理、生产、施工和专项技术研发等全方位工程服务。

在装配式建筑大力推广的初期，行业分工尚未形成，工程总承包全产业链模式可以实现设计咨询、构件生产和建筑施工等环节的整合，工厂的产能可得到更充分的利用，中间环节成本的降低也可弥补构件成本的劣势。装配式混凝土建筑产业链包括房地产企业、规划设计院、预制构件加工企业和施工企业四大内部主体，以及政府和技术研究机构两大外部主体。

2.1 装配式建筑的管理特点

装配式建筑是一种新型的绿色建造方式，是指在工程建造过程中能够提高工程质量，保证安全生产，节约资源、保护环境、提高效率和效益的技术和组织管理方式。它与传统建造方式有很大的区别，主要表现为：装配式建筑是新型的绿色建造方式，需要用新的理念、新的方法、新的模式来实现效益最大化。主要特征如下。

装配式绿色建造方式在技术路径上，通过建筑、结构、机电、装修的一体化，从建筑设计、构件厂生产、施工现场安装等协同来实现绿色建筑产品，在管理层面上，通过物联网+信息化手段实现设计、生产、施工、运营的集成化，以工程建设高度和组织化实现项目效益最大化，提倡是精细管理与精准定位和精益建造。主要特征体现在以下几个方面：

（1）强调科学技术与现代管理相融合，尤其是建筑施工技术与新工艺、新材料、新设备等新技术的应用与管理技术的创新。

（2）强调建筑产品生产工艺和生产方式的变革。改变传统施工现场湿作业的施工方法，提倡用现代工业化生产方式建造建筑产品。

（3）强调建筑产业链集成和项目全寿命周期集成化管理，建筑产品涉及规划设计、构件生产、吊装运输、施工生产、采购与物流等多个环节多个领域，所以在组织模式上，需要工程总承包管理的运行机制。

（4）强调建造节能、保护环境。无论是建筑材料、设备，还是施工技术都应具有节约能源、减少对国家资源的消耗、保护环境的功能。

（5）强调现代信息技术与管理手段的深度融合，特别是建筑信息技术的应用是推动装配式建筑新型建造方式的重要手段和精益建造方法。

（6）装配式建筑强调是两层分离、三层管理，特别强调装配式新型建造方式对技术产业工人技能要求，现场操作工人的专业素质将直接影响工程质量。

（7）强调总承包项目经理人才作用，装配式建筑工程强调是总包负总责，竣工交钥匙，所以总包项目经理是项目的组织者、实施者、责任者，带领团队发挥总承包管理的职能。

装配式建筑并不是单纯地将现浇构件改为预制构件，而是建筑体系和运作方式的重大变革，这些变革对建造过程各业务板块的具体工作内容均产生了重大影响。具体表现在以下几个方面。

（1）设计流程和设计要点的重大变化

装配式建筑以精细化设计为原则，以标准化设计为主要形式。相对于传统建造方式，装配式建筑的容错能力更低，所以我们要求有些工作必须前置，如：PC 设计、机电设计、精装设计等。其次，对预制构件的生产有影响的专业分包设计、招标、采购等工作也需要前置，如：构件生产计划、施工方案、吊装方案、门窗安装等，否则将影响预制构件内预埋件的预留预埋。

（2）管理流程和责权界面的重大调整

装配式建筑包含结构系统、围护系统、设备管线系统和内装系统等四大系统，装配式建筑的项目管理在空间维度上表现为四大系统的技术集成。

在实际项目的管理过程中，装配式建筑的设计既需要从工程质量、进度、成本等几个方面进行整体控制，又需要从生产、运输、施工等技术环节确保项目的可实施性。因为技术要求及工作内容的变动，导致了建设单位、设计单位、生产单位和施工单位等在管理流程方面出现重大调整。不能再沿用传统的管理模型进行装配式建筑项目的实施。

基于上述原因，装配式建筑在发展的过程中相应出现了一些制约项目实施的问题。主要是各业务部门不了解设计流程的管理流程的变化，仍然按照传统建造模式推动项目开展，从而导致以下问题：

（1）设计深度不满足深化设计要求。后期修改设计方案造成设计反复并严重拖延设计周期。

（2）未考虑标准化及一体化设计，构件生产难度及施工装配难度增加，综合成本不断上升。

（3）建设单位未提前招标，构件生产详图没有考虑生产设备的特异性，以致出现因生产难度较大或成本过高而无人接单的情况。

（4）传统施工单位缺少装配式建筑施工经验，各工序相互穿插，管理混乱，极易造成窝工、施工进度拖延的状况。

针对以上问题，应从装配式建筑管理模式上，予以分析解决。

2.2　装配式建筑的工程总承包管理模式

2017 年 2 月 19 号《国务院办公厅关于促进建筑业持续健康发展的意见》国办发〔2017〕19 号，第三条款明确指出：装配式建筑原则上应采用工程总承包模式。政府投资工程应完善建设管理模式，带头推行工程总承包。

2018 年 12 月 24 日，全国住房和城乡建设工作会议上，又明确了大力发展钢结构等装配式建筑，加快完善装配式建筑技术和标准体系，加快推行工程总承包，发展全过程工程咨询的建筑业发展方向。

装配式建筑项目具有"设计标准化、生产工厂化、施工装配化、主体机电装修一体化、全过程管理信息化"的特征，唯有推行工程总承包模式，才能将工程建设的全过程联结为完整的一体化产业链，全面发挥装配式建筑的建造优势。

2.2.1　装配式建筑工程总承包管理模式概述

（1）装配式建筑工程总承包管理模式，主要是指在房屋建造全过程中采用标准化设计、工业化生产、装配化施工、一体化装修和信息化管理为主要特征的建造方式。按照合同的约定，对装配式建筑工程项目的设计、采购、工厂生产、现场施工、吊装安装、竣工交验、试运行等环节实行全过程、全方位管理的工程总承包集成化管理模式。工业化建造方式应具有鲜明的工业化特征，各生产要素包括生产资料、劳动力、生产技术、组织管理、信息资源等在生产方式上都能充分体现专业化、集约化和社会化。该管理模式有助于形成贯穿全寿命周期的系统化、一体化管理的利益共同体，降低各个环节间的管理成本，减少对国家资源的消耗，保护环境，实现技术、经济和管理的高效协同，凸显装配式建筑新型的建造方式的综合优势。装配式建筑工程总承包管理模式与传统建造模式相比具有一定的先进性、科学性，这一新的建造方式不仅表现在管理模式上、建造技术上，更体现在企业的经营理念、组织内涵和核心能力方面发生了根本性变革，是运用现代工业化的组织和生产手段，对建筑生产全过程各个阶段的各个生产要素的技术集成和系统整合，达到建筑设计标准化、构件生产工厂化、现场施工装配化、土建装修一体化、生产经营社会化，形成有序的工业化流水式作业，从而提高质量，提高效率，提高寿命，降低成本，降低能耗。它是建筑业一场生产方式的革命。

（2）装配式建筑是典型的 EPC 工程总承包模式，并不是简单地将设计、生产、采购和装配等工作内容叠加，其更加注重各项管理工作的内涵和前期工作，把前期策划称之为创造性的工作，由此可见其重要性。装配式建筑组织机构设置与传统的组织机构有较大区别，装配式工程总承包项目部，在组织机构中，必须增设了设计管理部、BIM 工作部、计划部、机电安装。大项目单独设立，小项目可以兼职，其中计划工程师必须由项目经理或执行经理兼任。明确工程总承包管理流程，从设计源头出发，明确装配式建筑工程总承包管理组织构架及管理流程和管理职责及指标分解，充分发挥总承包方的整体协调能力、实现对市场资源和各专业分包的系统化集成化管理。装配式建筑总承包管理模式见图 2-1，装配式建筑组织机构设置见图 2-2。

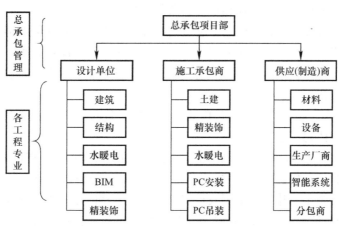

图 2-1 装配式建筑总承包管理模式

（3）国家高度重视推行工程总承包管理模式，并作为建筑业转型发展的重要措施。发展装配式建筑并推行工程总承包管理模式，可以有效建立先进的技术体系和高效的管理体系，打通产业链的壁垒，解决设计、生产，制作、施工一体化问题，解决技术与管理脱节问题。通过采用装配式建筑工程总承包模式，保证工程建设高度组织化，降低先期成本，实现资源优化和整体效益最大化，这与建筑产业现代化的发展要求与目的不谋而合，具有一举多得之效。装配式建筑采用 EPC 工程总承包模式的主要优势具体体现在：

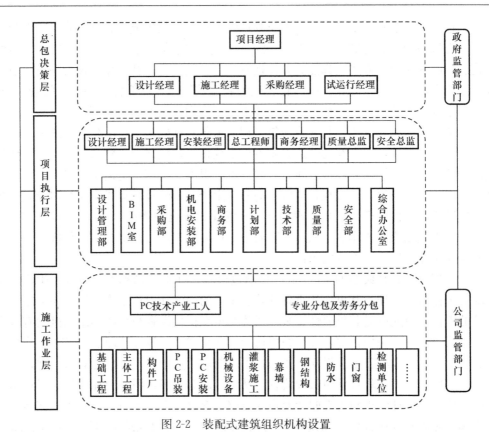

图 2-2 装配式建筑组织机构设置

1）规模优势。通过采用 EPC 工程总承包模式，可以使企业实现规模化发展，逐步做大做强，并具备和掌握与工程规模相适应的条件和能力。

2）技术优势。采用 EPC 工程总承包模式，可进一步激发企业创新能力，促进研发并拥有核心技术和产品，由此提升企业的核心能力，为企业赢得超额利润。

3）管理优势。采用 EPC 工程总承包模式，可形成企业具有自己特色的管理模式，把企业的活力充分发挥出来。

4）产业链优势。通过工程总承包模式，可以整合优化整个产业链上的资源，解决设计、制作、施工一体化问题。

采用 EPC 工程总承包模式，在工程项目建设方面主要发挥以下作用：

1）节约工期。通过设计单位与施工单位协调配合，分阶段设计，使施工进度大大提升。比如：深基坑施工与建筑施工图设计交叉同步，装修阶段可提前介入，穿插作业等。

2）成本可控。EPC 工程总承包是全过程管控，工程造价控制融入了设计环节，注重设计的可施工性，减少变更带来的索赔，最大限度地保证成本可控。

3）责任明确。采用 EPC 工程总承包模式使工程质量责任主体清晰明确，避免职责不清。尤其是保证施工图最大限度减少设计文件的错、漏、碰、缺。

4）管理简化。在工程项目实施的设计管理、造价管理、商务协调、材料采购项目管理及财务税制等方面，统一在一个企业团队管理，便于协调，避免相互扯皮。

5）降低风险。通过采用 EPC 工程总承包管理，避免了不良企业挂靠中标，以及项目实施中的大量索赔等后期管理问题。尤其是杜绝"低价中标高价结算"的风险隐患。

2.2.2 总承包管理总工作流程

总承包管理的基本流程，包括总承包管理总工作流程、总承包管理策划流程、总承包管理日常工作流程、总承包过程控制流程。具体内容可参考图 2-3～图 2-5 实施。

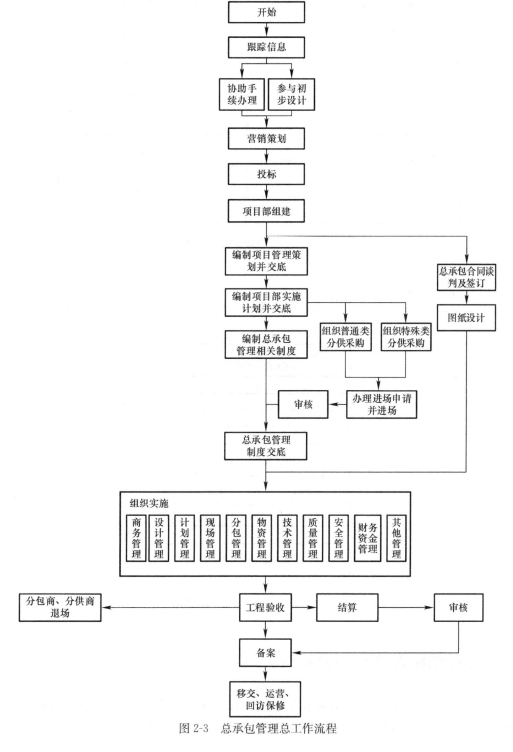

图 2-3 总承包管理总工作流程

2.2.3 总承包管理日常工作流程

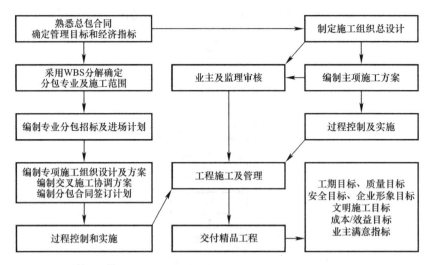

图 2-4　总承包管理日常工作流程

2.2.4 总承包项目管理策划流程

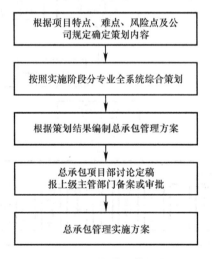

图 2-5　总承包管理策划流程

2.3 装配式建筑的工程组织方式

　　装配式建筑工程总承包项目的组织结构，可按三个层次设置，即总承包管理层、专业承包管理层、施工作业层，根据总承包管理模式和项目特点设置十部一室（根据项目大小可增减）：计划部、设计部、技术部、工程部、采购部、商务部、机电部、安全部、质量部、BIM工作室、综合办公室，部门及人员的设置在项目运行中随项目进度变化进行增减，保证总承包项目部组织机构的灵活与高效性。当工程体量较小时，BIM工作室可不单独设立，在设计部下设立BIM工作组即可。

一般装配式建筑工程总承包项目参考图2-6所示进行机构设置。

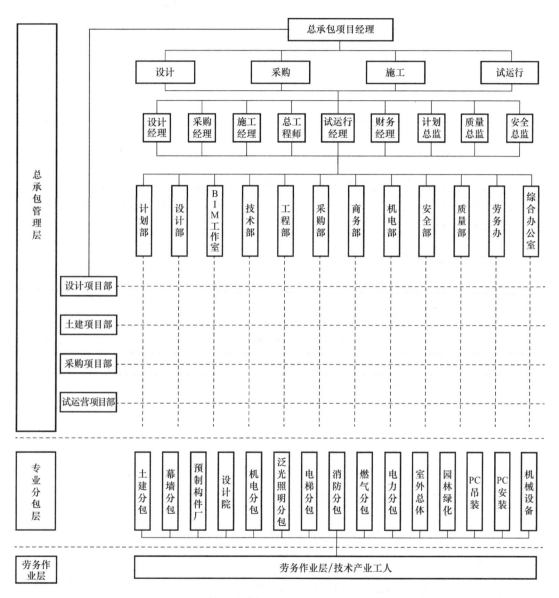

图 2-6 装配式建筑工程总承包项目机构设置

2.4 装配式建筑工程总承包管理模式与传统现浇管理模式对比分析

装配式建筑工程总承包管理模式与传统现浇管理模式对比分析如表2-1。

装配式建筑与传统施工对比分析 表 2-1

序号	建设阶段	预制装配式	传统现浇方式	备注
1	工程设计	装配式技术方案在确定户型时插入，随建筑和结构方案一起设计，并不会造成设计和图审周期加长。	正常设计周期	相同
2	基础施工	传统现浇施工	传统现浇施工	相同
3	主体施工（住宅）	平均约 6～7 天/层	平均约 4～5 天/层	较长
4	装饰安装	省去外墙保温和内墙抹灰工序，可节省工期 3 个月，约需要 5～7 个月	结构封顶后约 8～10 个月	很短
5	调试验收	正常调试验收工期	正常调试验收工期	相同
6	备案移交	正常备案移交手续	正常备案移交手续	相同

2.4.1 工期对比分析

以普通住宅为例，目前装配式建筑在主体施工阶段并无优势，但在装饰装修阶段省去外墙保温和内墙抹灰等工序，工期缩短很多，总体上工期可持平，随着行业的成熟和发展，工期优势会逐渐体现。

2.4.2 成本对比分析

如表 2-2 所示，现阶段成本出现亏损，成本增加约 200～550 元/m²（各地不同，差异较大）。随着市场和技术的成熟，成本会逐渐下降。

装配式建筑成本对比分析 表 2-2

序号		名称	亏损内容	亏损原因	金额
收入	1	价差收入	7 种预制构件报价高×××元/m³	×××元/m³	
	2	措施费收入	措施费问题：一般项目 156 元/m²（各地有差异）装配式项目 209 元/m²，	×××元/m³	
成本	1	吊装费	预制剪力墙 620 元/m³，预制密肋复合板 620 元/m³，预制外挂墙板 560 元/m³，预制叠合楼板，预制叠合阳台，预制楼梯，预制空调板 420 元/m³，（各地有差异）	外墙吊装费较高	
	2	斜撑	墙板构件的临时支撑不宜少于 2 道，每道支撑由上部的长斜支撑杆与下部的短斜支撑杆组成。长支撑 260 元/根，短支撑 235 元/根		
	3	灌浆料、座浆料	灌浆料 7900 元/t，座浆料 5500 元/t（产品不同各地有差异）		
	4	机械费	吊装期 12 个月，每月吊装用高	××××元/月＊12 个月＊	
	5	钢筋定位器	预制剪力墙需要使用钢筋定位器		
	6	PE 棒、密封胶条、防水橡胶带	外墙墙缝处理		
	7	叠合板板缝处理	叠合板板缝隙处理		
	8	预制楼梯与现浇部分之间缝处理	预制楼梯与现浇部分之间缝隙处理		

续表

序号		名称	亏损内容	亏损原因	金额
成本	9	吊篮外墙清洗	需用6m一个吊篮，使用半个月清洗：××个吊篮	××元/天＊吊篮数量	
	10	楼梯成品保护	楼梯为清水混凝土饰面	提前保护，做防护板	
亏损			成本约增加400元/m²。随着技术的成熟，成本会下降		

2.4.3　质量对比分析

装配式建筑实体质量一次成优。质量平整度好、垂直度好，可免去内墙抹灰，杜绝空鼓开裂，一次成型效果好，如图2-7所示。

图2-7　装配式建筑实体质量一次成优

2.4.4　绿色建筑方面

装配式建造较传统建造方式可不同程度地节约各项资源，减少水、木材和能源的使用，减少现场加工场和材料堆放区的用地面积，降低施工现场垃圾的排放，对绿色施工和环境保护贡献大。装配式建造与传统建造方式环境保护比较分析如表2-3所示，装配式建造五节一环保如图2-8所示。

环保比较分析			表2-3
统计项目	工业化施工	传统施工	降低
每平方米能耗（千克标准煤/m²）	约15	19.11	约20%
每平方米水耗（m³/m²）	0.53	1.43	63%
每平方米木模板量（m³/m²）	0.002	0.015	87%
每平方米产生垃圾量（m³/m²）	0.002	0.022	91%

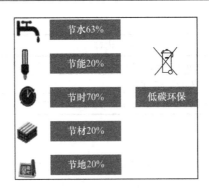

图 2-8　装配式建造五节一环保

2.5　对产品业态成本的影响

以 2017 年上海市为例，案例分析见表 2-4～表 2-6 以及图 2-9，由于各地装配市场及建安成本差异较大，故此数据仅供参考。

多层与小高层对产品业态成本的影响的比较分析　　　　　　　　　　　　　　表 2-4

序号	产品业态	装配率	装配式建安成本（元/m²）	传统建安成本（元/m²）	装配与传统成本差（元/m²）
1	多层	20%	2267	1852	300
		30%	2430		450
		40%	2577		500
2	高层	20%	2476	2141	300
		30%	2610		450
		40%	2736		480

注：此表不完全统计，各地建安成本差异较大此数据仅供参考。

高层建筑传统施工与装配式建筑建安成本对比　　　　　　　　　　　　　　表 2-5

传统建筑（高层）		装配式建筑（高层）	
费用名称	占总建安费用百分比	费用名称	占总建安费用比例
人工费	15-20%	人工费	10-15%
材料费	55-60%	材料费	60-65%
机械费	3-5%	机械费	8%左右
措施费、管理费、规费、税金	15-20%	措施费、管理费、规费、税金	15%左右

建筑传统施工与装配式建筑劳务用工对比分析　　　　　　　　　　　　　　表 2-6

工种	装配层	现浇层	降低率
钢筋工	7	15	53.3%
混凝土工	8	12	33.3%
灌浆工	3	/	−100%
模板工（吊装工）	12	12	—
测量工	2	2	—

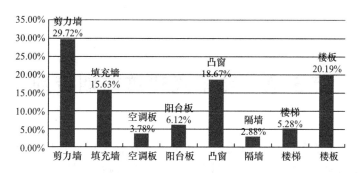

图 2-9 装配式建筑各预制构件占比分析

相同面积的 PC 与完全现浇墙板相比，PC 施工过程将大大节约社会劳动力。以 1 号楼为例，装配层单层用工人数 32 人，同面积的下部现浇层用工人数 41 人，节省用工21.9%。

第3章 装配式建筑前期策划

项目前期策划是整个项目管理的思想和灵魂，对整个项目管理具有战略性的指导意义。现代项目管理的理念之一是："项目不是在结束时失败，而是在开始时失败"，由此说明项目策划的重要性。实践也证明项目策划是项目实现项目管理科学化、规范化、精细化、提高经济效益水平、规避施工风险的前提。

装配式建筑作为全产业链项目（图3-1），与传统施工有着很大的区别，最主要就是装配式建筑管理前置，特别关注项目前期，把项目前期策划称之为创造性工作，传统建筑关注现场，把施工现场称之为程式化的工作。装配式建筑，其构件是在工厂或现场预先制作的混凝土构件，其相应预留预埋件，如连接件、连接套筒、斜撑固定点、机电线管线盒、门窗主副框、外墙饰面等在生产阶段已一次性安装到位，具有施工不可逆性，因此前期设计及深化设计工作显得尤为重要。同时，构件生产及安装效率、质量直接影响建筑物施工工期及后期使用功能，因此构件厂及吊装单位的选择，以及现场施工管理也是项目前期策划的重点之一。

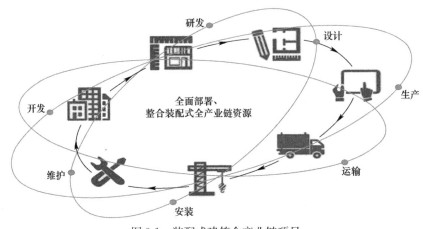

图3-1 装配式建筑全产业链项目

3.1 项目前期策划组织

3.1.1 项目策划的目的

以成本为核心，通过项目策划整合工程所需要的资源，规避风险，确保项目诚信履约和盈利水平。

3.1.2 项目策划组织

建筑企业项目策划分两个层级，分别是企业层的项目策划和项目层的实施计划，公司是项目管理总体策划的主体，项目部是实施计划的主体。

（1）项目策划是由公司主管部门组织，相关部门和项目经理等主要成员参与编制，最终形成《项目管理策划书》，并经公司的工程、质量、技术、物资、合约、成本、资金等职能部门会签后，形成策划书，是装配式建筑总承包项目管理的纲领性文件，由公司主管生产副总经理审批颁布。《项目策划书》经批准后，由公司主管部门发至有关部门和项目部，并组织向项目部交底。同时作为公司支持和服务项目的工作目标和考核检查各职能部门工作任务的依据。

（2）项目部实施计划，由项目经理主持组织策划，项目部各专业系统共同编制，是在项目策划书和目标责任书的基础上进一步深化和细化而形成的第三层次的总承包项目管理操作性文件。

3.2 项目策划的主要内容

3.2.1 策划依据

（1）招标文件。
（2）合同文件。
（3）重大变更洽商。
（4）法规要求，包括适用的法律法规及相关的技术标准、规范等。
（5）公司的项目管理目标。
（6）公司的质量、环境、职业健康安全管理体系及管理要求。
（7）公司的成本管理要求。

3.2.2 项目策划编制内容

（1）项目组织机构。
（2）工程管理目标。
项目目标指项目的整体目标。主要管理目标包括：工期目标、质量目标、安全目标、环境目标、技术创新目标、文明工地、CI等。
经济指标包括：成本目标、成本降低额、成本降低率、利润等。
（3）项目经理授权：
重点是授权范围、额度、权限（包括：分包商选择及合同审批权、物资采购供应商选择及合同审批权、支付款权限、项目风险基金审批权）。
（4）总进度计划。
（5）施工部署及施工总平面布置。
（6）主要施工方法：
包括基坑围护工程、基坑降水、土方工程、钢筋工程、模板工程、外脚手架方案选择等。
（7）施工准备与主要资源配置计划：
包括施工准备计划、劳动力投入计划、分包选择计划、物资采购计划、机械设备配置计划、模板架料配置计划、办公设备配置计划、项目现金流管理计划。

（8）项目主要管理计划：

包括成本管理计划、科技管理计划、设计管理计划、质量管理计划、职业健康安全、环境管理计划、党工团纪管理计划等内容。

对于装配式建筑，需要注意设计分包、预制构件供应商、预制构件安装分包的选择，以及工作界面划分。

3.2.3　项目前期策划八大要点

（1）项目预制装配方案前期研究（建筑方案阶段）。
（2）项目所在地政府引导和政策鼓励情况。
（3）项目所在地的预制工厂生产质量和能力考核。
（4）设计院设计拆分能力。
（5）施工单位的技术能力和工程业绩考核。
（6）预制装配方案的技术经济性分析。
（7）项目实施预制方案的风险评估及决策。
（8）预制构件运输及道路状况分析。

3.3　设计策划

设计策划，主要包括两个方面的内容：一是装配式建筑设计单位的选择，二是装配式建筑的产品定位。

3.3.1　装配式建筑设计单位的选取

原则上从三个方面考虑：

（1）有装配式建筑经验的设计院
1）提倡一个设计单位或者设计总包。
2）设计单位应具备丰富的装配式设计经验。
3）探索 EPC 模式（以设计为龙头的工程总承包管理）。
（2）技术能力
1）设计方法标准化、装配构件标准化能力。
2）全专业全过程一体化设计能力。
3）BIM 技术在设计过程中的应用能力。
（3）掌握装配式建筑标准
1）设计单位属地化。
2）装配式住宅政策的熟悉、应用。

对于装配式建筑设计单位的选择，主要包括装配式建筑设计单位、装配式建筑深化设计单位的选取，一般较为常用的模式分为如下三种：

（1）装配式建筑设计单位自行完成装配式建筑的深化设计，该模式下，设计单位可有针对性地提前开展深化设计工作，也减少了总承包单位的设计管理难度，有利于设计进度的管控。

（2）装配式建筑设计单位只完成施工图阶段的设计相关内容，需总承包单位另行选择深化设计单位，配合后续的构件深化设计工作。这种模式下，需严格划分设计界面，制定设计进度节点，并约定提资内容，防止设计进程中相互推诿的现象发生。也可在预制构件供应商具备深化设计能力的条件下，将深化设计任务委托给预制构架供应商，方便设计进度和质量管控。

（3）装配式建筑设计单位只完成施工图阶段的设计相关内容，总承包单位自行负责深化设计，该模式下，可以在设计阶段，通过与原设计单位沟通协调，最大程度控制预制构件深化设计不合理所带来的增量成本，但需要总承包单位具有较为成熟的深化设计团队。

以上三种设计模式，需要在前期策划阶段即予以考虑，根据总承包管理单位管控能力，选择合适的组织方式。

3.3.2 装配式建筑产品定位

装配式建筑的产品定位和设计选型，对工程建设成本具有较大的影响。国内目前较成熟的装配式结构体系分为三大类：装配整体式混凝土框架结构、装配整体式混凝土剪力墙结构、装配整体式混凝土框架-剪力墙结构。以上三类结构体系各有优缺点和适用范围，具体介绍如下。

1. 装配整体式框架结构体系

装配整体式混凝土框架结构图 3-2，适用于低层、多层和高度适中的高层建筑。装配式框架要求具有开敞的大空间和相对灵活的室内布局，同时对于建筑总高度的要求相对适中，但总体而言，目前装配式框架结构较少应用于居住建筑。预制构件包括柱、叠合梁、叠合楼板、阳台、楼梯等。该体系特点是工业化程度高，内部空间自由度好，室内梁柱外露，施工难度较高，成本较高。

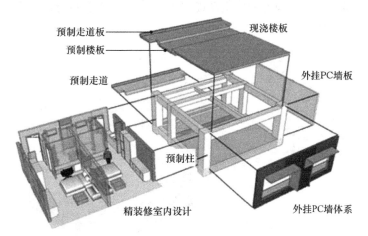

图 3-2 装配式框架结构体系

适用高度：60m 以下。

适用建筑：公寓、办公、酒店、学校等建筑。

2. 装配整体式剪力墙结构体系

装配整体式剪力墙结构体系图 3-3，按照主要受力构件的预制及连接方式，国内的装配式剪力墙结构体系可以分为装配整体式剪力墙结构体系、叠合剪力墙结构体系、多层剪力墙结构体系。各结构体系中，装配整体式剪力墙结构体系应用较多，也是目前国内装配式住宅建筑常用的结构体系。预制部件包括：剪力墙、叠合楼板、叠合梁、楼梯、阳台、空调板、飘窗、分户隔墙等。体系特点：工业化程度高，预制比例可达70%，房间空间完整，几乎无梁柱外露，施工简易，成本最低可与现浇持平，可选择局部或全部预制，空间灵活度一般。

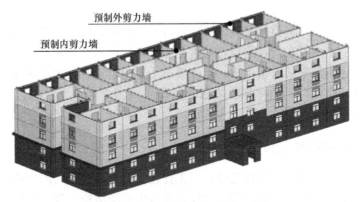

图 3-3　装配整体式混凝土剪力墙结构体系

适用高度：高层、超高层。
适用建筑：保障房、商品房等。

3. 装配整体式框架—剪力墙结构体系

装配整体式框架—剪力墙结构体系中，剪力墙和框架布置灵活（图 3-4），较易实现大空间和较高的层高，可以满足不同建筑功能的要求，可广泛应用于居住建筑、商业建筑、办公建筑、工业厂房等，有利于用户个性化室内空间的改造。当剪力墙在结构中集中布置形成筒体，在满足一定要求时，就成为框架-核心筒结构。外周框架和核心筒之间可以形成较大的自由空间，便于实现各种建筑功能要求，特别适合于办公、酒店、公寓、综合楼等高层和超高层民用建筑。

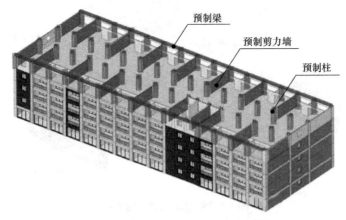

图 3-4　装配整体式框架—剪力墙结构体系

根据预制构件部位不同，可分为装配整体式框架—现浇剪力墙结构、装配整体式框架—现浇核心筒结构、装配整体式框架-剪力墙结构三种形式。前两者中剪力墙部分均为现浇。预制构件包括：柱、剪力墙、叠合楼板、阳台、楼梯、户隔墙等。体系特点：工业化程度高，施工难度高，成本较高，室内柱外露，内部空间自由度较好。

适用高度：高层、超高层。

适用建筑：高层办公楼、商品房、保障房等。

3.3.3　装配式建筑设计特点是设计前置

装配式建筑的设计，与传统结构设计比较，核心特点为建筑附属配件、施工等工作内容前置，为深化设计工作开展提供基础。

（1）装配式方案设计前置：建筑方案应充分论证装配式实施方式和方法，提前进行综合策划。

（2）机电、装修等设计前置：机电、室内装修深化设计前置，提供预留、预埋点位和管线排布。

（3）施工组织计划前置：深化设计阶段即需提供塔吊附墙、电梯预留门洞等条件，方便预留预埋。

3.4　装配式建筑设计原则及深化设计

3.4.1　装配式建筑设计原则

（1）满足土地出让合同中装配式建筑面积和预制率、装配率的相关要求。

（2）对于可分期开发的项目，样板区、先开盘区域优先采用现浇结构。

（3）在装配式建筑的设计策划中，应综合考虑当地现有的预制构件产能和施工水平，选择与之匹配的结构体系、预制构件种类。

（4）装配式建筑单体的布置，在满足采光、通风等建筑使用功能条件下，应尽量满足其构件堆放和塔吊安装。

（5）装配式建筑应优先选用房型套用率高和标准层多的建筑单体，应通过少规格、多组合的形式，减少预制构件种类，降低成本。

（6）装配式建筑设计应少规格、多组合、模数化，如图3-5所示。

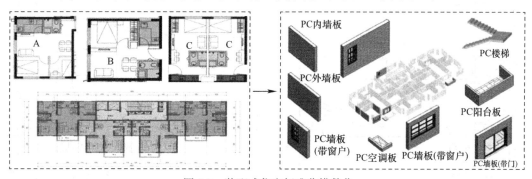

图3-5　装配式住宅标准化模数化

1）先水平、再竖向；

2）先外墙、再内墙；

3）外围护尽量单开间拆分；

4) 接缝位置选择受力较小处;

5) 考虑运输、吊装要求,构件不宜过大、过重。

3.4.2 装配式建筑深化设计内容

通过预制构件深化设计工作,将各专业需求进行集合,在预制构件生产前,即对整个后续构件生产、构件安装、各专业施工及各专业功能的实现进行综合考虑,最终实现预制构件深化设计的高度集成化。

深化设计图内容:

(1) 预制构件设计总说明。

(2) 预制构件布置图。

(3) 现浇结构预埋件布置图。

(4) 预制构件详图。

(5) 预制构件连接节点详图。

(6) 金属件加工详图。

3.4.3 装配式建筑深化设计——构件深化

各个专业设计要点:

(1) 建筑:构件外形、表面做法、开洞信息、防水保温做法(图 3-6)。

(2) 结构:构件材料、钢筋信息、节点做法。

(3) 机电:管线排布、线盒预留。

(4) 生产:脱模埋件、翻转埋件。

(5) 施工:吊装埋件、支撑埋件,各工况验算。

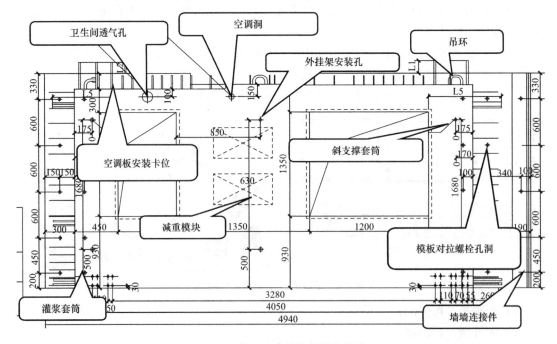

图 3-6 装配式建筑构件深化设计

3.5 采购策划

装配式建筑的工程总承包管理，其主要分包单位包括：设计单位、构件生产单位、构件运输单位、构件吊装单位及其他如土建、机电、幕墙、精装修等专业单位。为确保总承包单位的合同履约能力，需根据不同分包单位的资质、深化设计能力、管理协调能力进行分包合同签订前的详细策划。

对于设计分包的选择，在3.4节中已进行较为详细叙述，在此不再赘述。而对于构件生产、运输及吊装作业，主要分为如下两种：

（1）清包模式，即预制构件与吊装作业劳务分开采购，运输包含于预制构件生产发包范围内。预制构件生产厂家仅作为构件供应商，负责预制构件供应和物流运输，现场构件吊装由吊装作业劳务班组完成。该模式的应用，主要考虑两个因素：一是由于目前市场成熟度不高，预制构件生产厂家并不全都具备构件吊装作业能力。二是总承包管理单位通过施工任务拆分，达到成本最优的目的。但是该模式下，总承包单位管理难度较大，需增设专人协调预制构件供应、预制构件堆放等问题，且不利于施工衔接。

（2）专业分包模式，即预制构件、构件运输与吊装作业劳务合并采购。预制构件生产厂家作为构件供应商，同时负责预制构件的物流运输和现场吊装作业。该模式，有利于总承包管理，也利于施工衔接，但构件生产、运输、安装均由一家单位完成，其各环节质量检查与验收是总承包管理的重点。

其他土建、机电、幕墙、精装修等单位同传统现浇结构要求。

3.5.1 分包选择策划

装配式建筑工程总承包合同中约定的分包商一般策划要求如表3-1所示。

分包选择策划表　　　　　　　　　　　　　　　　　　　表3-1

序号	分包项目	分包工作内容	分包方式	分包商选择方式	拟选择分包数量	进退场时间	基本能力要求
1							
2							
3							
…							
编制人		审核人			批准人		
时间		时间			时间		

3.5.2 物资采购

装配式建筑工程总承包合同中约定的主材如：钢筋、模板、混凝土及预制构件为总承包单位采购，其他辅材可由各分包单位自行采购，如表3-2所示。

物资采购策划表　　　　　　　　　　　　　　　　　　　　　　　　表 3-2

物资采购策划表															
序号	物资名称	规格型号	计量单位	估算数量	估算价值（万元）	物资采购单位（打√）					采购地点	采购方式	采购时间	拟选择供应商数量	风险辨识
						业主	集中采购	分公司	项目部	分包商					
1															
2															
…															
制表人		审核人						审批人							
日期		日期						日期							

3.5.3　机械设备采购

装配式建筑工程总承包合同中约定的机械设备，如塔吊、人货电梯等，在前期策划阶段，应充分考虑装配式建筑的特点，在布置数量、起吊能力、安拆时间等方面予以充分考虑，并编制机械设备选择策划表，如表 3-3 所示。

机械设备选择策划表　　　　　　　　　　　　　　　　　　　　　表 3-3

机械设备选择策划表								
序号	名称	需满足性能参数	拟用型号	数量（台/套）	提供单位/形式			进退场时间	备注
					公司购置	公司租赁	分包自带		
1									
2									
3									
4									
5									
…									
编制人		审核人			审批人				
时间		时间			时间				

3.6　施工策划

3.6.1　施工总平面布置

装配式建筑施工总平面布置（图 3-7），与常规现浇结构施工相比，需注意以下几点内容：

（1）施工场地内运输道路应形成环路，并联结各楼栋堆场，避免构件大型运输车辆在场地内回转。同时，也方便运输车辆将预制构件直接运至各楼栋所属堆场，避免构件二次倒运。预制构件运输路线设计：

1）运输车辆 2.5m 宽，13.5m 或 17.5m 长，设计现场道路宽度 6m，转弯半径 9m（图 3-7）。

2）对车库顶板运输线路进行承载力和裂缝验算，确定是否加固处理。

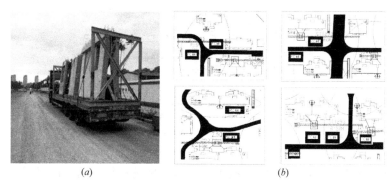

(a)　　　　　　　　　　　　(b)

图 3-7　运输及道路布置

(a) 构件运输；(b) 现场 PC 构件道路布置

3）将运输线路设计在以后正式的消防车道上。

（2）每一栋装配式单体应根据标准层预制构件类型和数量，在塔吊吊运范围内，布置可供一层构件堆放的预制构件堆场，以保障施工现场构件吊装作业的连续性。要根据场地情况，当装配式建筑构件堆场和运输线路设置在地库顶板上时有以下要求：

1）PC 堆场设计面积不小于 1/3 建筑面积，且不小于 250m²。

2）对最不利荷载布置组合进行局部等效荷载的计算。

3）根据最大局部等效荷载（20kN/m²）与地库顶板正常使用荷载（22kN/m²）来确定堆场底板是否需要加固处理。

不同种类构件的堆放要求见表 3-4。

不同种类构件的堆放要求　　　　　　表 3-4

构件种类	堆放要求
预制墙板	采用立架放置，每个立架最多放置 8 块，立架底部需设置三道以上垫木
叠合楼板、阳台板、空调板	堆放层数不超过 6 层，设置 2 道垫木，上下垫木应对齐
预制楼梯	底部垫木方，每堆堆放不超过 6 层，每层之间用三合板隔开，防止阳角磕损

（3）装配式建筑的标准层工期，受塔吊吊运效率的影响较大，按照每一标准层 5~7 天的施工进度，每栋单体均应布置塔吊，且塔吊选型受标准层预制构件重量和吊运距离的双重限制，应在设计前期即对预制构件的重量进行限制，避免构件重量过大，导致塔吊选型过大，增加采购成本。

（4）构件吊装

预制墙板吊装动线图，要提前确定吊装顺序，可有效提高吊装效率。特别是要保证构件加工顺序、运输顺序和堆放顺序与吊装顺序一致（图 3-8、图 3-9）。

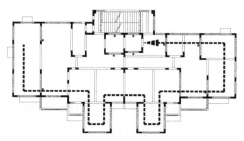

图 3-8　预制墙板吊装动线图

图 3-9　预制叠合板吊装动线图

（5）根据平面布置图，利用 BIM 技术，对施工现场进行道路、PC 堆场和塔吊等的三维平面布置（图 3-10）。

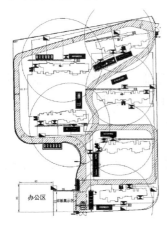

图 3-10　三维平面布置

3.6.2　施工技术方案策划

装配式建筑的施工技术方案，与常规现浇结构相比，主要有以下不同：

（1）需编制《装配式混凝土结构施工专项方案》，方案内容应包括：装配式概况、预制构件吊装顺序、吊装施工流程和施工工艺、水平预制构件的支撑及稳定性验算、竖向构件的斜向支撑设置及稳定性验算，以及吊点和钢丝绳验算。当预制构件重量超出《危险性较大的分部分项工程安全管理办法》规定时，应组织方案专家论证后实施。

（2）装配式建筑的塔吊、施工电梯、外脚手架连墙措施，应在深化设计初期即予以考虑，并将相应施工资料提资至深化设计单位，方便深化设计单位进行预留、预埋，避免后期现场剔凿、切割，影响附着的稳定性和结构安全性。

如：塔吊设计选型（图 3-11）：

1）塔吊最大吊重，大于最大构件重量的 1.5 倍。

2）塔吊附墙应附着在现浇结构上。

3）塔吊应覆盖堆场区域，塔吊建筑覆盖面积宜为 600m^2，且每个单体单独布塔。

4）施工设施设备附墙

附着点均应尽量调整到靠近梁板标高处，以免给柱、墙附加过大的弯矩。

塔吊、施工电梯等施工设施设备附墙杆应根据说明书计算附着点的力，并复核工程结构的承载能力。

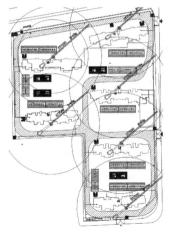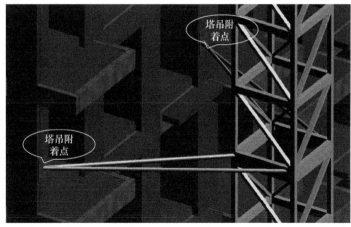

图 3-11 塔吊设计选型及附着

（3）当装配式建筑地下结构为大地下室的情况，需要将构件运输路线和堆场布置在地下室顶板上，这种情况下，应在施工准备阶段，对地下室顶板的承载能力进行验算，若承载能力不足，需要加固设计或地下室顶板回顶措施，并将验算结果报设计单位审核。

（4）当装配式建筑存在竖向预制构件时，一般常用的竖向钢筋连接措施为灌浆套筒连接。灌浆套筒的连接，是装配式建筑质量安全的重要环节，灌浆套筒、灌浆料的选取、灌浆工艺的标准化等，均需在技术方案中予以明确。当工程项目位于寒冷地区时，若存在冬期施工，还需编制《套筒灌浆冬期施工专项方案》，并经专家论证后实施。

3.6.3 现浇结构模板方案选取

装配式建筑的现浇结构施工中，模板方案的选取需在深化设计初期予以确认，方便深化设计单位将现浇段模板的对拉螺栓孔深化至预制构件中，方便现浇段模板的固定。对于工具化模板（铝合金模板、铝框木模板）和普通木模板，其各有优缺点，主要有以下因素需要着重考虑。

（1）工具化模板刚度较大，现浇段浇筑质量较高，更利于实现墙体免抹灰。但工具化模板和预制构件均需要深化设计，需要总承包管理单位协调好工具化模板的深化设计进度，能够及时将对拉螺栓孔的位置提资给预制构件深化设计单位，避免二次深化。

（2）普通木模板，总承包管理单位可根据施工经验，对预制构件深化设计单位进行提资，简化了管理流程，但木模板由于多次周转使用后，普遍存在破损、翘曲的现象，现浇段浇筑质量较差，不利于实现墙体免抹灰。

3.6.4 外架选择

（1）装配式建筑外架形式的选择，主要包括落地式脚手架、悬挑脚手架、爬架和挂架四种形式，其优缺点分析如表 3-5 所示。

装配式建筑外架形式优缺点分析 表 3-5

序号	外架形式	优缺点分析
1	落地式脚手架	传统脚手架，搭设简单，有高度限制
2	悬挑脚手架	传统脚手架，搭设简单，工字钢洞口需在构件上进行预留洞口，适合有较大量外墙作业的项目
3	爬架	预埋较少，成本高，适合外立面简单且层数较多的项目
4	外挂架	需在墙板构件预留孔洞，安装简单，适合外墙作业量少的项目。局部地区限制使用

（2）外防护架选型应依据工程特点、工程量和现场施工条件进行选择。外防护架选型原则需要满足适应性、高效性、稳定性、经济性和安全性等特点。常用外防护架形式为单立杆双排脚手架、双立杆双排落地脚手架、悬挑脚手架、爬架、外挂架等形式，其适用范围如表 3-6 所示。

外防护架适用范围 表 3-6

序号	外架形式	结构形式	工程适用范围	
			层数	高度
1	单立杆双排脚手架	装配式剪力墙、装配式框架装配式框架剪力墙	12 层以下	≤24m
2	双立杆双排落地脚手架	装配式剪力墙、装配式框架装配式框架剪力墙	16 层以下	≤50m
3	悬挑脚手架	装配式剪力墙、装配式框架装配式框架剪力墙	20 层以上	60m 以上
4	爬架	装配式剪力墙装配式框架剪力墙	30 层以上	100m 以上
5	外挂架	装配式夹心保温剪力墙	12 层以上	24m 以上

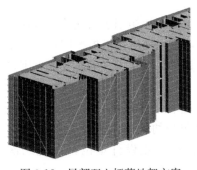

图 3-12 局部双立杆落地架方案

（3）脚手架平面布置设计：

根据技术条件，一般工程外架可采用落地架和搭悬挑架的方案。

1）装配式结构，搭挑架需多准备一套钢挑梁，在构件加工时需要单独预留洞口，并且 PC 外墙构件开洞以及封堵比较困难，需增加一倍的拆架用工。

由于工期较紧张，落地架增加的材料租赁费用小于搭挑架增加的拆架用工费用。经综合比较，采用局部双立杆落地架方案比较可行（图 3-12）。

2）采用悬挑脚手架时，需考虑悬挑工字钢留洞位置和工字钢斜撑的埋件位置（图 3-13）。

3）特别注意：

① 选择在无水房间、双单元中间、非剪力墙、大的窗洞位置（图 3-14）。

② 取消原位置预制墙体，改为后做现浇结构墙。

③ 保证附墙在现浇结构上，在叠合板开洞设置拉结。

（4）施工通道设计：

设计时往往不会考虑施工通道问题，预制墙不同于现浇墙，预制墙体安装后，现浇段宽度过小劳动车和人无法通过，在前期设计时需要调整墙体位置（图 3-15）。

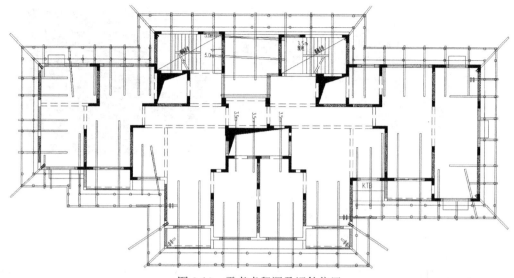

图 3-13 需考虑留洞及埋件位置

图 3-14 位置选取

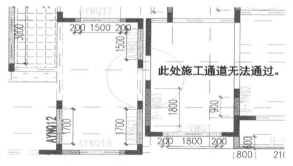

图 3-15 设计时需要调整墙体位置

3.6.5 构件厂选择

（1）构件厂拥有较强的模具深化加工能力。

（2）拥有自动化流水生产线和蒸压养护设备，确保构件生产满足图纸质量要求。

（3）拥有多条生产线，满足施工进度要求（图 3-16）。

（4）生产线节拍约为 15min，预养约为 90min，蒸养时间约 6h，整体流转时间约为 12h。生产节拍可根据构件类型、气温温差等因素通过变频电机、通风降温系统等进行调整。

（5）构件制作。预制构件制作前应进行深化设计，深化设计包括：

47

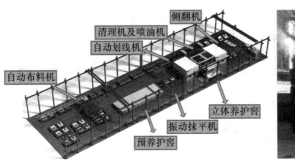

图 3-16 流水生产线

1）预制构件模板图、配筋图、预埋吊件及埋件的细部构造图等。

2）带饰面砖或饰面板的排板图和排砖图。

3）复合保温墙板连接件布置图和保温板排板图。

4）构件加工图。

5）预制构件脱模、翻转过程中混凝土强度、构件承载力、构件变形及吊具、预埋吊件的承载力验算等。

6）构件加工

① 按设计图纸预埋吊钩吊环（安全）。

② 墙柱台模设计时，确保灌浆套筒和竖向钢筋出筋位置符合设计图纸要求。

③ 台模设计时保证台模侧边粗糙面满足大于结合面80％要求。

7）预制构件制作包括：

① 模具拼装。

② 饰面材料铺贴与涂装。

③ 钢筋和预应力的制作与安装。

④ 预埋件及预埋孔设置。

⑤ 门窗倒置。

⑥ 保温材料设置。

⑦ 混凝土浇筑。

⑧ 构件养护。

⑨ 构件脱模。

⑩ 构件标识。

3.7 商务策划

项目商务策划，主要以成本为核心，以全寿命周期为主线，根据项目盈亏点分析，找出项目亏损点、盈利点、风险点、可盈利点、可亏损点等进行造价成本分析与策划、成本管理策划等内容。通过策划，明确现场管理成本控制项目和目标，使每个管理人员都知道项目的盈亏项，便于项目监控过程成本。商务策划表详见附表2-1。

3.8 资金策划

通过对项目全生命周期的现金流策划（图 3-17），使项目资金回收与使用纳入计划，最大化回收、最小化支付、正现金流最大化降低资金成本。资金策划表详见附件。

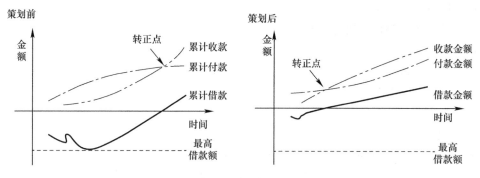

图 3-17 现金流策划

建议用资金平衡线的原理：资金平衡线＝平均付现成本率×（1－利润率），作为提升总承包管理能力的重要抓手。

资金平衡线的应用：

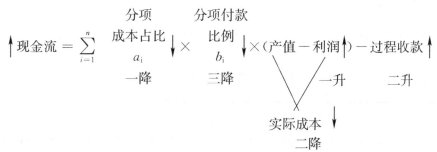

剩余收益＝［实际季度平均结余－策划季度平均结余］

用资金平衡线来分析：工期、成本、现金流、履约情况。

3.9 风险策划

风险策划，主要是识别正、负风险，规避负风险，利用正风险，找寻机会点和突破点。风险策划表详见附件。

3.10 资源整合

项目资源整合管理是对项目资源所进行的计划、组织、指挥、协调和控制等活动。由于工程所需资源的种类多、需求量大。工程项目建设过程是个不均衡的过程。资源供应受外界影响很大，具有复杂性和不确定性，资源经常需要在多个项目中协调。资源对项目成本的影响很大等原因，导致项目资源管理极其复杂。其目标是通过生产要素管理，实现生产要素的优化配置，做到动态管理，降低工程成本，提高经济效益。

3.10.1 资源管理制度

组织应建立项目资源管理制度，确定资源管理职责和管理程序，根据资源管理要求，建立并监督项目生产要素配置过程。项目资源管理应遵循下列程序：

(1) 明确项目的资源需求。

(2) 分析项目整体的资源状态。

(3) 确定资源的各种提供方式。

(4) 编制资源的相关配置计划。

(5) 提供并配置各种资源。

(6) 控制项目资源的使用过程。

(7) 跟踪分析并总结改进。

其中分析项目整体的资源状态是十分重要的过程。这里的分析是针对项目的需求，分析项目现有资源的情况，包括资源数量、质量、种类、分布等，关键关注工程项目需要的资源的状态，以及与资源提供能力的匹配水平，为下一步提供相关重要工作奠定条件。只有分析充分，项目资源管理的程序才能具有价值，资源提供的效率与效益才能满足规定的要求。

3.10.2 资源管理的全过程

(1) 项目管理机构应根据项目目标管理的要求进行项目资源的计划、配置、控制，并根据授权进行考核和处置。

1) 编制资源管理计划。计划是优化配置和组合的手段，目的是对资源投入量、投入时间、投入步骤做出合理安排，以满足项目实施的需要。

2) 配置。配置是指按照编制的计划，从资源的供应到投入到项目实施，保证项目需要。优化是资源管理目标的计划预控，通过项目管理实施规划和施工组织设计予以实现。包括资源的合理选择、供应和使用，既包括市场资源，也包括内部资源。配置要遵循资源配置自身经济规律和价值规律，更好地发挥资源的效能，降低成本。

3) 控制。控制是指根据每种资源的特性，设计合理的措施，进行动态配置和组合，协调投入，合理使用，不断纠正偏差，以尽可能少的资源满足项目要求，达到节约资源的目的。动态控制是资源管理目标的过程控制，包括对资源利用率和使用效率的监督、闲置资源的清退、资源随项目实施任务的增减变化及时调度等，通过管理活动予以实现。

4) 处置。处置是根据各种资源投入、使用与产出核算的基础上，进行使用效果分析，一方面对管理效果的总结，找出经验和问题，评价管理活动。另一方面又为管理提供储备和反馈信息，以指导下一阶段的管理工作，并持续改进。

(2) 项目资源管理应按程序实现资源的优化配置和动态控制，其目的是为了降低项目成本，提高效益。资源管理应遵循下列程序：

1) 按合同要求，编制项目资源配置计划，确定投入资源的数量与时间。

2) 根据项目资源配置计划，做好各种资源的供应工作。

3) 根据各种资源的特性，采取科学的措施，进行有效组合，合理投入，动态调控。

4) 对资源投入和使用情况定期分析，找出问题，总结经验并持续改进。

3.10.3 公共资源管理

企业针对项目的特点，对不同来源、不同层次、不同结构、不同内容的资源进行识别与选择、汲取与配置、激活和有机融合，使其具有较强的柔性、条理性、系统性和价值性。能够降低运营成本，效益最大化，可使企业良性发展。

项目提前与外部各单位进行对接，提前沟通设计、施工过程中的相关问题，可有效提高项目运行效率，降低项目运营过程中的风险（表3-7）。

公共资源对接　　　　　　　　　　　　　　　　　　　表3-7

序号	对接单位	对接内容	对接时间	对接部门	对接负责人
政府监管					
1	建设管理部门	开工手续	开工前	项目负责人	项目负责人
2	规划管理部门	开工手续	开工前	项目负责人	项目负责人
3	人防管理部门	人防设计、验收等事宜	基础施工前	技术部	技术负责人
4	消防管理部门	临建消防验收、消防工程设计、施工及验收	开工前	安全部、工程部、技术部	项目负责人
5	电力管理部门	临电接驳、电力设计施工及验收	开工前	工程部、技术部	项目负责人
6	燃气管理部门	燃气工程设计、施工及验收	燃气工程出图前	工程部、技术部	项目负责人
7	通信管理部门	通信工程设计、施工及验收	通信工程出图前	工程部、技术部	项目负责人
8	地铁管理部门	基坑设计及施工、检测监护	基坑施工前	工程部、技术部	项目负责人
9	环境保护管理部门	雨污水排放、扬尘等环保事宜	开工前	工程部、安全部	安全总监
10	交通管理部门	车辆通行、运输	开工前	工程部、安全部	生产经理
11	城市管理部门	夜施、扰民等事宜	开工前	工程部	生产经理
12	当地派出所	维稳、人员政审等事宜	开工前	工程部、安全部	生产经理
13	工会	工会活动联建	开工后	工会主席	工会主席
14	社区管理部门	扰民事宜	开工前	工程部	生产经理
15	质量监督管理部门	质量验收流程、手续等事宜	开工前	技术部	技术经理
16	安全监督管理部门	安全验收流程、手续等事宜	开工前	安全部	安全总监
17	检验、试验部门	检试验工作流程及手续等事宜	开工前	技术部	技术经理
18	档案管理	资料收集、整理及交档等事宜	开工1个月内	技术部	技术经理
	……				
市场资源					
1	医院	伤病就医等事宜	开工前	安全部	安全总监
2	体检中心	人员体检等事宜	开工前	安全部	安全总监
	……				
……					
	……				

第4章 装配式建筑计划管理

装配式建筑计划管理以项目工期总计划和工期要求为依据，统一调配劳动力、机械设备、装配式构件，确保进度计划的有效落实，并经常监督、检查各施工单位的进度情况。对工程交叉施工和工程干扰应加强指挥及协调，对重大关键问题超前研究，制定措施并及时调整工序和调动人、财、物、机，保证总承包管理全过程的连续性和均衡性。针对达不到工期进度应及时采取有效的补救措施，保证工期计划的顺利进行。

4.1 计划管理架构

4.1.1 计划管理组织架构

装配式建筑项目工期管理组织架构如图 4-1 所示。项目经理为工期管理第一责任人，并设立计划部，统一协调各项工作进度计划，实行"四级计划三级考核"的标准化计划管控制度，项目设专兼职计划经理或计划工程师对部门的工作计划进行跟踪、分析和考核。

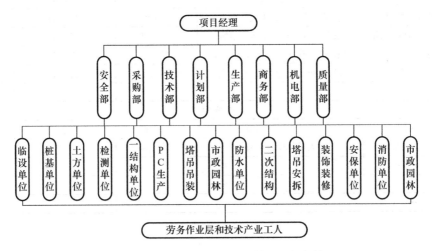

图 4-1 装配式建筑项目计划管理组织架构

4.1.2 各部门职责及权限

工期管理组织架构中，各部门的工作职责及权限如表 4-1 所示。

表 4-1

工期管理各部门职责及权限

部门名称	职责和权限
项目经理	负责管控项目总进度计划，确保各部门各施工阶段进度计划照常进行
计划部	① 配合项目经理梳理并调配资源，从经营角度管控工期计划。 ② 负责与各部门相互协调与管控，提前协调装配式构件深化设计情况，吊装计划、垂直机械的使用台班计划及现场堆放布局等工作。 ③ 负责各分包单位进场组织安排、协调与计划管控，提前与PC供应商现场调度协商厂家生产、运输进度。 ④ 负责对项目执行情况进行对比与分析。 ⑤ 负责对项目部各部门进行计划检查及考核
设计部	① 提前组织图纸内部会审，提前对工程所有专业的深化设计进行设计总协调。在施工进度前针对设计方面的问题向设计单位提出合理化建议。 ② 在项目内部进行设计交底，负责工程施工的各类工况演算和分析，编制整体变形控制方案、变形监测方案。 ③ 负责利用项目BIM技术的应用，利用BIM技术进行管线综合、碰撞检查等，及时解决好设计图纸中存在的各种问题
技术部	① 负责整个项目的施工技术管理工作。 ② 编制专题方案和各类技术方案，并对分包商的施工方案和施工工艺进行评审，参与材料设备的选型和招标，并负责设计变更。 ③ 组织图纸内部会审，掌握工程设计和施工图纸的最新变化，为工程施工提供支持。 ④ 负责施工过程中的测量、计量和试验管理，做好PC构件的各类原材检验、工艺检验。 ⑤ 负责各个阶段的资料收集和整理，负责工程竣工资料的编写和归档工作。 ⑥ 对现场出现的施工遇到的问题应及时给予技术支持和帮助
工程部	① 负责按施组及方案及进度计划要求完成施工任务，解决工程施工中的现场管理及技术工艺问题。 ② 负责编制劳动力、机械设备和材料物资需用计划和材料物资采购计划以及装配式构件的吊装计划。 ③ 协调专业工种，各分包商交叉作业工序，调度平衡生产要素资源，及时解决施工生产中出现的问题，确保施工生产科学、合理、有序、高效的按计划进行。 ④ 负责对分包商日常施工进度、质量、安全、文明施工的监管。审核分包商月度完成实物工程量
采购部	① 负责设备、材料供应管理工作，依据施工图预算和施工进度计划，编制设备进场、材料采购计划。 ② 与构件厂协调沟通好，对预制构件的运输进行进度管控，并对进场验收、保管、发货和现场二次搬运工作及时调整。 ③ 负责材料市场询价调查，参与材料招标采购活动，组织材料进场、回收和处理余料。 ④ 协助项目经理、公司职能部门尽快完成PC供应商的定标工作。 ⑤ 负责现场工程材料、设备、半成品月度盘点，负责月度材料核算，分析物料消耗和材料成本
各专业分包设计划管理员	① 配置专职的计划管理员，纳入总包管理体系。 ② 积极配合并执行项目部计划管理工作。 ③ 组织、协调各作业班组施工顺序，解决班组之间的矛盾。 ④ 及时完成项目部下达的工作指令。 ⑤ 保证施工人员充足，自备材料供应及时。 ⑥ 依据合同及施工协议，完成所承包的施工内容

4.2 项目建立进度总控管理目标体系

　　项目总控的计划主要有以下工作：①计划过程的描述，使计划可以实施。②计划的分解，确保各个层级都在计划的指导下进行。③风险分析，以便使计划更有效、更有针对性。④合同控制，将计划的内容，反映到合同中，用市场经济的方法管理不同的参与者，提高管理的有效性。实行"四级计划三级考核"计划管控制度，项目设专职计划经理或计划工程师对部门的工作计划进行跟踪、分析和考核。

4.2.1　项目总控的计划分解

计划的分解包括纵横两个方面的内容，即过程分解和任务分解，最后以合同的形式加以确定，这是项目控制的基础。计划分解是贯彻计划很重要的工作，见图 4-2。

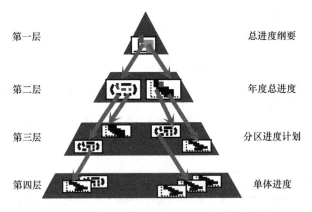

第一层　　　　　　　　　　　　总进度纲要

第二层　　　　　　　　　　　　年度总进度

第三层　　　　　　　　　　　　分区进度计划

第四层　　　　　　　　　　　　单体进度

图 4-2　项目总控的计划

传统模式的责任是分散的，业主、监理、勘测、设计、施工所谓五方主体各自责任明确。装配式建筑工程总承包模式，尽管还是五方法人主体责任不变，但总包负总责，竣工交钥匙。总承包企业负总责，一句话凡是工程涉及勘测、设计、构件生产、采购、施工的问题，总承包都有责任，传统模式下，设计施工时有扯皮现象，工程承包模式下的问题扯皮都在总承包范围内，需要总承包要把总控计划编制好，做好内部把控管理，这就对总包管理的制度、核心能力、人员专业要求很高。

4.2.2　WBS 结构分解

项目进度管理目标随任务不同而不同。项目进度管理目标应按项目实施过程、专业、阶段或实施周期进行 WBS 分解（图 4-3）。作用：主要是将一个项目分解成易于管理的几个部分或几个细目，以便确保找出完成项目工作范围所需的所有工作要素见图 4-3。

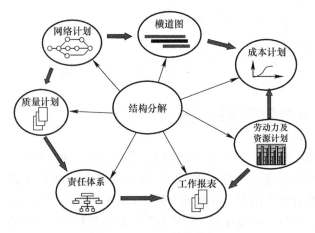

图 4-3　WBS 结构分解

例如进度计划从里程碑到具体的任务层级进行分解，企业关注的是宏观性的问题。

4.2.3　项目进度管理程序

《建设工程项目管理规范》9.1.2条规定，项目进度总控管理应遵循下列程序：

（1）编制进度计划。

（2）进度计划交底，落实管理责任。

（3）实施进度计划。

（4）进行进度控制和变更管理。

这个程序实际上就是我们通常所说的PDCA管理循环过程。P就是编制计划，D就是执行计划，C就是检查，A就是处置。在进行管理的时候，每一步都是必不可少的。因此，项目进度管理的程序，与所有管理的程序基本上都是一样的。通过PDCA循环，可不断提高进度管理水平，确保最终目标实现。

4.3　进度计划

4.3.1　进度计划体系

由于划分角度不同，项目进度计划可分为不同类型。

（1）按项目组织不同进行分类。项目进度计划可分为建设单位进度计划、设计单位进度计划、施工单位进度计划、供应单位进度计划、监理单位进度计划、工程总承包单位进度计划等。

（2）按功能不同进行分类。项目进度计划可分为控制性进度计划和作业性进度计划。

1）控制性进度计划：包括整个项目的总进度计划，分阶段进度计划，子项目进度计划或单体工程进度计划，年（季）度计划。上述各项计划依次细化且被上层计划所控制。其作用是对进度目标进行论证、分解，确定里程碑事件进度目标，作为编制实施性进度计划和其他各种计划以及动态控制的依据。

2）作业性进度计划包括分部分项工程进度计划和月（周）度作业计划。作业性进度计划是项目作业的依据，确定具体的作业安排和相应对象或时段的资源需求。《建设工程项目管理规范》9.2.2条规定，组织应提出项目控制性进度计划。项目管理机构应根据组织的控制性进度计划，编制项目的作业性进度计划。

（3）按对象不同进行分类。项目进度计划可分为建设项目进度计划、单项工程进度计划、单位工程进度计划、分部分项工程进度计划等。例如：图4-4是按实施过程进行的进度目标分解，将建设项目目标分解为单项工程进度目标、单位工程进度目标、分部工程进度目标和分项工程进度目标。图4-5是按专业进行的进度目标分解，将项目目标分解为建筑、结构、设备、市政、园林绿化等专业进度目标。图4-6是建设项目按阶段分解的进度目标，包括项目建议书、可行性研究、设计、建设准备、施工、竣工验收交付使用等进度目标。设计单位可按设计阶段将项目目标分解为设计准备、初步设计、技术设计、施工图设计等进度目标，见图4-7所示。施工单位可将项目按阶段划分解为基础、结构、装修、安装、收尾、竣工验收进度目标，见图4-8所示。设计项目和施工项目可按周期分解为年度、季度、月度、旬度等进度目标，见图 4-9 所示。

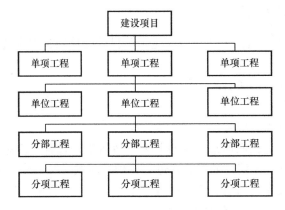

图 4-4　按实施过程分解的进度目标

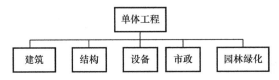

图 4-5　按专业分解的进度目标

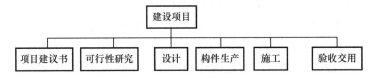

图 4-6　建设项目按阶段分解的进度目标

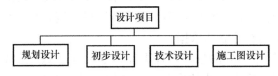

图 4-7　设计项目按阶段分解的进度目标

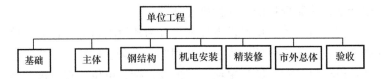

图 4-8　施工项目按阶段分解的进度目标

图 4-9　按周期分解的项目进度目标

4.3.2 项目进度计划的内容

各类进度计划应包括下列内容：编制说明，进度计划表，资源需求计划，以及进度保证措施。其中，进度计划表是最主要的内容，包括分解的计划子项名称（如作业计划的分项工程或工序），进度目标或进度图等。资源需求计划是实现进度表的进度安排所需要的资源保证计划。编制说明主要包括进度计划关键目标的说明，实施中的关键点和难点，保证条件的重点，要采取的主要措施等。

4.3.3 全寿命周期管控要点

（1）一般从交地之日开始计算合同总工期，交地到开工管控计划为1～2个月，受拆迁、规划设计以及方案审批等不确定因素影响，可控性不强，期间协助业主完成地质勘探、基坑翻槽、充分了解地下障碍物为桩基施工做好准备。

（2）深化图纸设计阶段需总包单位、构件厂、PC安装单位、机电单位、装修单位共同对设计单位进行提资，将施工过程的策划内容前置到设计阶段，深化图纸做到高度融合，确保图纸一次设计到位。

（3）实际开工时间和支护工程完成时间消耗了大量时间，在最终节点目标考核不变的前提下，结合主体施工开始时间，编制施工穿插计划，通过施工穿插计划计算主体结构计划的合理性，尽量在主体施工期间将时间抢回。

（4）土方开挖与基坑支护的配合，确保支护质量的同时，加快支护进度，可采取增加人员机械、使用早强剂、减少工序间歇的方法。

（5）土方开挖阶段构件深化图纸应完成，考虑构件厂图纸交底、模具图深化、模具加工、PC构件加工等时间因素，至少PC结构施工60天前完成图纸深化。

（6）PC结构施工前完成灌浆料和灌浆套筒的匹配性试验（近1个月）、灌浆料的原材试验（近1个月）、灌浆工艺试验（近1个月），确保PC结构施工的顺利进行。

（7）PC构件要提前一个星期进场。进场时确保构件质量和构件是否缺少，如出现上述问题，可提前与构件厂沟通，及时补齐。

（8）主体结构完成后立即进行基坑回填，车库部分外结构完成后立即拆模对外墙处理，并进行防水施工，防水施工后立即进行保护及回填结构施工到三层时，及时拆除地下室外脚手架，并进行防水施工，后浇带可提前进行临时砌筑封堵，以免影响外墙防水及回填。

（9）结构施工到四层时必须安装施工电梯，确保砌体工程尽快穿插，施工电梯附着不要固定到屋面上，可以考虑固定到梁上，以免影响屋面防水施工。

（10）砌体施工时，应先施工外墙、管径楼梯间部位墙体，砌筑施工前必须要空调消防单位进场，确定管道预留位置，避免后期开洞、补洞。

（11）电梯预留洞和圈梁位置必须准确定位，避免影响电梯施工及使用。

（12）电梯基坑施工时，基坑周围的剪力墙必须封闭、一次浇筑，且必须使用止水螺杆，避免后期电梯基坑渗水，影响电梯使用。

（13）结构封顶后尽快拆除屋面脚手架及模板，并开始屋面女儿墙及机房层砌筑，应尽快进行屋面防水及保护层施工，保证屋面断水。

（14）砌筑施工时必须先砌筑外墙，外墙完成后即进行外窗施工，确保尽早外墙断水。

（15）结构验收完成后，立即进行消防立管的安装，确保楼层消防及施工用水。

（16）外脚手架拆除完成后塔吊即可拆除，确保大型设备等已经运输到位（屋面砌体、设备基础及防水找坡、防水保护层可用塔吊施工），塔吊拆除后立即对塔吊洞口进行封闭，确保地下室断水。

（17）汽车坡道等小型构件必须与结构同时施工，确保车库封顶后一个半月内坡道通车，便于地下室材料外运、地下室装饰装修材料运输。

（18）施工通道尤为重要，尤其是贯通地下室，应先将地下室顶板通道打通。

（19）垂直运输是影响工程进度关键因素，必须关注垂直运输的合理安排。

（20）结构验收后立即开展正式电梯的安装，为室外电梯拆除提供条件。

（21）地下室后浇带的浇筑，尤其是底板后浇带，必须清理干净，剔凿到位，将止水钢板剔凿出来（后浇带最后在浇筑完混凝土后立即进行清理覆盖）。

（22）后浇带施工结束后立即进行降水井的封堵，必须请专业人员按方案进行封堵。

（23）水系统必须尽早施工，尤其是地下室污水系统，确保地下室干燥。

（24）样板层施工计划必须在结构验收前完成，样板层在结构验收后立即开展，确保砌筑工程、装饰装修工程大面积顺利开展。

（25）管道井内的风管应安装后再进行砌筑封堵，管道井腻子施工完成后再进行管道安装，强弱电井内涂料施工完成后再进行配电箱的安装。

（26）室外大市政配套系统来源于政府不同部门，规划设计要求业主提前介入，保证室外配套综合管线系统设计在主体结构施工阶段完成。确定各种管线进出接驳口，使室外各种配套系统（小市政）设计图纸完善到位，保证管线敷设及时穿插，为室外工程施工创造条件。

（27）根据现场平面设施布置情况，室外各种系统要进行分段穿插施工，施工时要突出雨水、污水、电力等影响工程调试的关键系统。

4.4　装配式建筑进度计划施工主线

对装配式建筑总进度计划，建议用梦龙或 P6 绘制时标网络图，以全寿命周期为主线，时间占满，空间占满，最大限度平等搭接，深度融合。找出关键线路和里程碑节点，利用 project 编制工程年进度、月进度及周进度计划。同时，进度计划与资源配置投入同步进行，进度计划编制的同时要编制人、材、料、物、机等资源配置计划。

4.4.1　装配式建筑施工主线的逻辑关系

首先，根据全寿命周期的管控要点和各工序的穿插合理编制总进度计划，各工序穿插如（按 26 层示例）表 4-2 所示，总进度计划应编制成时标网络图，可清晰直观地发现关键线路和各工序的穿插时间，使管理人员明确各阶段工期管控的主要任务。

装配式建筑施工主线的逻辑关系 表 4-2

序号	紧前工序	施工主线	紧后工序	插入条件	时长	备注
1	规划设计	设计	深化设计 构件厂采购	规划方案完成	90	总包、机电安装、装饰 等同步参与深化设计
2	施工图完成	图纸会审及交底	生产施工准备	项目组建	7	总包组织
3	场地三通一平	施工准备	降水支护桩	场地移交	30	方案准备
4	工程中标	施工准备	降水支护桩	中标后	30	方案准备
5	方案确认	降水施工	土方开挖	拆迁后插入	20	
6	方案确认	支护桩施工	止水帷幕	拆迁后插入	25	
7	支护桩施工	止水帷幕施工	土方开挖	支护桩上强度	10	
8	降水、支护桩	土方开挖	支护施工	降水10天后	45	
9	土方开挖	支护施工	垫层施工	与挖土穿插	45	土护工程完工
10	支护施工	垫层施工	防水施工	挖一段即施工	5	构造开始
11	垫层施工	防水施工	保护层施工	垫层完成一段后	5	
12	保护层施工	塔楼筏板结构	负二结构	防水保护层后	12	
13	筏板结构	塔楼负二层	负一结构	筏板混凝土能上人后	15	
14	负二结构	塔楼负一层	一层结构	负二层混凝土能上人后	13	
15	车库防水及保护层	车库底板	负二结构	防水保护层后	10	
16	车库筏板	车库负二层	负一结构	底板混凝土能上人后	14	
17	负二层结构	车库负一层	车库防水	负二层混凝土能上人后	12	±0.000封顶
18	车库外墙拆模	地下外墙防水	防水保护层	后浇带封堵后	15	外墙断水
19	外墙防水保护	地下外墙回填	通道打通	防水保护后	15	车道打通
20	车库封顶 (后浇带后做)	车库顶防水	防水保护	车库封顶后立即施工	6	避免材料 上楼后影响
21	车库顶防水	车库顶防水保护	场地提供	防水完成一段	6	场地提供
22	主楼负一层	一层结构施工	二层结构	上层混凝土能上人后	8	
23	图纸会审	PC构件生产	构件进场	构件进场前	15	
24	构件生产	PC构件进场	一层结构	一层结构施工前2天	1	
25	一层结构	二层结构施工	三层结构	上层混凝土能上人后	6	
26	二层结构	三层结构施工	四层结构	上层混凝土能上人后	6	
27	下层结构	标准层施工	上层结构	上层混凝土能上人后	5	
28	四层结构完	施工电梯安装	二次结构	一层拆模后	15	装饰垂运
29	26层结构完	屋面框架施工	屋面施工	上层混凝土能上人后	8	主体封顶
30	车道打通后	地下室回填	回填区二次结构	汽车坡道打通后及 时进行回填	25	
31	地下室清理	地下二次结构	地下室验收	清理后	45	
32	地下二次结构	地下室验收	地下安装、装饰施工	二次结构完成	5	基础验收
33	地下结构验收	地下垫层施工	环氧地坪	地下结构验收后	20	地下粗装开始
34	地下结构验收	地下安石粉施工	成品保护	地下结构验收后	50	
35	地下结构验收	地下照明施工	成品保护	地下结构验收后	65	
36	地下结构验收	地下室消防施工	成品保护	地下结构验收后	90	
37	地下结构验收	地下室空调施工	成品保护	地下结构验收后	90	
38	地下结构验收	地下室给水排水	提前使用	地下结构验收后	45	地下粗装开始
39	地下室给水管完成	水泵房施工	正式送水	给水管完成后	15	正式送水

序号	紧前工序	施工主线	紧后工序	插入条件	时长	备注
40	空调风管完成	地下空调机房	成品保护	地下风管完成后	35	
41	空调水管完成	制冷机房施工	成品保护	地下水管完成后	35	空调调试
42	消防水电完成	报警阀室施工	成品保护	消防水电完成后	15	消防调试
43	地下结构验收	地下弱点施工	成品保护	地下结构验收后	30	弱电调试
44	大宗材料上楼	地下前室精装	成品保护	无材料地下上楼	45	地下精装
45	大宗材料上楼	地下室环氧地坪	停车划线	交工前六十天	30	
46	环氧地坪完成	停车划线	标识导视	地坪完成后	15	
47	停车划线	标识导视	成品保护	划线完成后	10	
48	施工电梯验收	地上二次结构	结构验收	施工电梯启动后	100	先施工外墙及电梯井
49	地上二次结构	风井内风管安装	二次结构完成	结构拆模后	15	
50	风井内风管安装	二次结构完善	主体验收	分管安装后	10	
51	二次结构完成	主体验收	地上安装、装饰施工	二层结构完成、清理整改完成	15	主体验收
52	屋面二次结构	屋面施工	装饰展开	框架拆模后立即砌墙、防水施工	35	屋面断水
53	结构验收完成	屋内电梯安装	拆施工电梯	结构验收后	90	地上材料清场
54	外架拆完可推到屋面完成	塔吊拆除	塔吊洞封堵车库封闭	外架拆完屋面完成、大设备上楼	5	车库顶封闭避免漏水
55	外围二次结构完成到外窗安完	外墙涂料	外窗封闭	外围结构砌完	85	
56	外围二次结构完成到外窗完成	外墙石材	外窗封闭	外围结构砌完	90	
57	外围二次结构	外墙窗安装	玻璃安装	外围结构砌完	35	
58	外窗安完	外墙玻璃安装	装饰展开	外窗框加固后	20	外墙断水
59	外装完成	泛光照明	泛光调试	石材大面完成后	25	泛光调试
60	结构分段验收	空调机房基础	机房防水	机房竖管完成后	15	
61	机房基础完	空调机房防水	机房地面	吊模、基础完成后	8	楼层间封闭
62	机房防水	空调机房地面	机房设备	防水后及时保护	10	
63	主体验收后	管井立管安装	管井吊模	地下结构验收后	25	
64	管井立管安装	管井吊模	管井地面	立管安完	6	楼层间封闭
65	管井吊模	管井地面	管井腻子	吊模完成后	10	
66	主体验收后	强弱电二次预埋	粉刷石膏	主体验收完成	20	抹灰前完
67		样板层施工	安装、装饰	四层砌筑完成	30	样板验收
68	样板验收确定	消防环管安装	消防支管	主体验收后	35	安装开始
69	样板验收确定	空调环管安装	空调支管	主体验收后	35	安装开始
70	样板验收确定	桥架安装	配电箱安装	主体验收后	20	安装开始
71	样板验收	新风机组安装	风管安装	主体验收后	35	安装开始
72	样板验收确定	风管安装	机房安装	主体验收后	45	
73	空调风管安装	空调机房安装	空调调试	机房内地面完成后	30	空调调试
74	环管施工完	消防支管安装	吊顶龙骨	环管完成后	30	
75	样板验收确定	强电顶棚布管	吊顶龙骨	室内风、水完成后	30	
76	样板验收确定	强电顶棚布管	吊顶龙骨	室内风、水完成后	30	

序号	紧前工序	施工主线	紧后工序	插入条件	时长	备注
77	主体验收后	粉刷石青施工	腻子施工	主体验收后	45	装饰开始
78	粉刷后完成	墙柱面腻子施工	吊顶龙骨	粉刷完成后	80	
79	样板验收确定	窗帘盒施工	吊顶龙骨	主体验收后	25	装饰开始
80	风电消防支管完腻子找平窗帘盒安装完	吊顶主次龙骨	消防锥位	吊顶内安装完成后	35	
81	主次龙骨完成	消防锥位施工	吊顶封板	喷淋头定位后	45	
82	粉刷石膏完成	强弱电地面布管	地砖施工	地砖前完成	15	
83	地面布管完成	地砖施工	成品保护	粉刷石膏后	45	
84	室内梯启用后	施工电梯拆除	拉链封闭	室内梯启用后,大宗材料上楼后	5	拆施工电梯
85	腻子地砖完成,安装主次管	防水门安装	设备安装及穿电缆	湿作业基本完后	3	
86	防水门安装完成	管井强弱电间楼梯间腻子施工	涂料施工	管井内抹灰后	25	提前施工安管后难度大
87	防水门安装完成	强弱电间配电箱安装	电缆管线	强弱电间装门后	15	
88	配电箱安装	强弱电间穿线	调试送电	配电箱安装后	30	楼上送电
89	防火门安装完成	空调机房吸声板	开关灯具	机房设备安装后	25	机房完成
90	腻子地砖完成,吊顶龙骨	办公室木门安装	开关、灯具、烟感报警、风口、窗帘盒安装	湿作业完成后	25	
91	消防锥位完成	吊顶封板	装灯具、风口、烟杆报警	吊顶内隐验后	25	
92	吊顶封板完成	灯具安装	灯具调试	吊顶封板后	15	电器调试
93	吊顶封板完成	烟感报警安装	消防调试	吊顶封板后	10	消防调试
94	吊顶封板完成	风口加固安装	通风调试	吊顶封板后	30	
95	木门安装完成	开关插座安装	通电调试	房间锁门后	10	
96	木门安装完成	窗套施工	成品保护	房间锁门后	35	
97	开关、插座安装完成	墙面涂料施工	成品保护	房间锁门后	8	办公区完成
98	主体验收完成	卫生间隔断施工	卫生间防水	主体验收后	15	
99	隔断施工完成	卫生间防水施工	防水保护层	隔断预埋施工后	5	卫生间断水
100	防水保护层完成	卫生间墙地砖	吊顶施工	防水保护后	25	
101	墙地砖完成	卫生间吊顶施工	装灯具风机	吊顶内隐验收后	5	
102	墙地砖吊顶完成	卫生间木门安装	装洁具	湿作业完成后	5	
103	木门安装完成	卫生间洁具安装	洁具调整	卫生间装门后	5	卫生间完成
104	粉刷石膏完成	走廊墙腻子施工	吊顶施工	粉刷石膏后	20	
105	走廊腻子施工	走廊吊顶施工	吊顶腻子	吊顶内隐验收后	45	
106	走廊吊顶完成	走廊顶腻子施工	走廊地砖	吊顶后	20	
107	走廊腻子完成	走廊地砖施工	装开关灯具	办公室内地砖后	35	
108	地砖完成	走廊灯插座	走廊涂料	吊顶、地砖完成后	8	
109	走廊开关插座	走廊涂料施工	成品保护	墙顶腻子完成后	6	
110	电梯门安装完成	前室干挂石材	石材地面	电梯门安装后	25	

续表

序号	紧前工序	施工主线	紧后工序	插入条件	时长	备注
111	石材干挂完成	前室石材地面	成品保护	前室干挂后	25	电梯前室完成
112	粉刷石膏完成	楼梯间腻子	走廊石材	粉刷石膏后	30	
113	楼梯间腻子完成	楼梯间石材镶贴	楼梯扶手	楼梯间腻子完成后	15	
114	楼梯间石材完成	楼梯间扶手施工	成品保护	楼梯间石材完成后	8	
115	楼梯腻子完成	楼梯间灯具插座	楼梯间涂料	楼梯间腻子完成后	5	
116	灯具开关完成	楼梯间涂料	成品保护	腻子完成后	4	楼梯间完成
117	电器安装送电	电器检测	消防检测	电器安装完成后	2	电检
118	避雷安装完成	避雷检测	消防检测	避雷安装完成后	2	避雷检测
119	装饰完成	竣工清理	消防检测	装饰安装完工后	15	消检
120	电检、避雷检测完成	消防检测	竣工验收	电、避雷检测后	5	竣工验收
121	消防检测完成	竣工验收	竣工备案	消检完成	5	

根据总进度计划对各级控制节点进行细化，完善计划模块，并对计划模块跟踪对比，达到工期管控的目的。例如：以某装配式住宅工程计划模块为例，该工程共计 206 个节点，其中 31 个一级节点，92 个二级节点和 83 个三级节点。

特别注意：装配式建筑应确保进度工作界面的合理衔接，使协调工作符合提高效率和效益的需求。需要进行协调的进度工作界面包括设计与采购、设计与工厂、采购与施工、采购与工厂、施工与设计、施工与工厂、施工与试运行、设计与试运行、采购与施工等接口。

4.4.2　进度控制的主要内容

跟踪协调是进度控制的重要内容，需跟踪协调的相关方活动过程如下：

（1）与建设单位有关的活动过程，包括：项目范围的变化，工程款支付，建设单位提供的材料、设备和服务。

（2）与设计单位有关的活动过程，包括：设计文件的交付，设计文件的可施工性，设计交底与图纸会审，设计优化和深化。

（3）与分包商有关的活动过程，包括：合格分包商的选择与确定，分包工程进度控制。

（4）与供应商有关的采购活动过程，包括：材料封样和设备选型，材料与设备验收。

（5）与预制构件厂有关加工生产活动，要对材料质量控制、材料复核心、构件尺寸与质量复核。

以上各方内部活动过程之间的接口。

值得指出的是，对勘察、设计、工厂、施工、试运行的协调管理过程，特别是进度工作界面协调过程充满各种不确定性，项目管理机构应确保进度工作界面的合理衔接的基础上，使协调工作符合提高效率和效益的需求。

4.4.3　装配式住宅计划模块

根据装配式建筑实际经验，系统提炼出装配式住宅计划模块（按 24 层示例），如表 4-3 所示。

装配式住宅工程计划模块　　　　　　　　　　　　　表 4-3

阶段/类别		编号	管控级别	业务事项	工期	节点类型
施工准备	施工准备	1		某装配式住宅工程	693	单位工程
		2		施工准备阶段	132	概要
		3		施工准备	132	概要
		4	一级	工程中标	1	业务事项
		5	一级	项目管理策划编制完成	15	业务事项
		6	二级	项目组织架构建立及人员进场	3	业务事项
		7	二级	项目部实施计划编制完成	16	业务事项
		8	三级	控制点移交	5	业务事项
		9	三级	三通一平（场区规划及临建搭设、临水临电设置）	30	业务事项
		10	一级	开工报告	2	业务事项
工程	地下四大块	11		工程	550	概要
		12		地下四大块	330	概要
		13	三级	试桩施工及检测	40	业务事项
		14	三级	基坑支护工程	45	业务事项
		15	一级	土方工程	70	业务事项
		16	三级	工程桩施工及检测	60	业务事项
		17	三级	降水施工	30	业务事项
		18	三级	室外土方回填	45	业务事项
		19	三级	室内土方回填	60	业务事项
		20	二级	塔吊安装	40	业务事项
	主体及二次结构砌筑、抹灰	21		主体及二次结构砌筑、抹灰	320	概要
		22	二级	塔吊拆除	15	业务事项
		23	三级	地基处理（地基换填、强夯等）	15	业务事项
		24	三级	垫层及底板防水、防水保护层	20	业务事项
		25	三级	底板工程	15	业务事项
		26	一级	地下室工程	20	业务事项
		27	三级	出地下室顶板构筑物	20	业务事项
		28	二级	主体结构工程（总楼层1/3高度）	320	业务事项
		29	二级	主体结构工程（总楼层2/3高度）	320	业务事项
		30	一级	主体结构工程（总楼层全部高度）	320	业务事项
		31	三级	屋面构筑物、设备基础	30	业务事项
		32	三级	地下室低压照明	20	业务事项
		33	三级	地下室有组织排水	20	业务事项
		34	三级	地下室临时通风	20	业务事项
		35	三级	地下室外墙防水及保护墙	30	业务事项
		36	三级	二次结构实体样板	15	业务事项
		37	二级	砌筑工程（总楼层1/3高度）	60	业务事项
		38	二级	砌筑工程（总楼层2/3高度）	40	业务事项
		39	一级	砌筑工程（总楼层全部高度）	60	业务事项
		40	三级	给排水、消防、电气、采暖、地下室的排烟系统、泵房、电梯机房类等安装功能性房间	90	业务事项
		41	三级	抹灰工程	60	业务事项

阶段/类别		编号	管控级别	业务事项	工期	节点类型
工程	屋面	42		屋面	245	概要
		43	三级	屋面工程样板	15	业务事项
		44	二级	屋面工程施工	40	业务事项
		45	三级	屋面防雷及各种管道	30	业务事项
		46	三级	屋面设备安装	30	业务事项
	施工样板（含样板间）	47		施工样板（含样板间）	320	概要
		48	三级	大堂或门厅样板施工	40	业务事项
		49	三级	公区样板施工	40	业务事项
		50	三级	室内交房样板施工	60	业务事项
		51	三级	主楼外立面施工样板	20	业务事项
		52	三级	底商外立面施工样板	20	业务事项
		53	三级	景观工程施工样板	40	业务事项
		54	三级	地下室施工样板	40	业务事项
	户内装修	55		户内装修	195	概要
		56	三级	户内厨卫间防水及保护层	40	业务事项
		57	三级	户内厨、卫间地面、墙面、顶棚装饰面层施工	60	业务事项
		58	三级	户内入户门安装	45	业务事项
		59	三级	户内地面、墙面基层处理	60	业务事项
		60	三级	楼地面面层工程	60	业务事项
		61	三级	墙面及顶棚装饰面层	60	业务事项
		62	三级	户内附属构件施工	30	业务事项
	公区装饰（通道、楼梯间、管道井、电梯厅、首层大堂）	63		公区装饰（通道、楼梯间、管道井、电梯厅、首层大堂）	280	概要
		64	三级	公区机电专业水平管线施工	60	业务事项
		65	三级	公共区域顶棚施工	60	业务事项
		66	三级	公共区域墙面施工	60	业务事项
		67	三级	公共区域地面施工	40	业务事项
		68	三级	楼梯间墙面及顶棚施工	60	业务事项
		69	三级	楼梯间踏步施工	60	业务事项
		70	三级	楼梯间附属设施施工	30	业务事项
		71	三级	各类设备间及管井墙面及顶棚饰面施工	160	业务事项
		72	二级	各类设备间及管井内竖向管线安装施工	160	业务事项
		73	三级	各类设备间及管井地面施工	160	业务事项
		74	三级	公区门安装	90	业务事项
	电梯及机电安装	75		电梯及机电安装	150	概要
		76	二级	消防电梯安装及验收	60	业务事项
		77	二级	电梯安装及验收	45	业务事项
		78	三级	燃气管道（阀门）施工	40	业务事项
		79	二级	换热站施工	40	业务事项
		80	三级	智能化（弱电）系统完善及调试	40	业务事项
		81	三级	给水系统户内及末端完善、调试	40	业务事项
		82	三级	排水系统户内及末端完善、调试	40	业务事项
		83	三级	电气系统户内及末端完善、调试	40	业务事项

续表

阶段/类别		编号	管控级别	业务事项	工期	节点类型
工程	电梯及机电安装	84	三级	采暖系统户内及末端完善、调试	40	业务事项
		85	三级	消防系统户内及末端完善、调试	40	业务事项
		86	三级	排烟系统户内及末端完善、调试	40	业务事项
		87	三级	燃气系统户内及末端完善、调试	40	业务事项
		88	二级	各系统综合调试	30	业务事项
	外装工程	89		外装工程	340	概要
		90	二级	外窗安装（含窗边收口和封堵）	200	业务事项
		91	二级	外架拆除	120	业务事项
		92	二级	外墙保温施工	90	业务事项
		93	一级	外装工程	40	业务事项
		94	二级	双笼电梯拆除	30	业务事项
		95	二级	双笼电梯安装	30	业务事项
	室外工程	96		室外工程	92	概要
		97	三级	市政工程	50	业务事项
		98	三级	室外混凝土垫层	50	业务事项
		99	三级	景观样板段施工	40	业务事项
		100	三级	室外硬铺装施工完成	40	业务事项
		101	二级	景观工程	30	业务事项
	地下室及车库	102		地下室及车库	340	概要
		103	三级	地库公区管线综合施工	80	业务事项
		104	三级	地库人防设备安装	60	业务事项
		105	三级	设备用房内设备安装	130	业务事项
		106	二级	地下室地面施工	40	业务事项
		107	三级	地库车位划线及地面标线	30	业务事项
		108	三级	地库内导向标识安装	30	业务事项
	配套工程	109		配套工程	43	概要
		110	二级	正式供水	15	业务事项
		111	二级	正式供电	15	业务事项
		112	二级	正式供气	15	业务事项
设计		113		设计	586	概要
		114		单位确定	40	概要
	单位确定	115	一级	方案设计单位确定	20	业务事项
		116	一级	用地红线、规划条件及设计任务书签字移交	5	业务事项
		117	二级	第一次竖向论证	5	业务事项
		118	二级	规划及方案设计内部评审	20	业务事项
		119	一级	规划及方案设计签批	10	业务事项
		120	一级	人防方案设计深化及签批	10	业务事项
		121	一级	规划及方案设计成果移交	5	业务事项
		122	二级	施工图设计单位确定	20	业务事项
	指标确认	123		指标确认	55	概要
		124	二级	规划及方案设计成果移交	5	业务事项
		125	二级	单体方案深化	20	业务事项

续表

阶段/类别		编号	管控级别	业务事项	工期	节点类型
设计	指标确认	126	一级	方案设计交底会	5	业务事项
		127	三级	市政协调会会议纪要报备	5	业务事项
		128	三级	详勘报告报备	10	业务事项
		129	一级	结构基础及主体结构方案比选	10	业务事项
		130	一级	初设报审	20	业务事项
	四大块设计文件	131		四大块设计文件	50	概要
		132	二级	基坑支护设计方案论证会	5	业务事项
		133	二级	开挖图移交	15	业务事项
		134	三级	基坑支护图审查、移交	15	业务事项
		135	二级	基坑支护施工方案专家论证	5	业务事项
		136	三级	试桩图移交	2	业务事项
		137	三级	设计试桩	40	业务事项
		138	一级	工程桩图移交	10	业务事项
	全专业	139		全专业	225	概要
		140	三级	第二次竖向市政设计论证	25	业务事项
		141	二级	供电方案论证及成果移交	25	业务事项
		142	二级	供电方案初步确认	15	业务事项
		143	三级	正负零以下土建图报审咨询	15	业务事项
		144	一级	正负零以下土建图审核后移交	10	业务事项
		145	一级	施工图报审	30	业务事项
		146	二级	施工图消防建审意见调整及报备	30	业务事项
		147	三级	市政各专项方案报建	30	业务事项
		148	三级	施工图审核后移交	10	业务事项
		149	二级	电梯设计参数报审	20	业务事项
		150	二级	电梯深化图纸双方签字确认	5	业务事项
		151	二级	车库综合管网设计评审	20	业务事项
		152	二级	供电图纸	30	业务事项
	景观施工图	153		景观施工图	105	概要
		154	二级	景观方案及设计封样移交	30	业务事项
		155	二级	景观施工图及材料封样报审	30	业务事项
		156	三级	景观施工图审核后移交	30	业务事项
		157	三级	景观施工合同签订材料样板确认	15	业务事项
	内外装	158		内外装	40	概要
		159	二级	住宅、底商立面方案签批移交	20	业务事项
		160	三级	幕墙施工图（含底商）审核后移交	20	业务事项
	效果类	161		效果类	130	概要
		162	二级	夜景照明方案报审	50	业务事项
		163	三级	夜景照明施工图审核后移交	20	业务事项
		164	三级	智能化施工图审核后移交	30	业务事项
	样板间	165		样板间	15	概要
		166	三级	样板间全套施工图审核后移交	15	业务事项

续表

阶段/类别		编号	管控级别	业务事项	工期	节点类型
设计	备案图	167		备案图	396	概要
		168	三级	施工图及图测面积备案	30	业务事项
		169	三级	竣工图及竣工实测面积备案	30	业务事项
招采	劳务招标	170		招采	540	概要
		171		劳务招标	540	概要
		172	二级	土石方工程	30	业务事项
		173	二级	基坑支护降水工程	30	业务事项
		174	二级	防水工程	30	业务事项
		175	一级	主体结构工程	30	业务事项
		176	一级	安装工程	30	业务事项
		177	二级	人防工程（含设备）	30	业务事项
		178	二级	二次结构工程	30	业务事项
		179	二级	地下室地面	30	业务事项
		180	二级	地下室停车场划线	30	业务事项
		181	二级	市政工程招标	45	业务事项
		182	二级	室外道路	45	业务事项
		183	二级	景观工程	45	业务事项
		184	二级	门窗工程	40	业务事项
		185	一级	外装施工	40	业务事项
		186	二级	消防工程	30	业务事项
		187	二级	夜景照明工程	40	业务事项
		188	二级	导向标识工程	30	业务事项
		189	二级	桩基工程	30	业务事项
	设备采购	190		设备采购	480	概要
		191	二级	临建工程	30	业务事项
		192	二级	电梯工程	150	业务事项
		193	二级	高低压配电柜/变压器/配电箱	140	业务事项
		194	二级	应急电源	60	业务事项
		195	二级	水泵、水箱	120	业务事项
		196	二级	各类阀门	60	业务事项
		197	二级	消防报警设备	120	业务事项
		198	二级	各类风机	120	业务事项
		199	二级	防火卷帘/防火门	90	业务事项
	材料采购	200		材料采购	137	概要
		201	二级	弱电系统材料采购	60	业务事项
		202	二级	给排水系统材料采购	60	业务事项
		203	二级	电气系统材料采购	60	业务事项
		204	二级	通风空调材料采购	60	业务事项
		205	二级	消防材料采购	60	业务事项
		206	二级	钢筋	45	业务事项
		207	二级	混凝土	30	业务事项
		208	二级	砌体材料（砌块、砂浆）	45	业务事项

续表

阶段/类别		编号	管控级别	业务事项	工期	节点类型
招采	材料采购	209	二级	周转料具	45	业务事项
		210	二级	塔吊	30	业务事项
		211	二级	施工电梯	30	业务事项
取证验收	前期取证	212		验收取证	654	概要
		213		前期取证	92	概要
		214	一级	国有土地使用权证	20	业务事项
		215	二级	建设用地规划许可证	30	业务事项
		216	一级	建设工程规划许可证	30	业务事项
		217	一级	施工许可证	32	业务事项
	工程验收	218		工程验收	480	概要
		219	一级	地基与基础验收	60	业务事项
		220	一级	主体结构验收	10	业务事项
		221	二级	人防结构专项验收	10	业务事项
		222	二级	交房样板验收	10	业务事项
		223	二级	市政管网验收	20	业务事项
		224	二级	防雷验收	20	业务事项
		225	二级	规划验收	20	业务事项
		226	二级	节能验收	19	业务事项
		227	二级	环境验收	20	业务事项
		228	二级	人防工程专项验收	20	业务事项
		229	一级	四方验收	20	业务事项
		230	二级	分户验收	30	业务事项
		231	二级	二次供水卫生许可证	20	业务事项
		232	二级	电检、消检	30	业务事项
		233	一级	消防验收	30	业务事项
		234	三级	档案馆资料预验收	10	业务事项
		235	二级	档案馆资料正式移交	20	业务事项
	备案	236		备案	30	概要
		237	一级	备案	30	业务事项
	移交	238		移交	30	概要
		239	二级	物业公司接管	30	业务事项
		240	一级	具备入伙交房条件	30	业务事项

4.5　工期影响因素和保障措施

4.5.1　工期影响因素

工期影响因素分析如表 4-4 所示。

工期影响因素分析表　　　　　　　　　表 4-4

序号	来源单位	具体事项	备注
1	建设单位	提供勘察资料不准确，特别是地质资料错误或遗漏而引起的未能预料的技术障碍	要因
2		提供的控制性坐标点、高程点资料不准确或错误	
3		临时供水、供电工程相关手续办理和实施不及时，供应量不足	要因
4		办理临时占道、施工占地手续不及时	
5		地上、地下构筑物及各种管线搬迁工作拖延不能及时向承包商移交施工场地	
6		施工场地内树木的移植、更新、砍伐工作不能及时完成	
7		提供的图纸不及时、不配套	要因
8		开发商依据市场变化及经营需要修改、调整设计。例如：调整产品定位、调整使用功能、调整使用标准、甚至改变使用要求	
9		为了满足购房客户的个性化需求，为客户提供个性化服务而修改设计	
10		因市政配套、公共设施配套条件的变化而修改设计	
11		因采用不成熟的新材料、新设备、新工艺或技术方案不当而修改设计	
12		承包合同中未涉及问题的谈判。例如：材料替代、施工过程中指定分包商等	
13		承包合同内容、条件发生变化而引起的谈判。例如：增加或减少工程量、增加或减少工程内容、分部分项工程的抢工、材料设备供应方式及供应价格的变化等	
14		合同纠纷引起的仲裁或诉讼	
15		开发商负责供应的材料、设备供货不及时，数量、型号、技术参数与实际所需不符，货物产品质量不合格	
16		开发商组织、管理、协调能力不足，工程组织不利，致使承包商、分包商、材料设备供应商、各工种、各专业、各工序的配合上出现矛盾，出现的问题亦得不到及时解决，无法按进度计划执行，打乱施工的正常秩序	
17		开发商的主要管理者和工程管理人员流动或工作岗位调整使有关工作出现无人管或无人知道从而影响问题的解决	
18		开发商对监理管理授权不明确，致使监理人员不能发挥其应起的管理职能	
19		开发商管理机构调整、股权调整、资产重组	
20		向有关行业主管部门提出各种申请审批、审核手续的延误	
21		各种验收组织不及时，例如：验线、验槽、各种隐蔽验收、消防验收、人防验收等	
22		开发资金不足，不能按合同约定支付合同款	要因
23		不可预见事件的发生，例如：施工中遇到超标的地下水、流沙、地质断层、溶洞。发现地下埋藏文物、古化石、古钱币、古墓。发现战争遗留的弹药等	
24	设计单位	不能按设计合同的约定及时提供施工所需的图纸	
25		为项目设计配置的设计人员不合理，各专业之间缺乏协调配合，致使各专业之间出现设计矛盾	
26		设计内容不足、设计深度不够	要因
27		无健全的设计质量管理体系，图纸的"缺、漏、碰、错"现象严重，导致设计变更大量增加	要因
28		与各专业设计院协调配合工作不及时、不到位，致使出现图纸不配套的情况，造成施工中出现边施工、边修改的局面	要因
29		设计单位管理机构调整、股权调整、人员调整、资产重组等原因无法按设计合同履约。因各种原因设计院将设计任务分包，出现与分包方的合同纠纷而引起仲裁或诉讼	
30		不能按开发商的要求及时解决施工过程出现的设计问题	
31		不能按时参加各种验收工作	

续表

序号	来源单位	具体事项	备注
32	分包单位	项目经理部配置的管理人员不能满足施工需要,管理水平低、经验不足,致使工程组织混乱不能按预定进度计划完成	要因
33		施工人员资质、资格、经验、水平及人数不能满足施工需要	
34		施工组织设计不合理、施工进度计划不合理、采用施工方案不得当	
35		施工工序安排不合理,不能解决工序之间在时间上的先后和搭接问题,以达到保证质量,充分利用空间、争取时间,实现合理安排工期的目的	
36		不能根据施工现场情况及时调配劳动力和施工机具	要因
37		施工用机械设备配置不合理不能满足施工需要	要因
38		施工用供水、供电设施及施工用机械设备出现故障	
39		材料供应不及时,材料的数量、型号及技术参数错误,供货质量不合格	
40		总承包商协调各分包商能力不足,相互配合工作不及时、不到位	
41		承包商与分包商、材料供应商及其他协作单位发生合同纠纷引起仲裁或诉讼	
42		承包商(分包商)自有资金不足或资金安排不合理,无法支付相关应付费用	
43		安全事故、质量事故的调查、处理	
44		关键材料、设备、机具被盗和破坏	
45		施工现场管理不善出现瘟疫、传染病及施工人员食物中毒	
46		承包商(分包商)管理机构调整、股权调整、人员调整、资产重组等原因无法按相关合同履约	
47	材料设备	原材料、配套零部件供应不能满足生产需要	要因
48		生产设备维护、使用不当出现故障无法正常生产	
49		运输方式及运力不能满足需要	
50		生产产品的型号、参数、数量错误或与样品不符、与合同不符	
51		生产产品的质量不合格	
52		包装、存储、运输及二次搬运不当造成货物破损和丢失	
53		与协作单位产生合同纠纷,引起仲裁及诉讼	
54		安全事故的调查和处理	
55		供应商的自有资金不足或资金使用安排不合理,无法支付相关应付费用	
56		供应商管理机构调整、股权调整、人员调整、资产重组等原因无法按相关合同履约	
57	监理单位	监理项目部配置的监理工程师的学历、专业、资质、资格、经验、水平、数量、年龄、健康状况不能满足工程监理需要	
58		责任心不强、管理协调能力薄弱,不能根据施工现场的实际情况及时采取有效措施保证工程按计划实施	
59		监理管理机构调整、股权调整、人员调整、资产重组等原因无法按合同履约	
60	政府	相关政策、法律法规及管理条例调整	要因
61		各种手续办理程序改变	
62		政府管理部门机构调整、管理职责调整、人员调整	
63	社会和自然条件	自然灾害如恶劣天气、地震、洪水、火灾等	
64		各种突发刑事案件	
65		重大政治活动、社会活动	
66		城市供水、供电、供气系统发生故障而停止供应	
67		交通管制、交通中断	

4.5.2 工期保障措施

1. 确保工期的管理措施

（1）工期计划

1）计划编制

工程总承包管理单位依据合同总工期要求，编排合理的总进度计划。以整个工程为对象，综合考虑各方面情况，对施工过程作出战略性的部署，确定主要施工阶段的开始时间及关键线路、工序，明确施工主攻方向。

分包商根据总进度计划要求，编制所施工专业的分部、分项工程进度计划，在工序的安排上服从施工总进度计划的要求和规定，确保施工总目标（合同工期）的实现。

2）工期月报

工程总承包管理单位，指定分包商每月25日向项目经理部提供经监理确认的当月分包工程执行情况、下月施工进度计划以及资源与进度配合调度状况。

（2）深化设计及设计变更

结合招标要求，应在工程施工前进行设计深化，同时施工中可能出现部分设计变更。因此进行深化设计和及时合理的设计变更是保证施工顺利进行的前提和保障。

针对深化设计及设计变更主要有以下几方面的内容：

1）投标阶段应做好图纸的深化设计基础工作，根据所需材料的生产周期情况，提前1～3个月报送订货计划，督促订货、加工和组织进场。

2）施工中应深入研究工程图纸，及时掌握潜在的设计变更项目，并提前同业主、设计沟通，督促尽早实施变更。

3）对于某些工艺复杂、技术不成熟、材料成本高的设计项目或材料，本着降低造价、缩短工期的原则，建议业主尽早变更为工艺成熟、施工速度快的设计方案。

4）针对装配式构件，应与设计单位提前沟通，提前做好构件的深化设计图纸，组织土建、预制构件生产厂家、吊装作业单位、机电安装单位等进行会审，各专业图纸交叉比对，避免出错。

2. 确保工期的技术措施

先进施工技术措施的合理运用为工期管理提供最直接的根本保障。总承包管理模式能够最大程度的确保大型项目工程顺利实现既定的工期目标。针对不同装配式建筑工程应合理运用一些可以缩短工期的施工技术措施表。部分技术措施运用可参照表4-5所示。

技术措施运用一览表 表4-5

编号	名称	特点及运用目的
1	全站仪测量定位技术	空间定位速度快，精度高，可缩短测量间歇
2	流水施工技术	根据工程特点，结合现场条件，科学划分流水段，合理进行工序穿插，能大大缩短工期
3	平面、立体交叉作业	进行流水节拍施工的同时，应合理穿插后道工序，采用平面、立体交叉作业的方式可缩短工期
4	钢筋直螺纹连接技术	操作简单、质量稳定、速度快，且不受气候限制。尤其是装配式建筑现浇段的纵向钢筋连接，可大大提高施工效率

编号	名称	特点及运用目的
5	钢筋螺栓锚头连接技术	对于装配式框架结构,通过钢筋螺栓锚头的应用,可以有效减小钢筋锚固长度,避免钢筋弯折,加快预制梁的安装效率
6	信息化施工技术	利用BIM技术、优化施工方案,加快信息传递

3. 确保工期的经济措施

为保证工期,可采取的经济措施见表4-6所示。

经济措施一览表　　　　　　　　　　　　　　　　　　　表4-6

编号	措施类别	措施内容
1	资金管理	(1) 执行专款专用制度 建立专门的工程资金账户,随着工程各阶段控制日期的完成,及时支付专业队伍的劳务费用,防止施工中因为资金问题而影响工程的进展,充分保证劳动力、机械、材料的及时进场 (2) 执行严格的预算管理 施工准备期间,编制项目全过程现金流量表,预测项目的现金流,对资金做到平衡使用,避免资金的无计划管理 (3) 资金压力分解 在选择分包商、材料供应商时,提出过程中向其部分支付资金的条件,向同意部分支付条件而资金又相对雄厚的合格分包商、供应商进行倾斜
2	资金投入	拿出一定资金作为工期竞赛奖励基金,引入经济奖励机制,结合质量管理情况,奖优罚劣,充分调动全体施工人员的积极性,力保各项工期目标顺利实现

4. 确保工期的资源保障措施

工程顺利实施资源保障是前提,是确保工期的关键所在。只有保证了资源的投入才能使施工生产顺利进行,否则保证工期只能是一句空话。资源的投入包括劳动力、施工机械及设备器具、周转材料、资金等各个方面。

针对装配式建筑工程,确保构件生产厂家的生产进度和运输进度能够跟上现场施工的吊装进度,构件按时到场。确保装配式构件吊装机械及灌装设备器具满足现场施工进度要求。

4.5.3 装配式建筑施工工期风险因素和控制措施

1. 预制构件种类多,施工组织难度大

装配式工程预制构件包括预制柱、预制梁、预制叠合板、预制楼梯等类型,每种类型的构件型号不统一,单独编号,对施工组织、临时堆放难度加大。为解决上述问题,主要对策如下:

(1) 装配式建筑关键工作在于总包的提资,图纸深化前期,总包单位与设计院、深化设计单位、构件加工厂、吊装单位、机电安装、装饰装修单位确定最终加工定型构件图纸。

(2) 按照各栋单体和吊装顺序对各层各个构件单独编号,对构件进行深度分类。在PC构件预埋植入芯片,将编码输入芯片,用专用扫码枪进行扫描及操作,依托数字化平台进行状态更新和质量检查。

(3) 编制详细的预制构件施工计划,含图纸深化设计、预支构件材料采购、专用埋件定制采购、构件加工制作、构件运输堆放、构件吊装等一系列内容。保证生产及安装的顺利进行。

2. 业主工期调整

业主往往会要求尽可能地缩短工期。针对这种情况，主要对策如下：

（1）提前做好各项准备事项，严格按照方案落实。

（2）各部门相互沟通、相互协调、协同合作，高效地解决现实问题，促进进度按照计划开展。

（3）与分包单位沟通，督促各分包单位配合预制构件的吊装，确保按施工进度计划时间完成预制构件吊装。

3. 预制构件的运输量大、自重大

装配式建筑预制构件数量庞大、自重大，对运输组织和吊装要求较高。为解决以上困难，可采取如下措施：

（1）根据施工现场的吊装计划，提前将所需型号和规格的构件发运至施工临时堆场。在运输前应按清单仔细核对构件的型号、规格、数量及是否配套。

（2）提前制定构件运输方案，尽量避开市内拥挤路段和高峰时段，主要通过高速公路运输，并设置多条运输方案，以备不时之需，同时深入调查运输车辆将要经过的主要桥梁、隧道等，以确定其满足车辆通行要求。

（3）运输车辆可采用大吨位卡车或平板拖车。装车时先在车厢底板上铺两根 $100mm\times100mm$ 的通长木方，木方上垫 15mm 以上的硬橡胶垫或其他柔性垫，以防构件在运输途中因震动而受损。

（4）装好车后，用两道带紧线器的钢丝带将构件捆牢。在构件的边角部位加防护角垫，以防磨损构件的表面和边角。

（5）确定好每一个构件的重量，吊装时检查塔吊和汽车吊的参数规格，确保吊装重量在塔吊和汽车吊的合理范围内。

（6）做好防护措施，运输吊装时注意安全，构件轻吊轻放。

4. 预制构件吊装后的灌浆施工

构件连接采用灌浆套筒连接，灌浆套筒的连接质量直接关系到工程结构的实体质量。施工过程中，可采取以下措施保障灌浆质量和进度。

（1）施工时首先要根据灌浆料使用说明，安排专人定量取料、定量加水进行搅拌，搅拌好的混合料必须在 30min 以内注入套筒。灌浆料制备完成后，用灌浆机从接头下方的注浆口处开始压力灌浆，待灌浆材料从排浆口溢出后，用橡胶塞或木塞封堵注浆口及排浆口。充填完毕后 40min 内不得移动橡胶塞或木塞。灌浆材料充填操作结束后 4h 内应加强养护，不得施加有害的振动、冲击等，待 24h 后拔出橡胶塞或木塞。

（2）灌浆施工前，要求监理、甲方、劳务带班人员及我方管理人员旁站。严控各个施工环节施工质量，及时发现问题，及时解决。

5. 预制构件节点施工

装配式结构的预制板与结构之间存在诸多接缝，若接缝部位处理不到位，可能出现漏水、渗水等隐患，可采取以下措施，保证预制构件的节点施工质量。

（1）仔细阅读图纸，优化节点做法，保证节点科学有效。

（2）施工前编制专项质量计划，对每一个节点进行交底，保证施工质量。

（3）严格执行重要部位、重要节点施工旁站制度，保证重要节点部位的施工质量，混凝土的浇灌也应在养护 1d 后进行。

6. 预制构件的成品保护

装配式结构预制构件的成品保护是为了最大限度地消除和避免成品在施工过程中的污染和损坏，以达到降低成本、提高成品一次合格率、一次成优率的目的。在施工过程中要对已完和正在施工的分项工程进行保护，否则一旦造成损坏，将会增加修复工作，造成工料浪费、工期拖延，甚至造成永久性缺陷。

（1）首层定位钢筋处的钢筋定位保护，以及各层灌浆连接钢筋连接处混凝土浇筑时采用塑料胶带包裹密实的防污染保护。

（2）预制柱斜支撑预埋螺栓附加焊接定位，以及混凝土浇筑时采用塑料胶带包裹密实的防污染保护。

（3）预制楼梯板的成品面采用钉制废旧多层板的防碰撞保护。

7. 现场场地狭窄，总平面管理要求高

各种构件种类多，构件占用场地面积大，施工现场面积狭小，可通过以下措施解决，以保证工程进度。

（1）施工现场场地狭窄，无法堆放预制构件。先将附近未开工地块作为构件临时堆放场地，确保构件吊装能够顺利进行。

（2）构件吊装时，由于施工现场较小，场地边缘的构件需要汽车吊在交通道路上进行吊装。吊装前应与当地交通部门做好沟通，确保吊装顺利进行。

（3）地下车库结构完成后将构件堆场、材料加工车间、材料堆场移至地库顶板上。在地库顶板相应位置提前做好满堂脚手架支护。

4.6　工期进度的检查调整与考核

4.6.1　施工进度计划的检查

在项目施工进度的实施过程中，由于各种因素的影响，原始计划的安排常常会被打乱而出现进度偏差。因此，在进度计划执行一段时间后，必须对执行情况进行动态检查，并分析进度偏差产生的原因，以便为施工进度的调整提供必要信息。

1. 施工进度计划检查内容

（1）工作量的完成情况。

（2）工作时间的执行情况。

（3）资源使用及进度的互配情况。

（4）上次检查提出问题的处理情况。

2. 施工进度检查方法

项目施工进度检查的主要方法是比较法。常用的检查比较方法为列表比较法。在项目施工过程中，通过以下方式获得项目施工实际的进展情况：

（1）定期地、经常地收集由分包单位提交的有关进度报表资料。

（2）由项目生产部及监理单位现场跟踪检查建设工程实际的进展情况。

（3）监理例会通报工程进度情况。

（4）日常检查与定期检查。

4.6.2　施工进度计划的调整

1. 分析进度偏差的影响

通过前述的进度比较方法，当判断出现进度偏差时，应当分析该偏差对后续工作和对总工期的影响。

（1）分析进度偏差的工作是否为关键工作

若出现偏差的工作为关键工作，则无论偏差大小，都对后续工作及总工期产生影响，必须采取相应的调整措施；若出现偏差的工作不是关键工作，需要根据偏差值与总时差和自由时差的大小关系，确定对后续工作和总工期的影响程度。

（2）分析进度偏差是否大于总时差

如果工作的进度偏差大于该工作的总时差，说明此偏差必将影响后续工作和总工期，必须采取相应的调整措施。如果工作的进度偏差小于或等于该工作的总时差，说明此偏差对总工期无影响，但它对后续工作的影响程度，需要根据比较偏差与自由时差的情况来确定。

（3）分析进度偏差是否大于自由时差

如果工作的进度偏差大于该工作的自由时差，说明此偏差对后续工作产生影响，应该如何调整，应根据后续工作允许影响的程度而定；若工作的进度偏差小于或等于该工作的自由时差，则说明此偏差对后续工作无影响，因此，原进度计划可以不作调整。

经过如此分析，进度控制人员可以确认应该调整产生进度偏差的工作和调整偏差值的大小，以便确定采取调整措施，获得新的符合实际进度情况和计划目标的新进度计划。

2. 施工项目进度计划的调整方法

在对实施的进度计划分析的基础上，应确定调整原计划的方法，一般主要有以下两种：

（1）改变某些工作间的逻辑关系

若检查的实际施工进度产生的偏差影响了总工期，在工作之间的逻辑关系允许改变的条件下，改变关键线路和超过计划工期的非关键线路上的有关工作之间的逻辑关系，达到缩短工期的目的。

（2）缩短某些工作的持续时间

这种方法是不改变工作之间的逻辑关系，而是缩短某些工作的持续时间，而使施工进度加快，并保证实现计划工期的方法。

4.6.3　工期进度考核与评价

总包项目部应定期对各专业分包和劳务分包的实际施工进度进行专项考核，分包考核以合同和《工期进度管理协议》为依据，同时考虑项目对分包管理的通用要求。分包考核由项目经理组织，工程、设计、安全、质量、合约、技术等项目管理部门参与进行。总包结合企业文件制定具体的考核与评价办法，根据考核内容列明考核办法清单及相关内容，明确奖罚措施（表4-7）。

施工进度考核表　　　　　　　表 4-7

受检单位			负责人	
参加人员			检查日期	
计划完成情况				完成百分比：
				完成百分比：
				完成百分比：
				完成百分比：
				完成百分比：
				完成百分比：
				完成百分比：
				完成百分比：
				完成百分比：
				完成百分比：
				完成百分比：
计划完成百分数平均值				
其他扣分	项次	扣分原因	扣分原则	扣分值
	1			
	2			
	3			
	...			
最终得分：				

生产经理：　　　　　　　项目经理：

专业分包施工进度考核表详见第14章相关内容。

第 5 章 装配式建筑设计管理

装配式建筑是以设计为龙头，运用现代工业化的组织和生产模式而展开的全寿命周期的设计管理，贯穿整个设计过程，对建筑生产全过程各个阶段的各个生产要素进行技术集成和系统整合，从而达到建筑设计标准化、构件生产工厂化、现场施工装配化、土建装修一体化的有序工业化流水式作业，从而提高工程质量和安全生产，提高生产效率与效益，降低成本，降低能耗，保护环境。

装配式建筑从方案设计到构件深化设计，并不是设计的附加环节。它分两个过程，一是中标前，投标阶段总包组织设计单位、构件生产厂商、采购、施工及吊装单位共同报价。二是中标后，总承包项目部设立设计管理部，组织业主、设计院、土建、PC 安装、PC 吊装、机电安装、预制构件生产厂商等对设计标准构件共同研讨，并进行装配式建筑设计拆分，这样有利于施工，有利于缩短工期和降低造价。因此，不能按照传统设计方式，将整个项目按照现浇方式设计出图后交给工艺设计单位或 PC 构件生产厂家就可以了。这样势必会造成重大的技术事故，给整个项目带来不可估量的经济损失。装配式建筑设计不仅需要装配式建筑的专业知识，更需要对整个项目不同阶段的充分了解，各专业各部门的密切配合，协同管理。

装配式建筑全过程设计特点

（1）设计更加强调标准化、模块化、集成化，以体现工业化建造的特征。

（2）设计合理性受到构件生产和施工的制约，设计师需要对构件生产工艺、施工技术和设备条件有充分的了解。

（3）设计采用 BIM 技术模拟建造，打破传统的部门分割以及封闭的组织模式，并行工作，实现各专业设计的系统化集成，减少反复，对可能发生的施工问题采取应对方案，进行碰撞验证，提高设计质量，缩短设计周期，降低项目成本，真正实现了多专业间关键节点交底、同步设计。同时可通过 BIM 模型自动获取工程量清单。

（4）设计、生产、施工一体化，设计图纸的完成度大幅提升、可控度提高。

（5）设计对项目成本的影响更直接、更重大，直接影响模具周转率、加工难度、运输效率和吊装设备选择等。

5.1 装配式建筑设计组织机构

5.1.1 装配式建筑设计管理组织架构

（1）装配式建筑在我国目前仍处于发展初期，建筑主管部门及各类型客户的要求也复杂多样和多元化，这对建筑设计及技术服务的创新都提出了更高的要求。

装配式建筑的设计过程是建筑师、结构设计师、水暖电设计师、装饰设计师、工艺设计师、工厂技术人员、施工技术人员等多部门多专业协同互动的过程。设计部门的组织架构首先应在直线型职能框架的基础上充分考虑横向信息的有效传递。其次，应针对装配式建筑全过程的设计特点，对传统设计的组织架构进行优化处理，开放组织体系，使设计师具有项目整体的系统思维、容许差异、知识共享、协同发展。同时讲究柔性管理，通过适当授权激励设计人员在项目决策中不断思考和成长。图 5-1 所示为装配式建筑总承包项目团队组织架构形式，在总承包项目部中增设设计管理部，负责对设计院、各专业分包深化设计管理及设计价值分析等设计管理，全面实现设计管理的各阶段各专业的协同设计和信息管理的有效传递与集成，同时对各专业分包，如幕墙、机电、装饰装修等专业分包单位，应要求必须设有专人负责深化设计配合工作，并将其深化设计人员纳入总承包设计团队管理，提高设计价值分析与深化设计效率。图 5-2 所示为装配式建筑设计部典型的组织架构形式，图 5-3 所示为装配式建筑设计管理组织与协调。

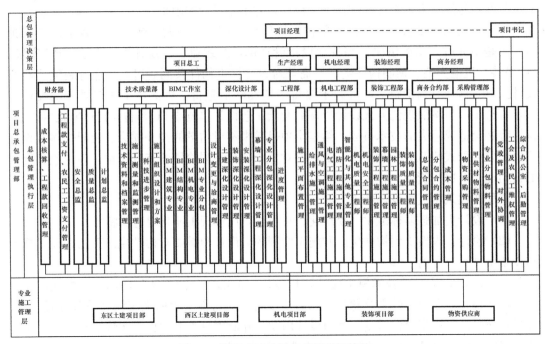

图 5-1　装配式建总承包项目组织架构

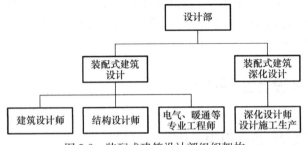

图 5-2　装配式建筑设计部组织架构

（2）设计管理部：建议最低配置 10 人（含项目总工），各专业工程师（专职审图）可设于总承包项目部，但需要在项目现场，总工及设计经理应常驻现场（也可引入第三方进行审图，但该第三方并不参与设计出图等相关工作，相关专业设计人员必须驻场）。

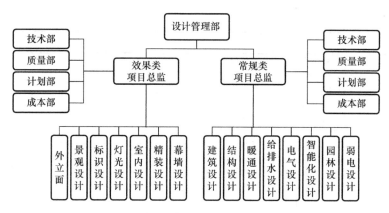

图 5-3 装配式建筑设计管理组织与协调

设计管理负责人：负责全专业设计管理策划与实施、所有专业分包深化部署、设计价值链分析、预制构件生产指导、设计与生产和施工深度融合及施工生产跟踪管理。如图 5-4 所示。

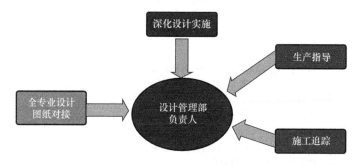

图 5-4 设计跟踪管理

（3）设计管理职责

设计管理职责见表 5-1。

设计管理职责　　　　　　　表 5-1

序号	岗位	专业	人数	岗位职责	任职资格	到岗时间
1	项目总工	建筑/结构/机电	1	（1）负责设计部的管理制度、工作标准、业务流程的建立、完善和监督执行。 （2）组织设计部人员学习总包合同及操作手册，组织学习总包设计管理原则。 （3）负责与业主、项目公司、设计单位进行沟通。 （4）根据设计模块计划，负责对下发图纸进行审核，并按照规定接收移交的正式施工图。 （5）制定项目统一技术规定，包括深化设计的内容、深度、格式等要求。 （6）根据工程总进度计划，结合项目图纸模块计划，编制各专业的深化设计进度控制计划。 （7）负责各专业的深化设计的总体协调。 （8）负责对各专业的深化设计图纸进行审核，并呈送业主或公司审批及下发。 （9）协调组织总承包工程的设计服务和技术支持工作，如对采购技术支持服务、对施工的技术支持服务、对试运行的技术支持服务等	高级工程师，具有 15 年以上工作经验	项目交地后 10 天

序号	岗位	专业	人数	岗位职责	任职资格	到岗时间
2	设计经理	建筑/结构	1	(1) 配合总工程师完成各项工作。 (2) 负责与业主和设计单位进行沟通。 (3) 根据设计模块计划，负责对下发图纸进行审核，并按照规定接收移交的正式施工图。 (4) 制定项目统一技术规定，包括深化设计的内容、深度、格式等要求。 (5) 根据工程总进度计划，结合万达项目图纸模块计划，编制各专业的深化设计进度控制计划。 (6) 负责各专业的深化设计的总体协调。 (7) 负责对各专业的深化设计图纸进行审核，并呈送业主或设计单位审批及下发。 (8) 协调组织总承包工程的设计服务和技术支持工作，如对采购技术支持服务、对施工的技术支持服务、对试运行的技术支持服务等。 (9) 与其他部门共同组织工程设计回访和贯标检查	具有10年以上工作经验、建筑、结构、机电专业，工程师以上资格	项目交地后10天
3	BIM工程师	机电	1	(1) 根据工程总进度计划，结合项目图纸模块计划，编制BIM专业的深化设计进度控制计划 (2) 负责BIM专业的深化设计的总体协调 (3) 负责对BIM专业的设计图纸进行审核，并呈送业主或设计单位审批及下发 (4) 负责设计核图与合图 (5) 负责机电设计跟踪 (6) 协调组织总承包工程的设计服务和技术支持工作，如对采购技术支持服务、对施工的技术支持服务、对试运行的技术支持服务等。 (7) 与其他部门共同组织工程设计回访和贯标检查。	具有10年以上工作经验，熟悉BIM软件	项目交地后60天
4	建筑工程师	建筑	1	(1) 根据工程总进度计划，结合项目图纸模块计划，编制建筑专业的深化设计进度控制计划。 (2) 负责建筑专业（含预制构件拆分、幕墙、钢结构、机电、精装）的深化设计的总体协调。 (3) 负责对建筑专业的设计图纸进行审核，并呈送业主或设计单位审批及下发。 (4) 协调组织总承包工程的设计服务和技术支持工作，如对采购技术支持服务、对施工的技术支持服务、对试运行的技术支持服务等。 (5) 与其他部门共同组织工程设计回访和贯标检查	建筑专业，工程师以上资格，5年以上工作经验	项目交地后10天
5	结构工程师	结构	1	(1) 根据工程总进度计划，结合项目图纸模块计划，编制结构专业的深化设计进度控制计划 (2) 负责结构专业（含预制构件拆分、钢结构、幕墙）的深化设计的总体协调。 (3) 负责对结构专业的设计图纸进行审核，并呈送业主或设计单位审批及下发。 (4) 协调组织总承包工程的设计服务和技术支持工作，如对采购技术支持服务、对施工的技术支持服务、对试运行的技术支持服务等。 (5) 与其他部门共同组织工程设计回访和贯标检查	结构专业，工程师以上资格，5年以上工作经验	项目交地后10天
6	电气工程师	电气	1	(1) 根据工程总进度计划，结合项目图纸模块计划，编制电气专业的深化设计进度控制计划。 (2) 负责电气专业的深化设计的总体协调。 (3) 负责对电气专业的设计图纸进行审核，并呈送业主或设计单位审批及下发。 (4) 协调组织总承包工程的设计服务和技术支持工作，如对采购技术支持服务、对施工的技术支持服务、对试运行的技术支持服务等。 (5) 与其他部门共同组织工程设计回访和贯标检查	电气专业，工程师以上资格，5年以上工作经验	项目交地后150天

序号	岗位	专业	人数	岗位职责	任职资格	到岗时间
7	暖通工程师	暖通	1	(1) 根据工程总进度计划，结合项目图纸模块计划。 (2) 编制给排水及暖通空调专业深化设计进度控制计划。 (3) 负责给排水及暖通空调专业的深化设计的总体协调。 (4) 负责对给排水及暖通空调专业的设计图纸进行审核，并呈送业主或设计单位审批及下发。 (5) 协调组织总承包工程的设计服务和技术支持工作，如对采购技术支持服务、对施工的技术支持服务、对试运行的技术支持服务等。 (6) 与其他部门共同组织工程设计回访和贯标检查	暖通专业，工程师以上资格，5年以上工作经验	项目交地后150天
8	内装工程师	装修	1	(1) 根据工程总进度计划，结合项目图纸模块计划。 (2) 编制内装专业的深化设计进度控制计划。 (3) 负责内装专业的深化设计的总体协调。 (4) 负责对内装专业的设计图纸进行审核，并呈送业主或设计单位审批及下发。 (5) 协调组织总承包工程的设计服务和技术支持工作，如对采购技术支持服务、对施工的技术支持服务、对试运行的技术支持服务等。 (6) 与其他部门共同组织工程设计回访和贯标检查	内装专业，工程师以上资格，5年以上工作经验	项目开业前260天
9	景观工程师	景观	1	(1) 根据工程总进度计划，结合项目图纸模块计划。 (2) 编制景观专业的深化设计进度控制计划。 (3) 负责景观专业的深化设计的总体协调。 (4) 负责对景观专业的设计图纸进行审核，并呈送业主或设计单位审批及下发。 (5) 协调组织总承包工程的设计服务和技术支持工作，如对采购技术支持服务、对施工的技术支持服务、对试运行的技术支持服务等。 (6) 与其他部门共同组织工程设计回访和贯标检查	景观专业，工程师以上资格，5年以上工作经验	项目开业前230天
10	资料员		1	全面负责项目设计资料管理		项目交地后10天

5.1.2 深化设计人员管理模式及工作内容

（1）集约管理：各专业深化设计人员全部纳入总包设计师管理体系，统一调配，利于后续生产支持：全过程（生产、安装）跟踪服务，改进提升深化能力。

（2）专业整合：全专业图纸整合及对接——有利于及时处理和解决现场矛盾与冲突。

5.1.3 深化设计组织管理与职责

装配式建筑工程总承包管理组织构架及管理流程，依据项目管理模式及项目规模确定管理组织构架。

设计管理部主要职责：设计总控、进行价值工程分析、对接设计院、对接业主设计部、对接生产厂商、组织并指导各专业深化和优化设计，各专业设计进度控制与管理，出图计划编制、组织施工图纸交底，对系统内、外部接口包括设计院、业主、分包、政府等相关部门。

大项目单独设立，小项目可以兼职，便于管理职责及指标分解。

（1）设计管理：装配式建筑设计应满足合同约定的技术性能、质量标准和工程的可施工性、可操作性及可维修性的要求。

（2）设计管理应由设计经理负责，并适时组建项目设计组。在项目实施过程中，设计经理应接受总包项目经理和工程总承包企业设计管理部门的管理。

（3）工程总承包项目要将采购纳入设计程序。设计组应负责请购文件的编制、报价、技术评审和技术谈判、供应商图纸资料的审查和确认等工作。

（4）设计管理部既是业务单元，也是职能单元。

1）业务方面：设计部承担着项目设计协调及组织等设计管理工作，组织设计分包完成具体的专业设计任务，完成综合设计，并负责图纸送审、发放等设计文件管理工作。

2）职能业务：在各设计专业又为相关的业务部门服务，提供设计支持及在技术、采购方面的配合。

（5）设计部由设计经理和项目总工程师控制。各专业设计内部的设计由各专业设计参与方完成，总包方协调各专业设计相互之间的设计需求和矛盾。

（6）机电点位设计包括电器专业分包、通风空调分包、强、电、设备等各专业分包的设计综合由机电设计总包统一部署。项目建筑设计分包在担负建筑设计任务的同时，完成各专业设计，包括结构、内外装修、机电、室外总体等特殊设备等设计之间的综合。

（7）应用BIM技术正向出图（图5-5），实现各专业设计协同，一点修改其他自动更改，且图纸一次成优。考虑到深化设计工作内容繁杂和一次成优，建议采用正向出图，运用BIM技术设计建模，过程施工模型组织施工和交底，竣工交竣工模型（上海市竣工备案要求交竣工模型），运用BIM技术进行各阶段各环节的深化设计工作，不仅提高深化设计的准确性、精确度、精准度，而且体现了新型的建造方式，从绿色建造走向了智慧建造。

（8）利用BIM技术正向设计：通过BIM技术应用，可以实现前置管理和设计协同，打破地理空间限制，实现全专业、全过程三维协同设计，使施工零变更成为可能性。正向设计与传统设计效果对比如图5-6所示。

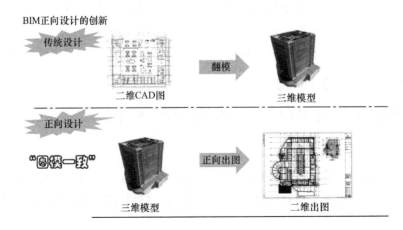

图 5-5 运用 BIM 技术正向设计与出图

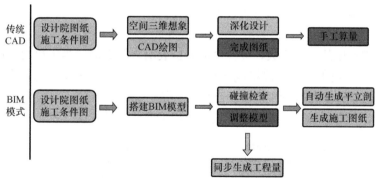

图 5-6　运用 BIM 技术正向设计与传统设计效果对比

（9）基于 BIM 的深化设计工作流程，见图 5-7、图 5-8。

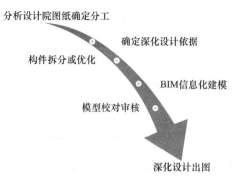

图 5-7　基于 BIM 深化设计流程

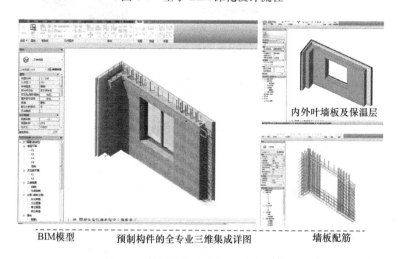

图 5-8　预制构件全专业三维集成详图

5.1.4　设计管理的意义和内容

　　装配式建筑要建立以设计为龙头、以技术为支撑，以采购为保障、以 BIM 信息化为平台、以专业施工为抓手，深化组织架构管理、量化责任目标考核，强化平行搭接，深度整合设计施工一体化的新型工程总承包管理模式。

（1）设计管理的意义：

设计对工程费用的影响巨大，设计价值分析表明（图5-9）：当工程初步设计阶段影响造价75％～95％，技术设计阶段影响造价35％～75％，施工图设计阶段影响造价5％～35％。因此，在设计阶段应管理前置，延伸服务链，总承包、施工单位和生产厂商都要主动提前介入设计，介入越早、越深越有利于缩短工期，降低成本（图5-10）

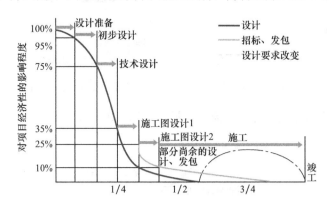

图5-9 装配式建筑全过程设计价值分析

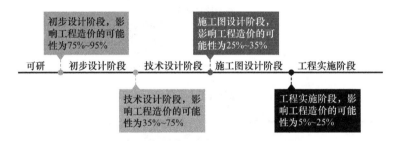

图5-10 设计对工程造价的影响

（2）科学合理的设计可将建筑能耗在传统能耗基础上降低70％～80％。欧美发达国家提出了零能耗、零污染、零排放等建筑新理念。

1）对市政项目设计：一般分为初步设计、技术设计、施工图设计三阶段。

2）对民建项目设计：一般分为方案设计、初步设计、施工图设计。

（3）设计、采购、生产、施工一体化（图5-11）。设计与采购管理、设计与构件生产、设计与施工吊装、安装一体化，从工程的全局高度减少了变更、索赔、纠纷与争议的损耗，保证了工程资金、技术、管理各个环节的平行搭接与深度融合。

（4）设计管理的作用：

1）设计方案直接影响着工程的施工方案和施工措施的选用，而不同的施工方案和施工措施又直接影响着工程的成本和建设周期。

2）由于设计人员对施工知识和施工经验的缺乏，它们所做的设计方案往往会导致施工难度增加。

3）工程总承包模式（设计、施工由一个单位负责）为实施"快速路径"及提高"可建造性"提供了组织措施。

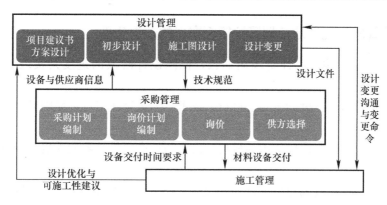

图 5-11 设计、采购、生产、施工一体化

4）"单点责任"：减少（杜绝）设计和施工之间的扯皮，减少由于设计变更（错误、不当）引起的索赔、签证。

5）与传统 EPC 相比，以设计为出发点建立总成本领先的 EPC，除了具有传统 EPC 的基本特性，如强调设计的主导作用，能够整合全产业链的优势，明确工程质量的责任主体，还具有缩短工期，降低成本之优势和特性。

6）总承包具有较高的产业链完整度。不仅包括设计、采购、施工，还包括调研、融资、研发、制造、运行、维护等，只有这样才能保障 EPC 各环节的最优，做到总成本领先。企业一旦形成并成熟应用这种商业模式，就能够在市场上形成一种难以复制和超越的竞争优势。

7）各专业协同与融合。装配式建筑初步方案设计应贯穿设计至竣工的全过程（图 5-12），在设计阶段需要充分考虑采购、生产和施工要求，实现设计、采购、生产、施工、吊装安装各个环节的联动协作，使设计图更具有实用性和可操作性，最终达到"保质量、降成本、缩工期"的目标。

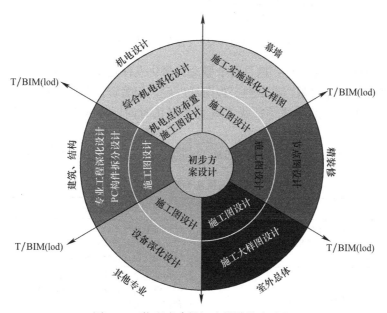

图 5-12 装配式建筑初步设计的全过程

5.1.5　设计管理的优劣是计划管控能否实现的前提条件

（1）对工期的影响：设计阶段周期长，保障设计阶段的进度是实现总进度的前提条件。

（2）对施工的影响：设计选用的材料、技术、工艺对施工难易影响较大，直接影响施工能否顺利推进。

（3）对采购的影响：设计选用的材料、设备的规格型号，影响采购工作难易及效益的高低。

根据项目特点，认真编写设计计划和设计任务书，明确设计进度、质量和限价。

根据总进度计划，明确各专业深化设计的完成时间，做好招标和采购工作。制定设计管理标准流程和工具表格，明确参建各方责任，限制设计变更最晚提出时间和变更流程响应、完成时长。

（4）总包组织相关专业和部门进行优化设计：设计、工程、技术、商务、采购等部门结合类似工程经验及相关资料，从质量、安全、工期、成本、施工便利性角度对设计进行优化，在方案论证会前或出图前联系设计单位沟通优化结果。如图 5-13 所示。

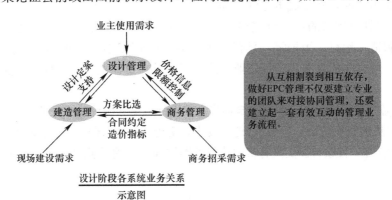

图 5-13　设计阶段与各专业协同与融合

（5）深化设计与优化设计：这是两个概念。深化设计是工艺上的要求，优化设计是创效的要求。如深化设计问题，在拿到工程图纸以后，相关资源是公司配、项目配还是使用第三方或者是采用并举的方式，这些人进去要多长时间，投入多大的资源，都需要认真思考。

（6）设计人员要从 D 到 E 转变，即从 Design 到 Engineering 改变（表 5-2）

设计人员从 D 到 E 转变　　　　　　　　　　　　　　　　　表 5-2

	D(Design)	E(Engineering)
对象与目的	• 对图纸负责 • 关注设计成果的合规性，按照规程规范设计	（1）对项目负责； （2）关注项目整体效益，质量、进度、费用总体最优； （3）关注设计优化与可施工性
环节	• 只关注设计	（1）关注全过程全寿命周期性； （2）设计阶段需要考虑采购、施工有效衔接和紧密融合，同时考虑施工的可操作性及质量安全可控下的进度、成本

续表

	D(Design)	E(Engineering)
过程	三段式，设计、招商、施工	设计、采购、施工队实施、修正、再设计的循环
设计方式	CAD、CAE、2D	三维设计，3D，30%、60%、90%多专业协同审查；模拟技术、仿真技术；模块化设计
对人员的要求	专业人才，专业划分很细	(1) 一专多能的复合型人才，要懂专业，懂造价，懂施工，懂管理，并需要工程经验 (2) 人员素质要求高
对管理的要求	(1) 有整套校审机制，保障设计质量 (2) 重技术、轻管理现象普遍 (3) 管理精细化程度不够，惯性思维较强，项目经理负责制推进困难	(1) 重视管理，后台强大，重视基础管理，推行项目经理负责制 (2) 依靠制度管理，风险可控，保障管理的可复制性 (3) 重视知识管理，关注微创新与实用技术升级
分配机制	大部分实行"多劳多得"分配机制，以量取胜	"绩效年薪"制，与项目效益挂钩
对总包方风险	高，不对造价负责	相对低，对全过程负责，体现价值工程

5.2 装配式建筑设计管理流程

设计管理是工程总承包管理的龙头和灵魂，起到基础性、先导性和决定性的主导作用，对项目的造价、质量、进度等均有较大影响。设计管理也是施工总承包项目中创效的重要来源。施工企业要提升设计管理能力，要从"遵循设计施工"向"施工引导设计"、从传统的按图施工到画图施工的思想观念转变，实现价值创造。

提升设计管理水平是今后工程管理实现差异化、高品质和低成本的竞争策略。必须要以设计为龙头，深耕细作，发挥其在工程管理中的重要作用，核心是梳理出清晰的流程（图 5-14）

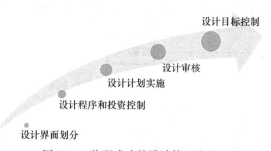

图 5-14　装配式建筑设计管理流程

项目部要制定设计进度总控计划，根据施工图设计、图纸优化、图纸审查等制定施工图设计计划，按期出图，圆满完成设计优化工作，固化策划成果。

5.2.1　装配式建筑设计流程

（1）在整个建筑设计过程中，深化设计贯穿全过程，内装与机电深化设计必须前置，为深化设计服务。并在设计流程中增加了结构拆分、构件深化设计、构件生产环节。

（2）要实现设计团队的高效运转，合理界定各部门的工作职责，需要一个科学合理的设计流程，并实现设计流程的标准化。图 5-15、图 5-16 列出了各阶段的关键点，简要介绍了项目推进的具体流程。

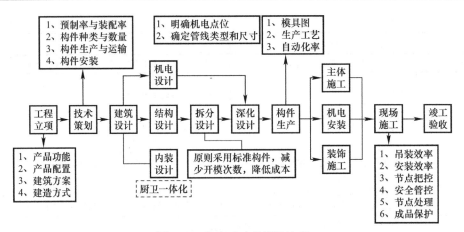

图 5-15　装配式建筑设计流程

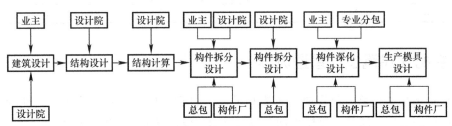

图 5-16　装配式建筑设计各环节参与单位

5.2.2　装配式建筑设计与传统现浇建筑的建设流程对比

如图 5-17、图 5-18 所示。

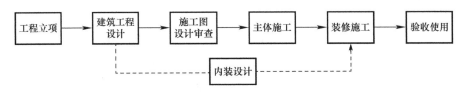

图 5-17　传统的现浇建筑建设参考流程图

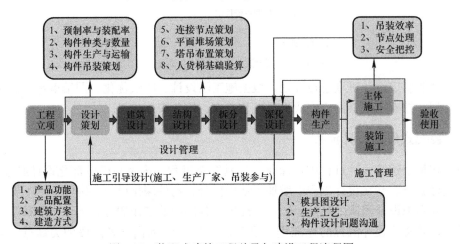

图 5-18　装配式建筑工程总承包建设工程流程图

5.2.3 设计管理界面关系

由于装配式结构前期的设计工作占了整个项目设计工作的很大比重，所以参建的各方需要在项目开工前做好各自的深化设计相关工作：

（1）甲方：负责协调总包与设计院及其他相关单位之间的协同工作，明确各单位的设计工作，并督促按时完成。

（2）总包：配合设计院完成图纸的设计，根据设计院提供的图纸及时提出图纸中需要改进的地方，为施工提供方便。

（3）设计院：按照甲方的时间节点要求进行图纸的设计以及深化设计，并对总包做好图纸的交底工作。

（4）构件厂：根据设计院提供的图纸进行进一步深化，完成预制构件的预埋预留工作。

（5）吊装单位：按照设计院的图纸做好劳动力及设备的准备工作。

5.2.4 设计管理部门主要工作职责

项目开工前，根据设计管理部门的主要工作职责编制设计管理制度，并根据制度的要求严格执行：

（1）与设计有关的文件往来统一由专人进行接收与管理，并按要求做好发文/收文登记表。

（2）根据已定的总工期节点进行图纸的深化，由设计院深化的图纸要督促业主按时保质完成。

（3）部分需保密的设计资料不得向外界泄漏。

（4）施工过程中遇到的需设计院解决的问题要及时报给相关人员，保证解决问题的及时性。

根据业主的需求，要完成一个高质量的装配式建筑设计工作是极具挑战性的。装配式建筑在我国仍处于起步阶段，很多建设单位的设计管理人员，并没有从本质上了解推行装配式建筑的意义，尤其是没有施工经验，对施工现场、吊装、安装以及施工部署不了解，造价成本概念不敏感等缺乏施工总体部署，所以出现设计图不能满足施工要求。此外，传统的设计院没有大量装配式设计项目的积累和沉淀，缺少设计项目的整体思维，在没有充分考虑模具加工、构件生产、现场施工的情况下，将整个项目按照现浇方式设计出图后交给工艺设计单位或施工单位就完事大吉。这就必然导致工艺设计及构件生产阶段困难重重，且成本居高不下的现象。

5.3 装配式建筑设计的三大关键

建筑产业化的核心是生产工业化，生产工业化的关键是设计标准化，装配式建筑是以设计为龙头。明确各个设计阶段的工作内容和任务（图 5-19、图 5-20），最核心环节是建立一整套具有适应性的模数以及模数协调原则。

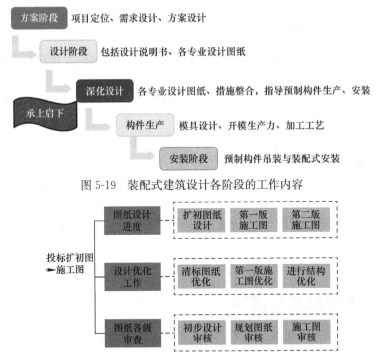

图 5-19　装配式建筑设计各阶段的工作内容

图 5-20　装配式建筑设计管理内容

　　设计中据此优化各功能模块的尺寸和种类，使建筑部品具有实现通用性和互换性，保证房屋在建设过程中，在功能、质量、技术和经济等方面获得最优的方案，促进建造方式从粗放型向集约型转变。

5.3.1　预制构件的科学拆分

　　预制构件拆分需考虑的五个因素：

（1）受力合理。

（2）制作、运输和吊装的要求。

（3）预制构件配筋构造的要求。

（4）连接和安装施工的要求。

（5）预制构件标准化设计的要求，最终达到"少规格、多组合"的目的。

5.3.2　装配式建筑设计管理的要点

（1）技术策划（总包提资）。

（2）方案设计。

（3）初步设计。

（4）施工图设计。

（5）构件加工设计。

（6）预制构件设计。

（7）装配式建筑施工图深化设计。

（8）设计资源组织与协调。

5.3.3 装配式结构深化设计要点

（1）脱模埋件。
（2）吊装埋件。
（3）斜撑埋件。
（4）构件生产工艺。
（5）构件体积、重量。
（6）脱模、吊装、运输构件开裂验算。如图 5-21 所示。

墙板斜撑支设　　　　　　　叠合板脱模起吊　　　　　　　　预埋件

图 5-21　装配式结构深化设计

5.3.4 深化设计的主要工作内容

（1）设计图纸深度：图纸信息不包含预制构件的生产、安装的必要信息和内容
（2）各个专业之间设计单独完成：各专业之间无需进行进一步的综合
（3）施工可行性需要进一步综合检查生成图纸及材料用量表、施工方案与部署
（4）构件生产信息需要足够详细：模具信息、模具设计、脱模埋件、加工工艺
（5）构件安装信息须更加明确：支撑体系　吊装埋件　吊装措施
（6）深化设计流程
（7）施工图审查

5.3.5 施工图审查

以住宅楼为例，见图 5-22～图 5-24。

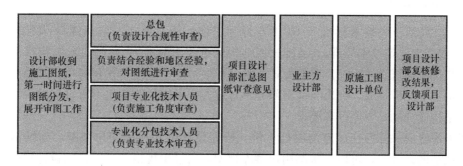

图 5-22　总包组织施工图纸审查

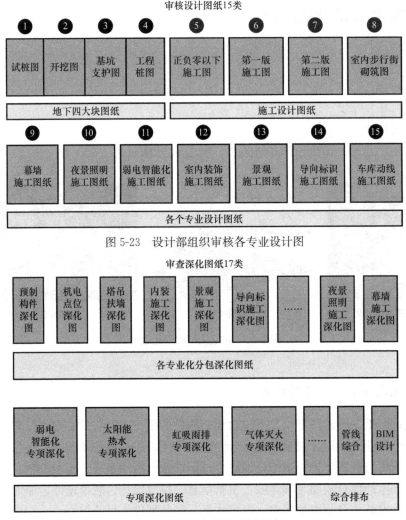

图 5-23　设计部组织审核各专业设计图

图 5-24　总包组织深化设计图审查

5.4　装配式建筑建筑设计

5.4.1　标准化设计

装配式建筑三大技术标准 2018 年 6 月起正式实施，由住房城乡建设部组织编制的《装配式混凝土建筑技术标准》《装配式钢结构建筑技术标准》《装配式木结构建筑技术标准》是装配式建筑设计标准。在装配式建筑设计中，主体结构布置宜简单、规整，应考虑承重结构上下对应贯通，突出与挑出部分不宜过大，平面凸凹变化不宜过多过深。平面体型符合结构设计的基本原则和要求。

以上海惠南保障性住房建设项目为例，研究设计出几种标准户型图，并编制户型图库，在以后的设计中，可以直接调用户型库户型，通过少规格、多组合的设计思路，控制预制构件生产成本，进而降低建设成本，户型如图 5-25 所示。

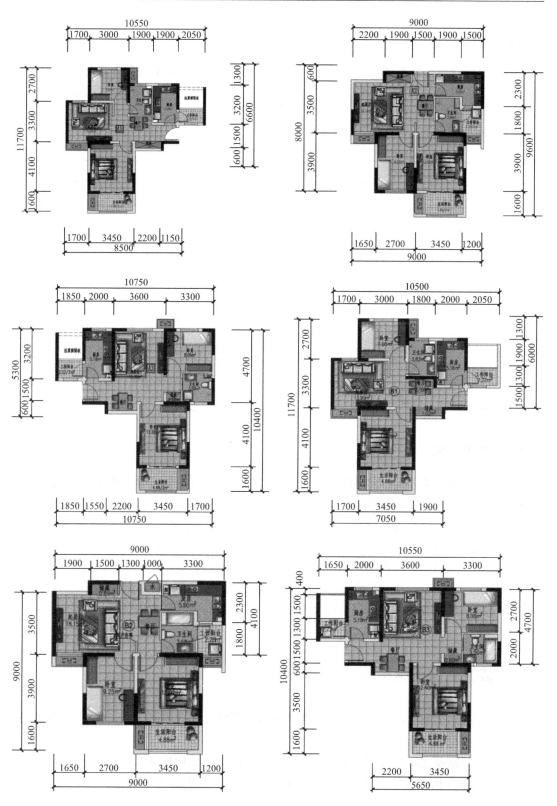

图 5-25 某保障性装配式住房项目户型图

5.4.2　预制率与预制构件选取

建筑设计阶段，需要计算项目装配率、预制率等数据，并确定项目外墙保温的方式和材料，同时，明确防水节点的构造和材料。不同体系和预制率下预制构件的选取如表 5-3 所示。

预制构件选用表　　　　　　　　　　　　　　　　表 5-3

预制率		15%	25%	30%	40%
外结构墙板		√（局部）	√	√	√
内结构墙板		×	×	×	√
凸窗、空调板		√（局部）	√（局部）	√	√
阳台		√（仅外边梁）	√	√	√
楼梯梯段		√	√	√	√
叠合楼板 叠合梁		×	√（局部）	√（局部）	√
装配 体系	住宅	现浇外框	PCF、装配整体式剪力墙	装配整体式剪力墙	装配整体式剪力墙
	公建	×	框架、框剪	框架、框剪	框架、框剪

注：1. 表中√表示该预制率时，宜采用该类型预制构件。
　　2. 表中×表示该预制率时，不宜采用该类型预制构件。

5.4.3　外墙保温

对于外墙保温的方式，常用的有外保温、夹芯保温和内保温三种。外保温不适用于预制外墙，预制外墙因其表面高度平整而无需找平即可直接上涂料，或是面砖与墙体直接一体预制，而使用外保温则无法发挥这一特点所带来的工序与成本上的优势。夹芯保温内、外侧墙片之间需有连接件连接，构造复杂，增加 PC 外墙制作难度，会带来一定程度的造价增加。内保温系统虽然在材料效率发挥方面与另外两种保温体系相比偏低，但施工简便，造价相对较低，且施工技术及检验标准比较完善，不影响 PC 墙外表面，是较为适应预制外墙的一种保温体系。内保温可采用保温砂浆、岩棉板或复合内保温做法，同时满足防火要求。

5.5　装配式建筑结构设计

装配式建筑混凝土结构体系，按其生产方式的不同可划分为两大类，即现浇混凝土和预制装配式混凝土结构。

（1）现浇混凝土结构整体性好，是目前应用最广泛的结构形式之一。但这种结构通常要在施工现场绑扎钢筋、支模板和现浇混凝土等工作，现场湿作业多、施工周期长，且受环境影响大。

（2）预制混凝土结构施工速度快，可大量节省模板和支撑，具有显著的节能、环保与减排特点，是一种符合建筑工业化发展需要，实现住宅产业化的结构体系。装配式混凝土结构的分类如图 5-26 所示。

其中：①装配式框架结构主要用于大开间、多层公用建筑中；②装配式剪力墙结构主要用于住宅中；③装配式框剪结构由于国内试验研究数据少，暂无相应规范，不建议使用。

（3）参考《装配式混凝土结构技术规程》JGJ 1—2014，装配式建筑结构房屋的最大适用高度如表 5-4 所示。

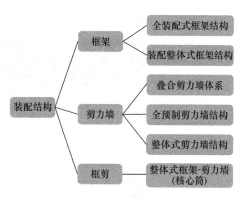

图 5-26 装配式混凝土结构的分类

装配式建筑结构房屋的最大适用高度 表 5-4

结构类型	非抗震设计	抗震设防烈度			
		6 度	7 度	8 度（0.2g）	8 度（0.3g）
装配整体式框架结构	70	60	50	40	30
装配整体式框架-现浇剪刀墙结构	150	130	120	100	80
装配整体式剪刀墙结构	140（130）	130（120）	110（100）	90（80）	70（60）
装配整体式部分框支剪刀墙结构	120（110）	110（100）	90（80）	70（60）	40（30）

注：房屋高度指室外地面到主要屋面的高度，不包括局部突出屋顶的部分。

（4）高层装配式结构应符合下列规定：

1）宜设置地下室，地下室宜采用现浇混凝土。

2）剪力墙结构底部加强部位的剪力墙宜采用现浇结构。

3）框架结构首层柱宜采用现浇结构，顶层宜采用现浇楼盖结构。

（5）带转换层的装配整体式结构应符合下列规定：

1）当采用部分框支剪力墙结构时，底部框支层不宜超过 2 层，且框支层及相邻上一层应采用现浇结构。

2）部分框支剪力墙以外的结构中，转换梁、转换柱宜现浇。

（6）预制装配式住宅适用于多层和高层混凝土结构。目前 PC 主要产品有：预制外墙板、预制楼梯、预制楼板、预制梁、预制柱、预制阳台板、预制装饰砌块等(图 5-27)。

5.5.1 装配整体式剪力墙结构设计

预制装配整体式剪力墙作为承重墙，参与结构计算。在预制构件之间及预制构件与现浇及后浇混凝土的接缝处，当受力钢筋采用安全可靠的连接方式，且接缝处新旧混凝土之间采用粗糙面、键槽等构造措施时，结构的整体性能与现浇结构类同，设计中可采用与现浇结构相同的方法进行结构分析。但由于装配整体式剪力墙结构中，墙体之间的接缝数量多且构造复杂，接缝的构造措施及施工质量对结构整体的抗震性能影响较大，使装配整体式剪力墙结构抗震性能很难完全等同于现浇结构。鉴于此，目前针对装配整体式剪力墙结构体系，降低其体系适用高度，是符合现阶段技术发展水平的偏安全的设计方法。

图 5-27　装配式建筑主要预制构件产品

对于采用夹芯保温的装配整体式剪力墙，其外叶墙厚度一般≥50mm，该类墙板在国内外均有广泛的应用，具有结构、保温、装饰一体化的特点。该类墙板根据内、外叶墙板间的连接构造，可以分为组合墙板和非组合墙板。组合墙板的内、外叶墙板可通过拉结件的连接共同工作。非组合墙板的内、外叶墙板不共同受力，外叶墙板仅作为荷载，通过拉结件作用在内叶墙板上。目前的工程中，一般均采用非组合墙板，拉结件仅按照一定间距布置，满足承载能力即可。内叶墙按照一般预制装配式整体剪力墙进行设计，外叶墙板作为墙间荷载输入计算模型中。

在一般结构设计中，为满足计算要求，部分连梁高度增加，会出现连梁跨层的情况。但是对于装配整体式剪力墙结构，由于在竖向按照楼层层高进行划分，则势必将连梁拆分为上下两部分，此时，在结构计算模型中，需要对连梁处进行调整，按照双连梁的模型进行结构设计。

由于装配整体式剪力墙结构，存在较多接缝和连接构造，结构设计中，需要对其承载力进行验算。通过计算分析软件，提取接缝处内力，按照规范的计算公式，对其进行承载能力分析。

5.5.2　装配整体式框架结构设计

根据《装配式混凝土结构技术规程》中的相关规定，装配整体式框架结构体系可采用"等同于"现浇的结构设计分析方法。

对于装配整体式框架结构中的预制主、次梁连接节点，主要有牛担板、挑耳等连接方式，该类连接方式与一般结构相比，具有如下特性：

（1）次梁底部与主梁考虑安装误差，会预留缝隙，该缝隙不能保证次梁底部与主梁传递压应力。

（2）由于主梁预制，次梁顶部负弯矩钢筋无法进行弯折锚固，只能按照铰接设计该节点，不能充分利用负筋抗拉强度。

鉴于以上特性，次梁与主梁连接位置，按照铰接考虑。而对于梁端、柱底的正截面抗剪能力验算，则按照《装配式混凝土结构技术规程》中的要求进行。叠合梁端竖向接缝的受剪承载力设计值应按下列公式计算：

1）持久设计状况：

$$V_u = 0.07 f_c A_{cl} + 0.10 f_c A_k + 1.65 A_{sd} \sqrt{f_c f_y}$$

2）地震设计状况：

$$V_{uE} = 0.04 f_c A_{cl} + 0.06 f_c A_k + 1.65 A_{sd} \sqrt{f_c f_y}$$

式中：

A_{cl}——叠合梁端截面后浇混凝土叠合层截面面积。

f_c——预制构件混凝土轴心抗压强度设计值。

f_y——垂直穿过结合面钢筋抗拉强度设计值。

A_k——各键槽的根部截面面积之和，按后浇键槽根部截面和预制键槽根部截面分别计算，并取二者的较小值。

A_{sd}——垂直穿过结合面所有钢筋的面积，包括叠合层内的纵向钢筋。

叠合梁端受剪承载力计算参数如图 5-28 所示。

在地震设计状况下，预制柱底水平接缝的受剪承载力设计值应按下列公式计算：

当预制柱受压时：

$$V_{uE} = 0.8N + 1.65 A_{sd} \sqrt{f_c f_y}$$

当预制柱受拉时：

$$V_{uE} = 1.65 A_{sd} \sqrt{f_c f_y \left[1 - \left(\frac{N}{A_{sd} f_y} \right)^2 \right]}$$

式中 f_c——预制构件混凝土轴心抗压强度设计值。

f_y——垂直穿过结合面钢筋抗拉强度设计值。

N——与剪力设计值 V 相应的垂直于结合面的轴向力设计值，取绝对值进行计算。

A_{sd}——垂直穿过结合面所有钢筋的面积。

V_{uE}——地震设计状况下接缝受剪承载力设计值。

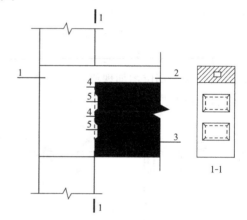

图 5-28 叠合梁端受剪承载力计算参数示意
1—后浇节点区；2—后浇混凝土叠合层；3—预制梁；
4—预制键槽根部截面；5—后浇键槽根部截面

对于装配整体式框架结构的设计，其他要求按照《混凝土结构设计规范》《建筑结构抗震设计规范》《高层建筑结构设计规程》相关要求执行。

5.5.3 装配式建筑拆分设计

传统的施工项目设计只需完成建筑设计、结构设计即可，而工业化项目的设计比传统施工项目的多一道拆分设计工序。拆分设计是在整体设计方案（建筑设计、结构设计、水电管线设计、装饰装修设计）的基础上，结构化分解构件，然后对结构化构件进行深化设计。拆分设计是将整体设计方案，拆分成对预制、装配以及完成后结构整体性可行的设计步骤。显然，拆分设计包含：对整体建筑设计进行单元构件拆分，对单元构件进行设计，以及构件安装的连接节点设计。

1. 剪力墙结构拆分

对于以标准层每层、每跨（户）为单元，根据建筑图、结构图，将建筑合理分成各种构件，拆分位置宜在构件受力最小的地方拆分，保证结构安全。外墙板的水平拆分位置宜设在楼层标高处，竖向拆分位置宜按单个开间设置。构件的拆分、大小不仅要考虑设计本身需要，也应兼顾生产、运输、施工等环节的技术和经济性因素，一般长度不超过 6m、高度不大于 3.6m、总重量不超过 6t 比较经济，更大、更重的构件可考虑在现场生产或在低多层建筑中应用。

结构拆分成不同类型构件后，应绘制结构拆分图。相同类型的构件尽量将截面尺寸和配筋等统一成一个或少数几个种类，尽量减少模具数量，同时对钢筋进行逐根定位，并绘制构件图，这样便于标准化的生产、安装和质量控制。装配式剪力墙结构工业化住宅的外墙应全部采用预制外墙，代替利用脚手架进行施工的工法。

预制剪力墙宜采用一字形，也可采用 L 形、T 形或 U 形。开洞预制剪力墙洞口宜居中布置，洞口两侧的墙肢宽度不应小于 200mm，洞口上方连梁高度不宜小于 250mm。楼层内相邻预制剪力墙，当接缝位于纵横墙交接处的约束边缘构件区域时，约束边缘构件的阴影区域宜全部采用后浇混凝土。当接缝位于纵横墙交接处的构造边缘构件区域时，构造边缘构件宜全部采用后浇混凝土。

对于长度尺寸较大的剪力墙，若拆分为一个构件后，重量及长度超出尺寸限制，则建议在墙肢中间部位增加现浇段，现浇段长度尺寸不宜小于 300mm。图 5-29 所示为某保障房项目预制装配式剪力墙拆分示意。

图 5-29 预制装配式剪力墙设计拆分示意

2. 框架结构的拆分

框架结构的拆分，一般将构件拆分为一维构件，方便构件的运输和安装。

预制柱可逐层拆分，也可采用多段柱的形式，2～3 层拆分为一个构件，其中梁、柱节点区域预留槽口。多段柱的采用应注意以下问题：在中层节点，由于吊装空间有限，若相邻柱均采用多段柱的形式，则需要缩短预制梁预制尺寸，否则预制梁无法下放。该问题，可通过如图 5-30 所示的方式解决，即相邻预制柱交错采用多段柱的形式建造，为预制梁吊放留设操作空间。

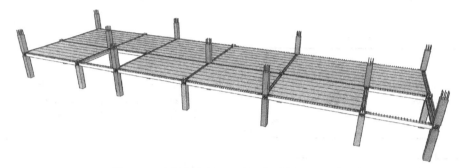

图 5-30　多段柱在装配整体式框架结构中的应用

预制梁的拆分，一般将新、旧混凝土接合面留在梁端，一方面方便梁柱节点区模板的支设和混凝土的振捣，另一方面也可避免将接合面留置在梁中部时，接合面位置仍需搭设模板、支架，进行现浇作业。

3. 楼梯的拆分

楼梯的拆分可按照一跑为单元，梯板的拆分以 300mm 为模数，最小宽度不应小于 600mm，最大宽度不宜大于 3000mm。考虑板式楼梯的两端支撑情况，确定在梯梁处断开或者在休息平台板处断开，预留钢筋与现浇梁或板通过后浇带现场浇注连接。若楼梯梁端支撑情况发生改变，梁端采用铰接连接，预制构件如图 5-31 所示，连接方式如图 5-32 所示，该工况下还应对楼梯底板厚度及配筋进行重新计算。

4. 楼板、阳台的拆分设计

楼板按支撑在梁上的单向板考虑拆分，考虑支撑搭接长度。在使用过程中，楼板、阳台板需与现场浇筑层共同工作，为此叠合楼板的厚度需考虑预制过程、吊装过程以及在现场浇筑过程的结构受力分析，《装配式混凝土结构技术规程》中规定，叠合板厚≥60mm，表面做凹凸不小于 4mm 粗糙面，并且预留钢筋与现浇层混凝土钢筋相连接。叠合楼板厚度主要取决于叠合层内管线的数量，根据设计经验，对于装配式剪力墙住宅，一般叠合楼板厚度取 60mm，叠合层厚度取 70～80mm。对于装配式公共建筑，一般叠合楼板厚度取 60～70mm，叠合层厚度≥80mm。

根据工程设计经验，总结结构拆分原则为：

（1）综合立面表现的需要，结合结构现浇节点及装饰挂板，合理拆分外墙。

（2）注重经济性，通过模数化、标准化、通用化减少板型，节约造价。

（3）制定编号原则，对每个墙板产品进行编号，使每个墙板既有唯一的身份编号，又能在编号中体现重复构件的同一性。

（4）预制构件的大小要考虑运输的可能性和现场的吊装能力。

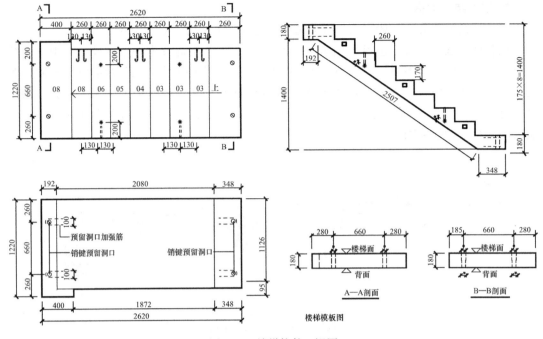

图 5-31 楼梯构件三视图

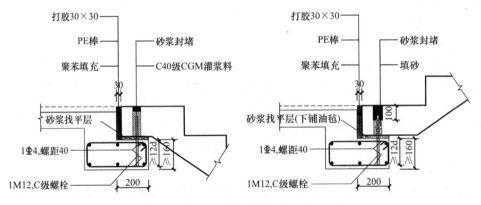

图 5-32 楼梯固定端及滑动端构造详图

5.6 装配式建筑连接节点设计

由预制构件组成的装配式结构的安全，不完全取决于构件的质量，在对预制结构体系进行拆分形成各种预制构件后，需要通过节点把各个预制构件连接起来形成整体，并满足安全性、抗震性和施工方便性的要求。可靠的连接质量可以实现按设计的要求传递规定的内力，并且不会引起使用和观感上的问题。如果接头连接质量存在缺陷，轻则引起裂缝、渗漏等使用上的问题，重则影响构件与构件、构件与支撑结构之间力的传递，造成承载力及安全方面的问题，甚至引起结构解体，发生垮塌等严重后果。

连接设计是装配式混凝土结构设计的重要环节。预制混凝土构件之间的连接必须有效地将单个结构构件互相连成统一的整体，使整个建筑结构协调一致。连接设计首先要保证在荷载作用下连接部位自身的强度不能成为结构的薄弱环节，保证连接部位能平顺地传递内力，发挥连接功能。其次还要求连接部位具有足够的刚度以及良好的恢复力特性。装配式混凝土结构的连接节点应遵循以下设计原则：

（1）连接设计满足结构承载力和抗震性能要求。

（2）连接设计应能保证结构的整体性。

（3）连接破坏不应先于构件破坏。

（4）连接的破坏形式不能出现钢筋锚固破坏脆性形式。

（5）连接构造应符合整体结构的受力模式及传力途径。

此外，连接节点应采用标准化方法，以提高构件连接的可靠性、制作安装效率和连接质量。合理的连接形式是预制装配式结构得以广泛应用的关键。

5.6.1 预制剪力墙竖向连接

1. 现浇带连接

预制混凝土剪力墙构件采用现浇带连接是一种比较传统的连接方式，连接形式如图 5-33 所示。具体做法是：在要连接的上下层剪力墙之间设置现浇带，钢筋通常采用搭接方式，剪力墙安装就位后浇筑混凝土，从而把上、下两片剪力墙连接成一个整体。

这种连接方式存在的问题是：①在施工过程中上部墙体难以固定。②连接时为 100%同截面搭接。③现浇带顶面的混凝土难以浇筑密实。

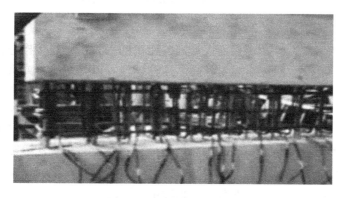

图 5-33　现浇带连接试验

2. 预留孔浆锚搭接

预制装配式剪力墙构件连接时采用预留孔浆锚搭接，该技术安全可靠，与其他方法相比，成本相对较低，如图 5-34、图 5-35 所示。具体的连接方法是：下层墙体在墙顶面预留了与墙体内竖向受力钢筋规格和数目相同的插筋，相应地，在上层墙体内预留内壁为波纹状或螺旋状等粗糙表面的孔洞。在上层墙体安装就位后，通过与孔洞相连通的灌浆孔和排气孔，向孔洞内注入灌浆料，待灌浆料凝结硬化后，将上、下层墙体连接成为整体。在设计上孔洞和预埋钢筋周边预埋有沿孔洞长度方向布置的螺旋箍筋，用来进一步加强对钢筋搭接区域的约束。它具有构造简单，节省钢材等特点，因而成为目前一种主要的连接形式。

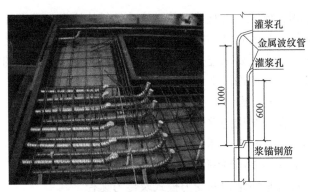

图 5-34　预制剪力墙预留孔浆锚连接

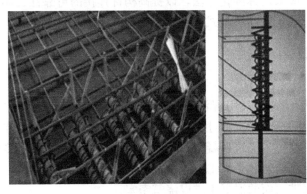

图 5-35　预制剪力墙预留孔浆锚搭接

3. 螺栓连接

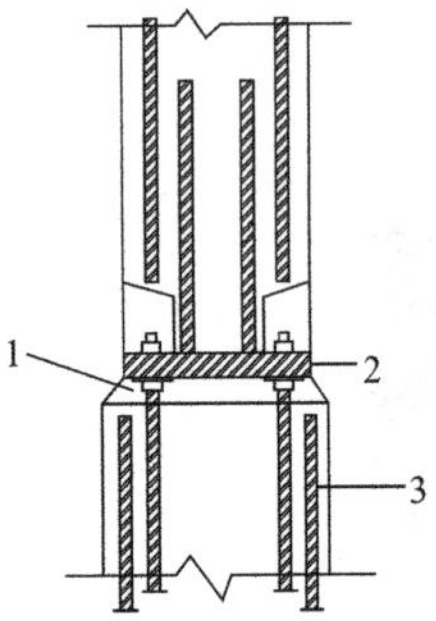

螺栓连接是机械连接的一种，其连接构造简单，但是对精度要求相对较高。这种螺栓可以是螺纹杆或常规的螺栓，其连接示意如图 5-36 所示。具体连接方法是：在上层剪力墙下端设置带有预留孔洞的钢板，下层剪力墙设有上端带有螺纹的插入钢筋作为螺杆。连接时将插入钢筋穿过钢板与上层剪力墙用螺帽连接，然后向连接部位浇筑混凝土，待混凝土凝结硬化后将两片墙体连接为一个整体。这种连接形式还可以配合其他连接形式一起使用，提高可靠性。

图 5-36　螺栓连接示意
1—浇筑混凝土；2—钢板；
3—插入钢筋

螺栓连接虽然施工工期短，操作简单方便，但是也有其自身的缺点：①即使在正常使用状态下，随着时间以及荷载的变化，螺栓都可能发生松动现象。②螺纹会因为自然环境或其他原因引起脱落。③安装时是否已经拧紧很难得到保证。

4. 套筒灌浆连接

套筒灌浆连接技术是一种目前比较成熟的预制混凝土构件连接技术。它因力学性能稳定可靠、施工方便简捷、施工工期短等优点，早在 20 世纪 80 年代就在日本、新西兰等国家广泛用于工程实践当中。

套筒灌浆技术连接的原理是将钢筋插入对接套筒中，然后从灌浆机注入由水泥、膨胀剂、细骨料和高性能外加剂等构成的无收缩高强度灌浆材料，当灌浆材料硬化后，钢筋与套筒牢固地连接在一起，如图 5-37 所示。高强灌浆材料的高强性和无收缩性可以充分保证其与套筒内壁以及钢筋表面的粘结、摩擦以及咬合强度，从而使钢筋间应力得以有效传递。这种连接方法具有较高的抗拉、抗压强度，连接可靠。

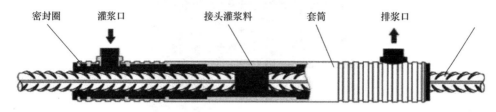

图 5-37 套筒灌浆连接

套筒灌浆连接在施工方面具有如下优点：①构件的吊装与钢筋的连接操作可分离进行。②对施工设备和操作人员素质要求简单，受天气因素影响小。③施工绿色安全，无噪声、无污染。④工厂化程度高，现场装配简单快捷。鉴于以上优点，目前主要采用灌浆套筒进行预制剪力墙竖向连接。

5.6.2 预制剪力墙水平连接

预制剪力墙的水平钢筋应在现浇段内锚固，或者与现浇段内水平钢筋焊接或搭接连接，构造如图 5-38 所示。此外，剪力墙端面设置混凝土凹槽剪力键和粗糙面，通过现场浇筑混凝土，以增加界面抗剪强度，减少剪切滑移，加强剪力墙与周边墙体的共同工作。

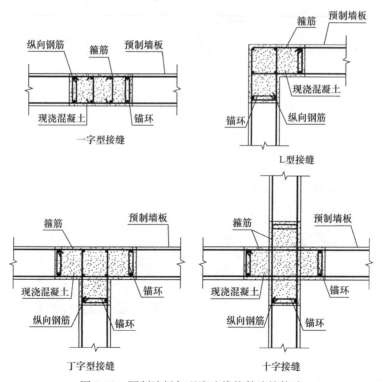

图 5-38 预制墙板与现浇边缘构件连接构造

现场施工时，先将两片剪力墙构件吊装就位后，架设临时支撑，底部灌浆，使其安装就位，如图 5-39 所示。

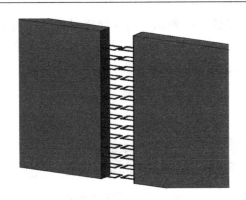

图 5-39　后浇接缝两端墙体固定过程

　　墙体固定之后，分别在每一个水平钢筋连接处套入闭合箍筋，如图 5-40 所示。箍筋等具体尺寸由具体工程设计。

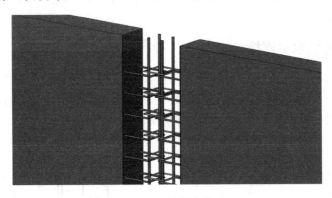

图 5-40　闭合箍筋安装过程

　　闭合箍筋安装完成后，将纵向钢筋穿插进墙体伸出的闭合水平钢筋中，如图 5-41 所示。之后支设后浇带模板，进行混凝土浇筑。

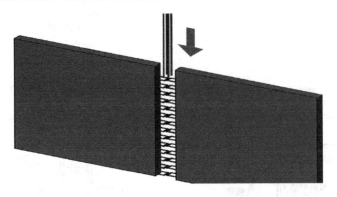

图 5-41　后浇带纵向钢筋插入闭合水平钢筋过程

5.6.3　预制框架结构连接

1. 节点区后浇

　　如图 5-42 所示，为梁柱节点区后浇的装配整体式混凝土框架，这类结构大多采用一字型预制梁、柱构件，梁内纵筋在后浇梁柱节点区搭接或锚固。施工时，先定位安装预制梁和叠合楼板，在梁上部、楼板表面和梁柱节点区布置钢筋，然后浇筑混凝土。这类结构中预制构件的加工及安装较为简单，是我国应用最广的装配整体式混凝土框架结构。但由于梁的纵向受力钢筋在现浇节点区锚固或者连接，因此会造成节点区钢筋排布密集及混凝土浇捣困难等问题。为了解决这个难题，《装配式混凝土结构技术规程》建议可在此类结构的预制梁柱内使用大间距、大直径高强度纵筋。通过相关构造措施，在保证构件和节点受力性能与普通配筋形式构件等同的基础上，可以简化节点构造、方便施工、保证浇筑质量。

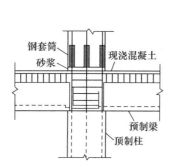

图 5-42 装配整体式框架结构体系（节点区后浇）

此外，由于预制梁上部钢筋需要在节点区贯通，采用传统封闭箍筋不便于上部钢筋的安装，《装配式混凝土结构技术规程》提出可以采用封闭组合箍筋的形式，通过后装封顶箍筋的方式，解决纵筋现场安装的问题。

2. 节点区预制

梁柱节点与构件整体预制时，构件可采用一维构件、二维构件和三维构件。二维、三维构件由于安装、运输困难，因此应用较少。后浇带设在梁中部的一字形构件如图 5-43 所示。这种结构有时为保证整体性，会在节点区采用部分现浇，待混凝土达到预定强度后，通过套筒灌浆安装上柱。另一种形式为节点随梁或柱整体预制，再通过套筒灌浆连接其他构件。

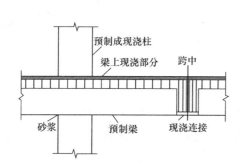

图 5-43 装配整体式框架结构体系（节点区预制）

5.6.4 钢筋连接方式选取

装配式建筑的钢筋连接，是节点设计的重要环节，在设计过程中，除了要考虑连接的可靠性，还要考虑施工的便宜性等因素，预制构件钢筋连接选用可参考表 5-5 所示进行选取。

预制构件常用钢筋连接方式　　　　　　　　　　　　　　　　表 5-5

连接方案		套筒灌浆	机械连接	约束浆锚搭接	搭接	焊接	型钢焊接/螺栓
竖向钢筋	边缘构件纵筋	★	☆	☆	☆	△	★
	竖向分布钢筋	★	○	★	☆	△	☆
	连梁箍筋	○	○	○	★	☆	○
水平钢筋	连梁纵筋	☆	☆	○	★	△	○
	水平分布钢筋	○	○	○	★	△	○
	边缘构件箍筋	○	○	○	★	☆	○

说明：1. 表中★代表适宜采用的连接方案。☆代表可以采用的连接方案，但存在一定的技术限制或结构设计特殊需求。△代表可以采用的连接方案，但存在严格的技术或施工限制。○代表不应选用或连接部位可不采用的连接方案。

　　　2. 在满足构件制作简单、施工简便的要求下，可以采用两种或以上的组合方案。

5.6.5　设计管理措施-节点连接

1. 墙体竖向连接节点

节点构造如图 5-44 所示。

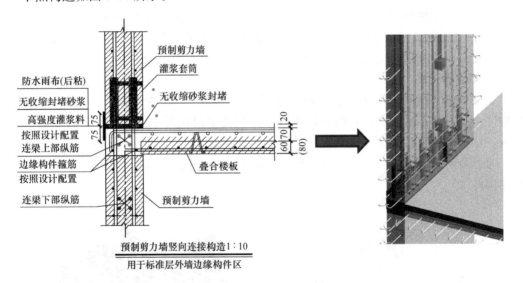

图 5-44　墙体竖向连接节点

（1）预制剪力墙竖向连接采用全灌浆套筒连接（半灌浆套筒、波纹盲孔、螺栓连接）。

（2）水平灌浆缝采用两道防水做法，灌浆缝采用无收缩灌浆缝封堵，形成材料自防水。

（3）水平灌浆缝外侧采用防水雨布粘贴，形成第二道防水。

2. 墙体水平连接节点（预制填充墙）

节点构造如图 5-45 所示。

（1）预制填充墙连接节点处凿毛。

（2）抗剪连接件采用长度 150mm 的 M14 螺栓。

（3）防水采用橡胶条和后粘防水雨布（墙面凹槽增加防水路径）。

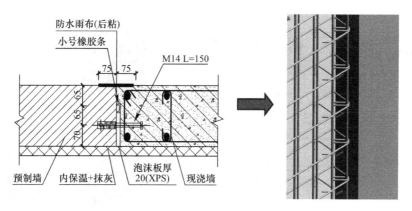

图 5-45 墙体水平连接节点（预制填充墙）

3. 墙体水平连接节点（预制剪力墙）

（1）包括"一"字形、"L"形、"T"形连接节点（图 5-46～图 5-49）。

（2）边缘构件现浇区域甩出箍筋采用开口和闭口两种形式，分别满足长度为 $\geqslant 0.6L_{aE}$ 和 $\geqslant 0.8L_{aE}$。如图 5-46、图 5-47 所示。

（3）竖向防水采用 150mm 宽防水雨布。

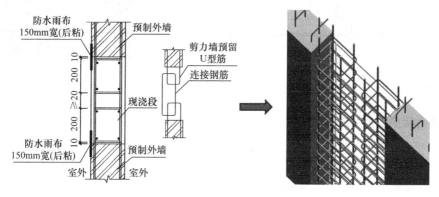

图 5-46 "一"字形闭口箍

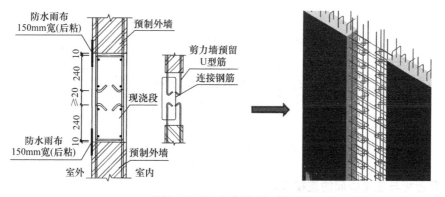

图 5-47 "一"字形开口箍

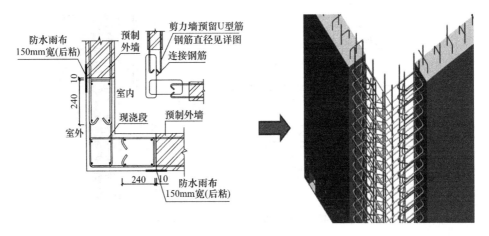

图 5-48　"L"形开口箍

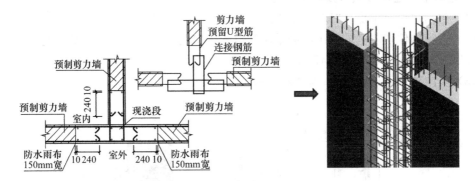

图 5-49　"T"形开口箍

4. 叠合板间的连接节点

如图 5-50、图 5-51 所示。

（1）叠合板间的连接节点采用后浇混凝土连接。

（2）后浇宽度≥200mm，本项目取为 300mm。

（3）叠合板板底纵筋末端带 135°弯钩。

（4）后浇段板底设置 4 根后置钢筋。

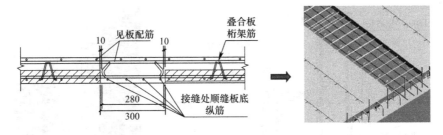

图 5-50　叠合板间的连接节点

5. 叠合板与现浇板间的连接节点

节点构造如图 5-3 所示。

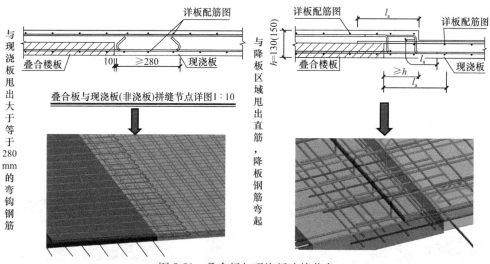

图 5-51 叠合板与现浇板连接节点

6. 叠合板与预制墙体间的连接节点

节点构造如图 5-52 所示。

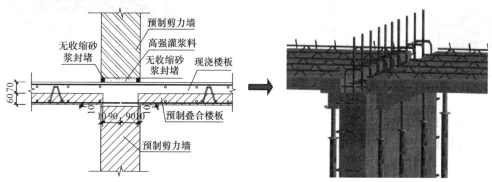

图 5-52 叠合板与预制墙体间的连接节点

（1）叠合板与墙体搭接 10mm。

（2）叠合板板底钢筋甩出钢筋 90mm，无弯钩。

7. 楼梯连接节点

节点构造如图 5-53 所示。

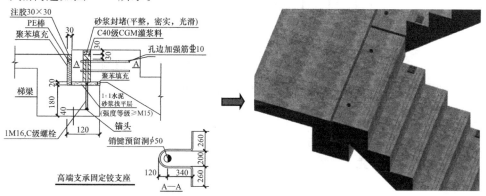

图 5-53 楼梯连接节点图

（1）楼梯两端均为滑动支座。

（2）拼接缝缝采用聚苯、PE 棒和砂浆填充。

（3）现浇梯段梁预埋 M14 的 C 级螺栓，砂浆封堵螺栓口，留好空腔。

5.6.6　装配式建筑设计关键技术

1. 竖向构件纵筋连接

如图 5-54 所示。

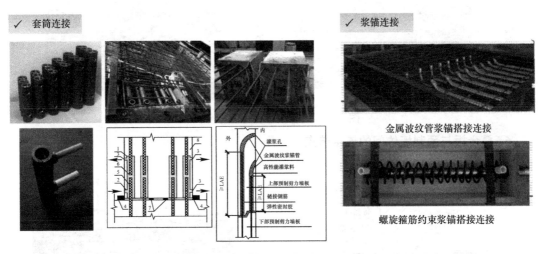

图 5-54　竖向构件纵筋连接

2. 剪力墙墙身套筒排布

剪力墙墙身分布钢筋，宜采用大直径钢筋连接，主要有两种排布方式。见图 5-55、图 5-56。

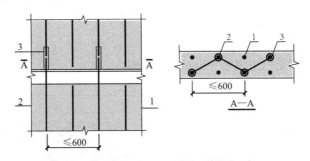

竖向分布钢筋"之字形"套筒灌浆连接构造示意
1—未连接的竖向分布钢筋；2—连接的竖向分布钢筋；3—灌浆套筒

图 5-55　剪力墙墙身套筒两种排布之一

3. 剪力墙构件水平连接图

有三种形式详见图 5-57、图 5-58

4. 梁箍筋开闭口方式

如图 5-59 所示。

（1）抗震等级为一、二级的叠合框架梁，梁端箍筋加密区宜封闭。

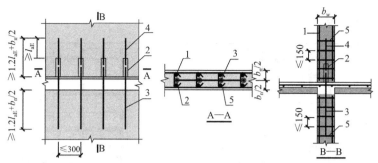

竖向分布钢筋"一字形"套筒灌浆连接构造示意
1—上层预制剪力墙竖向分布钢筋；2—灌浆套筒；3—下层剪力墙连接钢筋
4—上层剪力墙连接钢筋；5—拉筋

图 5-56 剪力墙墙身套筒两种排布之二

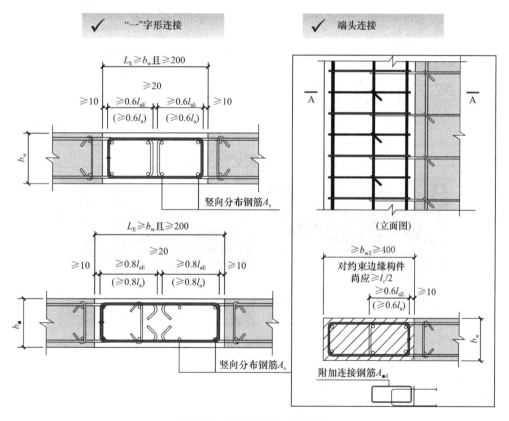

图 5-57 剪力墙构件水平连接

（2）梁受扭时宜封闭。

（3）直段位置应左右交错布置。

框架结构的节点连接也有很多做法，不一一列举。

5. 叠合楼板的拼缝

分甩筋和不甩筋两种方式拼缝，见图 5-60。

6. 叠合楼板桁架钢筋

见图 5-61。

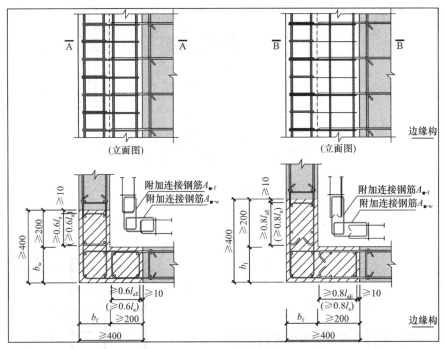

图 5-58 剪力墙构件水平连接

图 5-59 梁箍筋开闭口方式

（1）主要优点

1）加强预制板与现浇层的抗剪切能力，保证整体受力。

2）加强预制板脱模、起吊、运输时的刚度，防止开裂。

3）预制板起吊（起吊荷载的控制）。

（2）主要缺点

1）穿管线困难。

2）增大钢筋用量。

7. 楼梯连接

分两种情况：一种固端连接，一种是铰接连接，详见图 5-62。

8. 防雷接地要点

分三种方式详见图 5-63。

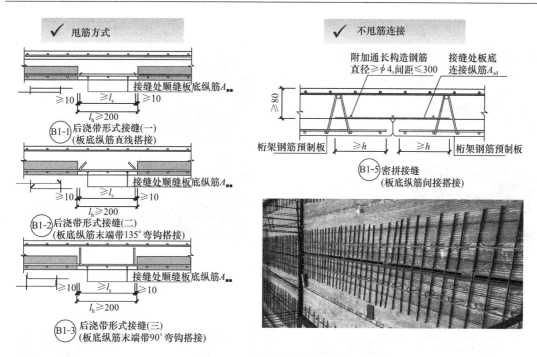

图 5-60 叠合楼板的拼缝方式

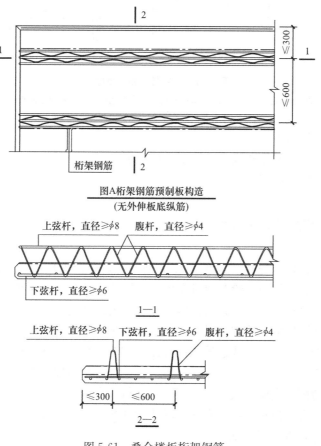

图 5-61 叠合楼板桁架钢筋

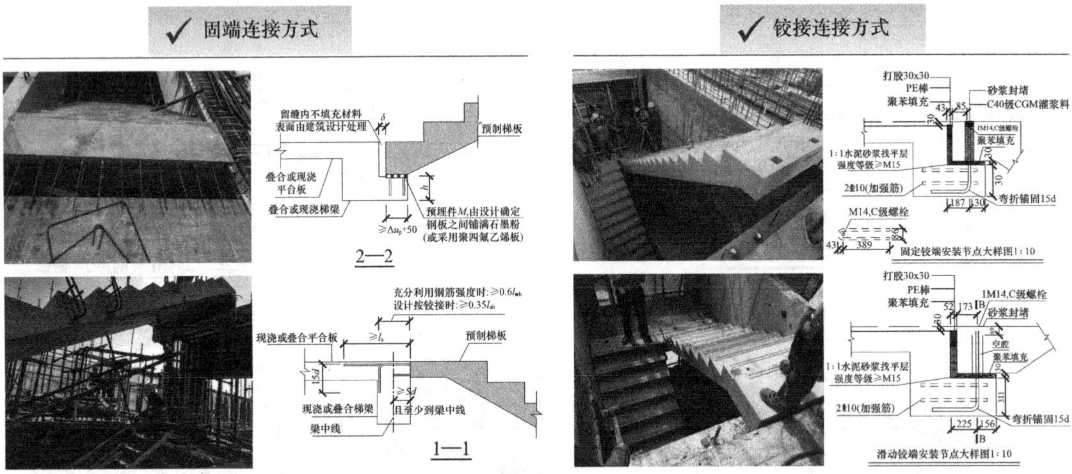

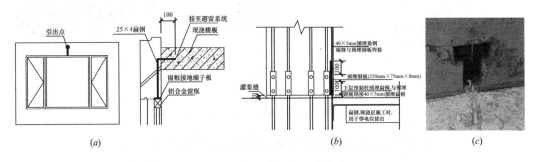

图 5-62　楼梯两种连接方式

图 5-63　防雷接地的三种方式

（a）带窗预制构件防侧击雷做法；（b）预制柱防雷接地做法；（c）卫生间局部等电位做法

（1）金属窗防侧击雷。

（2）灌浆套筒不具备导通能力，需要设接地装置。

（3）卫生间等电位连接。

5.7　装配式建筑深化设计

　　装配式建筑深化设计是指在原设计方案基础上，结合工厂生产与现场安装的实际情况，对图纸进行完善、补充、绘制成具有可实施性的施工图纸，深化设计是工业化住宅实施关键环节。深化设计是需要综合考虑构件外观、内部结构、生产效率、运输安全、施工可行与便捷、设备预埋的一项综合设计，如图 5-64 所示。

　　与现浇结构相比较，装配式建筑的设计需提前考虑装配方案、机电预留预埋、装饰做法、施工策划与施工部署（如施工电梯布置位置、塔吊附墙埋件位置）等工作内容。建筑方案应充分论证装配式实施方式和方法，提前进行综合策划，机电、室内装修深化设计前置，提供预留、预埋点位和管线排布图，深化设计阶段就需要提供塔吊附墙、电梯预留门洞、外围护形式等，方便后期施工。

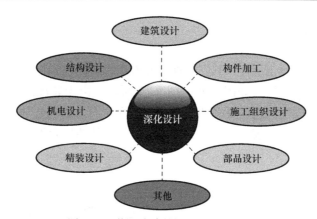

图 5-64　装配式建筑深化设计的内容

5.7.1　建筑深化设计

对于预制构件的深化设计，首先要考虑的是预制构件设计是否能够满足建筑设计的要求，如构件外形尺寸、构件表面做法、开洞信息、防水保温做法等。以惠南保障性住房工程为例，在窗口设置反坎，减少雨水渗漏，如图 5-65 所示。通过反打保温装饰一体板技术、夹心保温墙体技术等，将保温与预制墙体融为一体，避免保温板的二次施工，如图 5-66、图 5-67 所示。使用彩色混凝土饰面技术，将预制墙体外侧直接处理为石材效果，避免了石材干挂工序，如图 5-68 所示。

图 5-65　窗口设置反坎

图 5-66　反打保温板/预埋窗框

图 5-67　夹心保温一体化外墙

图 5-68　彩色混凝土饰面

5.7.2　结构深化设计

（1）装配式建筑的深化设计，其安全性需要着重考虑。在预制构件深化设计图中，应该明确混凝土、钢筋的配置，如图 5-69、图 5-70 所示。由于装配式建筑是由预制构件拼接而成，自然会出现较现浇建筑更多的混凝土接合面，而接合面处理方式不可靠，将直接影响结构的整体承载能力，表 5-6 给出了常用混凝土构件的接合面设置原则，可为工程设计提供参考。

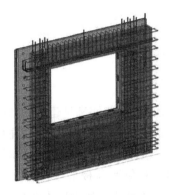

图 5-69　预制剪力墙构件详图

图 5-70　预制板构件详图

预制构件接合面设计原则

表 5-6

构件类型	预制墙板			预制柱		叠合梁		叠合板
部位	底面	顶面	侧面	底面	顶面	顶面	支撑面	结合面
粗糙面	★	★	★	★	★	★	★	★
键槽	☆	○	☆	☆	☆	○	★	○

说明：表中★代表优先采用的连接方案。
　　　☆代表可采用的连接方案，但有一定的技术限制或结构设计特殊要求。
　　　○代表不宜选用的连接方案。

（2）预制构件与构件之间的连接，我们一般采用后浇带连接成为整体，而内部钢筋的连接，则需要更为严格的设计。对于竖向钢筋，一般多采用灌浆套筒连接。水平钢筋的连接和锚固，则多采用搭接、焊接、机械连接等方式，钢筋的连接方式是否可靠，直接影响结构的抗震性能，在选择时，除经济性外，还应考虑工艺的可靠性、操作便宜程度和可检验性等。

（3）针对 PC 结构节点核心区，通过三维可视化钢筋排布，模拟钢筋绑扎，墙体的水平和竖向钢筋错开搭接，钢筋的相交点需全部绑牢，墙体竖向钢筋搭接区域内箍筋需加密，使 PC 构件钢筋错开节点区钢筋，深化 PC 构件支模孔洞，指导现场模板支设，避免返工。如图 5-71 所示。

（4）施工措施深化-碰撞

采用 BIM 技术进行施工措施三维碰撞，确保斜撑节点与模板、预制墙与现浇梁下排钢筋一次成优如图 5-72 所示。

图 5-71 预制构件支模孔洞深化

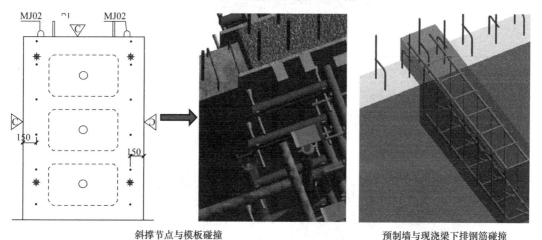

斜撑节点与模板碰撞　　　　　　　　　　预制墙与现浇梁下排钢筋碰撞

图 5-72 BIM 技术进行施工措施三维碰撞

5.7.3 机电管线深化设计

（1）机电管线的设计，主要需要考虑管线的排布是否合理，以及在预制构件中点位和管线的预埋。由于装配式建筑由构件拼接而成，为保证机电管线的连续性，需设计管线的连接位置和连接方式，对于墙面预留插座等，一般在墙板底部预留手孔和连接管线，如图 5-73 所示。

（2）对于管线的排布，需要解决在有限高度的叠合楼板现浇层内，管线叠合问题，主要通过 BIM 对管线进行提前排布，对于多层管线交叉的情况，提前规避，管线排布如图 5-74 所示。

（3）墙板内预制线管路径优化-原预制构件图纸设计厨房墙板上每个盒子均接出上翻线管。经过项目部深化设计，只保留外侧上翻线管，其余线管取消，同时增加一根横向管。优化后可减少线管使用量,同时也减少电线的使用量。如图 5-75 所示。

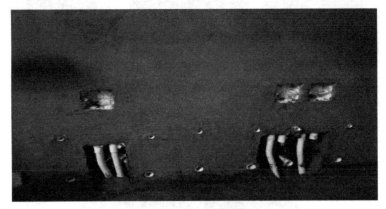

图 5-73 墙板底部预留连接手孔

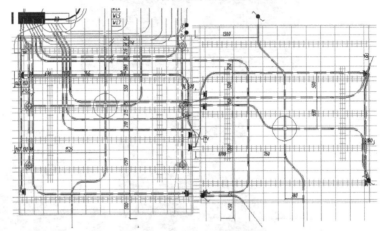

图 5-74 BIM 管线综合排布图

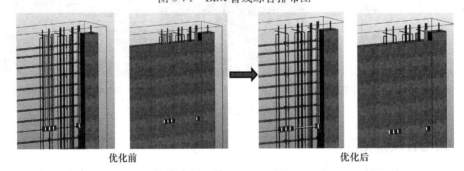

优化前 优化后

图 5-75 墙板内预制线管优化路径

(4)预制墙板配电箱线管优化-原设计预制墙板上配电箱下翻线管间距为 30mm,不利于后期线管接入配电箱,经过优化线管间距改为 15mm,见图 5-76。

(5)预制空调板成品一次成型。原设计预制空调板上为 $\phi110\text{mm}$ 与 $\phi80\text{mm}$ 预留洞,中心间距 150mm。经过深化改为预留 $DN75$ 立管直接预埋件与 $DN50$ 地漏预埋件,中心间距 300mm,见图 5-77。使用预埋件后无需吊模,可节约成本,同时减少外脚手架的施工,也直接降低了安全隐患。

(6)管线交叉优化。由于叠合板桁架高度有 4.5cm,施工前对户内管路走向进行优化，规避三叠管现象，如图 5-78 所示。

(a)   (b)

图 5-76 预制墙板配电箱线管优化
(a) 优化前；(b) 优化后

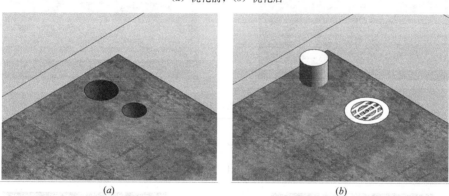

(a)   (b)

图 5-77 预制空调板预留洞口优化
(a) 优化前；(b) 优化后

图 5-78 电气管线交叉优化

（7）地漏深化。原设计阳台板上地漏与立管中心间距为 160mm，不易施工，优化后改为 300mm，如图 5-79 所示。

（8）管线出墙优化。从预制构件顶部接出的线管，在构件加工时在模具上开洞后伸出构件 5cm，便于顶板下翻管对接，如图 5-80 所示。

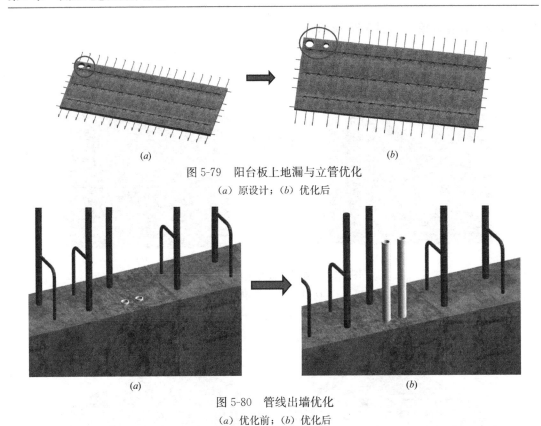

图 5-79　阳台板上地漏与立管优化

(a) 原设计；(b) 优化后

图 5-80　管线出墙优化

(a) 优化前；(b) 优化后

（9）叠合板线盒优化。原设计叠合板上线盒高度为 6cm，与叠合板上口平，不易于施工。设计优化后，线盒高度改为 10cm，如图 5-81 所示。

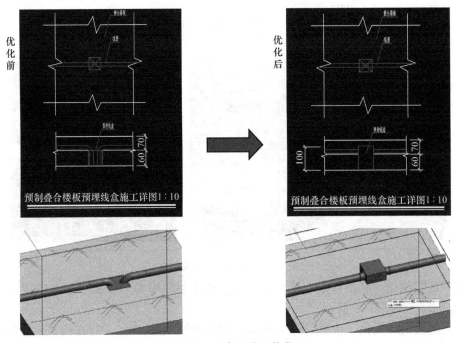

图 5-81　叠合板线盒优化

5.7.4 预制构件生产、安装深化设计

脱模埋件、吊装埋件、斜撑埋件、构件生产工艺、构件体积、重量、脱模、吊装、运输构件开裂验算。

5.7.5 预制构件施工工况深化设计

预留人货电梯孔洞、外架相关预留、现浇区对拉螺栓孔预留、塔吊扶壁位置设计、道路运输限制。

1. 施工措施深化——塔吊设计及布置

基于BIM三维可视化模拟，进行施工总平面塔吊布置，优化附墙深化方案，合理布置塔吊，按照最大单件及最远构件装配起重量的要求设计。经过选型、比较，采用适合的塔吊。如图5-82所示。

图 5-82 塔吊附墙深化设计

2. 施工措施深化——堆场深化设计

根据场地情况，当构件堆场和运输线路设置在地库顶板上（图5-83、表5-7），应重点考虑以下两点：

图 5-83 堆场深化设计

堆放要求 表 5-7

构件种类	堆放要求
预制墙板	采用立架放置，每个立架最多放置8块，立架底部需设置三道以上垫木
叠合楼板、阳台板、空调板	堆放层数不超过6层，设置2道垫木，上下垫木应对齐
预制楼梯	底部垫木方，每堆堆放不超过6层，每层之间用三合板隔开，防止阳角磕损

（1）对最不利荷载布置组合进行局部等效荷载的计算。

（2）根据最大局部等效荷载（20kN/m²）与地库顶板正常使用荷载（22kN/m²）来确定堆场底板是否满足要求。

3. 施工措施深化——人货电梯深化设计

（1）避免出入口处存在预制构件-经与设计沟通，取消原位置预制墙体，改为后做现浇结构墙。如图 5-84 所示。

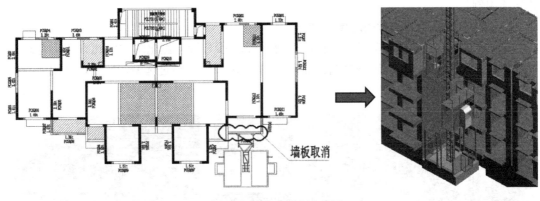

图 5-84　人货电梯深化设计

（2）保证附墙在现浇结构上-计划在叠合板开洞设置拉结。

4. 施工措施深化——脚手架深化设计

（1）脚手架采用双立杆落地脚手架。总高度 44.2m（不超过 50m），双立杆高度 23.40m，避免悬挑架构件开洞。如图 5-85 所示。

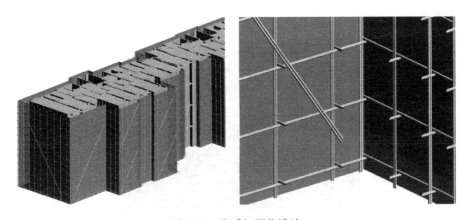

图 5-85　脚手架深化设计

（2）脚手架基础需满足承载力要求，避免不均匀沉降。夯实后采用 C30 配筋、15cm 厚混凝土，加强监测。

（3）拉结点需可靠锚固在现浇结构上，如图 5-86 所示。

图 5-86　脚手架深化设计

(*a*) 双立杆落地脚手架；(*b*) 脚手架拉结点

5.8　装配式建筑设计文件编制深度

装配式民用建筑工程一般应分为方案设计、初步设计（总体设计）和施工图设计三个阶段。对于技术要求相对简单的民用建筑工程，经有关主管部门同意，且合同中没有做初步设计（总体设计）的约定，可在方案设计审批后直接进入施工图设计。各阶段设计文件编制深度应按以下原则进行：

（1）方案设计文件，应满足编制初步设计（总体设计）文件的需要。

（2）初步设计（总体设计）文件，应满足编制施工图设计文件的需要。

（3）施工图设计文件，应满足深化设计、设备材料采购、非标准设备制作和施工的需要。对于将项目分别发包给几个设计单位或实施设计分包的情况，设计文件相互关联处的深度应满足各承包或分包单位设计的需要。

5.8.1　方案设计

（1）建筑设计：设计总说明中，应简述有关业主任务书中对项目的装配要求，包括采用装配式的建筑面积和单体预制装配率。说明项目采用装配整体式建筑单体的分布情况以及所采用的装配结构体系。各装配整体式建筑单体的建筑面积统计，如有预制外墙满足不计入规划容积率的条件，需列出各单体中该部分面积。

（2）结构设计：设计总说明中，应包括各单体装配结构体系、预制构件类别、预制率等，以及装配整体式混凝土结构的抗震等级、装配式结构构件布置及连接方式的简要说明。

（3）建筑电气设计：设计总说明中，应包括采用装配式建筑时本专业须遵守的其他规范与标准，以及电气预埋箱、盒子及管线等与预制构件的关系及处理原则。

（4）给水排水设计：设计总说明中，应包括采用装配式的各建筑单体分布、采用装配式建筑时本专业须遵守的其他规范与标准。明确给排水专业的管道、管件及附件等是否设置在预制板内或装饰墙面内。明确给排水专业在预制构件中预留孔洞、沟槽，预埋套管、管道布置的设计原则。

（5）供暖通风与空气调节设计：设计总说明中，应包括采用装配式的各建筑单体分布、采用装配式建筑时本专业须遵守的其他规范与标准，并说明暖通管道、风口及附件等的设置与预制构件的关系及处理原则。

（6）建筑设计图纸中，当外立面材料采用反打面砖或石材时，层高应按立面材料排布情况并结合相关建筑设计规范的要求确定。

5.8.2　初步设计

1. 建筑设计

设计文件中，应简述有关业主任务书中对项目的装配要求，包括采用装配整体式的建筑面积和预制装配率。说明项目中采用装配整体式建筑单体的分布情况以及单体中预制构件的使用情况。主要技术经济指标包括各装配整体式建筑单体的建筑面积统计，如有预制外墙满足不计入规划容积率的条件，需列出各单体中该部分面积，并提供预制外墙面积计算过程。当采用预制外墙时，应注明预制外墙外饰面做法，如预制外墙反打面砖、反打石材、涂料等。采用装配整体式结构的单体应在平面中用不同图例注明采用预制装配式构件（柱、剪力墙、围护墙体、楼梯、阳台、凸窗等）位置等。立面图应包含预制装配式构件板块的立面示意。节点详图应包括表达预制装配式构件拼接处防水、保温、隔声、防火等的典型构造大样。

2. 结构设计

设计文件中，应叙述装配式结构类型、预制率、预制构件布置范围，以及预制构件混凝土强度等级、钢筋种类、钢筋保护层等。还应包括装配式结构构件典型连接方式（包括结构受力构件和非受力构件等连接），并对施工、吊装、临时支撑、预制构件连接材料、接缝密封材料等进行说明。设计图纸中，应注明预制构件示意、拆分定位及规格尺寸，包括预制构件与现浇、预制构件间应有连接详图。计算书应包括荷载统计、结构整体计算、基础计算、连接节点、拼缝计算、装配式结构预制率的计算等必要的内容。

3. 建筑电气设计

设计文件中，应说明采用装配式的各建筑单体分布。采用装配式建筑时本专业须遵守的其他规范与标准。明确电气设备、管线等是否设置在预制构件或装饰墙面内。概述电气专业在预制构件中预留孔洞、沟槽、预埋管线等的原则。当采用装配式建筑时应说明防雷引下线的设置方式及确保有效接地所采取的措施。

4. 给排水设计

设计文件中，应说明采用装配式建筑时本专业须遵守的其他规范与标准。说明采用装配式的各建筑单体分布。明确给排水专业的管道、管件及附件是否布置设置在预制板内或装饰墙面内。及在预制构件中预留孔洞、沟槽，预埋套管、管道布置的设计原则。及采用装配式建筑时管材材质及接口方式。预留孔洞、沟槽做法要求，预埋套管、管道安装方式。注明在预制构件中预留孔洞、沟槽，预埋套管、管道的原则。

5. 供暖通风与空气调节设计

设计文件中，应说明采用装配式建筑时本专业须遵守的其他规范与标准，说明采用装配式的各建筑单体分布。明确管材、接口、敷设方式及施工要求，管材材质及接口方式，预留孔洞、沟槽做法要求，预埋套管、管道安装方式。装配式建筑图纸平面图注明在预制构件（包含预制墙、梁、楼板）中预留孔洞、沟槽、套管、百叶等的定位尺寸、标高及大小，暖通设备的基础（特别是动力设备具有振动特征的部位）不宜采用叠合构件。

5.8.3　施工图设计

1. 建筑设计

设计文件中，应包括采用装配整体式结构单体的分布情况、范围、规模及预制构件种类、部位等。各装配整体式建筑单体的建筑面积统计，应列出预制外墙部分的建筑面积，说明外墙预制构件所占的外墙面积比例及计算过程，并说明是否满足不计入规划容积率的条件。用料说明中，应明确预制装配式构件的构造层次，当采用预制外墙时，应注明预制外墙外饰面做法，如预制外墙反打面砖、反打石材、涂料等。

采用装配整体式结构单体应在平面中用不同图例注明采用预制装配式构件（柱、剪力墙、围护墙体、楼梯、阳台、凸窗等）的位置，以及标示预制装配式构件的板块划分位置，并标注构件截面尺寸（必要时）及其与轴线关系尺寸。标示预制装配式构件与主体现浇部分的平面构造做法。

立面外轮廓及主要结构和建筑构造部件的位置，应表达和标示预制装配式构件板块划分的立面分缝线、装饰缝和饰面做法。剖切到或可见的主要结构和建筑构造部件，当为预制装配构件时，应用不同图例示意。

详图设计中，墙身大样详图、平面放大详图应表达预制构件与主体现浇之间、预制构件之间水平、竖向构造关系，表达构件连接、预埋件、防水层、保温层等交接关系和构造做法。当预制外墙为反打面砖或石材时，应表达其铺贴排布方式。

2. 结构设计

设计文件中，对装配式部分应编制装配式结构设计总说明。介绍内容包括装配式结构类型，各单体采用的预制结构构件布置情况，采用装配式结构地震作用调整，预制构件的施工荷载，连接材料种类（包括连接套筒型号、浆锚金属波纹管、水泥基灌浆料性能指标、螺栓规格、螺栓所用材料、接缝所用材料、接缝密封材料及其他连接方式所用材料），预制结构构件钢筋接头连接方式及相关要求，预制构件制作、安装注意事项，对预制构件提出质量及验收要求，装配式结构的施工、制作、施工安装注意事项，施工顺序说明，施工质量检测、验收，明确装配式结构构件在生产、运输、安装（吊装）阶段的强度和裂缝验算要求。

结构平面图中区分现浇结构及预制结构。绘出预制结构构件的位置及定位尺寸。构件拆分图绘出预制结构构件型号或编号及详图索引号。装配式混凝土结构施工图应包括以下内容：

（1）构件布置图区分现浇部分及预制部分构件。

（2）装配式混凝土结构的连接详图，包括连接节点、联结详图等。

（3）绘出预制构件之间和预制与现浇构件间的相互定位关系、构件代号、连接材料、附加钢筋（或埋件）的规格、型号，并注明连接方法，以及对施工安装、后浇混凝土的有关要求等。

（4）采用夹心保温墙板时，应绘制拉接件布置及连接详图。

（5）预制构件标记方法可以按表 5-8 中代号、序号方法表示。

预制构件代号表示方法　　　　　　　　　　　　　表 5-8

预制构件类型	代号	序号	备注
预制墙板	PCQ	××	含剪力墙板，外墙板、内隔墙板等
预制柱	PCZ	××	含框架柱、构造柱等
预制梁	PCL	××	含全预制或叠合的框架梁、次梁、梯梁等
预制板	PCB	××	含全预制或叠合的楼板、平台板、空调板等
预制楼梯	PCLT	××	一般指预制梯段
预制阳台	PCYT	××	含全预制或叠合的外挑或内凹阳台
预制凸窗	PCTC	××	一般指外挂于主体的凸窗
预制隔墙	PCGQ	××	指非受力填充类隔墙

采用装配式结构的相关系数调整计算，应给出装配式结构预制率的计算、连接接缝计算、无支撑叠合构件两阶段验算、夹心保温板连接计算。采用预制夹心保温墙体时，内外层板间连接件连接构造应符合其产品说明的要求，当采用没有定型的新型连接件时，应有结构计算书或结构试验验证。

3. 建筑电气设计

设计文件中，应说明采用装配式的各建筑单体分布及预制混凝土构件分布情况。采用装配式结构时本专业须遵守的其他法规与标准。明确电气预埋箱、盒及管线等是否设置在预制构件或装饰墙面内。描述电气专业在预制构件中预留孔洞、沟槽，预埋管线等的部位。明确预留孔洞、沟槽做法要求，预埋管线的安装方式及构件间预埋管线需贯通的连接方式。当文字表述不清可以图纸形式表示。涉及防雷接地的构件，应明确防雷装置连接要求相关说明。电气平面图中，预制构件布置图上注明预制构件中预留孔洞、沟槽及预埋管线等的部位。预制构件中预埋的电气设备（箱体、插座、接线盒等）应定位。电气详图中，应表达预留孔洞、沟槽等的标高、定位尺寸等及构件间预埋管线需贯通的连接方式。复杂的安装节点应给出剖面图。

4. 给排水设计

设计文件中，应说明采用装配式结构时本专业须遵守的其他法规与标准，以及采用装配式的各建筑单体分布及预制混凝土构件分布情况。明确管材、接口、敷设方式及施工要求，包括管材材质及接口方式。预留孔洞、沟槽做法要求，预埋套管、管道安装方式，明确给排水管道、管件及附件等设置在预制构件或装饰墙面内的位置，明确给排水管道、管件及附件在预制构件中预留孔洞、沟槽、预埋管线等的部位，明确管道穿过预制构件时应采取的措施、管道接头的要求及施工说明、注意事项。

预制构件布置图中注明在预制构件中预留孔洞、沟槽、预埋套管、管道的部位，并说明装配式建筑管道接口要求，管道的定位尺寸、标高及管径，注明在预制构件中预埋的管道。详图中，注明装配式建筑预留孔洞、沟槽、预埋套管、管道的标高、定位尺寸、规格等。复杂的安装节点应给出剖面图。

5. 供暖通风与空气调节设计

设计文件中，应说明采用装配式的各建筑单体分布及预制混凝土构件分布情况，以及采用装配式结构时本专业须遵守的其他法规与标准。明确管材、接口、敷设方式及施工要求，包括管材材质及接口方式，预留孔洞、沟槽做法要求，预埋套管、管道安装方式，明确设备管线穿过预制构件部位采取的防水、防火、隔声、保温等的措施。装配式建筑平面布置图注明预制构件，包含预制墙、梁、楼板中预留孔洞、沟槽，套管、百叶、预埋件等的定位尺寸、标高及大小。在预制构件，包含预制墙、梁、楼板中预留孔洞、预埋件、套管等的定位尺寸、标高及大小。

设备管线综合图中，给排水、电气、供暖通风与空气调节等专业设备管线综合设计，减少平面交叉。竖向管线宜集中布置，满足维修更换的要求。设备管线综合图作为通用图单独子项出图，给排水、电气、供暖通风与空气调节三个专业图纸目录中均含设备管线综合图，并注明为通用图。

第6章　装配式建筑采购管理

6.1　装配式建筑采购管理组织机构与职责

装配式建筑项目应破旧立新建立完整的采购体系与组织机构，实行系统联运，装配式建筑与现浇结构的主要差异，在于设计单位、预制构件生产和吊装劳务作业的采购，项目组织机构与项目采购组织架构如图 6-1 所示。

图 6-1　项目组织架构图

6.1.1　采购部组织架构

如图 6-2 所示。

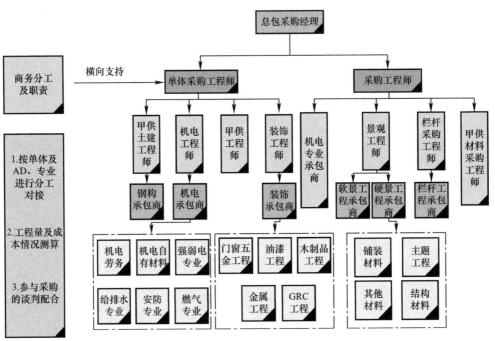

图 6-2　项目采购组织架构图

公司采购部门，可根据公司资源库，建立一个覆盖全业务的外部资源库，范围包含设计单位、材料供应商、设备制造商、分包商、咨询公司等企业或组织，在资源上实现互补和共享，实现强强合作，打造总承包管理优势品牌，进一步增强企业竞争力，形成市场竞争优势，并实现各合作单位共赢的合作模式。

项目采购部结合项目上的采购需求计划，按需采购，分区堆放，做好相关资料的采购工作。公司装配式建筑项目资源库如图 6-3 所示。

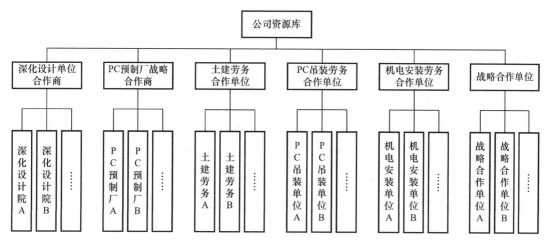

图 6-3　公司装配式建筑资源库组织图

6.1.2　采购主管部门的职责

（1）合格供方的选择与评价，形成供方的资源库。

（2）保证公司在采购价格上的优势。

（3）制定采购制度、设计合理的采购流程。

（4）制订总体采购计划和单项采购计划的要求。

（5）提出编制采购文件和实施采购的要求，对招投标、采购合同签订进行管理。

（6）加强采购实施过程控制，控制采购风险。

（7）组织采购验证、验收。

6.1.3　采购经理的职责

（1）按合同要求，组织编制、执行项目采购计划。

（2）负责协调和实施采购活动（询价、订货、催交、检验、清关、运输、仓管等）。

（3）在各相关人员提供的采购信息基础上，协调或督办供货商活动。

（4）处理所有的采购、检验和运输等状态报告，并提交给项目经理和业主。

（5）做好合格供货商名录，建立采购系统，编制、上报采购报表。

（6）组织采购验证、验收。

6.1.4　采购的定义

采购包含以不同方式通过努力从系统外部获得货物、工程和服务的整个采办过程。项目采购可以定义为从项目组织外部获取所需产品、服务或成果的整个过程。

6.1.5　项目采购对象

原材料、外购、外协件、服务工程劳务分包、工程专业分包等。项目采购管理就是针对上述过程而实施的管理活动。采购管理的过程也要主动控制与被动控制相结合，事前控制与事后控制相结合。

6.2　采购的目标与任务

6.2.1　采购的总目标

总目标是以最低的总成本为公司提供满足其需要的物料和服务。

具体目标是为公司提供所需的物料和服务。力争最低的成本。使存货和损失降到最低限度。保持并提高自己的产品或服务。

6.2.2　采购的任务

（1）首要任务是保证本项目所需物料与服务的正常供应。

（2）不断改进采购过程及供应商管理过程，以提高材料和工程质量。

（3）控制、减少所有与采购相关的成本，包括直接采购成本和间接采购成本。

（4）与构件生产厂家建立可靠、最优的供应配套体系和沟通机制。

（5）建立维护本公司的良好形象。

（6）管理、控制好与采购相关的文件及信息，如程序文件、作业指导书、供应商调研报告、供应商考核及认可报告、图纸及样品、合同、发票等。

6.2.3　采购要注重的八个要点

（1）建立品牌资源库，以数据为依据，对设备设计及招标采购进行全过程管理。

（2）根据招标文件品牌要求，结合已经建立的品牌库资源、顾问或技术文件对预制构件及设备材料性能、参数及市场价格走势等进行综合策划。

（3）根据材料设备的采购特点及招标程序完成时间，将分供采购分为集中采购类、总包采购类，专业分包采购、其他采购进行分类全方位控制管理。

（4）综合考虑工程总进度计划、不同设备的生产周期、机电单位的招标采购流程周期等因素，编制相应的机电设备采购计划。

（5）建立基于BIM新技术及厂家实地考察的模式对设备规格尺寸进行深化设计及选型。

（6）招标过程科学管控。

（7）重点构件或机电设备生产过程驻场监造。

（8）建立以现场设备就位条件为前提，设备运输方案为主体的设备进场及现场转运模式。

6.3　采购工作的十二个步骤

可根据实际情况增减。

(1) 选择询价供方（从合格供方名单中）。

(2) 供方的资格评审。

(3) 编制询价文件。

(4) 接受报价文件。

(5) 初评。

(6) 技术评审。

(7) 商务评审。

(8) 合格供方预评（澄清）会议。

(9) 报价必选。

(10) 定标。

(11) 中标供方。

(12) 签订采购合同。

6.3.1 采购的地位和作用

(1) 设备、材料采购的费用约占工程总费用的 $50\%\sim60\%$。EPC 工程总承包项目中，采购工作存在很大的利润空间。

(2) 采购在 EPC 项目中，对设计和施工起承上启下作用，促进设计、采购、施工的深度融合集成。

(3) 采购纳入设计，先关键预制构件/设备、后一般构件/设备，缩短周期。设计负责报价、技术评审，保证订购设备符合设计要求。设计确认制造厂商图纸，保证施工图尺寸与到货设备一致。

(4) 采购能提高工程的质量，保证工程安全，缩短建设周期，同时降低成本。

(5) 采购地位特殊，一肩挑两头，前面是设计，后面是施工。

6.3.2 采购与设计的融合

在装配式建筑项目中，设计与采购要在相关环节协调配合，设计向采购提交预制构件物资需求计划及招标文件技术参数及要求，由采购加上商务文件后组成完整的招标文件。如图 6-4 所示。

6.3.3 采购与设计的分工

采购负责组织招标，设计负责对制造厂商的投标文件进行技术评审。采购负责确定供货厂商，设计负责对供货厂商提供的技术文件及图纸进行审查与确认。

6.3.4 采购阶段的设计工作

(1) 在装配式预制构件/设备型号、参数选择时，掌握设备型式、参数对产品价格的影响。

(2) 进行厂家资料确认，确认的时间应满足设备交货计划的要求。

6.3.5 采购阶段其他部门的配合

在预制构件及设备制造过程中，总包派人驻场监造，设计应协助采购处理有关问题，必要时设计参加关键构件与设备材料的检验。

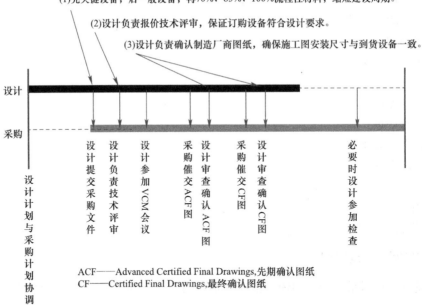

(1)先关键设备，后一般设备，再70%、85%、100%流程性材料；缩短建设周期。

(2)设计负责报价技术评审，保证订购设备符合设计要求。

(3)设计负责确认制造厂商图纸，确保施工图安装尺寸与到货设备一致。

ACF——Advanced Certified Final Drawings,先期确认图纸
CF——Certified Final Drawings,最终确认图纸

图 6-4　设计与采购深度融合

6.3.6　采购与设计融合对工程费用的影响

在装配式建筑总承包采购中，批量采购量越大，价格越低。反之批量采购量越小，价格越高。所以采购与设计深度融合直接影响工程费用（图 6-5）。

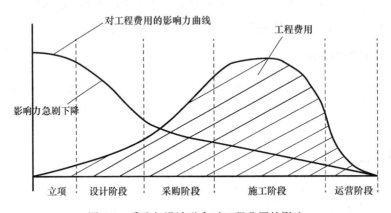

图 6-5　采购与设计融合对工程费用的影响

（1）设计阶段：设计与采购、设计与施工紧密衔接，深度融合与交叉。

（2）采购阶段：尽早订购长期构件及部件（超前编制采购计划，落实资金，安排监造、运输等）。

（3）施工阶段：供货商尽早制造设备，将使关键路径缩短。

6.3.7　装配式建筑采购的招标、议标

装配式建筑的专业分包及生产厂家采购及物资采购，应建立采购一览表，实行招标采

购策划，招标阶段需根据招标文件品牌要求，结合已经建立的品牌库资源、顾问或技术文件对材料、设备性能、参数及市场价格走势等进行综合策划。

根据材料设备的采购特点及招标程序完成时间，将分供采购分为集中采购类、总包采购类、专业分包采购、其他采购进行分类管理，并根据合同界面编制采购总目录(图 6-6)。

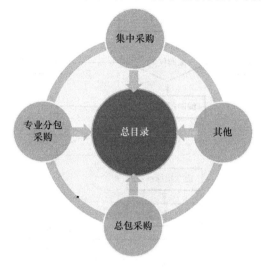

图 6-6 分供采购分类管理

（1）集中采购：对于装配式项目，业主对一些构件生产厂家及大型设备、造价较高的设备，或技术含量较高的设备往往指定供货商，业主自行谈定购买意向，甚至合同起草均由业主完成，总包项目只负责合同盖章、备案、监督货期及后续安装调试工作。

（2）专业分包采购：业主指定分包采购的一些除集中采购和总包采购外的物资。

（3）其他采购：市政及配套单位采购的物资。

总承包单位应参与业主相应招标工作，将总承包管理要求在招标文件中体现。

如表 6-1 所示，装配式建筑进行招标采购工作的管控。

装配式建筑采购一览表
表 6-1

序号	专业	采购项目	招采方式	供应厂商	联系方式	采购时间
1	设计	预制构件深化设计				
2		幕墙设计				
3		……				
4	土建施工	构件吊装				
5		构件安装				
6		现浇结构施工				
7	材料分供商	预制构件				
8		灌浆套筒				
9		灌浆料				
10		辅助材料				
11	……	……				

注：本表仅列出了装配式建筑与常规现浇结构所区别的专业分包及物资采购项目。

公司及项目采购部按照采购时间、采购方式确定分包及物资采购计划，并按照流程执行，采购流程如图 6-7 所示。

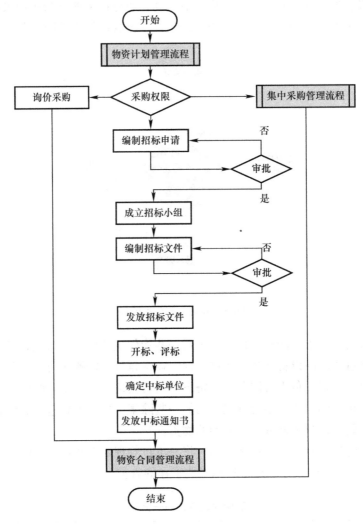

图 6-7　招标、采购流程

6.4　全周期采购管理要点

在工程总承包模式下，装配式建筑采购管理是指从设计、生产、加工、运输、安装、竣工验收全过程环节中的招投标采购管理。主要包括：设计单位的采购、预制构件供应商的采购、辅材的采购、运输单位的采购、吊装专业分包或特殊工种的劳务采购、幕墙、精装、门窗等相关专业分包等。

6.4.1　设计单位采购

设计单位采购由工程总承包单位负责。承包方可以充分考虑施工方案和设计的匹配问题，对整体布局进行优化设计，很好避免预制和现浇衔接过程中产生的错、漏、碰难题，实现施工质量和降本增效的双赢目标。

设计单位的招标采购除需具备相应资质外，还应在以下方面予以考察。

（1）装配式建筑的设计经验。由于目前国内装配式建筑仍处于发展阶段，各设计单位对装配式建筑的设计控制能力不一。在设计单位选择时，要着重考虑其类似项目的设计经验，以满足在设计方案送审、专家论证、深化设计单位协调、构件生产厂家协调、施工现场问题处理等多个方面达到较好的配合效果。

（2）若将装配式建筑设计与深化设计合并发包，还应考察设计单位的深化设计管控能力，主要考察其深化设计人员数量、人员专业配置情况，以满足深化设计进度和质量控制要求。

（3）设计人员驻场及配合，也将是设计单位选择所需考察的重点。装配式建筑项目，在实施阶段，需要设计单位、深化设计单位、预制构件加工单位、土建施工单位及时沟通，协调解决问题，驻场设计人员的经验尤为重要。

（4）BIM 技术的应用程度也是设计单位选择时所需要考虑的一个重要因素。与现浇结构相比，装配式建筑项目具有不可逆性，其对变更的承受能力较差。因此，采用 BIM 技术进行设计成果的检查，可避免错漏，减少后期由于设计错误返工，对工程进度和质量控制均有较大影响。

6.4.2 预制构件供应商采购

预制构件供应单位的选择原则顺序为：运输距离＞生产进度及质量管理能力＞深优化设计能力。

（1）优先选择距离项目较近（小于 100km）构件厂，以降低构件运输成本及紧急补货、成品保护风险。

（2）预制构件供应单位需具备一定规模，有稳定原材（砂、石子、钢筋等）供货来源，对基本生产能力要求如下：采用机组流水法或流水传送法的单线生产设计规模，宜大于每年年产 5 万 m^3 或大于年产 30 万 m^2，采用固定座法生产的设计规模，宜大于年产 1 万 m^3 或者大于年产 6 万 m^2。

（3）预制构件供应单位堆场面积应满足一定条件：一般按照工厂 30～50 天设计产能的产品数量来考虑。

（4）预制构件供应单位的管理人员须有相应的质量管理能力和深化设计能力，应掌握与其生产产品有关的生产、技术和管理知识，其中重要岗位人员数量应与生产规模、生产方式、产品生产特点和质量管理要求相适应，对外服务人员需具备一定设计专业知识和沟通能力，能够对不同类型构件或有特殊要求的构件提供适当技术指导。

（5）由于目前装配式建筑处于快速发展时期，预制构件产能供应不上，在预制构件供应商选择时，根据其产能和供货距离，选择 1～2 家单位共同供货，考虑成本的同时保证现场供应。

（6）对于具有较开阔场地，具备预制构件现场加工能力的项目，预制构件也可采用现场预制。此种模式下，不再需要采购预制构件供应商，改为采购预制构件生产模具、预制构件加工设备等。

6.4.3 辅材采购

装配式建筑辅材包括：预埋机电管线、灌浆套筒、表面缓凝剂、灌浆封堵材料、临时支撑等。辅材项目繁杂，费用不大，建议考虑在构件供应商和劳务分包单位的施工范围内。一般预埋机电管线、灌浆套筒、表面缓凝剂等辅材均包含在预制构件供应商的综合单价内。灌浆封堵材料、临时支撑等均包含在预制构件安装劳务分包单位的综合单价内。

6.4.4 运输单位采购

由于预制构件采用工厂预制,从工厂运输至施工现场的运输单位采购可考虑包含在预制构件采购合同范围内,这样可以规避限时、超载、耗时降效等风险。如未包含,则需要考虑到运输构件的尺寸重量和运距,选择适用的挂车,运输前应做好成品保护,尽量避开交通高峰运输。

6.4.5 吊装劳务采购

构件吊装单位选择原则顺序为:产业化施工技术＞劳动力＞服务能力。

(1) 装配式结构相比传统现浇结构对管理团队及工人都有较高的技术要求,构件吊装阶段是对传统明细分工的再次集成,涉及安装、注浆、打胶等关键工序,直接影响整个工程的安全、进度和质量,管理团队和工人均需具备一定专业知识及娴熟的操作水平。

(2) 因构件吊装为施工关键线路,其对劳动力的合理配置有较高要求,例如 500m² 标准层住宅单体(预制外墙、预制内墙、预制阳台板、预制楼梯等 54 块构件,40%预制率)需求劳动力为:起吊工 2 人,安装工 4 人,精调定位(兼测量)2 人、封堵注浆 2 人、打胶 2 人。

(3) 吊装过程服务能力主要体现在与各专业单位的配合,防水节点的处理,与铝框木模、铝模等新工艺结合的顺序调整,门窗成品保护意识等。

6.4.6 相关专业分包采购

装配式建筑项目主要的专业分包单位有安装(水、电、暖、智能、消防)、幕墙、精装、门窗等,不同于传统土建项目,装配式建筑专业分包采购时除应充分考虑企业相应资质外,还需重点考察企业的深化设计能力,在项目前期的设计策划阶段就应积极参与其中,如预埋件、水电管线布设、成品洞口的精度控制、精装点位的确定等细节。

6.4.7 劳务人员采购

根据项目用人需求,通过网络或其他渠道组织方式,保证招标人员的"数量"和"质量"。装配式建设劳务人员技术工种必须要求持证上岗。《装配式混凝土建筑技术工人职业技能标准》是全国首个发布的装配式建筑工人的技能标准,于 2018 年 9 月 1 日实施。标准明确了装配式混凝土建筑技术工人的关键工种,主要包括构件装配工、灌浆工、内装部品组装工、钢筋加工配送工、预埋工、打胶工等 6 个工种,并对各工种的职业技能水平提出了具体要求。构件装配工、灌浆工、内装部品组装工、钢筋加工配送工等 4 个工种技能等级分为初、中、高、技师、高级技师五个技能等级,预埋工、打胶工等 2 个工种技能等级分为初、中、高级工三个技能等级。

6.5 装配式建筑工程总承包采购管控

6.5.1 装配式建筑采购的管控要点

(1) 采购计划;

（2）供应商评价、选择；

（3）采购文件的编写、评审；

（4）采购物流控制；

（5）采购成本控制；

（6）采购对象验证。

6.5.2 装配式建筑工程总承包采购流程

装配式建筑采购要严格按照采购流程进行评价、审核、审批管控，如图 6-8～图 6-10 所示。

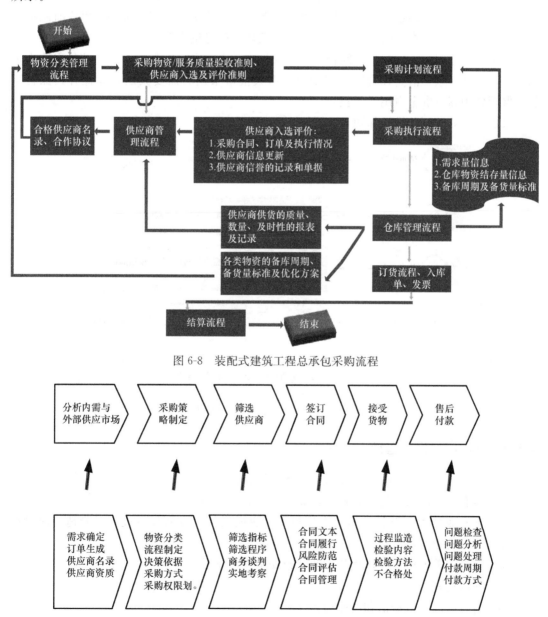

图 6-8 装配式建筑工程总承包采购流程

图 6-9 装配式建筑工程总承包采购流程管控

6.5.3　采购计划

（1）招标项目规模的策划：要科学合理控制招标项目规模，编制采购计划（图 6.6-1），若标划分太大，只有技术能力强的供货商来投标。标划分太小，虽可以吸引众多供应商，但很难引起大供货商的兴趣。同时招标、评标工作量也会增大。

（2）根据项目性质和质量要求策划。

（3）设计与采购、施工紧密衔接、合理交叉。供货时间、顺序与工程设计与实施进度匹配。

（4）市场供应情况，尽早订购长周期及进口部件。

（5）货款来源及安排，供货商尽早制造设备，可缩短关键路径。

（6）采购批量的确定。任何工程不可能用多少就采购多少，现用现买。供应时间和批量存在重要的关系，在采购计划以及合同中必须规定何时供应多少材料。

按照库存原理，供应间隔时间长，则一次供应量大，采购次数少，可以节约采购人员的费用，各种联系、洽商和合同签订费用。但大批量采购时需要大的仓库储存，保管期长，保管费用高，资金占用时间长。

采购计划的编制及维护如图 6-10 所示。

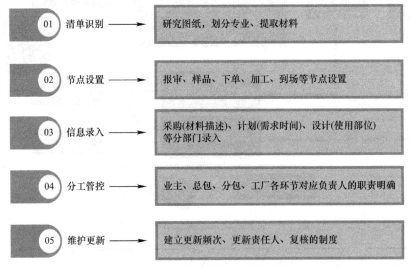

图 6-10　总承包采购计划编制与维护

6.5.4　供应商评价、选择

合格的供方应具有履行合同能力，具体应符合：

（1）具有独立的法律地位、权利，满足相应的资质要求。

（2）在专业技术、设备设施、人员组织、业绩经验等方面具有设计、制造、质量控制、经营管理的相应资格和能力。

（3）具有完善的质量、环境和职业健康安全管理体系。

（4）业绩良好。

（5）有良好的银行资信和商业信誉。

（6）有能力保证按合同要求准时交货。

（7）有良好的售后服务体系等。

供应商的选择常采用以下三种方式：

（1）招标选择供应商

适用于采购大批材料、较重要或较昂贵的大型机具设备、工程项目中的生产设备和辅助设备。

详细列出交货方式、交货时间、支付货币和支付条件，以及产品质量保证、检验、罚则、索赔和争议的解决等合同条款作为招标文件，邀请有资格的制造厂家或供应商参加投标，通过竞争择优签订购货合同。

（2）询价选择供应商

询价——报价——签订合同的程序适用于采购建筑材料或价值小的标准规格产品。

采购方对三家以上的供货商就采购标的物询价，对报价比较后选择其中一家与其签订供货合同，实际上是一种议标，无需采用复杂的招标程序，即可以保证价格具有一定的竞争性。

（3）直接订购

这是非竞争性的物资采购方式　适用以下几种情况

1）所需设备具有专卖性质，只能从一家制造商处获得。

2）获得工艺设计的承包单位要求从指定的供货商处采购关键性部件，并以此作为保证工程质量的条件。

3）在特殊情况下，需要某些特定的机电设备早日交货，也可直接签订合同。

6.5.5　采购文件的编写、评审

（1）采购文件应根据采购信息编写，内容应具体、全面，包括投标邀请书、投标须知、货物需求一览表、技术规格书、合同条件、合同格式和各类附件等。采购信息如图 6-11 所示。

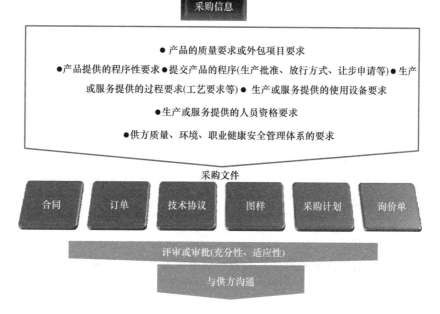

图 6-11　采购信息

（2）采购文件必须适时编写，与工程实际符合。采购文件必须按规定的流程进行评审、审批。如工程出现较大变更，采购文件应相应变更，并应履行评审与报审（图 6-12）。

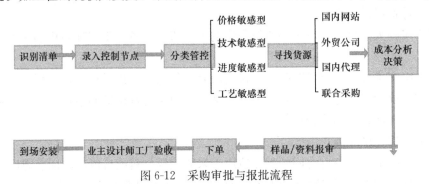

图 6-12　采购审批与报批流程

6.5.6　采购系统联动

采购与计划联动力、采购与技术联动、采购与商务采购链、采购与设计联动。（图 6-13）。

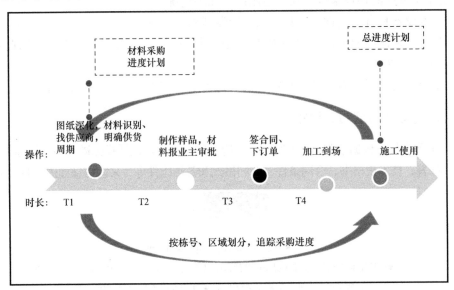

图 6-13　采购与系统联动

（1）与计划联动力

如图 6-14 所示。

在专项计划层面，采用临界值管理的方法，利用 Registry 表格对设计、采购、技术方案的各个工作环节设置预测和自动报警的临界值，实施专业计划管理的采购进度控制。

（2）采购与技术联动力

如图 6-15 所示。

（3）采购与商务联动

在采购阶段，要特别注重投标策略与投标价格的商务联动。成本压力与采购履约是一对矛盾体，同时又相互依存。

1）成本压力大表现在：

① 最紧迫工期。

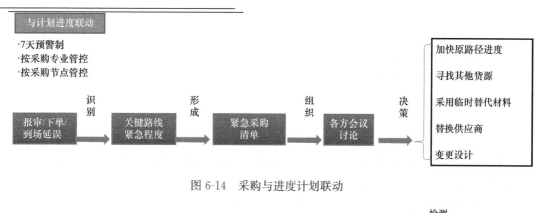

图 6-14 采购与进度计划联动

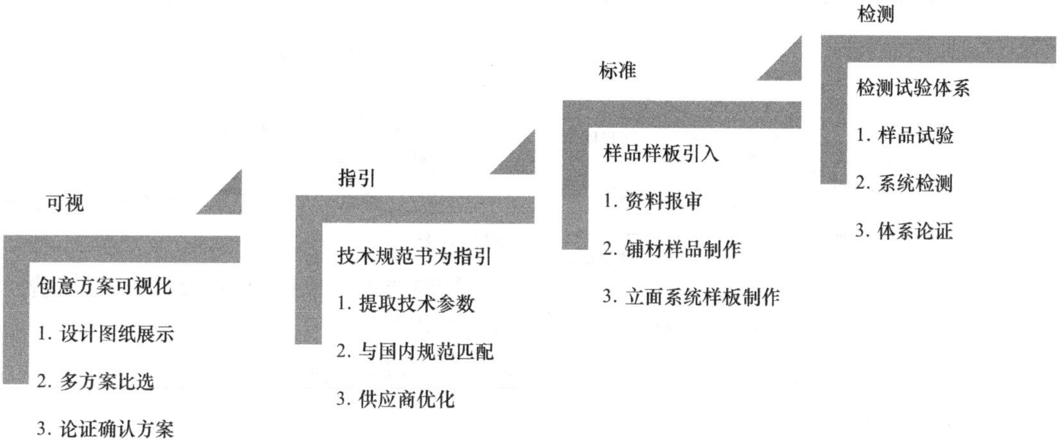

图 6-15 采购与技术联动

② 高标准技术质量。

③ 组合的造价体系。

④ 采购成本与控制价的巨大差异。

2）采购履约主要表现在：

① 遵守合同履约为先。

② 成本分析策划为先。

③ 专业团队技术支撑。

整个工程的全寿命周期，是漫长而复杂的采购过程，专业互动、信息整合、系统联动尤为明显，任何一个专项的采购都不是独立的。以装配式工程的采购更为突出，如装配式预制构件梁的延误，将直接影响预制板的吊装和安装，而预制梁的延误进场又导致次梁构件无法安装，最终致停工待料。

6.5.7 采购物流控制

物品从供应地向接收地的实体流动过程，是根据实际需要，将运输、储存、装卸、搬运、包装、流通加工、配送、信息处理等基本功能实施有机结合。

采购物流的 4 个效用：空间效用、形态效用、时间效用、占有效用。

库存及库存的作用：

（1）缩短订货提前期

（2）保证生产的连续性

（3）增强生产计划的柔性

（4）避免价格上涨带来的损失

（5）分摊订货费用

（6）防止脱销

物料需求计划（MRP）：是企业根据生产、销售、预测等需求对采购物料进行的一种计划。

制造资源计划（MRPⅡ），是对制造业企业的生产资源进行有效计划的一整套生产经营管理计划体系，是一种计划主导型的管理模式。

应用 BIM 技术等手段接口将功能纳入，形成的一个全面生产管理集成化系统。

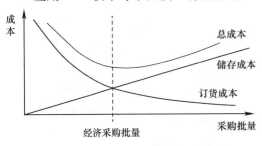

图 6-16 批量采购与采购成本关系

6.5.8 采购成本控制

（1）采购总成本的构成

如图 6-16 所示。

采购总成本＝物料成本＋采购管理成本＋存储成本

物料成本＝单位价格 * 数量＋运输费＋通关手续费

采购管理成本＝人力成本＋办公费用＋差旅费用＋信息传递费

（2）降低采购成本的方式与措施

如表 6-2 所示。

降低采购成本的方式与措施　　　　　　　　　　　表 6-2

降低采购成本的方式	成本降低幅度
供应商参与产品开发	42%
利用供应商的技术与工艺	40%
利用供应商开展即时生产	20%
供应商改进质量	14%
改进采购过程及价格谈判等	11%

（3）设备采购成本控制

如图 6-17 所示。

（4）采购交货期对成本影响分析

根据统计资料显示，交货期对采购成本造成的影响是每周的交货期将使采购成本增加 1.5%。也就是说，单价 10 元的产品交货期若为 1 周，则实际该产品的采购成本应该为 10.15 元。这额外的成本来源于供应商交货期对采购方的安全库存等因素所带来的附加成本。

通常，供应商交货周期越长，购买方的安全库存量也越大，由此产生的库存成本、管理成本、风险成本、资金成本也越高。

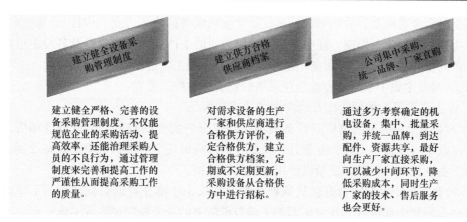

图 6-17 设备采购成本控制

以上是美国密执根州立大学一项全球范围内的采购与供应链研究成果，欧洲某专业机构的另一项调查如表 6-3 所示。

欧洲某专业机构对采购成本降低方式的调查　　　　　　　　　　表 6-3

降低采购成本的方式	成本降低幅度
通过价格谈判降低成本	3%～5%
通过市场调研优化供应商	3%～10%
通过发展伙伴型关系并综合改进	10%～25%
供应商早期参与产品开发	10%～50%

这些研究进一步说明供应商及早介入前期的研究与设计，能够降低采购成本。

（5）降低采购成本的新思路

优化整体供应商结构及供应配套体系。通过对现有供应商的改进来降低采购成本。运用采购技巧，如谈判技巧、成本结构分析、折扣优势，将采购价格与交货、运输、包装、服务、付款等因素综合考虑。

1）做好采购计划是进行采购成本控制的前提，根据项目特征，制定采购方案、计划。

2）建立完善的分供资源管理体系。在制度的约束下解决好对立矛盾，在互利共赢的原则下，最大限度地降低采购合同价，为降低采购成本提供有效保证。通过多年以及各类型项目积累，逐步形成一个分供考察、评价、审批、准入等一系列较为完善的管理体系。有分供商合格名录、专业品牌资源库、指定分包资源库、各类工程价格库等。

3）根据不同情况采取不同的采购方式。一般情况为招（议）标，公正、公开、透明，从源头上控制价格。但鉴于装配式项目的特殊性有可能出现定向采购，则应提前进行成本测算，并与分供商做好充分沟通，根据价格对比做出合理的定标、定价方式。

4）采购人员的严格管理。采购人员全程参与，与设计人员、技术人员、商务人员、施工人员等一起参与，充分了解预制构件、物资、商务谈判、施工过程，以便更好地进行采购。

5）装配式工程总承包模式下，项目部应及时跟踪业主指定单位预制构件、设备以及甲供设备的采购进度、构件与设备排产进度，确保指定分包单位采购及甲供设备满足总进度计划需求。

由于预制构件种类规格/设备繁多，各种技术参数、性能要求复杂，因此在制定招标计划时应做到考虑周全、科学制定，不仅要考虑到现场的施工进度、构件/设备生产周期、招投标周期、合同谈判周期，还应考虑不同制造商的生产能力和现状以及各种不可预见的因素，否则很容易造成构件/设备不能按时到货而影响工程进度的情况发生。

6）针对业主集中采购及专业分包采购的物资成本控制要点：

① 业主集中采购的物资应及时向业主认质认价。

② 对业主集中采购的物资且设备安装由指定分包实施的物资，需设备进场后及时办理四方验收单（监理、总包、专业分包及供方）进行责任主体转移。贵重设备收货时可在移交单上备注只确认数量，质量由使用方及供方承担。

③ 对业主集中采购的物资供货周期把控（如果由于本企业的合同流程、下单时间或过程监造等问题引起供货不及时而影响工期节点带来的业主处罚也是成本流失）。

④ 对于专业分包采购的物资，应在与业主签订总包合同中明确指出若由于其供货不及时影响工期，本企业可自行采购，相应费用由其承担。一可进行风险转移，二则可以争取该部分的效益增长点。

6.5.8 采购对象的验证

验证目的：确保采购的产品满足规定的采购要求。验证方式如下：

（1）在组织的现场实施检验或其他活动。

（2）在供方的现场实施验证，如监造、参与关键试验、检验。

（3）由顾客在供方的现场实施验证。

（4）采购产品的监视和测量。

在供方的现场验证，组织应在相应的文件中规定验证的安排和产品放行的方法。

验证活动包括：检验、测量、观察、工艺验证、提供合格证明文件等

（5）采购合同签订后，采购经理负责对供方提供产品和服务的过程进行跟踪验证，对发现的与采购合同的偏差，应及时提出纠正措施，报项目经理并报采购主管部门。采购产品和服务的验证方式应在采购合同中予以明确。

如发现偏差涉及合同变更或对项目进度、质量、环境、职业健康安全要求造成重大影响的，采购经理应按采购变更控制办法的规定提交变更申请报告。

（6）采购经理应协助项目经理安排专人按采购合同的要求对供方装配式构件产品和服务进行验收，并填写、编制重要的验收记录。同时，保留供方重要的质量、环境、职业健康安全记录（如特殊过程、关键过程的记录、质量检验评定记录）并整理归档。

重大关键的产品或服务，项目采购经理应安排专人负责驻现场监造，组织中间检查，必要时可提出申请，要求公司主管部门安排相关人员参加。

6.5.9 采购风险管控

（1）采购风险原因分析

1）装配式构件供应商交货时间波动材料。

2）设备价格波动。

3）经济形势等变化导致部分供应商不能正常履约。

4）少数供应商恶意钻空子逃避责任。

（2）采购风险分类

1）增加开支。

2）延迟交货。

3）质量不符。

4）道德风险。

5）合同风险。

6）付款风险。

（3）采购风险防范主要措施

1）建立供应商资格审查制度：把合格的供方评价落到实处，确保供应商满足相应的资质要求，业绩良好，有良好的银行资信和商业信誉，具有设计、制造、质量控制、经营管理的资格和能力，具有完善的质量、环境和职业健康安全管理体系。具有良好的售后服务体系，这是根本。

2）建立健全采购管理制度：是采购管理的基础性环节，是有效防范风险的关键。制度上要保证实物与信息的同步入库，最有效的途径是建立采购信息控制系统，建立控制关键点（如 W 点、S 点）。建立采购监督管理制度，对采购合同履行监控评估其效果。

3）无合同不交易：完备的书面采购合同对于保证采购安全乃至维系与供方长久关系十分重要。建议尽可能签署一式多份的书面合同，保持多份合同内容的完全一致并妥善保存。

4）有行动必留痕：妥善保管对于证明双方之间采购合同具体内容具有证明力的下述资料：与合同签订和履行相关的发票、送货凭证、汇款凭证、验收记录、在磋商和履行过程中形成的电子邮件、传真、信函等资料。在合同履行过程中双方变更合作约定，包括数量、价款、交货、付款期限的，也要留下书面凭证。

采购合同主要内容见表 6-4。

采购合同主要内容 表 6-4

结构名称	具体内容
首页	合约日期与编号； 商品标准； 双方当事人名称、地址、电话
基本条款	货品名称； 质量与规格； 单位与数量； 价格（单价、总价、货币）； 包装（原产地）； 交货期； 物流； 付款方式（信用证、现金、分期付款）； 保险； 检验方法
特别条款	保证条款； 安装与检验条款； 大宗物资条款； 货价、运费及汇率变动协定

5）慎用公章：完善有关公章、项目部章保管、使用制度，杜绝盗盖、偷盖等行为。签署多页合同时加盖骑缝章并紧邻合同书最末一行文字签字盖章，防止少数缺乏商业道德的供应商采取换页、添加等方法改变合同内容。

6）慎用授权文书：公司业务人员对外签约时需要授权。有关介绍信、授权委托书、合同等应尽可能详细列举授权范围，业务完成后，尽快收回尚未使用的介绍信、授权委托书、合同等文件。

7）建立保证、担保制度：签署保证担保合同时，务必表述由保证人为债务的履行提供保证担保的明确意思，避免使用由对方"负责解决"等含义模糊的表述，否则法院将无法认定保证合同成立。应写明保证期间起止点，如果与对方约定的保证期间长于两年，法律将视为两年。如果没有约定，法律将视为主债务履行期届满之日起六个月。务必写明"连带保证"或者"一般保证"字样。如果没有明确约定，法院将认为是连带责任保证。

8）付款方式须可靠：确定付款方式时，除了金额较小的交易外，尽量通过银行结算，因现金结算涉及经办人签收，而经办人授权问题，会对签收效力带来不必要的麻烦。

9）验收异议及时提：设备、材料等采购时，请注意及时验收货物，发现货物不符合合同约定的，请务必在合同约定的期限内尽快以书面方式向对方明确提出异议。不必要的拖延耽搁将导致丧失索赔权。

10）商业秘密、著作权、知识产权要关切：在磋商、履行采购合同过程中，经常不可避免地接触到商业信息、商业秘密和知识产权，务必不要泄露或者使用商业秘密，涉及著作权、知识产权使用时，在采购合同中务必明确约定，否则将可能承担相应责任。

11）解除异议及时提：一旦供方要解除合同，而我们存在异议，如果合同中约定了异议期限，务必在约定期限内向对方以书面方式提出异议。约定期限届满后才提出异议的，法院将不予支持起诉。

12）防范采购回扣：

① 严格绩效考核。

② 强化采购制度建设。

③ 在完善制度的前提下，让回扣合法化。

④ 提高采购人员的阳光下的收入。

⑤ 采购人员轮岗制。

⑥ 三分一统。三统一分。

⑦ 三公开两必须。五到位一到底。

13）说明：

① 三分一统：市场采购权、价格控制权、质量验收权，三权分离。合同执行、货款阶段统一管理。

② 三统一分：统一采购验收、统一审核阶段、统一转账付款。费用分开控制。

③ 三公开两必须：品种、数量和质量指标公开。参与供货的客户和价格竞争程序公开。采购完成后的结果公开。必须货比三家后购买。必须按程序、按法规要求签订采购合同。

④ 五到位一到底：五到位就是采购的每一笔物资都必须五方签字，即采购人、验收人、证明人、批准人、财务审查人都在凭证上签字，才算手续齐全。一到底就是负责到底，谁采购谁负责到底，包括价格、价格、使用效果等。

14）索赔管理

由于有些项目技术和环境的复杂性，索赔是不可能完全避免的。在现代工程中索赔额通常都很大，一般都有10%～20%的合同价。而且，业主与承包商之间、承包商与分包商、业主与供应商、承包商与其供应商之间，承包商与保险公司之间都可能发生索赔。

按照国际惯例，索赔工作过程包括：索赔意向通知、起草并提交索赔报告、解决索赔等。索赔的处理原则：必须以合同为依据，及时、合理地处理索赔。加强主动控制，减少工程索赔。在项目的实施中，一般按索赔目的将索赔分为两类：延长工期索赔和经济索赔。

6.5.10 采购合同标准文本及附件

详见后附件1～附件8，仅供参考。

6.6 装配式建筑和现浇结构采购模式对比分析

与传统的土建施工总承包管理项目相比，工程总承包模式的装配式项目在前期设计、材料采购、预制构件生产、构件运输、现场安装等诸多采购环节上存在不同，如图6-18、表6-5所示。

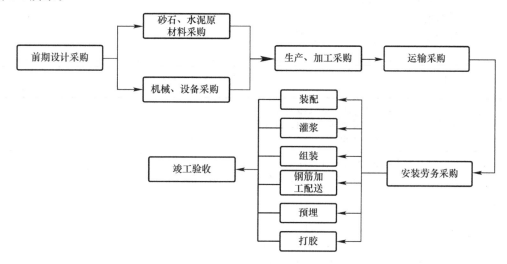

图6-18 工程总承包模式下的装配式项目采购流程图

传统土建和装配式项目工程总承包管理采购对比分析　　　　　表6-5

序号	流程	采购方式对比分析	
		现浇结构	装配式结构
1	设计采购	建筑设计、结构设计、暖通设计、装饰装修设计等	现浇结构基础上，增加了预制构件深化设计
2	材料采购	钢筋、模板、混凝土等材料	现浇结构基础上，增加预制构件、装配式灌浆材料、密封胶、辅材的采购，且预制构件中包含的窗框、预埋件等，需提前采购并配送至构件生产厂
3	运输采购	由材料供应商负责运输至施工现场	由预制构件供应商运至施工现场
4	吊装劳务采购	—	可单独发包，也可与预制构件一同发包

注：其他资源采购与现浇结构相同，在此不再赘述。

6.7　附件

附件 1

材料采购合同

合同编号：_____

签订地点：_____

甲方（采购方）：_____

乙方（供货方）：_____

依照《中华人民共和国民法通则》、《中华人民共和国合同法》、《中华人民共和国建筑法》及其他相关法律法规的规定，遵循平等、自愿、公平和诚信的原则，经双方友好协商，甲乙双方就_____事宜达成如下一致条款，于_____年_____月_____日签订本合同，双方共同遵照执行。

一、工程名称：_____

二、工程地点：_____

三、标的物名称、规格、数量、价格

序号	名称	规格型号	单位	暂定数量	单价（元）（含增值税 17%）	合计（元）（含增值税）
	预制内墙	按 PC 构件尺寸以净立方尺寸计算，扣除墙砖、石材、窗框等装饰面层体积	m³			
	预制叠合楼板	按 PC 构件尺寸以净立方尺寸计算，扣除墙砖、石材、窗框等装饰面层体积	m³			
	预制叠合楼梯	按 PC 构件尺寸以净立方尺寸计算，扣除装饰面层体积	m³			
	预制阳台	按 PC 构件尺寸以净立方尺寸计算，扣除墙砖、石材、窗框等装饰面层体积	m³			
	预制空调板	按 PC 构件尺寸以净立方尺寸计算，扣除装饰面层体积	m³			
	预制外墙	按 PC 构件尺寸以净立方尺寸计算，扣除墙砖、石材、窗框等装饰面层体积	m³			

合同暂定总金额（人民币）：大写：_____（小写：￥_____元）（含增值税），其中不含税价_____元，税金_____元。

说明：具体货物明细见合同附件 3《合同标的货物清单》，上述货物必须符合业主方、甲方技术规格要求等相关规定。

3.1　上述数量均为暂定数量，结算量以甲方现场实际签收合格量为准。供货范围暂定为____楼，若根据现场需要甲方做出调整，乙方不得提出异议。

3.2 上述综合单价中，除钢筋、PC预制构件预埋件、模具外，其他价格均不予调整。钢筋含量根据施工深化图按实计量，价格根据"PC构件钢筋调差办法"调整。模具单价固定，含量暂定，结算时根据最终施工深化图确定的模具用量，摊销到每立方相应构件中的含量确定，报价中已考虑扣除残值回收费用。PC预制构件预埋件参见后附"预埋件费用计算表"，单价固定，含量暂定，按实际施工深化图数量结算。详见后附《综合单价分析表》。

3.3 上述数量均为暂定数量，具体数量以双方结算数量为准，按PC构件尺寸以净立方尺寸计算，扣除门窗洞口、墙砖、石材、窗框等装饰面层体积。投标人不得以工程量变动为由要求调整单价。

3.4 该报价包括但不限于货物价款、管理费、税金（含增值税、关税）、包装费、成品保护费、安装所需辅材、调试、各项试验检验费、安全措施、技术指导支持、使用培训、质保期服务、保险费、进仓费、运输费、装车费（总包卸车）、过江过路过桥费及其他运抵至甲方指定交货地点可能产生的所有费用。包含现场一切原因引起的机械停滞或多次进出场费和方案的论证、图纸的深化，以及为完成合同约定工作的一切其他费用。

3.5 报价已考虑节假日加班费、冬季施工、雨季施工、赶工费等费用。

3.6 投标人必须满足一般纳税人资格，并在投标时提交一般纳税人资格证明文件和以往项目开具发票复印件等相关证明资料。

3.7 合同单价包含卸货等待时间为<u>24</u>小时。

四、验收交货方式、时间、地点

4.1 交货时间：以甲方所要求的供货时间为准，每批次供货前__2__天，甲方将以书面形式通知乙方。

4.2 交货地点：乙方应自行组织运输工具将货物运至_____地块工程施工现场内指定地点交付甲方并承担费用，包括但不限于进仓费、运输费等。乙方在运送、装卸过程中发生的安全事故责任车辆运输中违章费用自担。

4.3 签订合同后，对于特别订制、不具备通用性的产品，乙方须接到甲方通知后方可排产，且不可一次性全部排产，否则一旦技术参数变更、供货数量减少或供货时间推后导致提前排产货物不能使用或产品积压导致增加费用的风险由乙方承担。乙方应充分考虑春节期间施工材料的备货准备，乙方不能因材料影响现场施工进度。

4.4 本合同项下货物风险自卸货完成并经甲方签收后转移。甲方指定签收人：_____，联系电话：_____。

4.5 送货单由乙方自制并附在甲方收料单后，应包含物资名称、规格型号、数量、送货人、收货人签字。送货单一式叁份，经由甲方上述人员同时签字确认方为有效。

4.6 乙方货物运至甲方指定地点后须及时通知甲方验货。本合同所指验货仅为甲方对货物数量、外观瑕疵的验收。送达货物经甲方验收认定为不合格的，乙方须按甲方要求在__3__日内完成不合格货物的退换，因此发生的费用由乙方承担。

4.7 乙方提供的送货清单上的单价、条款与本合同不一致时，以本合同为准。

4.8 由甲方项目现场暂定供应范围（幢号、区域）乙方不得有任何异议。

4.9 验收地点与方式：货物到场后将由业主、监理、总包三方进行验收，按照现场实际进场数量验收结算。

4.10 取样方式：按照国家规范、图纸及业主要求进行检测。

4.11 试验与化验及其费用：产品常规检测费用由厂家负责，需方有权对可能存在问题的材料进行复试，若复试合格费用由需方承担，若不合格由供方承担一切损失。

4.12 数量验收：现场实际验收合格数量。

五、质量要求、技术标准

质量要求和技术标准应执行业主方、甲方相关要求，严格执行国家现行技术规范、检测规定及标准，执行环境保护法，达到无污染（不污染），不合格品一律退货。

5.1 产品包装完好，无明显破损。

5.2 技术质量标准：供应材料钢筋必须满足线材、圆钢执行 GB 1499.1—2008《钢筋混凝土用钢热轧光圆钢筋》及 GB 1499.1—2008/XG1-2012《钢筋混凝土用钢第 1 部分：热轧光圆钢筋》国家标准第 1 号修改单标准。盘螺、螺纹钢执行 GB 1499.2—2007《钢筋混凝土用钢第 2 部分热轧带肋钢筋》国家标准第 1 号修改单标准，合同执行过程中若出现新的国家标准，则以更新后的标准为准。混凝土必须满足预拌混凝土的验收标准，按 GB/T 14902—2012《预拌混凝土》、GB/T 50107—2010《混凝土强度检验评定标准》、DG/TJ 08-227—2009《预拌混凝土生产技术规程》（上海市标准）等执行，装配整体式混凝土结构施工及质量验收规范 DGJ 08-2117—2012、混凝土结构工程施工质量验收规范 GB 50204—2011、上海地方标准《装配整体式住宅混凝土构件制作、施工及质量验收规程》DG/T J08-2069—2010、上海地方标准《装配整体式混凝土结构施工及质量验收规范》DGJ 08-2117—2012 及国家、上海市和设计图纸要求相关规范、图集及规程，材料质量必须确保上海市优质结构、上海市白玉兰奖要求。构件表面实测实量合格率达 100% 以及必须满足图纸所示尺寸及业主技术规格要求等。

5.3 证明证件：满足进沪要求，并提交出厂相关合格证明文件。

5.4 质量进场验收：质量要求和技术标准应执行业主方、甲方相关要求，严格执行国家现行技术规范、检测规定及标准，执行环境保护法，达到无污染（不污染），不合格品一律退货。

5.5 技术资料：出厂合格证、质量证明书、检测报告、生产许可证、企业资质、营业执照、税务登记证、机构代码证、银行开户行许可证等相关资料，所有提供的证书资料必须加盖乙方单位公章。

5.6 取样方式：按照国家规范、图纸及业主要求进行检测。

5.7 试验与化验及其费用：产品常规检测费用由乙方负责，需方有权对可能存在问题的材料进行复试，若复试合格费用由需方承担，若不合格由供方承担一切损失。

5.8 创优要求：保证获得（1）市优质结构；（2）优质保障房；（3）绿色建筑一星；（4）建筑产业现代化示范项目；（5）优秀住宅小区金奖；（6）市绿色示范观摩工地；（7）市安全文明工地。因分包人原因未获得上述奖项，每项罚款＿＿＿＿＿＿万元。

六、双方权利义务

6.1 甲方权利义务

6.1.1 乙方提供的送货单上所标明的供货方名称、计量单位与本合同约定的不一致时，甲方有权拒绝签收，由此给甲方造成的一切损失由乙方承担。

6.1.2 若乙方多交付货物，甲方应及时通知乙方取回。

6.1.3 乙方未经甲方同意提前交货的，甲方有权拒收。乙方仍坚持送货的，货物损毁灭失风险由乙方自担，乙方除应向甲方支付该部分货物的场地占用费_____元/日外，还应赔偿给甲方造成的其他损失。

6.1.4 甲方发送乙方的图纸、联系单（指令单）等必须经甲方权签人签字确认方为有效

6.1.5 乙方构件进场必须满足甲方工程进度需求，如因乙方原因造成甲方施工延误的，每延误一天，乙方赔偿甲方经济损失_____元/天。

6.2 乙方权利义务

6.2.1 乙方须保证其提供的货物是全新的，符合合同约定的质量、规格和性能要求。

6.2.2 乙方须保证其货物经过正确安装、合理操作和维护保养，在货物寿命期内运转良好。乙方应对由于工艺或材料的缺陷而造成的任何缺陷或故障负责。除合同中另有约定外，出现上述情况，乙方在收到甲方正式通知后 24 小时内须提出解决方案，并在收到甲方通知后1天内免费负责修理或更换有缺陷的货物或零部件，费用由乙方承担。

6.2.3 乙方应按照本合同约定及甲方要求交货（甲方需提前48 小时通知乙方供货），乙方多交付标的物的应于收到甲方通知后24 小时内取回，逾期不取回的货物损毁灭失风险由乙方自担，乙方除应向甲方支付该部分货物的场地占用费_____元/日外，还应赔偿给甲方造成的其他损失。

6.2.4 乙方应对派往现场进行有关服务的人员及相关设施、货物购买雇主责任险、施工机械材料设备保险、人身伤害险等相应人身、财产保险，并必须为其履行本合同责任义务从事相关危险作业的人员办理意外伤害保险，进入甲方工地现场时，须佩戴安全帽及相关安全设施，应遵守甲方施工现场管理规定，乙方人员的伤亡及相关设施事故责任由乙方全部承担。

6.2.5 乙方须保证所提供的货物不侵犯第三方的知识产权。

6.2.6 乙方提前交货的，应事先征得甲方书面同意。甲方接到货物后，仍按合同约定的付款时间付款。

6.2.7 乙方必须具备增值税一般纳税人资格，根据甲方需要，开具真实有效的增值税专用发票，因开发票涉及的相关税金由乙方承担。

6.2.8 乙方应对合同内容进行保密，不可向任何第三方透露其内容。

七、所有权转移

7.1 货物的所有权应在甲方签收确认后转移，所有权的转移不视为对乙方货物质量瑕疵责任的免除。

7.2 甲方由于货物不符合合同要求（包括货物本身、包装、交付时间等要求）而拒绝接收货物或解除合同的，货物、灭失的风险由乙方承担。

八、付款方式

8.1 本工程采用节点付款：根据业主付款节点，每栋单体主体结构施工至_____层时付至该楼号已完工程量的_____%，主体结构封顶后，支付到已完工程量的_____%（不论春节前主体是否封顶，甲方须支付乙方春节前所供货款的_____%）。主体结构验收合格且结算办理完成支付至结算价的_____%，余款在保修期满一个月内无息付清。甲方付款前，乙方应向甲方开具增值税专用发票（税率17%），并提供税务机

关核发的增值税专用发票领购簿供甲方查验，以证明发票的真伪，甲方付至结算总价95%时乙方应提供结算额全额发票。否则，甲方有权拒绝付款并顺延付款时间。

8.2 本合同质保金为结算金额的5%，质保期满后1个月内无息返还，质保期详见本合同9.1。

8.3 乙方货物进场需经甲方指定人员验收并签收收货凭据，无论何种形式的收货凭据（包括但不仅限于收货单、供货小票、月度统计单或其他数量统计文件等）仅作为甲方收到乙方所供应货物的数量、型号、规格等的证明，而不作为甲方付款及结算的依据，无论该收货凭据上是否载有单价或合价或合计等涉及价款的内容。供应过程中双方不办理任何形式的结算，待供货全部结束后，最终结算以合同约定的计算量为准。收货单、供货小票、月度统计单或其他随车数量统计文件中的任何带有"结算"字眼的凭证均不代表双方的阶段及最终结算。

8.4 甲方增值税发票信息：

名称：

税号：

开户行：

账号：

地址：

电话：

8.5 乙方增值税发票信息：

名称：

税号：

开户行：

账号：

地址：

电话：

九、质保期

9.1 本合同项下货物的质保期为＿＿＿＿＿年，自业主竣工验收合格之日（以本业主颁发竣工证书所载日期为准）起计算。

9.2 质保期内乙方免费提供质量缺陷货物的维修、更换等服务。凡因乙方产品质量问题发生故障，乙方接到通知后必须24小时内赶至现场进行专业诊断维修并解决故障，直至甲方和业主满意为止。

9.3 乙方借故推脱或无理由拒绝甲方提出的维修、更换服务要求，甲方或业主可以委托第三方进行维修，维修费用甲方有权从乙方的质保金中直接扣除（无需征得乙方同意），质保金不足以支付维修费用的，由乙方补足。甲方根据合同规定对乙方行使的其他权利不受影响，并保留进一步索赔的权利。维修或更换后的货物的质保期相应延长6个月。

9.4 质量保证其后仍应承担售后服务。乙方必须在接获甲方或业主提出书面要求后＿＿3＿日内给予书面答复，并提供相应服务，已达到本工程项目业主满意。

十、不可抗力

10.1 本合同中不可抗力的定义与该工程总包合同的定义相同。

10.2 受阻一方应在不可抗力事件发生后尽快用电报、传真或电传等书面形式通知对方，并于事故发生后___14___日内将有关当局出具的证明文件用特快专递或挂号信寄给对方审阅确认。同时，受阻方应尽可能继续履行合同义务，积极寻求采取合理的方案履行不受不可抗力影响的其他事项。一旦不可抗力事故的影响可能导致工期延误或持续___3___日以上时，双方可通过友好协商在合理的时间内达成终止合同或进一步履行合同的协议。

10.3 本条款所定义的不可抗力是指不能预见、不能避免并不能克服的客观情况，对于经营状况严重恶化、安排不周及税收政策的调整等情形，无论严重程度如何，均不理解为不可抗力。

十一、税票要求

11.1 乙方应按甲方要求提供增值税发票。

11.2 乙方未能提供增值税发票的，乙方除重新提供等额合法的增值税发票外，还应承担合同金额（含增值税）__10%__的违约金。如乙方按照甲方要求开具增值税专用发票，则提供税务机关核发的增值税专用发票领购簿供甲方查验，以证明发票的真伪。

11.3 因乙方开具的发票不规范、不合法或涉嫌虚开发票引起税务问题的，乙方需依法向甲方重新开具发票，并向甲方承担赔偿责任，包括但不限于税款、滞纳金、罚款及相关损失等。

11.4 乙方应按照甲方要求，在甲方要求时间内开具可以抵扣税款的增值税专用发票并及时送达甲方处。因乙方开具发票不及时给甲方造成无法及时认证、抵扣发票等情形的，乙方需向甲方承担赔偿责任，包括但不限于税款、滞纳金、罚款及相关损失等。

11.5 乙方向甲方开具的增值税发票，乙方必须确保发票票面信息全部真实，相关材料品目、价款等内容与本合同相一致，票面完整，不压线错格污损等。因发票票面信息有误导致发票不能抵扣税款或者被认定为虚开的，乙方需向甲方承担赔偿责任，包括但不限于税款、滞纳金、罚款及相关损失等。

11.6 本合同内容经双方一致同意变更的，如果变更的内容涉及采购商品品种、价款等增值税发票记载项目发生变化的，则应作废、重开、补开、红字开具增值税发票。甲乙双方需履行各自的协助义务，乙方应积极协助甲方办理相关事宜。

11.7 若乙方由一般纳税身份变为小规模纳税人身份的、计税方法发生变化的，或政策法规规范性文件发生变化的，并导致甲方可抵扣的进项税额减少或被税务机关要求补缴税款的，则减少的进项税额或补缴的税款应由乙方承担，甲方有权从将支付的任何一笔工程款中扣除。

11.8 乙方应在开票之日起___7___日内将发票送达甲方指定人员_____，甲方指定人员签收发票的日期为发票的送达日期。以快递方式送达的，甲方指定人员签收快递后发现乙方开具或税务机关代开的增值税发票存在无法抵扣、无法认证而向乙方提出拒收的，不视为甲方已签收。

11.9 若甲方从工程款中扣除了违约金、损失赔偿额等款项的，乙方人应按扣除前的货款金额开具增值税发票。本合同中约定的甲方向乙方支付的违约金均为含税金额，在甲方支付违约金前，乙方应按本合同约定的增值税税率向甲方开具增值税发票。

十二、违约责任

12.1 未按要求开具发票：乙方未能按甲方要求提供增值税专用发票的，乙方除重新提供等额合法的增值税发票外，还应承担合同金额（含增值税）<u>10％</u>的违约金。

12.2 单方转让：在本项目所涉及债权债务不得转让，如需转让，必须征得另一方同意并支付对方本合同结算价款的<u>20％</u>作为单方转让债权债务违约金，否则视为无效。若单方面转让债权债务引起另一方经济损失由转让方承担。

12.3 逾期供货：乙方未按甲方要求，逾期交货的，每逾期一天，应向甲方支付_____元逾期交货违约金，并赔偿甲方因此所遭受的损失。

12.4 质量不符合要求

12.4.1 乙方所交货物的品牌、产地、品种、型号、规格、质量不符合合同约定的，应根据具体情况，由乙方负责包换或包退，承担调换或退货而发生的实际费用及赔偿给甲方造成的损失，并支付甲方损失额____％的违约金。

12.4.2 因货物包装不符合合同约定，须返修或重新包装的，乙方负责返修或重新包装，并承担因此支出的费用。乙方拒绝返修或重新包装的，甲方有权拒绝签收。因包装不当造成货物损坏或灭失的，由乙方负责赔偿。

甲方不要求返修或重新包装而要求赔偿损失的，乙方应赔偿甲方该不合格包装低于合格包装的差价部分。

12.5 知识产权：乙方在其使用的材料、施工设备、工程设备或采用施工工艺时，因侵犯他人的专利权或其他知识产权所引起的责任，由乙方承担。乙方须主动与第三方交涉并承担甲方受到的一切法律责任和损失。

十三、合同终止、解除

13.1 出现以下情形，甲方有权单方解除合同、要求乙方退还货款、赔偿甲方损失并支付本合同金额____％的违约金。甲方发出解除通知后，合同即行终止。

13.1.1 乙方逾期不能提供货物、逾期供货超过<u>20</u>日，或逾期供货虽未超过 20 日但已给甲方施工进度造成影响的。

13.1.2 乙方提供货物无法满足本合同约定的质量标准或无法满足甲方施工要求而导致工程质量隐患的。

13.1.3 乙方如无正当理由而单方变更材料（或产品或设备）颜色、品种、规格、型号、质量或包装要求等。

13.1.4 乙方因侵犯第三方知识产权导致无法履行本合同下义务的。

13.2 若甲方与业主合同终止时，本合同无条件终止，甲方根据本合同按照乙方实际供货量予以结算，乙方不得提出因双方合同终止而向甲方索赔任何费用。

13.3 工程停、缓建三个月内，甲方有权通知乙方暂停供货，乙方不得因此向甲方索赔。工程停缓建三个月以上，甲方有权终止本合同，甲方根据本合同按照乙方实际供货量予以结算，乙方不得提出因双方合同终止而向甲方索赔任何费用。

13.4 如本合同生效后因工程设计变更、重大进度调整等因素导致本合同无法按约定履行，甲方应及时通知乙方，乙方收到通知后应立即根据甲方通知停止供货。合同不能继续履行的，甲方有权终止本合同，甲方根据本合同按照乙方实际供货量予以结算，乙方不得提出因双方合同终止而向甲方索赔任何费用。

十四、其他

14.1 乙方必须随时配合甲方对账、结算等一切工作。

14.2 除本合同中列出的材料费用，其他材料或者任何费用不计入本合同中，乙方安装后必须满足甲方的各项要求。

14.3 乙方必须无条件对设备进行后期的保养及维修，人为或者不可抗力因素造成的损坏由甲方承担，质量等问题由乙方自行承担。

十五、争议解决方式

本合同在履行过程中发生的争议，由双方协商解决，协商不成的，向合同签订地人民法院提起诉讼。

十六、生效条件

本合同自双方签字盖章之日起生效。

十七、合同份数

本合同一式_____份，甲方执_____份，乙方执_____份。

合同附件：

附件1 《法人授权委托书》

附件2 《项目技术普通章使用范围告知函》

附件3 《合同标的货物清单》

附件4 《物资采购结算书》等甲方相关结算表单

附件5 《廉洁协议》

附件6 《安全生产管理协议》

附件7 《钢筋调差办法》

附件8 《综合单价分析表》

甲方：   乙方：

法定代表人：   法定代表人：

委托代理人：   委托代理人：

电话：   电话：

                                          开户银行：

                                          银行账号：

年   月   日   年   月   日

附件 2

法人授权委托书

授权单位：

法定代表人：　　　　　　　　　　　　　　　　　职务：

授权委托人（代理人）：　　　　　　　　　　　　电话：

身份证号码：

我公司现委托＿＿＿＿＿＿＿＿为我方代理人，其权限为：代负责＿＿＿＿＿＿＿＿项目
＿＿＿＿＿＿＿＿＿工程签约、现场履行管理职责、签署履约过程各类往来文件、确认工程
量和办理结算等一切事务。

委托人无转委托权。

委托人的行为，我公司无条件接受。

授权单位（公章）：

法定代表人（签字或盖章）：

年　　月　　日

附：委托人身份证复印件（复印件要加盖委托单位公章、法人章）

（身份证粘贴处）

附件3

×××××有限公司
_____项目
专用章使用范围告知函

_____公司：

本公司_____项目专用章仅适用于现场施工管理的工程技术资料用印及函件往来。不得用于以下文件：

（一）任何合同及补充协议，包括但不限于工程类、采购类、服务类等。

（二）经济补偿、赔偿协议。

（三）借条、收据、发票等资金往来凭证。

（四）材料送货回单。

（五）工程结算类文件。

（六）见证或担保。

（七）任何变更本公司既有权利义务的承诺。

（八）其他涉及资金往来、权利义务确认的文件。

特别声明：本告知函作为合同附件，合同签订视为贵司已知悉上述事宜。未按照本说明使用项目专用章的，所签文件对本公司不具有约束力，本公司有权拒绝认可和执行。任何人以项目技术专用章加盖上述文件的，本公司均不承担责任。

×××××有限公司

附件 4

合同标的物资清单

工程名称：_____　　　　　　　　　　　　　　　　　　共　页第　页

序号	货物名称	牌号商标	规格	计量单位	数量	单价（含税）	总价（含税）	生产厂家	技术质量要求

注：单价及其总价包括的范围同合同内容。

总包商盖章：　　　　　　　　　　　　　　　　　　　　供应商盖章：

说明：_____

附件 5

《物资采购结算书》等相关结算表单

物资项目管理表格		
安全生产物资采购结算书	表格编号	

需方		日期		单位：元
供方		合同编号		
项目名称		项目编码	编号	

本结算内容为供方自＿＿＿＿年＿＿＿＿月＿＿＿＿日至＿＿＿＿年＿＿＿＿月＿＿＿＿日期间与本项目发生的所有供货业务，已按照（合同约定、双方协商）方式按月度进行结算，累计发生收料单＿＿＿＿张，共收回收料单＿＿＿＿张，在此期间未收回的收料单作废，不再作为结算依据。办理月度结算单＿＿＿＿份。发票已开具＿＿＿＿份，金额＿＿＿＿元。

初审结算值：		人民币大写：		
供货单位（盖章）： 经办人：　　　　　　　　　　年 月 日		项目部	审签栏	日期
		物资部经理		
		会计		
		商务经理		
		项目经理		

单位物资管理部意见： 签字： 　　　年 月 日	单位总经济师： 签字： 　　　年 月 日	单位经理： 签字： 　　　年 月 日
公司采购部审核意见： 签字： 　　年 月 日	单位商务管理部意见： 签字： 　　年 月 日	公司单位总经济师： 签字： 　　年 月 日	公司单位总经理： 签字： 　　年 月 日

附件 6

物资采购结算明细表

序号	供货月份	物资种类	单位	供货数量	供货单价	供货金额（元）	备注
1							
2							
3							
4							
5							
6							
7							
8							
9							
10							
11							
12							
13							
初审结算值（元）							

其他材料消耗量对比分析表

项目名称：

建筑面积：

序号	材料名称	用途分类	单位	供应商材料结算量	分包结算量	总包结算量（施工图预算量）	建面指标	备注
				1	2	3	4＝1/建筑面积	

注：凡未按实填写本表数据，造成公司经济损失的，由相关负责人自行承担。

项目经理：　　　　　　　　　　　商务经理：　　　　　　　　　　　材料主管：

附件 7

廉 洁 协 议

甲方：＿＿＿＿＿＿＿＿
乙方：＿＿＿＿＿＿＿＿

为了加强在本工程建设中甲、乙双方人员的规范业务交往，防止各种不正当行为的发生，促进双方人员的党风廉政建设，根据国家有关工程承发包（物资、劳务采购及其他经济业务）和廉洁从业规范，特订立如下协议：

一、甲乙双方应当共同自觉遵守国家关于廉政建设的各项规定和关于建设工程承发包的各项规定。

二、甲方及其工作人员应做到：

（一）甲方工作人员不得以任何形式向乙方索要赞助和收受回扣等好处费。

（二）甲方工作人员应当保持与乙方的正常业务交往，不得接受乙方的礼金、有价证券和贵重物品，不得向乙方索要（或接受）或长期无偿使用通信工具、交通工具、家电及高档办公用品，不得在乙方报销任何应由单位或个人支付的费用。

（三）甲方工作人员在业务联系和交往过程中不得参加可能影响公正执行公务的宴请和高消费的娱乐活动或以考察、参观等名义参加乙方安排的国内外旅游活动。

（四）甲方工作人员不得要求或者接受乙方为其住房装修、婚丧嫁娶、家属和子女的工作安排等提供方便。

（五）甲方工作人员不得向乙方介绍家属或亲友从事与甲方工程有关的物资、劳务采购以及在己方重要管理岗位工作等经济活动。

三、乙方及其工作人员应当做到：

（一）乙方应当通过正常途径开展相对业务工作，不得为获取某些不正当利益而向甲方工作人员（含家属、子女，下同）赠送礼金、有价证券和贵重物品等。

（二）乙方工作人员不得为谋取私利擅自与甲方工作人员就（物资、劳务采购及其他经济业务）价格、质量、付款方式、违约责任等进行私下商谈或者达成默契。

（三）乙方不得以洽谈业务、签订经济合同等为借口，邀请甲方工作人员外出旅游或进入营业性高档娱乐场所消费和进行高档宴请。

（四）乙方不得为甲方单位和个人购置或者提供通信工具、交通工具、家电及高档办公用品等物品。

四、乙方如发现甲方及其工作人员有违反上述协议者，应当向甲方领导或者甲方上级单位举报，甲方不得找任何借口对乙方进行报复或刁难、延误工作。
甲方举报地址：　　　　　　　　　　党群工作部
电话：

五、甲方发现乙方有违反本协议或者采用不正当的手段贿赂甲方工作人员，甲方应向乙方上级领导或有关部门举报，甲方并有权终止与乙方的有关物资采购供应合作业务，同时由此给甲方单位造成的损失均由乙方承担。

乙方举报地址：　　　　　　　　　　电话：

六、本协议作为材料采购合同的附件，经协议双方签署后立即生效。

七、本协议壹式＿＿＿＿＿份，甲方执＿＿＿＿＿份，乙方执＿＿＿＿＿份。

甲方：   乙方：

（盖章）   （盖章）

业务承办人：   业务承办人：

地址：   地址：

电话：   电话：

日期：　年　月　日   日期：　年　月　日

附件8

安全生产管理协议

甲方（总包方）：＿＿＿＿＿＿＿＿＿＿＿＿

乙方（分包方）：＿＿＿＿＿＿＿＿＿＿＿＿

一、承包工程项目

工程项目名称：＿＿＿＿＿＿＿＿＿＿＿＿

承包范围：＿＿＿＿＿PC预制构件＿＿＿＿＿

承包方式：＿＿＿＿＿材料供应＿＿＿＿＿＿

二、分包工程开竣工时间

暂定自2017年3月20日起开工至2017年12月20日完工。具体以甲方指令为准。

依据《建筑法》、《安全生产法》、《建设工程安全生产管理条例》、《生产安全事故报告和调查处理条例》及相关标准规范的有关规定，甲乙双方就现场的安全生产、文明施工达成本协议，共同遵守协议所列条款。

三、管理目标

1. 杜绝死亡和重伤责任事故。

2. 杜绝火灾、设备、管线及较大食物中毒责任事故。

3. 无业主、社会相关方和员工的重大投诉。

4. 在政府及上级检查中不被通报批评，不被新闻媒体或政府部门曝光。

5. 完成甲方确定的创优目标。

6. 完成"安全达标示范工程"创建相关工作。

四、双方责权

（一）甲方的责权

1. 安全生产管理责权

（1）建立安全生产责任制度。甲方作为工程总承包单位，对整个施工现场行使安全管理权。

（2）建立安全检查制度。组织开展每周一次安全检查，下达整改通知单，实施安全生产奖罚，督促乙方完成整改事项。对乙方施工工序、操作岗位的安全行为进行日常监督检查，纠正违章指挥和违章作业。

（3）建立安全教育培训制度。组织开展进场安全教育、月度安全教育大会、特种作业人员定期安全教育。

（4）组织开展安全技术交底。甲方技术负责人主管安全技术交底工作，并负责向分包单位的技术负责人进行交底，同时督促安全管理人员监督分包单位向现场施工人员进行交底。对于危险性较大的分部分项工程或重点部位作业，必要时可直接对操作人员进行交底。交底人要签上自己的名字和交底时间。

（5）组织对施工现场临时设施、安全防护用品验收，对不符合安全要求和项目管理规定的设施和防护用品有权要求拆除、更换。

（6）建立安全风险抵押金制度。乙方进场时，甲方一次性收取乙方风险抵押金0.5万元。

2. 临时用电管理责权

（1）贯彻落实国家、地方和甲方对施工现场临时用电的有关规定和要求，负责对施工现场临时用电进行全面监督、管理，并对施工现场临时用电进行安全检查和指导。

（2）负责提供施工电源，并把施工电源送到符合安全标准的二级配电箱（经双方共同验收并经交接验收手续），并对乙方的使用情况进行监督检查。

（3）审阅乙方临时用电申请，并把乙方临时用电安全技术措施和电气防火措施进行备案。

（4）对乙方特种作业人员的花名册、操作证复印件及培训记录进行存档备案。

（5）发现乙方在临时用电中存在隐患有权责成乙方予以整改，并监督整改落实情况。

3. 消防管理责权

（1）贯彻落实国家和上级有关施工现场消防安全法规和总包的消防安全管理制度，总包单位对施工现场、生活区的消防安全负总责，对施工现场、生活区的消防安全进行全面管理、监督、检查和指导。

（2）开展经常性的消防安全宣传教育，对现场所有人员每年至少进行一次消防安全培训，并有培训记录和登记。对采用新工艺、新技术、新材料或者使用新设备有火灾危险的，要对从业人员进行专门的消防安全教育和培训。对不接受培训、教育、考核或考核不合格以及经审查有其他不符合规定要求的人员，有权拒绝其进入施工现场或清退出现场。

（3）建立健全消防安全管理制度和操作规程，并督促落实。明确各级和岗位消防安全职责，确定现场各栋号、分包、外包单位和各职能部门、各工种和各区域、层段等各级别和岗位的消防安全责任人。建立健全施工现场各级消防安全组织机构和义务消防队组织。对重点工种人员如电气焊人员、防水作业人员进行登记，建立档案。

（4）严格落实有关动用明火的管理制度。施工现场动用明火，应当按照规定事先办理审批手续。用火操作前，须对乙方电气焊工作业人员以班组或分包为单位进行用火操作交底。审批乙方提出的动火申请。

（5）负责在施工现场、生活区内，按有关规定设置、配备相应的消防设施和灭火器材，设置消防应急疏散通道和指示标志。制定整体的灭火和应急疏散预案，并定期组织开展演练活动。

（6）发生火灾，应及时报警、迅速组织扑救和人员疏散。紧急情况下甲方有权调用乙方的相关人员及物资。

（二）乙方的责权

1. 安全生产管理责权

（1）严格贯彻落实甲方安全管理要求及"安全达标示范工程"要求，对承包施工区域的安全生产管理负全面责任。

（2）按国家规定和甲方要求建立安全管理机构和配备安全管理人员。

（3）队伍进场前，向甲方提供花名册、三级教育卡、特种作业人员资格证原件和复印件等有关资料，定期做好统计、更新，并及时向甲方备案。乙方组织对作业人员签订劳动合同，并按照规定为其缴纳社会保险。

（4）按国家有关规定、当地主管部门和甲方要求给施工人员配备合格的劳动防护用品。

（5）熟悉并能自觉遵守《建筑施工安全检查标准》JGJ 59—2011以及相关规范，对施工场所进行安全巡查，发现安全隐患，要立即进行纠正和整改，若有重大安全隐患，须立即向甲方报告。对甲方在日常检查中提出的问题或隐患，必须按要求认真落实整改，整改完毕后经甲方验收合格后方可继续使用。

（6）严格执行甲方施工组织设计和安全技术方案。涉及特种作业、特殊部位的施工作业，需要乙方编写施工方案的，须报甲方和监理单位审批后方可执行。

（7）遵守现场安全文明施工的各项管理规定，在设施投入、现场布置、人员管理等方面要符合甲方CI管理要求。积极参加对应急预案的学习和演练活动。

（8）乙方使用的各类施工机械设备，为正规厂家的产品，且具有相关合格证书，机械性能良好、各种安全防护装置齐全、灵敏、可靠，经验收后方可使用。

（9）按要求开展"安全达标示范工程"创建活动。组织开展班前安全活动并留下记录。进行危险作业（动火作业、防护设施拆除作业、受限空间作业等）前，需向甲方申请，经审批后方可作业。安全设施满足甲方"安全达标示范工程"要求。

（10）因乙方施工人员违反甲方安全管理规定和操作规程或因乙方责任，造成安全事故（事件）或给总包造成影响或不良后果的，由乙方承担全部责任，并根据甲方制定的安全生产奖罚规定，予以惩罚。

2. 临时用电管理责权

（1）乙方进场用电必须严格遵守《施工现场临时用电安全技术规范》JGJ 46—2005 及甲方管理规定。入场前按照甲方要求，办理和提交有关手续，经甲方同意后方可入场。乙方对承包施工区域的安全生产管理负全面责任。

（2）乙方必须配备专职合格电工对用电进行日常管理，如乙方不能配备足够的合格电工，保证施工过程中电气接线、维修的需要，甲方有权委派电工人员给予帮忙，所产生的费用由乙方支付。在甲方需对现场供用电设施改进或装拆而人力不足时，乙方应根据甲方要求派人进行协助、配合。

（3）保证二级配电箱以下管辖区域内各种用电设备、设施完好，临时用电设施和器材必须使用正规厂家的合格产品，并有合格产品标识。保证临时用电符合有关安全用电标准，验收合格后方可使用。

（4）乙方因工程需要，如增加二级配电箱和电源设施时，须以书面形式向甲方相关部门提出申请，经甲方同意后在指定的电源点接电，不得擅自借接，否则视为违章行为。

（5）严格对施工区域内自行管辖的操作人员进行临时用电安全教育及安全技术交底，避免违章指挥、违章操作和误操作，确保安全用电。

（6）乙方应自带三级箱和流动箱进场施工。电闸箱、闸具应齐全、灵敏、可靠，符合甲方要求、国家标准。乙方的电气设备必须做到"一机、一闸、一漏、一箱"，凡因乙方使用不合格电箱、电气线路、电气设备和灯具或因乱接线行为发生触电伤亡事故或电气火灾事故的，其责任和一切经济损失一律由乙方承担，甲方有权追加其管理责任。

（7）乙方（分包单位）现场接电必须由专业电工持证上岗操作，非电工严禁动用电器设备，违者按照甲方奖罚规定进行处理。

（8）办公区、生活区、宿舍内严禁私拉乱接电线，严禁使用"热得快"、电饭锅、电磁炉、电炉、电褥子等电热器具。办公区照明设备应采用节能材质，配备足够的消防设施，生活区宿舍内必须采用 36V 安全电压。

3. 消防管理责权

（1）严格执行《建设工程施工现场消防安全技术规范》GB 50720—2011，贯彻落实各级政府及相关部门有关施工现场消防安全的法规和甲方的消防安全管理制度，对所属施工区域、生活区宿舍的消防安全管理负全面责任。

（2）负责建立健全本单位的防火组织及义务消防队组织，明确消防安全责任人、消防安全管理人、专兼职消防管理人员。在本施工区域内，尤其是重点部位按规定配备相应的灭火器材，并保证灵敏有效。

（3）电气焊等特种作业人员必须持证上岗。动火作业前，必须到甲方办理动火审批手续。在操作中应确保各项防火措施的落实，并避免交叉作业施工。非焊工禁止进行电气焊操作。

（4）负责对本单位人员在施工过程中的消防法规、制度、操作规程和扑救初起火灾和自救逃生知识、技能教育。对施工现场采用的新工艺、新技术、新材料或使用的新设备必须了解、掌握其安全消防技术特性，经培训教育后方可上岗作业。在消防安全教育或安全活动中，可要求甲方提供帮助。

（5）在建工程内不得违规设置危险品仓库，乙方使用或存储易燃易爆化学危险品，应向甲方有关部门提出申请，经甲方批准和登记，并有可靠的防火安全措施后才准许使用和存储。易燃易爆危险品库房与在建工程的防火间距不应小于15m，易燃可燃材料与在建工程的防火间距不应小于10m。在建设工程外设置宿舍和库房的，禁止使用可燃材料做分割和围挡。

（6）负责所在施工区域及所属生活区宿舍内的消防安全管理，确保消防设施、器材等完好无损、灵敏有效，确保消防应急通道畅通。

（7）经常进行消防安全检查，及时制止、纠正各种违章用火、用电和违章操作行为，在防火安全检查中发现的消防隐患及问题，应及时整改或采取必要的安全措施，并及时与甲方有关部门共同协商解决，消除消防隐患。

五、违章处罚

1. 乙方未开展班前安全活动，乙方施工人员未正确使用劳防用品或劳防用品不符合要求、在施工现场吸游烟，甲方将对乙方罚款20～500元/次。

2. 乙方未按要求办理危险作业许可，甲方将对乙方罚款100～1000元/次。

3. 乙方特种作业人员未按照规定持行业主管部门特种作业操作资格证件，擅自安排上岗作业的，甲方将对乙方罚款100～1000元/次。

4、乙方设备未经验收就使用、管理资料（方案、安全技术交底、检查验收资料）失实、安全装置失效、结构件损坏、传动装置损坏等，甲方将对乙方罚款500～5000元/次。

六、事故处理

1. 发生生产安全事故，乙方应在1小时内上报甲方。

2. 乙方应积极配合甲方做好善后处理工作，积极配合甲方上级部门、政府部门对事故的调查和现场勘查。

3. 乙方须承担因为乙方的原因造成的安全事故的经济责任和法律责任。

4. 依据《生产安全事故报告和调查处理条例》（国务院第493号令）和公司有关规定进行事故处理。

七、其他约定

1. 本协议适用范围：

（1）人员：甲乙双方所有进入施工现场的人员。

（2）时间：自本协议书签字起至总包书面通知分包队伍退场的第三天止。

2. 甲方现场安全负责人：_____，乙方现场安全负责人：_____。

3. 上述未尽事宜，国家、地方和行业有规定的按规定执行。

4. 本协议一式叁份，甲方执贰份，乙方执壹份。

甲方：	乙方：
甲方项目经理：	乙方负责人：
联系电话：	联系电话：
甲方现场安全负责人：	乙方现场安全负责人：
联系电话：	联系电话：
年　　月　　日	年　　月　　日

第7章 装配式建筑施工部署与总平面管理

7.1 施工部署

施工部署的指导思想是：应用最佳的施工技术，选用最有战斗力的施工队伍，投入先进的机械设备，安排合理的施工工序，采用科学的组织管理方法，保证达到优质、安全、按期竣工的目标。

在时间上的部署原则主要考虑季节性施工的安排，土方开挖和回填尽量避开雨期，混凝土浇筑和砌筑抹灰等湿作业尽量避开冬季。还要考虑春节、农忙季节的施工安排和队伍选择，以保证总工期目标的实现。在空间上的部署原则主要考虑立体交叉施工，为了贯彻空间占满、时间连续、均衡有节奏施工、尽可能为后续施工留有余地的原则，保证工程按总进度计划完成，需要采用主体和二次结构、主体和安装、主体和装修、安装和装修的立体交叉施工。主体结构施工过程中，预制墙板吊装和竖向钢筋绑扎穿插、水平模板搭设和预制叠合板安装穿插、顶板钢筋绑扎和机电管线暗埋穿插等。

7.1.1 施工区段的划分

施工区段的合理划分，对于项目进度、成本及形象管理等具有非常重要的作用。多单体项目一般按照开工报告时间顺序依次划分施工段，对同批次开工单体或大体积单体区段划分需统筹考虑分包单位劳动能力、现场各阶段水平及垂直运输条件、材料供应及周转效率、自然环境等各方面因素，使其尽可能形成流水作业，从而高工效、低成本地实现合同管理目标。

群体工程不建议采用一家主体结构劳务分包，以免因劳务分包劳动力、资金等原因，导致工程进度缓慢。多家劳务分包施工时，施工段划分尽量均衡。

以上海市某住宅项目为例，工程共 22 栋单体，分为三个标段即Ⅰ标段（高层）、Ⅱ（高层）、Ⅲ标段（多层），各标段分别有单体住宅 5 栋、10 栋、7 栋。根据合同要求Ⅰ、Ⅲ标段同时开发，待其主体结构达 1/2 高度后开发Ⅰ标段。项目策划为将Ⅰ、Ⅱ标段均划分为 3 个施工区段即Ⅰ-a、Ⅰ-b、Ⅰ-c、Ⅱ-a、Ⅱ-b、Ⅱ-c 区，分别承包于 a、b、c 三家现浇结构班组及 A、B、C 三个吊装班组。Ⅰ标段按照Ⅰ-a、Ⅰ-b、Ⅰ-c 依次组织现浇及装配式结构施工，2 标段按照Ⅱ-a、Ⅱ-b、Ⅱ-c 依次组织现浇及装配式结构施工，通过节点合理控制 a 和 A 班组施工完Ⅰ-a 后开始Ⅱ-a 作业，b 和 B 班组施工完Ⅰ-b 后开始Ⅱ-b 作业、c 和 C 班组施工完Ⅰ-c 后开始Ⅱ-c 作业，劳动力分配合理，无窝工误时现场，且Ⅰ标地库模板、楼层支撑杆件、材料加工场地等所有可周转材料均可无缝应用于Ⅱ标，将材料损耗降至最低。流水区段划分平面如图 7-1 所示。

以该项目Ⅱ-a 区 2 号、4 号单体为例，各单体均分为左右两个单元（500m²/单元），

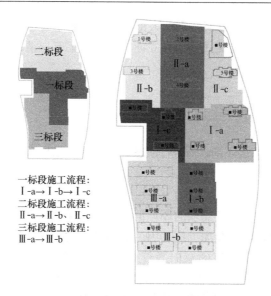

图 7-1 流水区段划分平面图

每个单元单层结构施工绝对工期为 6d，即构件吊装（1.5d）→现浇墙板绑筋封模（1d）→内排架及顶模（1d）→楼板绑筋（1d）→墙柱浇混凝土（1d）→养护（0.5d）。吊装班组、钢筋工、木工、混凝土工可基本实现各单元流水施工。Ⅱ-a 区 2 号单体平面如图 7-2 所示。

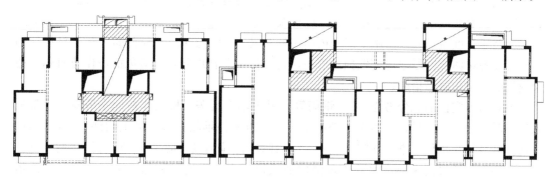

图 7-2 Ⅱ-a 区 2 号单体平面布置图

7.1.2 劳动力的配置

不同结构形式、不同构件类型、不同预制率、不同单体规模吊装过程劳动力分配相差较大。常规单块竖向墙构件（约 5~10t）及单块水平叠合板构件（约 3000mm×2200mm×60mm）吊装，自起吊至脱钩约需花费 10~15min。单块水平叠合梁构件（约 300mm×650mm×8000mm）吊装，自起吊至脱钩约需花费 20~25min，按照每施工区段 40 块竖向构件、30 块水平构件，则标准层预制构件吊装需花费 1.5d 工时。吊装班组配置劳动力为 8 人，其中起吊工 2 人、安装工 4 人、精调兼测量 2 人，另起重机械司机 1 人、指挥 2 人（堆场和作业面各 1 人）、专职安全员 1 人。按照单体预制率 30% 参考，500m^2 现浇施工段劳动力配置为 27 人，其中钢筋工 7 人，木工 10 人（含支撑），混凝土工 10 人，木工工效为 80~100m^2/人工，钢筋工数量约为木工数量的 60%~70%。

装配式建筑预制墙体底部灌浆，需 2 人配合操作，若不考虑分仓及坐浆耗时，平均每小时可封闭墙面 15～20m。装配式外墙外立面打胶，考虑基层清理，平均每个工作日可施工 15～20m。

7.2　施工总平面管理

总平面管理按照施工阶段不同，需进行动态调整。装配式建筑需对如下因素做重点考虑。

7.2.1　施工干道

一般施工主干道需满足规范要求的环形消防通道，保证大型构件运输车辆及消防车辆的正常通行，宜靠近材料堆放及加工厂。因一般构件运输车辆长度 13m、17.5m 不等，宽度 2.8m、3m 不等，考虑主干道的双向通行，装配式项目基本主干道宽度不得小于 6m，转弯半径不得小于 9m。同时路基需具备一定承载力，满足不小于 60t 重车的施工荷载验算，对于原设计地库顶板不能满足施工荷载需求的工况，需提前进行楼板结构深化或采取回顶加固措施。

7.2.2　塔吊

装配式建筑大型机械平面布置时根据塔吊起重参数及各构件重量，综合考虑吊装最不利工况，选取典型单体结构中吊距最远构件及最重构件进行分析。由于住宅类单体标准层及大型公建类准备层各区段施工周期内塔吊始终处于 PC 构件吊装或钢筋等现浇材料使用中，所以各单体或区段需配置独立塔吊，且根据工况合理分布，避免群塔作业时相互碰撞或提前制定防碰撞措施。

独立塔吊定位需充分考虑 PC、钢筋等主材堆场全覆盖、楼层作业面全覆盖，为最低限度降低塔吊配置型号，还需考虑塔吊定位、最重构件堆场位置、最重构件作业面位置、附墙件可靠拉结点位四维一体空间关系。塔吊附墙件拉结设置时由于 PC 构件初期不具备受力条件，需通过门窗洞口设置于现浇内墙或楼板上。现场吊装起重机械采用吊车或塔吊，要求机械作业半径覆盖主干道临时停车区、构件堆场及作业面。可根据单体体量及相互间距确认塔吊数量，一般多单体装配式住宅宜每个单体配置塔吊一台，或每个堆场配置吊车一台。

塔吊型号需根据起重力矩及最大起重量确认。塔吊定位原则如下：

（1）最大程度覆盖作业面，以减少材料二次倒运。

（2）塔吊基础不得妨碍结构梁、电缆沟、给排水和暖沟等设备的安装，不得影响基础梁和上部结构梁的浇筑。

（3）附墙臂的安装要有可靠的固定位，不得附着于 PC 构件上。

（4）群塔作业要考虑塔吊相互碰撞的问题，包括水平和垂直方向的碰撞。

上海某装配式住宅项目塔吊布置如图 7-3 所示。

7.2.3　构件堆场

装配式建筑项目现场构件堆放场地应靠近主干道方便材料卸车及吊运，且靠近塔吊及作业面，宜最大可能减免二次搬运以降低运输成本及成品保护成本。

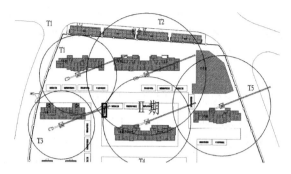

图 7-3 上海某装配式住宅项目塔吊布置图

一般住宅类 PC 项目独立堆场面积约为标准层建筑面积 50%～60%，PC 专用堆场由多个区域组成，分别为环形道路、周转材料及耗材货架、各类构件堆放区域，各区域相互留置人行通道且划线区分（图 7-4）。预制构件堆场四周采用定型化围栏围护，与周围场地分开，围护栏杆上挂明显的标识牌和安全警示牌。堆场地基荷载需满足最大集中堆放时承载力需求，经验算不合格区域需提前进行结构设计优化或采取后回顶措施。

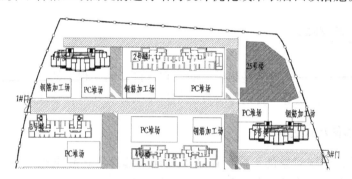

图 7-4 上海某装配式住宅项目预制构件堆场布置图

7.2.4 临时设施

生活区、办公区和施工场区应三区分离设置。办公区宜采用集中办公的形式，办公区内设置有业主、监理办公室、总承包办公室、各专业项目办公室和会议室等。现场宜采用装配式施工设施，减少搬运损失，提高施工设施安装速度。

现场需单独设置装配式结构施工单位的办公区和吊索具、灌浆机械的材料库房。现场设置坐浆料、灌浆料储藏室。

7.2.5 临水临电

1. 临电布置

工程开工前期，需根据项目桩基阶段、主体结构施工阶段和装饰装修施工阶段的用电量，向建设单位提出供电要求。主体结构施工阶段主要考虑施工区段划分、塔吊的数量和功率（装配式工程塔吊功率较大）、外用电梯的数量和功率、电渣压力焊的数量和功率、加工场的数量和功率、地下照明和场区照明的功率、办公区和生活区的用电功率等，并合理分配一级箱、二级箱，并选择配电线直径。

为保证施工期间的正常供电不因临时停电造成的施工中断，现场发电机房设置柴油发电机组作为应急备用电源。临时备用发电机房考虑到尽量减少噪声，选用低噪声的机械设备并采取较为吸声的隔声材料降噪。

2. 临水布置

临水包括给水和排水，给水包括施工用水和消防用水。

1）施工现场的排水、排污原则：生产区的排水、养护排水、砂浆搅拌排水、洗车槽排水等经沉淀池沉淀后通过排水沟排至业主规划的主排水系统中，污水经化粪池后排入排水沟。

2）给水需考虑现场施工用水、施工机械用水、施工现场生活用水、生活区生活用水、消防用水。施工用水包括施工时的清洁、养护、搅拌、降尘、浇灌等用水。计算用水量后，确定给水管径。

3）供水管网布置原则：施工用水和消防用水应单独布置，在保证不间断供水的情况下，管道铺设越短越好，要考虑施工期间各段管网移动的可能性。主要供水管线采用环装布置，孤立点可设支线。尽量利用以后的或提前修建的永久管道。

7.3　垂直运输管理

垂直运输管理在装配式建筑是很重要的，它直接影响工程工期、工程成本、措施费用及工程实施效果，所以做好垂直运输管理也是科学用好公共资料管理的重要环节。

7.3.1　垂直运输方式选择

根据施工垂直运输对象的不同，在施工过程中选择塔式起重机、施工电梯、永久电梯、卷扬机、混凝土输送泵作为装配式工程建筑施工垂直运输设备。

具体的垂直运输方式选择详见表 7-1。

垂直运输方式的选择　　　表 7-1

运输的种类	垂直运输设备			
	塔式起重机	施工电梯/永久电梯	卷扬机	混凝土输送泵
大型建筑材料设备	●			
中小型建筑材料设备	○	●	○	
混凝土	○	○		●
施工人员		●		
建筑垃圾	●	○		

备注："●"表示主要运输的设备，"○"表示辅助运输的设备。

关于垂直运输方式选择的说明：

（1）装配式结构预制构件、现浇结构钢筋、模板、外架材料等采用塔吊进行运输。

（2）地面混凝土采用混凝土泵进行泵送，零星混凝土采用吊斗＋塔吊进行运输。

（3）砌块采用木托盘包装，采用施工电梯运输，也可在楼层位置设置卸料平台通过塔吊运输。室内大部分装饰装修材料采用施工电梯运输。

（4）机电立管和水平主干管等利用塔吊吊运。主电缆在井道内安装卷扬机进行安装。

（5）施工垃圾利用塔吊或施工电梯的闲暇时间运输。

（6）各专业施工所需的小型设备随施工人员上下，或在施工作业层设置专门的存储柜进行存放。

7.3.2 运输降效应对措施

1. 塔吊协调措施

装配式建筑在构件吊装施工过程中与现浇结构同步施工，增大了现场垂直运输的管理难度。以40%装配率的装配式住宅项目为例，标准层7d一层，塔吊利用时间见表7-2。

装配式住宅塔吊使用时间表 表7-2

施工内容	PC墙板		墙钢筋	墙模板	排架	底模	PC板	板钢筋	混凝土浇筑
施工历天	1	2	3	4	5	6			7
塔吊使用时间	8h	8h	8h	8h	8h	4h	4h	6h	2h

PC墙板的吊装历时2d，塔吊吊装16h。墙体钢筋安装历时1d，塔吊吊装8h。墙体模板安装历时1d，塔吊吊装8h。排架搭设历时1d，塔吊吊装8h。底板模板安装历时0.5d，塔吊吊装4h。PC叠合板安装历时0.5d，塔吊吊装4h。叠合板钢筋安装历时0.5d，塔吊吊装6h。混凝土浇筑历时0.5d，塔吊吊装2h。

由表7-2可知，塔吊吊装预制构件施工时间占比（8+8+4）/（7×8）%＝35.7%。（其中预制构件进场卸车不应占用塔吊正常工作时间，现场可采用汽车吊卸车或选择在夜间利用塔吊加班卸车）。

因装配式建筑垂直运输需综合考虑预制结构和现浇结构，垂直运输量大，成立专门机构对各种设备材料的垂直运输进行协调，统筹安排塔吊的使用时间。项目应联合各施工单位和塔吊、施工电梯租赁单位每天召开各专业协调会，对第二天垂直运输等问题进行协调。如需要夜间吊运，安全管理人员应加强监督并注意增加场区照明。

塔吊使用时段划分原则见表7-3所示。

塔吊使用时段划分原则 表7-3

物件类型	使用时段
预制构件安装	确定时间段（时间段由项目统筹安排）
预制构件进场转运	确定时间段（时间段由项目统筹安排）
钢筋、模板	确定时间段（时间段由项目统筹安排）
外架材料吊运	确定时间段（时间段由项目统筹安排）
机电管线吊运	确定时间段（时间段由项目统筹安排）
其他零星材料运输	确定时间段（时间段由项目统筹安排）

2. 塔吊垂直运输管理措施

（1）设置专用工具箱或料斗

为提高单次吊运材料的数量，对部分零散材料，如电焊机、螺栓、气瓶、工具、机电管线和设备、砌块等，采用专用的工具箱或起吊钢筋笼，并配合卸料平台直接吊运至施工作业层，减少吊次，提高效率。专用工具箱或料斗见图 7-5 所示。

图 7-5　零散材料料斗

（2）设置卸料平台

根据装配式结构施工的进度，在相应楼层设置卸料平台，确保材料垂直倒运速度。卸料平台分为落地式、悬挑式和爬升式，如图 7-6 和图 7-7 所示。

图 7-6　卸料平台立面示意图　　　　图 7-7　卸料平台材料倒运意图

（3）为减少塔吊的倒运时间，首层材料堆场布置时在主楼周边按专业布置多个材料起吊区，最大限度地减少吊运时间，增加吊次。

3. 施工电梯运输降效应对措施

（1）明确电梯人员的上下班时间，上班时间要早于工人，下班时间要晚于工人。每天上、下班时间所有施工电梯均用于人员运送。

（2）如有大宗材料需要运输时，尽量安排在下班时间，以免影响工人的正常施工。

（3）为方便施工电梯的管理，尽量设置专门的垂直运输管理部门，全面负责塔吊和施工电梯的使用申请、审批、协调等工作，并建立专门的运行管理台账，同时负责协调相关部门定期对施工电梯进行维护保养。

（4）施工电梯设备安全装置、重要结构部分要定期检查、检验，发现隐患及时消除，不得带病作业，确保施工电梯的安全运行，减少因施工电梯故障给垂直运输带来的影响。

第8章 装配式建筑技术管理

8.1 技术管理组织架构

（1）装配式建筑工程总承包技术管理，要求所有专业分包团队必须要配置专业技术负责人，并纳入总承包技术管理团队统筹管理，实行垂直管理。

装配式建筑项目技术管理组织架构如图8-1所示。

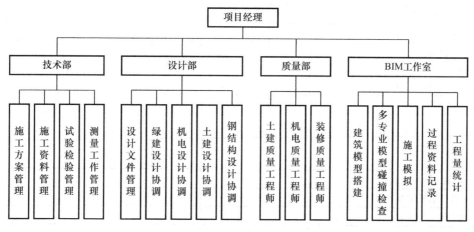

图 8-1　装配式建筑技术管理组织架构

（2）总包项目总工程师，要以工期为主线，全面策划和编制本工程的施工组织总设计，并全面梳理本工程所涉及的所有专业施工组织设计与专项施工方案，见表8-1，各专业分包按里程碑节点计划编制完成，并上报总包审批。

装配式建筑主要技术方案及专项施工方案一览表　　　　　　表8-1

名称	编制人	审批人	编制完成时间	上报总包时间	审批完成时间	是否需要专家论证
施工组织总设计						
钢结构安装施工组织设计						
幕墙工程施工组织设计						
钢网架工程施工组织设计						
屋面工程施工组织设计						
装饰装修工程施工组织设计						
电气工程施工组织设计						
给排水工程施工组织设计						

续表

名称	编制人	审批人	编制完成时间	上报总包时间	审批完成时间	是否需要专家论证
通风与空调工程施工组织设计						
电梯工程施工组织设计						
智能建筑（弱电）工程施工组织设计						
施工测量方案						
超前钻施工方案						
土方开挖及地基处理施工方案						
桩基施工方案						
基坑回填施工方案						
地下防水工程施工方案						
地下室结构工程施工方案						
高大模板施工方案						
清水混凝土施工方案						
超长混凝土结构施工方案						
预应力结构施工方案						
后浇带、施工缝、变形缝施工方案						
外墙脚手架工程施工方案						
砌体施工方案						
轻质隔墙施工方案						
抹灰工程施工方案						
细石混凝土地面施工方案						
地面工程施工方案						
墙面装饰工程施工方案						
吊顶工程施工方案						
玻璃幕墙施工方案						
外墙石材幕墙施工方案						
金属幕墙施工方案						
门窗工程施工方案						
机电预留预埋工程施工方案						
建筑防雷接地施工方案						
建筑给水、排水及采暖工程施工方案						
通风与空调工程施工方案						
建筑电气工程施工方案						
电梯工程施工方案						
弱电工程施工方案						
信息工程施工方案						
机电工程联合调试方案						
综合布线施工方案						
…						
塔吊安拆施工方案						

8.2　装配式建筑施工关键技术

8.2.1　施工现场策划

1. 塔吊布置

（1）塔吊最大吊重大于最大构件重量的 1.25 倍。

（2）塔吊应覆盖堆场区域。

（3）塔吊附墙应附着在现浇结构，现浇结构受力需由原结构设计单位复核通过。软土地区塔吊基础根据经验宜优先选用钻孔灌注桩。

（4）单体宜独立布置塔吊，起重满足单体所有构件吊装作业要求。

2. 人货梯布置

（1）选择在无水房间、双单元中间、非剪力墙、大的窗洞位置。

（2）人货梯位置需考虑 PC 墙板预留洞，方便工人和推车进入楼栋，若取消 PC 墙板改后期砌筑施工，要经过预制率核算。

（3）附墙拉结宜布置在现浇结构。

3. 脚手架设计

（1）落地脚手架

1）立杆布置需避开预制空调板位置，避免立杆不能贯通。

2）采用预制叠合板时需考虑拉结点布置方式，避免与预制外墙板碰撞。

（2）悬挑工字钢脚手架

1）预制构件深化设计前期提资，确定外墙预留洞口及预埋板位置、尺寸，预留洞要避开套筒、机电手孔、现浇结构与预制构件交接位置。

2）悬挑工字钢锚固长度不满足要求时，需设置斜撑加固，斜撑下端与结构采用埋板、膨胀螺栓等方式固定，上端与工字钢焊接。

3）采用预制叠合板时，采用预埋 U 型环，U 型环置于叠合板上，增设加强筋，混凝土浇筑完成达到强度拆除叠合板底模后，采用楼板钻孔插 U 型环加固悬挑工字钢。

4）人货梯部位防护外架宜单独布置。

4. 场地道路布置

（1）运输车辆 2.5m 宽，13.5m 或 17.5m 长，设计现场道路宽度 6m，转弯半径至少 9m。

（2）尽量使用后期永久道路路基做临时道路。对车库顶板运输线路进行承载力和裂缝验算，确定是否加固处理。

（3）车库顶板上的运输线路尽量设计在以后正式的消防车道上。

5. 构件堆场布置

（1）构件堆场要求

1）PC 堆场设计面积尽量不小于 1/3 建筑面积。

2）车库顶板上的堆场要根据最大局部等效荷载与地库顶板正常使用荷载来确定堆场底板是否需要加固处理。

（2）构件堆放要求

1）预制墙板堆放要求：采用立架放置，每个立架最多放置 8 块，立架底部需设置三道以上垫木。

2）叠合楼板、阳台板、空调板堆放要求：堆放层数不超过 6 层，设置 2 道垫木，上下垫木应对齐。

3）预制楼梯堆放要求：底部垫木方，叠放不超过 4 层，每层之间用三合板隔开，防止阳角磕损。

8.2.2　与深化设计单位对接

（1）机电单位全程参与：机电专业提前确定开关线盒位置、灯的位置、机电手孔位置、空调洞位置、地漏和排水管位置等。

（2）构件厂提前介入：与设计单位明确构件核心区域封闭箍筋和甩出弯锚的梁筋是否影响模具开模、构件侧边凹凸面的做法、构件吊点的合理布置、PC 厂家灌浆套筒与吊装单位采购的灌浆料是否匹配、斜撑预埋与穿墙螺杆矛盾等问题。

（3）PC 外墙防水节点设计：PC 墙体接缝部位的防水处理包括装配式墙体的竖向缝和装配式墙底水平缝。外墙竖向侧边是否设置试水钢板或止水凹槽，墙底水平缝是否设置 PE 棒加密封胶，缝隙外侧是否采用防水雨布的粘贴等问题，须在施工前进行设计研究，以满足施工和质量要求。

（4）主要结构节点设计：楼梯梯段连接节点设计，注意连接螺栓等级和直径，注意梯段与平台装饰面关系。叠合板桁架筋的高度节点设计，以及结构降板位置钢筋连接节点。

（5）PC 内外墙装饰做法设计：PC 墙体是否面粉刷，是否为装饰一体板。墙体若粉刷，墙面可否毛化处理，墙体免粉刷与现浇段粉刷层如何处理。

（6）各装饰节点设计：门窗滴水条、挡水坎、窗台外找坡，做到防水和观感效果满足要求。楼梯间滴水条和栏杆埋件设计，该部分无装饰面，外观效果要求高。悬挑空调板滴水条、挡水坎、找坡、地漏和栏杆埋件设计，保证防水和外观效果。

（7）参与构件拆分，明确每块构件的重量，确保塔吊选型无误。

8.2.3　与构件生产单位对接

（1）规划构件吊装顺序，提高施工效率。构件厂根据吊装顺序确定加工、装运和堆放顺序（图 8-2、图 8-3）。

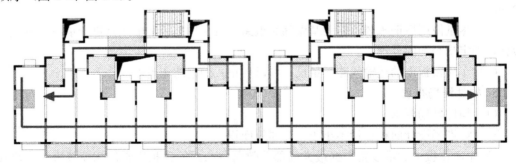

图 8-2　墙板吊装动线图

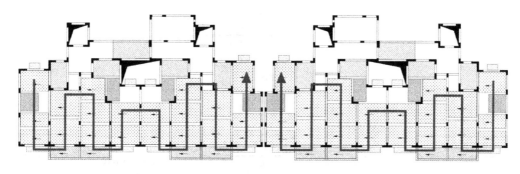

图 8-3 叠合板吊装动线图

（2）明确预制墙体出筋位置固定和套筒位置固定节点。

（3）明确吊环或吊钉预埋节点，填充墙体内吊环或吊钉预埋位置不能放置填充块。

8.3 施工方案管理制度

8.3.1 施工方案的报批及执行

（1）各分包必须编制承包范围内的专项施工方案。总包技术部在分包进场后，对分包进行一次全面交底（工程概况、技术要求及现场条件等的交底）。分包在收到图纸后并在分项工程开工 30d 上报专项施工方案，填报方案审批表，同时报电子版，总包在 7d 内返回审批意见。

（2）施工方案的审核。总包技术部会同专业部门共同审核，提出意见后报送项目总工审批。

（3）施工方案的审批。项目上由总工程师对专项方案进行审批，并提出审批意见，分包应及时根据审批意见完善其专项施工方案。

（4）施工方案的修改。根据设计图纸及现场情况的变化，施工方案的修改由分包完成并负责回收修改前的方案。修改后的方案必须报总包监理业主批准后方可实施。

（5）施工方案的检查。若发现严重违反施工规范、违章作业，不按已批准的方案施工的，总包方有权责令分包停工，限期整改，并对其进行处罚。

（6）总包方根据施工需要，有权决定分包方应制定专项施工方案的种类、数量及内容，分包方应服从总包要求。

（7）施工方案报批程序如图 8-4、图 8-5 所示。

8.3.2 施工组织设计和施工方案编制内容

装配式结构工程需提前编制《施工组织设计》，并编制装配式结构专项施工方案，编制方案包括：《PC 吊装专项施工方案》《钢筋套筒灌浆技术施工方案》《PC 构件生产施工方案》《PC 构件修补施工方案》。

（1）施工组织设计编制内容如表 8-2 所示。

（2）装配式结构施工专项施工方案编制内容如表 8-3 所示。

（3）装配式建筑施工方案编制进度计划，详见表 8-4 所示。

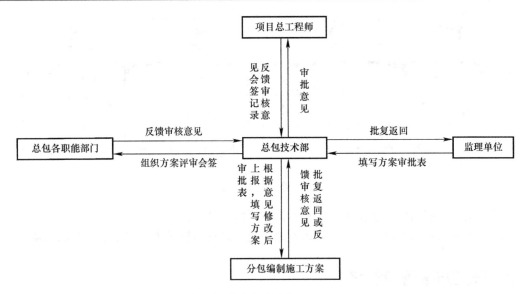

图 8-4　分包施工方案报批程序

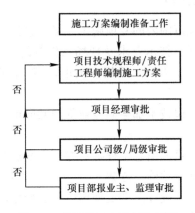

图 8-5　总包施工方案报批程序

施工组织设计主要内容　　　　　　　　　　　　　　　　表 8-2

序号	一级	二级	三级
1	工程概况	项目施工简介	本次施工项目简介
			本次施工范围
			编制依据
		工程设计概况	建筑设计概况
			结构设计概况
			装配式设计概况
		本工程施工难点重点	工程特点、难点分析
			施工技术重点分析及其针对措施
			施工管理重点分析及针对措施

续表

序号	一级	二级	三级
2	项目管理目标	项目管理目标确定的原则	
		项目质量管理目标	
		项目工期管理目标	
		安全文明管理目标	
		项目环境管理目标	
3	施工组织与流程	施工段划分	
		施工组织的总体思路	
		现场布置的考虑	
		装配式住宅施工组织	预制构件堆场原则
			主要施工措施
			标准单元施工工序划分
			施工工序及关键工序施工组织
4	施工总进度计划	工期总目标	
		施工总进度计划	
		关键施工节点计划	
5	资源投入计划	劳动力配置计划	
		主要施工设备配置计划	
		主要试验和仪器设备配置计划	
		主要原材料进场计划	
6	现场平面布置	现场布置说明	
		施工临时设施	
		施工临时围墙及大门	
		施工临时道路	
		施工临时用电	
		施工临时用水	
		施工临时用水	
		现场临时排水	
		洗车槽、沉淀池	
		施工大型机械	
7	主要施工技术方案	工程测量方案	测量准备
		基坑围护降水施工方案设计	降水施工部署
		土方施工方案	土方工程概况
			土方开挖交通组织及工况图
		钢筋工程	原材料要求
			钢筋的存放
			钢筋连接形式
			钢筋的绑扎与安装
		模板工程	
		混凝土工程施工	施工设备选择
			混凝土浇筑
			混凝土养护

续表

序号	一级	二级	三级
7	主要施工技术方案	混凝土装配式住宅安装工法	施工工艺流程及操作要点
			预制墙板安装及节点施工操作要点
			预制叠合阳台板安装施工
			预制叠合板安装施工
			预制楼梯板安装施工
			预制楼梯板安装保护
		起重吊装方案	机械选型
			塔吊、人货电梯平面布置
		脚手架及防护施工方案	
8	确保工期的技术组织措施	工期制约因素分析	
		工期保证措施	确保工期的组织措施
			确保工期的管理措施
			确保工期的技术措施
			确保工期的经济措施
			确保工期的资源保障措施
			夜间、农忙、节假日施工安排
9	确保质量的技术组织措施	质量目标	
		质量保证体系	质量管理体系
			质量控制体系
		质量管理制度	
		质量保证措施	施工质量管理控制措施
			施工质量技术组织控制措施
			混凝土装配式住宅安装质量验收标准
		装配式工程防渗漏技术措施	预制外墙板防水形式
			预制外墙板接缝防水处理的施工要点
			防水构造与防水材料
10	确保安全的技术组织措施	安全管理的重点、难点分析	
		安全生产组织保障体系	安全生产组织机构及岗位职责
			安全生产管理制度
			安全生产管理流程
		安全生产措施	个人防护
			临边防护
			"四口"防护
			安全挑网防护
			钢筋棚、木工棚安全防护
			马道及安全通道
			安全用电
			机械设备的安全使用
			重点部位施工安全措施
11	确保文明施工的技术组织措施	文明施工管理目标及管理重点	
		人员管理	门禁系统身份识别

续表

序号	一级	二级	三级
11	确保文明施工的技术组织措施	场容场貌	封闭管理
			场区规划
			现场标牌及宣传栏
			场区保洁
			垃圾分类及材料堆放
			临时厕所
		卫生防疫	
		临时照明、消防及用电安全	
		清除施工场地垃圾的措施及安排	
12	环境保护措施	环境管理流程	
		环境因素辨识	
		环境保护措施	噪声污染控制
			大气污染控制
			固体废弃物控制
			水污染控制
		环保监控	
13	总承包项目管理	总承包管理总体思路	对本工程总承包管理的定位
			总包管理原则
		总承包管理措施	计划管理
			设计管理
			技术管理
			合约管理
		总承包项目的管理模式	总承包项目部组织结构
			项目主要管理人员名单
14	总承包协调和照管	对专业分包人与独立专业承包人的照管	总承包商照管协调的范围
			总承包商协调的内容和措施
		总包项目内部供求关系配合协调	
		总包项目部与材料供货商的关系配合协调	
		外部社会环境及公共关系协调	与政府各部门的关系处理
			与相邻各单位的关系协调
		总承包与业主、设计、监理协调配合	与工程业主协调配合
			与设计单位协调配合
			与监理单位协调配合
15	项目采购管理	供应商选择	
		采购合同签订	
		物资采购变更管理	
16	项目施工管理	计划管理	计划分类
			进度计划编制人员分工
		质量管理	质量管理目标
			总承包质量管理的主要职能
			质量控制流程

序号	一级	二级	三级
17	附件	拟投入本工程的主要施工设备表	
		拟配备本工程的试验和检测仪器设备表	
		劳动力计划表	
		施工进度总计划	
		施工总平面图	
		临时用地表	

PC 专项施工方案主要内容   表 8-3

序号	一级	二级	三级
1	编制依据		
2	工程概况	项目基本概况	
		预制构件设计概况	
		PC 构件概况	
3	施工部署	PC 施工准备	
		PC 结构施工前物资准备	
		PC 施工顺序及施工流水段划分	
		施工流程及分解	施工流程
			流程分解
		施工进度安排	标准层工期分析
4	工程重点和难点分析及应对措施	预制构件种类多，施工组织难度大	标准层施工安排
		预制构件的运输量大，对内外交通组织要求高	
		预制构件进场后的堆放要求高	
		预制构件吊装后的灌浆料施工	
		预制构件节点施工	
		预制构件制作要求高	
		预制构件的成品保护	
		深化设计要求高	
		总平面管理要求高	
5	施工平面布置	塔吊选型及附墙说明	
		人货电梯平面定位以及附墙说明	
		施工道路	
		堆场设置及货架、地库顶板堆场验算	PC 构件的运输
			构件装卸、堆放及驳运
			竖向构件堆放形式及现场围栏布置
			货架力学计算
			场内构件运输及平面堆放位置
			构件堆场承载力及堆场验算
			构件吊具设计及吊点、起吊等

序号	一级	二级	三级
6	主要施工方法	构件进场验收	
		定位测量	定位测量控制
			轴线引测
			构件定位
		PC构件安装施工方案	PC结构施工总体原则
			PC结构施工流程
		竖向构件吊装顺序原则	
		水平构件吊装顺序原则	
		各号楼预制构件吊装顺序	
		预制剪力墙安装	施工工艺
			起吊前准备
			预制墙板吊装
			预制墙板定位
			安装临时支撑
			墙体安装精度调节
			构件吊装操作要点
			转换层连接钢筋定位
		叠合板、空调板安装	施工工艺
			施工准备
			测量放线
			叠合板支撑体系及安装
			叠合板吊装
			空调板吊装
		楼梯安装	施工工艺
			楼梯吊装
			施工要点
		灌浆施工	基本要求
			套筒灌浆料的技术性能
			施工准备
			灌浆工艺
			灌浆操作要点
			试块制作与养护
			灌浆质量控制
			注意事项
		成品保护	
		防水施工	PC板拼缝
7	质量管理计划	验收程序与划分	
		预制构件验收标准	
		PC结构验收标准	
8	可能发生的安全危害注意事项及突发事件应急预案		
9	项目EBIM结合BIM模型应用建议实施方案		

装配式建筑施工方案编制计划　　　　　　　表 8-4

序号	方案名称	完成时间
1	施工组织设计	开工前
2	临时用电方案	开工前
3	临时用水方案	开工前
4	临时设施方案	开工前
5	降水工程施工方案	开工前
6	绿色施工方案	开工前
7	夜间施工方案	开工前
8	安保计划	开工前
9	基坑支护方案	支护施工 7 日前
10	检验批、试验检验方案	开工 10 日内
11	基坑工程专项施工方案	开工 10 日内
12	基坑监测方案	开工 10 日内
13	土方开挖方案	开工 10 日内
14	测量放线方案	开工 10 日内
15	塔吊基础施工方案	开工 10 日内
16	质量管理策划	开工 10 日内
17	群体性事件安全预案	开工 10 日内
18	PC 构件生产施工方案	PC 吊装前 2 月
19	塔吊安拆施工方案	开工 1 个月内
20	安全专项施工方案	开工 10 日内
21	项目质量保证体系	开工 10 日内
22	预防高空坠落施工方案	开工 10 日内
23	重大危险源监控方案	开工 10 日内
24	安全文明施工方案	开工 10 日内
25	创优质工程施工方案	开工 10 日内
26	防暑降温施工方案	开工 10 日内
27	防台防汛施工方案	开工 10 日内
28	消防工程施工方案	开工 10 日内
29	雨季施工方案	开工 10 日内
30	冬季施工方案	开工 10 日内
31	应急救援预案	开工 10 日内
32	安全通道施工方案	开工 1 个月内
33	成品保护方案	开工 1 个月内
34	钢筋工程施工方案	开工 1 个月内
35	混凝土工程施工方案	开工 1 个月内
36	模板工程施工方案	开工 1 个月内

序号	方案名称	完成时间
37	电梯井脚手架施工方案	开工1个月内
38	防水施工方案	开工1个月内
39	质量通病防治措施	开工1个月内
40	群塔防碰撞施工方案	开工1个月内
41	**PC构件样板策划方案**	开工1个月内
42	工程质量样板引入方案	开工1个月内
43	后浇带施工方案	后浇带施工前7日
44	脚手架施工方案	脚手架施工前7日
45	大体积混凝土施工方案	底板施工前7日
46	**PC构件修补施工方案**	PC构件生产前7日
47	不同标号混凝土施工专项方案	混凝土施工前7日
48	**PC吊装施工方案**	PC吊装前7日
49	地下工程防水施工方案	地下防水施工前7日
50	高大支模施工方案	高大支模施工前7日
51	砌体工程施工方案	砌体工程前7日
52	屋面工程施工方案	屋面施工前7日
53	保温工程施工方案	保温施工前7日
54	节能工程施工方案	节能前7日
55	门窗工程施工方案	门窗施工前7日
56	施工电梯安拆施工方案	电梯安装前1个月
57	抹灰工程施工方案	抹灰施工前7日
58	民防地下车库专项施工方案	民防工程施工前7日
59	人防门安全安装专项施工方案	民防工程施工前7日
	......	

注：1. 加粗为装配式建筑专项施工方案；
    2. 危险性较大的分部分项工程范围参见建办质［2018］37号文。

8.4 图纸会审及图纸交底制度

装配式建筑图纸会审内容包括基坑图纸会审、结构图纸会审、建筑图纸会审、机电安装图纸会审、装配式深化图纸会审等。其中装配式深化图纸会审要由工程总承包管理单位组织，设计单位、土建施工单位、监理单位、构件生产单位、机电安装单位参加。装配式深化图纸会审时间要提前，考虑构件厂模具图纸深化时间、模具加工时间、构件生产时间、构件出厂到项目时间，保证图纸会审不影响工期。

图纸会审的管理流程如图8-6所示。

工作要求见表8-5。

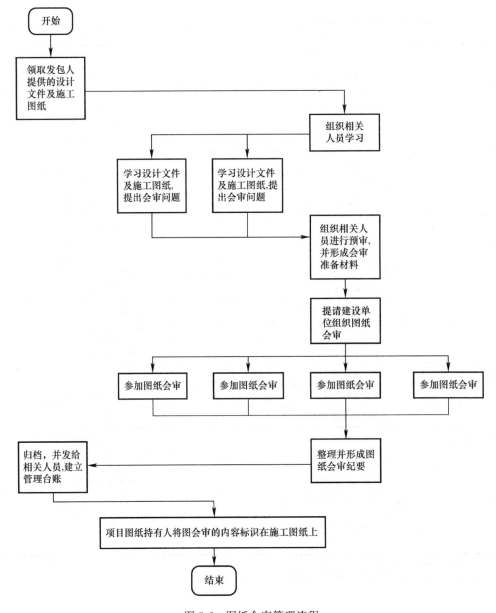

图 8-6 图纸会审管理流程

图纸会审管理工作要求 表 8-5

序号	关键活动	管理要求	时间要求	主责部门/岗位	相关部门/岗位	工作文件
1	图纸学习	依据工程规模大小由公司总工程师或项目总工组织项目管理人员、作业层骨干学习、了解建设规模、设计意图及质量和技术标准,明确工艺流程等	图纸发放后1个月内	单位总工/项目总工	单位科技部/项目设计技术部、工程部、商务部、机电部、质量部、安全部、物资设备部等	—

续表

序号	关键活动	管理要求	时间要求	主责部门/岗位	相关部门/岗位	工作文件
2	图纸预审	(1) 图纸会审前由项目总工组织项目管理人员参加图纸、设计文件预审各管理人员按分部提出对图纸的疑问。 (2) 项目总工汇总各预审问题，整理成预审表单一式四份，提前送建设、监理和设计单位，另一份自存作为正式会审的记录原件	项目开工前1个月	项目总工	项目副经理项目商务经理项目内业技术工程师项目专业工程师项目计划工程师	施工图预审要点记录、图纸预审记录
3	图纸会审	(1) 项目总工应主动与建设单位联系确定会审时间。 (2) 项目经理、项目总工应参加正式会审。一级及以上建筑工程的图纸会审，公司总工程师和技术主管部门相关人员应参加	项目开工前1个月	项目总工	项目经理项目副经理项目商务经理项目内业技术工程师项目专业工程师项目计划工程师	图纸会审的表单（使用当地格式）
4	图纸会审记录及整理	会审记录清晰并经设计、建设、监理和施工单位项目负责人各方签字盖章	会审10天内	项目总工	项目设计技术部	记录表格按当地规定格式图纸会审台账
5	会审记录发放	会审记录发至各图纸持有人，发放均应做好发放记录	及时	项目资料员	—	发文记录表

8.5 施工交底管理制度

（1）施工交底分"三级"交底，交底分为：施工组织设计交底、施工方案交底、分部分项工程交底。分包单位现场管理人员参加总包组织的图纸交底、方案交底和现场条件的交底。

（2）项目专业工程师对劳务班组进行分部分项工程交底。

（3）各级交底必须以书面形式进行，并有接受人的签字。分包应将技术交底作为档案资料加以收集记录。

8.6 技术文件发放管理制度

8.6.1 图纸的发放管理

（1）施工图由总包技术部资料室统一发放和管理。

（2）所下发的图纸套数依据分包合同规定。

（3）在施工过程中，如设计重新修改签发该部位的图纸，由技术部下发有效图纸清单，分包负责回收作废图纸，并上报总包技术部。

（4）分包须提供经总包审核合格的竣工图（数量根据合同规定），在各自工程验收前提供。

8.6.2　设计变更及工程洽商的管理

（1）设计变更和洽商由总包技术部确认后统一办理签收和下发。

（2）涉及多个专业分包的工程洽商，必须由总包组织，事先与各分包单位共同商定，取得一致意见后再办理工程洽商。

（3）洽商在业主、设计、监理和施工单位签字认可后，由总包资料室归档，并报送复印件给总包相关部门及分包单位。

（4）任何施工洽商的发生如有经济变更，必须与之同步报送或按合同约定报送，否则将视为无额外费用发生，施工洽商将不能作为施工索赔及签证依据。

8.6.3　技术复核

技术复核目的：在实施过程中，对重要的或影响工作质量的主要工序实施技术复核，是为了避免发生重大差错，保证工程质量满足设计和合同规定要求。各分包单位需完成内部技术复核后，报总包进行复核验收。

技术复核工作应在本工序已完成，下道工序施工前进行。项目主管现场责任工程师已对完成的工作内容验收合格，在报监理验收前根据技术部门需要复核的内容会同技术部门进行复核，复核合格后方可报监理单位验收，进行下道工序的施工。

项目技术负责人根据工程具体情况确定技术复核的项目并组织实施。一般的技术复核项目由现场责任工程师复核，将复核结果报告项目技术负责人。对涉及结构计算、安全性能等方面的复核，由项目技术负责人组织验算。

技术复核的方法：应安排不同人员进行复核，采用不同的方法、手段加以验证，尽量避免自己复核自己的工作内容。复核人员中方案的编写人一定要参加。本工程技术复核的主要内容但不限于以下内容：

（1）建筑物的位置和高程：施工测量控制（网）桩的坐标位置，测量定位的标准轴线（网）桩位置及其间距、水准点、轴线、标高等。

（2）地基与基础工程设备基础：基坑（槽）底的土质。基础中心线的位置。基础底标高、基础各部尺寸。

（3）装配式结构工程：轴线位置、构件型号、构件支点的搭接长度、堵孔、清理、锚固、标高、垂直偏差以及构件裂缝、损坏处理等。

（4）混凝土及钢筋混凝土工程：模板的位置、标高及各分部尺寸、预埋件、预留孔的位置、标高、型号和牢固程度。现浇混凝土的配合比、组成材料的质量状况。钢筋的品种、规格、接头位置、搭接长度。预埋构件安装位置及标高、接头情况、构件强度等。

（5）砌体工程：墙身中心线、皮数杆、砂浆配合比等。

（6）防水工程：防水材料的配合比、材料的质量等。

（7）管道工程：各种管道的标高及其坡度。

（8）电气工程：变、配电位置。高低压进出口方向。电缆沟的位置和方向送电方向。

（9）设备安装：设备、仪器仪表的完好程度、数量及规格。

技术复核的项目，其复核结果经技术负责人确认复核无误后方可转入下道工序施工，每项复核建立复核记录。

8.7 装配式建筑工程资料管理

工程验收需要提供文件与记录，以保证工程质量实现可追溯性的基本要求。行业标准《装配式混凝土结构技术规程》JGJ 1—2014 中关于装配式混凝土结构工程验收需要提供的文件与记录规定：要按照国家标准《混凝土结构工程施工质量验收规范》GB 50204—2015 的规定提供文件与记录，并列出了 10 项文件与记录。

8.7.1 《混凝土结构工程施工质量验收规范》规定的文件与记录

国家标准《混凝土结构工程施工质量验收规范》GB 50204—2015 规定验收需要提供的文件与记录：

(1) 设计变更文件。

(2) 原材料质量证明文件和抽样复检报告。

(3) 预拌混凝土的质量证明文件和抽样复检报告。

(4) 钢筋接头的试验报告。

(5) 混凝土工程施工记录。

(6) 混凝土试件的试验报告。

(7) 预制构件的质量证明文件和安装验收记录。

(8) 预应力筋用锚具、连接器的质量证明文件和抽样复检报告。

(9) 预应力筋安装、张拉及灌浆记录。

(10) 隐蔽工程验收记录。

(11) 分项工程验收记录。

(12) 结构实体检验记录。

(13) 工程的重大质量问题的处理方案和验收记录。

(14) 其他必要的文件和记录。

8.7.2 《装配式混凝土结构技术规程》JGJ 1—2014 列出的文件与记录

(1) 工程设计文件、预制构件制作和安装的深化设计图。

(2) 预制构件、主要材料及配件的质量证明文件、现场验收记录、抽样复检报告。

(3) 预制构件安装施工记录。

(4) 钢筋套筒灌浆、浆锚搭接链接的施工检验记录。

(5) 后浇混凝土部位的隐蔽工程检查验收文件。

(6) 后浇混凝土、灌浆料、坐浆材料强度检测报告。

(7) 外墙防水施工质量检验记录。

(8) 装配式结构分项工程质量验收文件。

(9) 装配式工程的重大质量问题的处理方案和验收记录。

(10) 装配式工程的其他文件和记录。

8.7.3　其他工程验收文件与记录

在装配式混凝土结构工程中，灌浆最为重要，部分地方标准特别规定：钢筋连接套筒、水平拼缝部位灌浆施工全过程记录文件（含影像资料）。

8.7.4　PC 构件制作企业需提供的文件与记录

PC 构件制作环节的文件与记录是工程验收文件与记录的一部分，辽宁省地方标准《装配式混凝土结构构件制作、施工与验收规程》列出了 10 项文件与记录，可供参考。为了验收文件与记录的完整性，本节再列出如下：

（1）经原设计单位确认的预制构件深化设计图、变更报告。

（2）钢筋套筒灌浆连接、浆锚搭接连接的型式检验合格报告。

（3）预制构件混凝土用原材料、钢筋、灌浆套筒、连接件、吊装件、预埋件、保温板等产品合格证和复检试验报告。

（4）灌浆套筒连接接头、抗拉强度检验报告。

（5）混凝土强度检验报告。

（6）预制构件出厂检验表。

（7）预制构件修补记录和重新检验记录。

（8）预制构件出厂质量证明文件。

（9）预制构件运输、存放、吊装全过程技术要求。

（10）预制构件生产过程台账文件。

8.7.5　装配式相关资料附表

装配式结构预制构件检验批报审表、装配式结构施工检验批质量验收记录、装配式结构预制构件检验批质量验收记录、预制构件进场验收表详见附表。

第9章　装配式建筑施工管理

在装配式建筑施工过程中，现浇结构施工与装配式施工同步进行，需全面考虑，合理规划，做好工序衔接和穿插。

9.1　装配式建筑结构施工组织架构

装配式建筑施工管理的组织架构如图 9-1 所示。

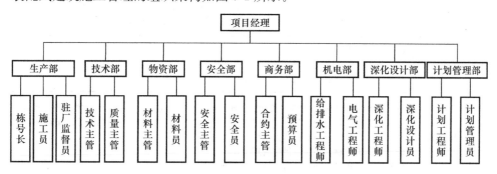

图 9-1　装配式建筑施工管理组织架构

施工管理各岗位责任分工如表 9-1 所示。

管理部门职责分工表　　　　　　　　　　　　　表 9-1

序号	部门	重要管理职责
1	工程部	(1) 负责土建及装饰工程具体的施工组织、计划安排的执行。 (2) 对施工现场企业形象规划、临时水电、总平面布置等进行管理。 (3) 负责每月的工程量统计报表上报，记录总承包施工日记，定期制作总承包周工作报告、总承包月工作报告。 (4) 对工地内外各种关系、各专业分包等进行统一协调、统一管理。 (5) 负责项目各种进度计划的上报并跟踪取回雇主的审批回文，并追踪、监督进度计划的落实工作
2	计划部	(1) 负责总进度计划的执行，及时协调、解决各分包管理层、职能部门、施工队、专业分包之间出现的问题、矛盾。 (2) 负责审核各专业分包单位的施工进度计划，对各专业分包单位的进度计划的实施过程进行监控，并根据反馈信息及时发现问题。 (3) 负责提请和安排项目的内部生产协调例会，协调各专业分包单位之间的施工问题，建立合理完善的施工秩序。 (4) 负责对各个专业分包单位的后勤管理与协调
3	机电部	(1) 协调管理机电工程各专业分包商的施工进度、质量、安全及文明施工等工作。 (2) 参与机电工程图纸深化设计协调工作。 (3) 协调机电专业与土建、装饰等的施工配合。 (4) 参与组织机电工程各专业的分段调试及全系统的联动调试

续表

序号	部门	重要管理职责
4	技术部	(1) 负责制定总进度计划。 (2) 负责技术资料统一上报、统一发放、统一收集整理，建立包括各分包工程在内的工程统一档案。 (3) 积极推广新技术、新工艺，开展创优活动、降低施工成本，督促、指导项目贯标工作的正常进行。 (4) 负责审核项目各种专项技术方案、技术变更的上报，并跟踪取回雇主、监理的审批回文，追踪、监督及方案的落实工作
5	设计部	(1) 负责工程相应专业进行深化理解。 (2) 协调、督促、审查各专业分包单位提出工程的深化设计成果。 (3) 对工程各专业进行深化理解，并对细部做法做出详细设计
6	质量部	(1) 负责编制本工程质量计划并监督计划实施，对质量目标进行分解落实，加强过程控制和日常管理，保证项目质量保证体系有效运行。 (2) 对各专业分包单位的质量检查和监督，确保各专业分包单位的质量符合规范要求。 (3) 负责本工程质量创优和评奖的策划、组织、资料准备和日常管理等工作
7	商务部	(1) 负责工程的预决算。 (2) 负责工程的合同管理、商务洽谈等工作。 (3) 负责项目与财务有关的统计工作
8	物资部	(1) 负责项目物资设备的采购和供应工作，负责与公司总部后方采购供应支持的协调联系工作。 (2) 负责要求各专业分包单位及时报送材料采购计划、材料报审资料，及时采购和进场工程所需的各种材料，并对材料进行检验，保证质量。 (3) 负责工程材料采购、供应管理工作。 (4) 负责设备供应管理，对进场设备检查、评定
9	安全部	(1) 负责项目安全生产、文明施工和环境保护工作。 (2) 负责编制项目职业健康安全管理计划、环境管理计划和管理制度并监督实施，制定员工安全培训计划，并负责组织实施。 (3) 负责每周的全员安全生产例会，定期和不定期组织安全生产和文明施工的检查，加强安全监督管理、消除施工现场安全隐患。 (4) 负责安全目标的分解落实和安全生产责任制的考核评比，确保项目创优的组织和管理活动有效进行。 (5) 负责项目安全应急预案编制，进行安全应急演练，保证项目施工生产正常进行。 (6) 负责对各专业分包单位的安全监督和管理工作，督促个专业分包单位做好安全防护工作，消除施工过程中的安全隐患，确保安全生产
10	综合办公室	(1) 对总承包项目所有管理人员出勤考核、制工资表等服务工作。 (2) 负责临时水电的管理，并负责各种机械的使用时段分配。 (3) 对现场总平面进行管理，做好治安保卫工作。 (4) 负责项目综合事务的管理，做好施工现场的后勤管理，宣传接待，对外协调等方面的工作

9.2 装配式建筑结构施工流程

9.2.1 装配式建筑标准层结构施工流程

如图 9-2 所示。

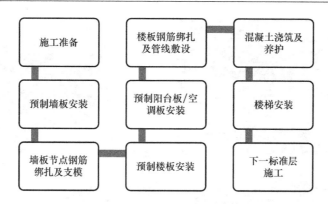

图 9-2 装配式建筑结构施工流程图

9.2.2 标准层施工期间拟定 PC 结构标准层进度计划

如图 9-3 所示。

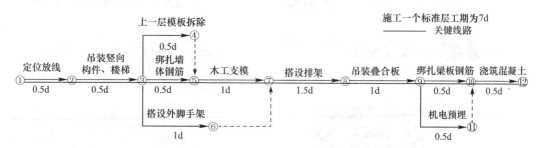

图 9-3 装配式结构标准层 PC 构件与现浇结构施工进度双代号网络图

9.2.3 装配式建筑预制构件施工流程

如图 9-4 所示。

图 9-4 装配式建筑预制构件施工流程（一）

图 9-4 装配式建筑预制构件施工流程（二）

9.3 预制构件进场及安装

9.3.1 预制构件进场

1. 构件进场验收

构件进场时采购部、生产部、技术部陪同监理工程师共同对构件的外观、质量、尺寸等项目进行联合验收，土建验收 14 项，水电验收项目 2 项，详细见表 9-2 所示。不合格构件不允许进入施工现场，同时按照《装配整体式混凝土结构工程施工安全管理规定》要求，对预制构件进场时复核预制构件质保书，查验吊点的隐蔽工程验收记录、混凝土强度等相关内容，查验吊点及构件外观，验收合格后签订构件进场验收单，验收单格式如表 9-2 所示。

构件进场验收表 表 9-2

分类	序号	项目		允许偏差（mm）	检验方法
土建	1	预制构件合格证及验收记录		资料齐全	查验资料
	2	窗口		各层连接紧密	目测及尺量
	3	长度	楼板	±5	尺量
			墙板	±4	
	4	宽度、高（厚）度	楼板	±4	尺量一端及中部，取其中偏差绝对值较大处
			墙板	±4	
	5	表面平整度		3	2m 靠尺和塞尺量测
	6	侧向弯曲	楼板	$L/750$，且≤20	拉线、直尺量测最大侧向弯曲处
			墙板	$L/1000$，且≤20	
	7	翘曲	楼板	$L/750$	调平尺在两端量测
			墙板	$L/1000$	
	8	对角线	楼板	10	尺量两个对角线
			墙板	5	
	9	预留孔	中心线位置	5	尺量
			孔尺寸	±5	
	10	预留洞	中心线位置	10	尺量
			洞口尺寸、深度	±10	
	11	预埋件	预埋板中心线位置	5	尺量
			预埋板与混凝土面平面高差	0，−5	
			预埋螺栓	2	
			预埋螺栓外露长度	10，−5	
			预埋套筒、螺母中心线位置	2	
			预埋套筒、螺母与混凝土平面高差	±5	
	12	预留插筋	中心线位置	5	尺量
			外露长度	10，−5	
	13	键槽	中心线位置	5	尺量
			长度、宽度	±5	
			深度	±10	
	14	水洗面		深度≥6mm	尺量
	15	表面标示			
安装	16	线盒		标高、坐标准确，整洁无异物	尺量
	17	线管		通畅，无直角弯头	目测

197

表 9-3

构件进场验收单

工程名称：							
建设单位：		设计单位：			验收依据：		
施工单位：		构件预制单位：			监理单位：		
工序名称：		验收构件使用部位：			分包安装单位：		
					验收时间：		

编号：

序号	实测项目		允许偏差 mm	构件验收结果						
				验收方法						
1	长度		±4	钢尺检查						
2	宽度		±3	钢尺检查						
3	厚度		±3	钢尺检查						
4	弯曲		$L/1000 \leq 20$	拉线、钢尺量最大侧向弯曲处						
5	平整度		3	2m 靠尺和塞尺						
6	表面观感			目测						
7	预埋钢筋	中心线	3	钢尺连续三档最大取值						
		外漏	±5	钢尺检查						
8	对角线差		5	钢尺检查						
9	预留洞		±10	钢尺检查						
10	预埋螺栓		5	钢尺检查						
11	预埋钢板		5	钢尺检查						
公司单位检测意见				负责人：						
总包单位检测意见				负责人：						
监理工程师检测意见				负责人：						

2. 构件装卸、堆放及驳运

构件按照各楼的吊装顺序进行装车。构件进场验收合格后，由运输车辆运送至指定停车位。停车位四周做好吊装警戒线及张挂安全警示牌。

尽量采用随车吊装，如果确实需要现场堆放构件，应放置在指定位置，原则上竖向构件竖向堆放，水平构件水平堆放。竖向构件采用立放时，堆放在专门的堆放架上。水平构件采取水平叠放，相同型号尺寸构件叠放在一起，叠放层数不宜超过 6 层，构件应在地面并列放置 2 根垫木或垫块，每层之间用垫木隔开。尽量在卸车、堆放及吊装过程中不翻转构件，防止因翻转而造成损伤、破坏。

9.3.2 预制剪力墙安装

1. 施工工艺流程

预制剪力墙施工工艺流程见图 9-5 所示。

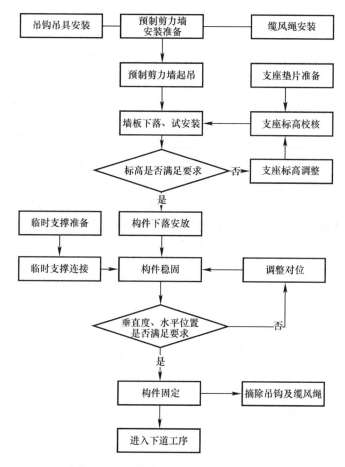

图 9-5 预制剪力墙吊装施工工艺流程图

2. 定位测量

预制剪力墙、柱安装施工前，通过激光扫平仪和钢尺检查楼板面标高，用垫片使楼层平整度控制在允许偏差范围内，底部标高垫片宜采用钢质垫片或硬橡胶垫片，厚度采用 1mm、2mm、5mm、10mm 的组合，同时弹出构件边线及控制线。

3. 起吊前准备

预制构件采用塔吊进行吊装。构件吊装之前，应针对吊装作业、就位与临时支撑等进行充分的准备，确保吊装施工顺利进行。

（1）检查构件预制时间及质量合格文件，确认构件无误及构件强度满足规范规定的吊装要求。无误后安装吊具，并在构件上安装缆风绳，方便构件就位时牵引与姿态调整。

（2）确认塔吊起吊重量与吊装距离满足吊装需求。确保各个作业面达到安全作业条件。确保塔吊、钢丝绳、卡环、锁扣、外架、安全用电、防风措施等达到安全作业条件。检查复核吊装设备及吊具处于安全操作状态。

（3）成立专业小组，进行安全教育与技术交底。检查构件内预埋的吊环或其他类型吊装预埋件是否完好无损，规格、型号、位置是否正确无误。起吊前应先试吊，将构件吊离地面约 50cm，静置一段时间确保安全后再行吊装。

（4）检查墙板构件套筒、预留孔的规格、位置、数量和深度。检查被连接钢筋的规格、数量、位置和长度。当套筒、预留孔内有杂物时，应清理干净。当连接钢筋倾斜时，应进行校直。连接钢筋偏离套筒或孔洞中心线不宜超过 5mm。

（5）检查楼板面临时支撑埋件是否已安装到位。确认楼板混凝土强度达到设计要求。预先在墙板上安装临时支撑连接件。

4. 预制墙板吊装

（1）墙板构件吊装应根据吊点设置位置在铁扁担上采用合适的起吊点。用吊装连接件将钢丝绳与墙板预埋吊点连接，起吊至距地面约 50cm 处时静停，检查构件状态且确认吊绳、吊具安装连接无误后方可继续起吊，起吊要求缓慢匀速，保证预制墙板边缘不被破坏。

（2）构件距离安装面约 100cm 时，应慢速调整，安装人员应使用搭钩将溜绳拉回，用缆风绳将墙板构件拉住，使构件缓速降落至安装位置。构件距离楼地面约 30cm 时，应由安装人员辅助轻推构件根据定位线进行初步定位。楼地面预留插筋与构件灌浆套筒应逐根对准，待插筋全部准确插入套筒后缓慢降下构件。

5. 安装临时支撑

预制墙板构件安装时的临时支撑体系主要包括可调节式支撑杆、端部连接件、连接螺栓、预埋螺栓等几部分。

墙板构件的临时支撑不宜少于 2 道，每道支撑由上部的长斜支撑杆与下部的短斜支撑杆组成。上部斜支撑的支撑点距离板底不宜小于板高的 2/3，且不应小于板高的 1/2，具体根据设计给定的支撑点确定，楼板预埋环垂直于墙面方向。预制墙板斜支撑如图 9-6 所示。

6. 墙体安装精度调节

墙体的标高调整应在吊装过程中墙体就位时完成，主要通过将墙体吊起后调整垫片厚度进行。

墙体的水平位置与垂直度通过斜支撑调整。一般斜支撑的可调节长度为 ±100mm。调节时，以预先弹出的控制线为准，先进行水平位置的调整，再进行垂直度的调整。

墙板安装精确调节措施如下：

（1）在墙板平面内，通过楼板面弹线进行平面内水平位置校正调节。若平面内水平位置有偏差，可在楼板上锚入钢筋，使用小型千斤顶在墙板侧面进行微调。

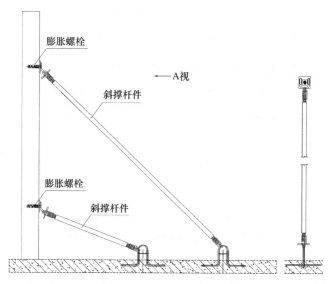

图 9-6 预制墙板斜支撑示意图

（2）在垂直于墙板平面方向，可利用墙板下部短斜支撑杆进行微调控制墙板水平位置，当墙板边缘与预先弹线重合停止微调。

（3）墙板水平位置调节完毕后，利用墙板上部长斜支撑杆的长度调整进行墙板垂直度控制。

7. 构件吊装操作要点

（1）构件吊装应采用慢起、快升、缓放的操作方式。起吊应依次逐级增加速度，不得越档操作。

（2）当构件为 U 型开口形式时，应在 U 型开口两侧墙体之间设置型钢连接件，用以加固构件，提高其刚度与整体变形能力，确保预制墙板边缘不发生破坏。当构件为开洞构件且开洞尺寸较大时，应进行相应的吊装作业受力分析，如构件有破坏的危险则应进行相应的加固，避免角部混凝土拉裂。

（3）在楼板面已划线定位的墙板位置两端部预先安放标高调整垫片，高度按 20mm 计算。

（4）进行标高调整时应首先根据墙板的标高偏差计算出所要调整的标高数值，准备好相应的垫片。然后由楼面吊装指挥人员指挥塔吊司机将墙板缓缓吊起约 5cm 的高度，使得插筋不脱出套筒，避免再次对中插入带来的不便。待墙板稳定后作业人员迅速将垫片放置在预定位置，然后再次将墙板落下并重新检查标高。

（5）标高满足设计要求后应及时安装墙板斜支撑，墙板稳固后，可摘除吊钩及缆风绳。

（6）墙板位置精确调整后，紧固斜支撑连接。

8. 转换层连接钢筋定位

在现浇与预制转换的楼层，即装配施工首层，现浇结构预留钢筋的定位是装配式建筑施工质量控制的关键。首层连接钢筋的定位施工流程如图 9-7 所示。

技术措施如下：

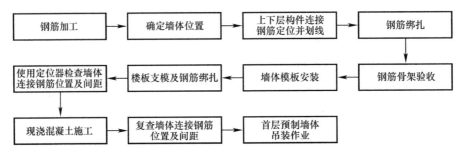

图 9-7 首层连接钢筋定位施工流程

（1）转换层连接钢筋的加工应按照高精度要求进行作业。为保证首层预制构件顺利就位，转换层连接钢筋应做到定位准确、加工精良、无弯折、无毛刺、长度满足设计要求。

（2）绑扎钢筋骨架时，应注意与首层预制构件连接的钢筋的位置。根据图纸对连接钢筋进行初步定位并划线确定。在钢筋绑扎时应注意修正连接钢筋的垂直度。

（3）钢筋绑扎结束后，对钢筋骨架进行验收。一方面按照现浇结构钢筋骨架验收内容进行相应的检查与验收，另一方面检查连接钢筋的级别、直径、位置与甩出长度。

（4）按现浇结构要求进行墙板模板支设，并进行转换层楼板模板支设及绑紧绑扎作业。

（5）用钢筋定位器复核连接钢筋的位置、间距及钢筋整体是否有偏移或扭转。如有不满足设计要求的偏位或扭转，应及时进行修正。

钢筋定位器采用与预制墙体等长、等宽钢板制成（图 9-8），按照首层预制墙体底面套筒位置与直径在钢板上开孔，其加工精度应达到预制墙板底面模板精度。在套筒开孔位置之外，应另行开直径较大孔洞，一方面可供振捣棒插入进行混凝土振捣，另一方面也可减轻定位器重量，方便操作。钢板厚度及开孔数量、大小应保证定位器不发生变形，避免导致定位器失效，一般情况下可取为厚度 6mm、孔洞直径 100mm。

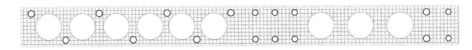

图 9-8 钢筋定位器

钢筋定位器套筒位置开孔处可安装内径与套筒内径相同的钢套管，用以检测连接钢筋是否有倾斜，并可模拟首层构件就位时套筒与连接钢筋的位置关系。钢套管的长度建议取为连接钢筋插入套筒的长度，可方便检测连接钢筋甩筋长度是否满足设计要求。

（6）连接钢筋位置检查合格后应由项目总工程师、质量负责人、生产负责人等验收签字，而后方可进行现浇混凝土作业。

9.3.3 预制柱安装

1. 预制柱就位

预制柱就位，操作要点如下：

（1）预制柱吊装应采用慢起、快升、缓放的操作方式。

（2）起吊应依次逐级增加速度，不得越档操作。构件下降时，根部应系好缆风绳以控制构件的转动，保证构件平稳就位。

（3）构件距离安装面约 1.5m 时，应慢速调整，使构件缓速降落至安装位置。构件距离楼地面约 30cm 时，应由安装人员辅助轻推构件根据定位线进行初步定位。楼地面预留插筋与构件灌浆套筒应逐根对准，待插筋全部准确插入套筒后缓慢降下构件。

（4）框架柱就位前，应在下层柱的顶部安置调节标高用垫片，如图 9-9 所示，并将垫片顶部标高调节至柱底设计标高。构件下落后，根据柱侧面标高弹线校核柱标高。垫块尺寸应根据构件的受力状态进行计算后得到。以截面为 500mm×500mm 预制柱为例，当垫块为 60mm×60mm 时，可按照图 9-9 所示位置布置垫块。

框架柱安装就位示意如图 9-10 所示。

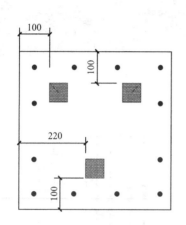

图 9-9　框架柱底面垫片设置示意图

图 9-10　框架柱安装就位示意图

（5）框架柱就位后，根据底面及柱侧面弹线调整柱的位置。采用全站仪或线锤检查并结合斜支撑的安装调整柱的垂直度。

（6）框架柱水平方向位置调整可采用简易千斤顶进行，如图 9-11 所示。根据现场测量结果，在需要调整的方向植入钢筋作为反力架，安装千斤顶并向需要调整的方向将构件缓慢移动直至满足要求。

2. 临时支撑

框架柱就位后，在两个方向安装斜支撑。在框架柱侧面，斜支撑用埋件距离楼面设计标高的高度为 2.5m（大于柱高度的 2/3），使用长度为 3m 的斜撑杆，其底部节点至框架柱距离为 1.66m，斜支撑与水平面角度为 55°，不大于 60°，满足相关规范的规定。斜支撑安装示意如图 9-12 所示。

在框架柱位置满足设计要求后，安装斜支撑并结合全站仪或线锤对柱的垂直度进行精确调整。

3. 框架柱防雷接地

预制框架柱与现浇结构之间的防雷接地，应在现浇结构施工时进行预埋。现浇柱与上层预制柱之间，可根据设计及机电要求在预留钢筋上焊接扁钢，并在上层预制柱就位后及时与预制柱中的预埋钢板进行连接。详见图 9-13 所示。

4. 预制柱柱底水平缝封堵

框架柱安装就位、精确调整、斜支撑安装并紧固后，采用坐浆料对柱底水平缝进行封堵，4h后进行灌浆作业。

图 9-11　简易千斤顶调整
竖向构件水平位置示例

图 9-12　框架柱斜支撑安装示意图

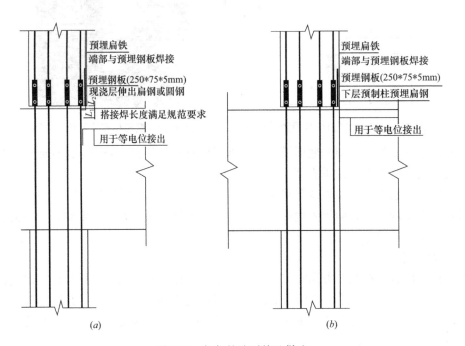

图 9-13　框架柱防雷接地做法
(a) 预制柱与现浇柱连接位置；(b) 预制柱与预制柱连接位置

　　为缩短灌浆等待时间，水平缝封堵采用坐浆料＋海绵条＋木方相结合的方式进行。采用坐浆料将柱底水平缝封堵密实，水平缝的封堵料在水平方向厚度宜为20mm，可用橡胶条或木条等细长状物体做封挡，封堵坐浆料后抽出。但坐浆料需要较长时间才能达到灌浆作业需要的强度，不利于连续施工，为此，在座浆料外采用海绵条与木方进行加固。首先在座浆料外侧安放一层海绵条，然后在海绵条外侧安放木方并挤紧海绵条，在木方外侧楼板上打孔、插入钢筋棒，并在木方与钢筋棒之间塞入木楔子，如图9-14所示。此外，在封堵之前应再次进行水平缝的清理及润湿工作。

图 9-14 框架柱水平缝封堵木方加固措施

9.3.4 预制叠合梁安装

1. 预制叠合梁安装工艺流程

支撑体系搭设→叠合梁吊具及辅助施工机具安装→叠合梁吊运及就位→叠合梁安装及校正→叠合梁节点连接→叠合梁面层钢筋绑扎及验收→叠合梁节点及面层混凝土浇筑→叠合梁支撑体系拆除。

2. 预制叠合梁安装操作要点

（1）支撑体系搭设

叠合梁支撑体系采用可调钢支撑搭设，并在可调钢支撑上铺设工字钢，根据叠合梁的标高线，调节钢支撑顶端高度，以满足叠合梁施工要求。

（2）叠合梁吊具及辅助施工机具安装

1）叠合梁吊具安装

塔吊挂钩挂住 1 号钢丝绳→钢丝绳通过卡环连接平衡钢梁→平衡钢梁通过卡环连接 2 号钢丝绳→2 号钢丝绳通过卡环连接吊件→吊件与叠合梁连接（图 9-15）。

2）当叠合梁顶面两端各设置有安全维护插筋，利用安全维护插筋固定钢管，通过钢管间的安全固定绳固定施工人员佩戴的安全索。当叠合梁顶面为预先设置安全维护插筋时，应通过现场搭设支撑维护体系为施工人员提供安全防护。

（3）叠合梁吊运及就位

1）叠合梁起吊时，钢丝绳与叠合梁水平面所成夹角不应小于 45°。

2）叠合梁吊运宜采用慢起、快升、缓放的操作

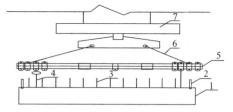

图 9-15 叠合梁吊具安装

1—叠合梁；2—钢管；3—叠合梁钢筋；
4—2 号钢丝绳；5—平衡钢梁；
6—1 号钢丝绳；7—塔吊挂钩

方式。叠合梁起吊区配置一名信号工和两名吊装工。叠合梁起吊时，吊装工将叠合梁与存放架的安全固定装置拆除，塔吊司机在信号工指挥下，塔吊缓缓持力，将叠合梁吊离存放架。

3）叠合梁就位

叠合梁就位前，清理叠合梁安装部位基层，在信号工指挥下，将叠合梁吊运至安装部

位的正上方，并核对叠合梁的编号。

（4）叠合梁的安装及校正

1）叠合梁安装

当叠合梁安装就位后，塔吊在信号工的指挥下，将叠合梁缓缓下落至设计安装部位，叠合梁支座搁置长度应满足设计要求，叠合梁预留钢筋锚入剪力墙、柱的长度应符合规范要求。

2）叠合梁校正

叠合梁标高校正：吊装工根据叠合梁标高控制线，调节支撑体系顶托，对叠合梁标高进行校正。

叠合梁轴线位置校正：吊装工根据叠合梁轴线位置控制线，利用楔形小木块嵌入叠合梁对叠合梁轴线位置调整。

叠合梁安装就位之前，可在支撑体系中设置安装定位限位装置，通过该限位装置实现叠合梁的快速就位。

（5）叠合梁节点连接

1）叠合主次梁节点连接

叠合主梁作为叠合次梁的支座。次梁与主梁的连接按照设计给定的节点形式进行施工。

当次梁钢筋需要锚入主梁时，锚入钢筋长度应符合设计规范要求。

当主次梁采用干式节点进行连接时，应根据设计要求将次梁的荷载传递至主梁或支撑体系。次梁荷载直接传递至主梁的，所搭设支撑架仅作为安全保护措施使用，不可承受次梁荷载。次梁荷载传递至支撑体系的，应按照设计要求在相应阶段完成支撑体系卸荷及受力体系转换。

2）叠合梁与预制剪力墙、柱节点

叠合梁与预制剪力墙、柱端部节点：预制剪力墙、柱作为叠合梁的支座，叠合梁搁置在预制剪力墙、柱上，叠合梁纵向受力钢筋在预制剪力墙、柱端节点处的锚固形式、搁置长度、锚固长度均应符合设计规范要求。

叠合梁与预制剪力墙、柱中间节点：预制剪力墙、柱作为叠合梁的支座，预制剪力墙、柱两端的叠合梁分别搁置在预制剪力墙、柱上，搁置长度应符合设计规范要求。叠合梁纵向受力底筋在中间节点应满足设计要求的连接形式。面筋采用贯通钢筋连接预制剪力墙、柱两端的叠合梁面层，应满足锚固形式与锚固长度要求。

（6）叠合梁面层钢筋绑扎及验收

1）叠合梁面层钢筋绑扎时，应根据在叠合梁上方钢筋间距控制线进行钢筋绑扎，保证钢筋搭接和间距符合设计要求。

2）叠合梁节点及面层钢筋绑扎完毕后，由工程项目监理人员验收，方可进行混凝土浇筑。

（7）叠合梁节点及面层混凝土浇筑

1）混凝土浇筑前，应将模板内及叠合面垃圾清理干净，并剔除叠合面松动的石子、浮浆。

2）叠合梁表面清理干净后，应在混凝土浇筑前 24h 对节点及叠合面浇水湿润，浇筑前 1h 吸干积水。

3）叠合梁节点应采用设计要求的混凝土。节点混凝土采用插入式振捣棒振捣，叠合梁面层混凝土可采用平板振动器振捣。

(8) 叠合梁支撑体系拆除

叠合梁浇筑的混凝土达到设计强度后，方可拆除叠合梁支撑体系。

9.3.5 预制叠合板安装

1. 预制叠合板安装工艺流程

支撑体系搭设→叠合板吊具安装→叠合板吊运、就位及校正→叠合板节点连接→预埋管线埋设→叠合板面层钢筋绑扎及验收→叠合板间拼缝处理→叠合板节点及面层混凝土浇筑→叠合板支撑体系拆除。

2. 预制叠合板安装操作要点

(1) 支撑体系搭设

叠合板支撑体系采用可调钢支撑搭设，并在可调钢支撑上铺设水平龙骨，根据叠合板的标高线，调节钢支撑顶端高度，以满足叠合板施工要求。

(2) 叠合板吊具安装

塔吊挂钩挂住 1 号钢丝绳→钢丝绳通过卡环连接平衡钢梁→平衡钢梁通过卡环连接 2 号钢丝绳→2 号钢丝绳通过卡环连接吊具→吊环通过吊具与叠合板连接（图 9-16）。

3. 叠合板吊运及就位

(1) 叠合板吊点应按照设计要求确定。当采用预留拉环方式时，在叠合板上预留四个拉环。当直接采用桁架钢筋作为起吊用埋件时，应根据设计要求预先标记吊点位置。叠合板起吊时采用平衡钢梁均衡起吊，与吊钩连接的钢丝绳与叠合板水平面所成夹角不应小于 45°。

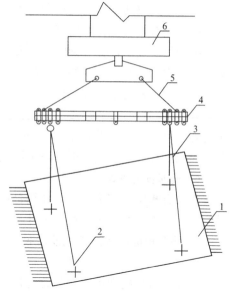

图 9-16 叠合板吊具安装

1—叠合板；2—预埋吊环；3—钢丝绳；
4—平衡钢梁；5—钢丝绳；6—塔吊挂钩

(2) 叠合板吊运宜采用慢起、快升、缓放的操作方式。叠合板起吊区配置一名信号工和两名吊装工，叠合板起吊时，吊装工将叠合板与存放架的安全固定装置拆除，塔吊司机在信号工指挥下，塔吊缓缓持力，当叠合板吊离存放架面正上方约 500mm，检查吊钩是否有歪扭或卡死现象及各吊点受力是否均匀，并进行调整。

(3) 叠合板就位

叠合板就位前，清理叠合板安装部位基层，在信号工指挥下，将叠合板吊运至安装部位的正上方，并核对叠合板的编号。

4. 叠合板的安装及校正

(1) 叠合板安装

预制剪力墙、柱作为叠合板的支座，塔吊在信号工的指挥下，将叠合板缓缓下落至设计安装部位，叠合板搁置长度应满足设计规范要求，叠合板预留钢筋锚入剪力墙、柱的长度应符合规范要求。

（2）叠合板校正

1）叠合板标高校正：吊装工根据叠合板标高控制线，调节支撑体系顶托，对叠合板标高校正。

2）叠合板轴线位置校正：吊装工根据叠合板轴线位置控制线，利用楔形小木块嵌入叠合板对叠合板轴线位置调整。

5. 叠合板节点连接

（1）叠合板与预制剪力墙连接

1）叠合板与预制剪力墙端部连接

预制剪力墙作为叠合板的端支座，叠合板搁置在预制剪力墙上，叠合板纵向受力钢筋在预制剪力墙端节点处采用锚入形式，搁置长度、锚固长均应符合设计规范要求。

2）叠合板与预制剪力墙中间连接

预制剪力墙作为叠合板的中支座，预制剪力墙两端的叠合板分别搁置在预制剪力墙上，搁置长度应符合设计规范要求，叠合板纵向受力底筋在中间节点宜贯通或采用对接连接，面筋采用贯通钢筋连接预制剪力墙两端的叠合板面层。

（2）叠合板与叠合梁连接

叠合梁安装后，叠合梁的预制反沿作为叠合板的支座，叠合板搁置在叠合梁上，叠合板纵向受力钢筋锚入叠合梁内，搁置长度和锚固长度均应符合设计规范要求。

（3）叠合板与叠合板连接

叠合板与叠合板的连接形式应根据设计确定。当采用现浇节点连接时，应根据设计要求绑扎节点钢筋，并设置附加钢筋。现浇节点可采用吊模作为底模板。当采用密拼节点时，应根据设计要求设置板缝防裂措施，并在浇筑混凝土之前设置防漏浆措施。

6. 预埋管线埋设

在叠合板施工完毕后，绑扎叠合板面筋同时埋设预埋管线，预埋管线与叠合板面筋绑扎固定，预埋管线埋设应符合设计和规范要求。

7. 叠合板面层钢筋绑扎及验收

（1）叠合板面层钢筋绑扎时，应根据在叠合板上方钢筋间距控制线绑扎。

（2）叠合板桁架钢筋作为叠合板面层钢筋的马凳，确保面层钢筋的保护层厚度。

（3）叠合板节点处理及面层钢筋绑扎后，由工程项目监理人员对此进行验收。

8. 叠合板节点及面层混凝土浇筑

（1）混凝土浇筑前，应将模板内及叠合面垃圾清理干净，并剔除叠合面松动的石子、浮浆。

（2）叠合板表面清理干净后，应在混凝土浇筑前 24h 对节点及叠合面浇水湿润，浇筑前 1h 吸干积水。

（3）叠合板现浇层混凝土应选用满足设计要求的混凝土。

9. 叠合板支撑体系拆除

叠合板浇筑的混凝土达到设计强度后，方可拆除叠合板支撑体系。

9.3.6　预制双 T 板安装

1. 预制双 T 板安装工艺流程

支撑体系搭设→构件吊点安装→构件吊运及就位→安装及校正→连接件焊接。

2. 预制双 T 板安装操作要点

（1）支撑体系

双 T 板与支座的连接应根据设计要求施工。当双 T 板与端部支座需要焊接时，应在双 T 板位置与标高调整至满足设计要求后进行焊接。当不需要焊接时，应将双 T 板支承于板端支座。

实际施工所实现的双 T 板支承形式应符合设计的受力状态。当设计为干式连接时，严禁将双 T 板搁置于临时搭设的支撑体系上。

（2）双 T 板吊具安装

双 T 板一般采用四个吊点吊装。挂钩时，应注意卡环的连接方式，并在构件一端的钢丝绳要配有手拉葫芦，用以保证双 T 板四个点受力均衡。

（3）双 T 板吊运及就位

1）双 T 板起吊时采用平衡钢梁均衡起吊，与吊钩连接的钢丝绳与叠合板水平面所成夹角不应小于 45°，如图 9-17 所示。

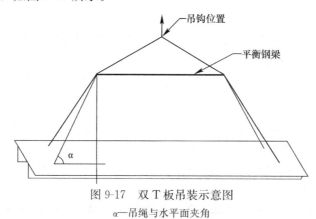

图 9-17 双 T 板吊装示意图

α—吊绳与水平面夹角

2）双 T 板吊运宜采用慢起、快升、缓放的操作方式。双 T 板起吊区配置一名信号工和两名吊装工，双 T 板起吊时，吊装工将双 T 板与存放架的安全固定装置拆除，塔吊司机在信号工指挥下，塔吊缓缓持力，当双 T 板吊离存放架面正上方约 500mm，检查吊钩是否有歪扭或卡死现象及各吊点受力是否均匀，并进行调整。

3）双 T 板就位

双 T 板就位前，清理双 T 板安装部位基层，在信号工指挥下，将双 T 板吊运至安装部位的正上方，并核对双 T 板的编号。

（4）双 T 板的安装及校正

1）双 T 板安装

预制剪力墙、柱作为双 T 板的支座，塔吊在信号工的指挥下，将双 T 板缓缓下落至设计安装部位，双 T 板搁置长度应满足设计规范要求。

2）双 T 板校正

双 T 板标高校正：吊装工根据双 T 板标高控制线对双 T 板标高进行校正。施工中，可采用小型千斤顶完成双 T 板标高调整，并在双 T 板与支承梁或支承墙之间填塞钢板或橡胶支座。

双 T 板轴线位置校正：吊装工根据双 T 板轴线位置控制线，利用小型千斤顶对双 T

板轴线位置调整。

（5）焊接

吊装完毕后，及时将双 T 板端头部分的连接件焊接牢靠，再焊接板之间的连接件。当设计要求不需要焊接时，严禁将双 T 板端部钢板与支承结构焊接。

9.3.7　预制阳台（空调板）安装

1. 预制阳台（空调板）安装工艺流程

支撑体系搭设→吊具安装→吊运及就位→安装及校正→预制阳台与现浇结构节点连接→混凝土浇筑→支撑体系拆除。

2. 预制阳台（空调板）安装操作要点

（1）预制阳台支撑体系搭设

预制阳台支撑体系采用可调钢支撑搭设，并在钢支撑上方铺设水平龙骨，根据预制阳台的标高位置线，调节钢支撑顶端高度，以满足预制阳台施工要求。

（2）预制阳台吊具安装

塔吊挂钩挂住钢丝绳→钢丝绳连接卡环→卡环连接吊件→吊件通过预埋件连接预制阳台。

（3）预制阳台吊运及就位

1）预制阳台起吊采用预留吊点形式。起吊钢丝绳与预制阳台水平面所成角度不应小于 45°。

2）预制阳台吊运宜采用慢起、快升、缓放的操作方式。预制阳台起吊区配置一名信号工和两名吊装工，预制阳台起吊时，吊装工将预制阳台与存放架的安全固定装置解除，塔吊司机在信号工的指挥下，塔吊缓缓持力，将预制阳台吊离存放架。

3）预制阳台就位

预制阳台吊离存放架后，应快速运至预制阳台安装施工层，在信号工的指挥下，将预制阳台缓缓吊运至安装位置正上方。

（4）安装及校正

1）预制阳台安装

在预制阳台安装层配置一名信号工和四名吊装工，当预制阳台就位至安装部位上方 300～500mm 处，塔吊司机在信号工的指挥下，吊装工用挂钩拉住揽风绳，将预制阳台的预留钢筋锚入现浇梁、柱内，同时根据预制阳台平面位置安装控制线，缓缓将预制阳台下落至钢支撑体系上。

2）预制阳台校正

① 位置校正：根据弹设在安装层下层的预制阳台平面安装控制线，利用吊线锤对预制阳台位置调校。

② 标高校正：根据弹设在楼层上的标高控制线，采用激光扫平仪通过调节可调钢支撑对预制阳台标高校正。

（5）预制阳台与现浇结构节点连接

1）预制阳台与现浇梁的连接

在预制阳台安装就位后，将预制阳台水平预留钢筋锚入现浇梁内，并将预制阳台水平预留钢筋与现浇梁钢筋绑扎，支设现浇梁模板并浇筑混凝土。如图 9-18 所示。

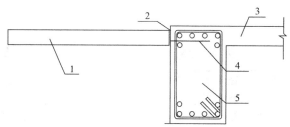

图 9-18 预制阳台与现浇梁连接

1—预制阳台；2—降板；3—楼板；4—锚固钢筋；5—现浇梁

2）预制阳台与现浇剪力墙、柱的连接

预制阳台安装就位后，将预制阳台纵向的预留钢筋锚入相邻现浇剪力墙、柱内，支设剪力墙、柱模板浇筑混凝土。

（6）混凝土浇筑

1）预制阳台混凝土浇筑前，应将预制阳台表面清理干净。

2）预制阳台混凝土浇筑时，为保证预制阳台及支撑受力均匀，混凝土采取从中间向两边浇筑，连续施工，一次完成，同时使用平板振动器，确保预制阳台混凝土振捣密实。

3）预制阳台混凝土浇筑后 12h 内应进行覆盖浇水养护，当日平均气温低于 5℃时，应采用薄膜养护，养护时间应满足规范要求。

（7）支撑体系拆除

预制阳台节点浇筑的混凝土达到 100% 后，方可拆除预制阳台底部的支撑体系。在吊装上层预制阳台时，下部支撑体至少保留三层。

（8）预制楼梯与楼梯梁节点处理

根据工程设计图纸，分别将楼梯段上下两节点设置为相应的固定端、滑动端，如图 9-19 所示。

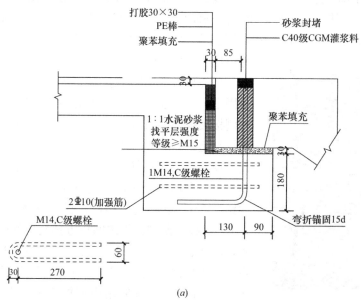

(a)

图 9-19 预制楼梯节点（一）

(a) 固定铰端

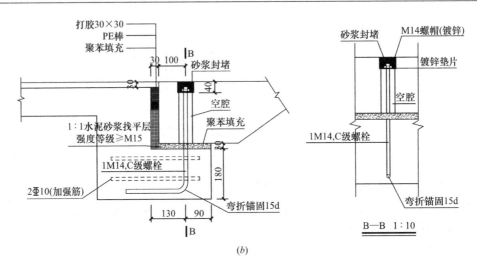

图 9-19　预制楼梯节点（二）

（b）滑动铰端

9.4　现浇结构施工

装配式建筑现浇部分结构施工流程为：现浇墙体绑筋/支模/加固→内支撑架体搭设→梁板支模→梁板绑筋→混凝土浇筑→混凝土养护。

9.4.1　"一字型"水平段核心区

夹心保温预制外墙的构造一般为：内页板（200mm）＋保温板（30mm）＋外页板（60mm），相邻两块构件现浇核心区宽度为 400mm，其中外页板之间仅留置打胶拼缝，外页板可充当外模板使用。外页板拼缝内侧使用 150mm 宽纤维胶带粘贴牢固，防止混凝土浇筑时漏浆。在合模前，确保底部现浇楼板面杂物清理干净且凿毛规整。现浇连接核心区部位如图 9-20 所示。

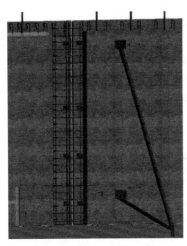

图 9-20　现浇连接核心区部位示意图

现浇核心区钢筋绑扎时先放置箍筋与单侧预留水平筋固定，再穿插竖向受力钢筋与箍筋固定，最后安装另一侧接驳螺栓（M14-150mm），有效减少钢筋碰撞的同时可提高施工效率。现浇核心区钢筋连接如图 9-21 所示。

现浇核心区钢筋绑扎后封模，放置好钢筋保护层控制卡环，利用预制构件侧边预留的预埋套筒点位（上下间距 50cm）单层支模加固，模板深入预制构件两侧各 5cm，模板与预制构件之间靠近预制构件边缘处粘贴双面胶带以防止混凝土浇筑过程漏浆，以钢管或方管为背楞自下而上依次固定。混凝土浇筑过程自下而上，分段浇筑，每间隔约 50cm 使用小型振捣棒（直径 30mm），自下而上依次振捣，确保混凝土振捣密实且不发生漏浆现象。现浇核心区加固如图 9-22 所示。

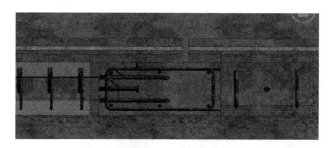

图 9-21　现浇核心区钢筋连接示意图

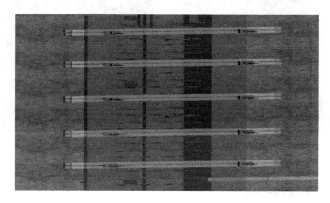

图 9-22　现浇核心区加固示意图

非夹心保温预制外墙"一字型"水平段核心区（图 9-23）：预制填充墙连接节点处凿毛且留置结构键槽。边缘构件现浇区域甩出箍筋采用开口和闭口两种形式，分别满足长度为 $\geqslant 0.6L_{aE}$ 和 $\geqslant 0.8L_{aE}$。抗剪连接件采用长度 150mm 的 M14 螺栓。竖向防水采用 150mm 宽防水雨布。

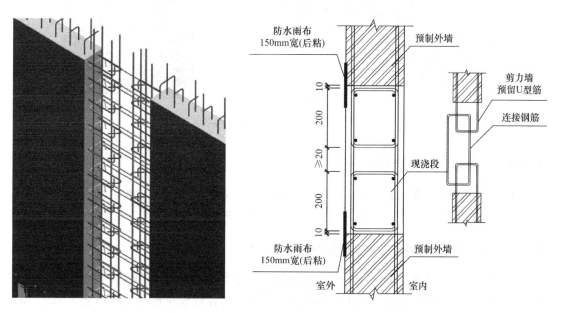

图 9-23　"一字形"水平段核心区钢筋绑扎

9.4.2 "L形"水平段核心区

预制外墙钢筋绑扎顺序为箍筋→竖向钢筋，模板加固采用止水螺杆穿过外页板连接至内侧模板，形成双向对拉（图 9-24）。

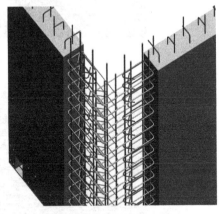

图 9-24 "L形"水平段核心区钢筋绑扎

9.4.3 "T形"水平段核心区

钢筋施工流程同"L形墙"，模板加固时"一字墙"外侧采用整张模板连接加固，内侧双阴角加固同"L形墙"方法（图 9-25）。

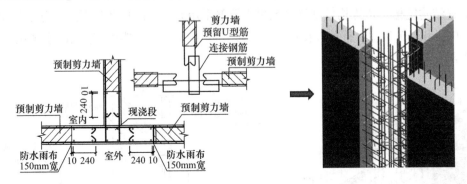

图 9-25 "T形"水平段核心区钢筋绑扎

9.4.4 叠合板间的现浇核心区

叠合板间的连接节点采用后浇混凝土连接。后浇宽度≥200mm，本项目取为 300mm。叠合板板底纵筋末端带 135°弯钩。后浇段板底设置 4 根后置钢筋（图 9-26）。

9.4.5 叠合板与预制墙体间的现浇核心区

叠合板深入墙体水平距离 10mm，构件之间留置宽度为 10mm 的结构拼缝。核心区板筋绑扎结束后采用直径 20mm 的 PC 棒填塞该拼缝，叠合板板底钢筋甩出钢筋 90mm，无弯钩（图 9-27）。

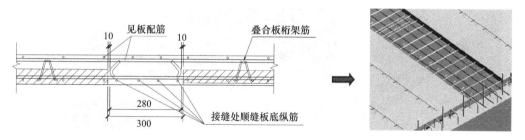

图 9-26　叠合板间现浇核心区后浇混凝土连接示意

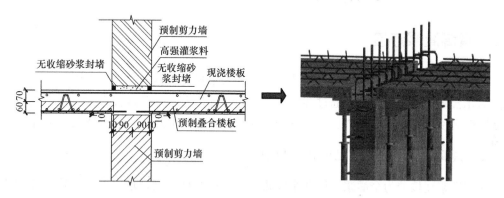

图 9-27　叠合板与预制墙体间的现浇核心区连接示意

9.4.6　常见质量问题及处理

1. 预留钢筋定位

预留钢筋定位常见问题如图 9-28 所示。

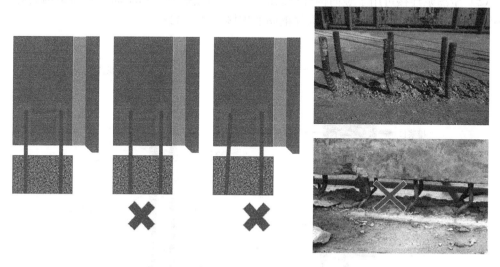

图 9-28　预留钢筋定位

2. 预留钢筋定位控制

根据预留钢筋位置加工钢筋定位器（图 9-29），且焊接套管以保证钢筋垂直度。在无钢筋处开孔，方便混凝土浇筑与振捣，且能减轻定位起重量。

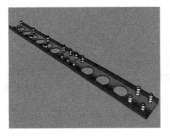

图 9-29　预留钢筋定位控制

9.5　套筒灌浆连接

钢筋套筒灌浆连接是在带内沟槽的套筒中插入单根带肋钢筋，注入水泥基的灌浆料拌合物填充套筒和钢筋的间隙，通过拌合物硬化而实现传力的钢筋连接方式。其主要特点是钢筋轴向对接，实现钢筋传力合理、明确，使计算分析与节点实际受力情况相符合。

9.5.1　套筒灌浆连接的常见形式、特点

套筒灌浆连接分为全灌浆套筒和半灌浆套筒连接两种类型，均应采用由接头连型式检验确定的灌浆套筒和灌浆料，套筒灌浆连接应编制专项施工方案，专业工人应经专业培训后上岗，施工工艺为：清缝塞缝→清孔浸湿→灌浆料拌制→注浆。

（1）半灌浆连接通常一半采用螺纹连接，一半是灌浆连接，只能适用于竖向构件钢筋的连接（图 9-30）。但由于其套筒比全灌浆连接短，成本低，且在现场灌浆工作量减半，灌浆施工难度和质量控制难度大大降低，成为目前我国竖向构件钢筋连接的首选方式。

（2）全灌浆连接可用于竖向构件钢筋的连接，当然根据用途不同，套筒结构会有一些变化（图 9-31），也可以用于水平构件钢筋的连接（图 9-32）。

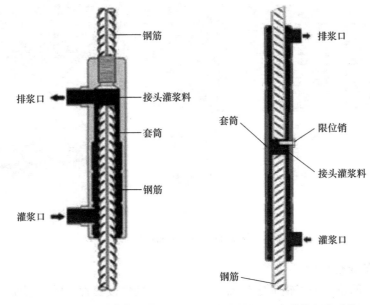

图 9-30　半灌浆连接　　　　　　　图 9-31　全灌浆竖向连接

（3）各工序施工要点如下：清缝塞缝阶段使用吹风机、手工铲等设备将分仓缝内部彻底清理干净，不得留有建筑垃圾或混凝土浮浆，确保水平仓与竖向套筒贯通。竖向构件采用连通腔灌浆时应合理划分连通腔区域，每个区域预留灌浆孔、溢浆孔

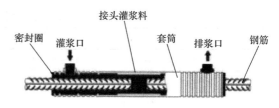

图 9-32　全灌浆水平连接

和排气孔，应形成密闭空间，不应漏浆，连通腔任意两个灌浆套筒间距不宜超过 1.5m。

9.5.2　灌浆套筒形式及材料特点

灌浆套筒是灌浆连接的关键产品，其结构形式与材料的选择是质量控制的关键点。

灌浆套筒按结构形式分为全灌浆套筒和半灌浆套筒（图 9-33、图 9-34），对应注入灌浆料后形成全灌浆连接接头和半灌浆连接接头。

图 9-33　半灌浆套筒图

图 9-34　全灌浆套筒

灌浆套筒按加工方式分为铸造和机械加工两种。JG/T 398 规范要求"铸造套筒宜选用球墨铸铁"，主要是考虑到球墨铸铁有较好的铸造成型性能，利于内部带有沟槽的较为复杂的套筒成型。要求"机械加工套筒宜选用优质碳素结构钢、低合金高强度结构钢、合金结构钢等"，主要是考虑机械切削加工工艺和综合成本。

JG/T 398 规范对采用球墨铸铁和结构钢两种材料时灌浆套筒的材料性能见表 9-4。

两种材料灌浆套筒材料性能　　　　　　　　　　表 9-4

项目	球墨铸铁灌浆套筒	各类钢制灌浆套筒
屈服强度 σ_h（MPa）	—	≥355
抗拉强度 σ_h（MPa）	≥550	≥600
断后伸长率	≥5	≥16
球化率（%）	≥85	
硬度（HBW）	180～250	

从表 9-4 可以看出，各类钢制灌浆套筒的材料性能不仅多了屈服强度指标，抗拉强度、断后伸长率指标也高于球墨铸铁。当然，球墨铸铁 5% 的断后伸长率指标也已经高于国外同类产品 3% 的指标要求。但在相同条件下，断后伸长率越高，意味着钢材延性越好，受力越安全。

JG/T 398 规范对采用铸造和机械加工两种加工方式时灌浆套筒的尺寸偏差及最小壁厚见表 9-5。

灌浆套筒尺寸偏差及最小壁厚　　　　　　　表 9-5

序号	项目	铸造灌浆套筒			机械加工灌浆套筒		
1	钢筋直径（mm）	12~20	22~32	36~40	12~20	22~32	36~40
2	外径允许偏差（mm）	±0.8	±1.0	±1.5	±0.6	±0.8	±0.8
3	壁厚允许偏差（mm）	±0.8	±1.0	±1.2	±0.5	±0.6	±0.8
4	长度允许偏差（mm）	±（0.01×长度）			±2.0		
5	锚固段环形突起的内径允许偏差（mm）	±1.5			±1.0		
6	壁厚（mm）	≥4			≥3		

　　从表 9-5 看出，机械加工灌浆套筒各种尺寸允许偏差以及最小壁厚均严于铸造灌浆套筒，体现了机械加工套筒的材质、尺寸精度容易保证。特别是套筒壁厚最小容许误差为 3mm，在同样套筒内径（同样钢筋插入容错量）的情况下，套筒外径设计的可以较"瘦"，在保护层厚度局限的剪力墙中应用时，优势凸显。

　　总之，机加工钢制套筒相比于铸造球墨铸铁套筒，由于原材料稳定、延性指标高、外径尺寸小、质量易控制等优点，成为目前国内用量最多的灌浆套筒，是我国对该类产品的一大创新。

9.5.3　套筒灌浆料关键性能参数

　　套筒灌浆料是灌浆连接的关键产品，属于水泥基材料，主要在现场构件安装时使用，JG/T 408 规范中，对材料的基本性能参数给出了如表 9-6 所示的规定。

套筒灌浆的技术性能　　　　　　　表 9-6

项目		性能指标
流动度（mm）	30min	≥300
	1d	≥260
抗压强度（MPa）	1d	≥35
	3d	≥60
	28d	≥85
竖向膨胀率（%）	3h	≥0.02
	24h~3h	0.02~0.5
氯离子含量（%）		0.03
泌水率（%）		0

　　需要说明的是，本标准给出的只是几个时间节点和最终目标值要求，而灌浆料根据实际操作方式的不同（手动、机械灌浆）和灌浆环境温度变化会有较为复杂的表现，且灌浆完成后对于灌浆内部质量到目前为止国内外仍然没有有效的检测方法，所以，过程控制是灌浆环节的重中之重。这样，在选择灌浆料时，除了满足上述参数指标外，还要考虑其他的过程参数，比如可操作性、稳定性（过程流动性）等。

9.5.4　灌浆连接质量控制要点

　　根据选择的灌浆套筒结构形式不同及应用部位不同，灌浆连接操作分为构件厂预制构件时安装灌浆套筒、现场对竖向预埋套筒进行灌浆施工、现场安装全灌浆套筒及灌浆施工等三个工艺流程。

1. 预制构件厂安装灌浆套筒

在构件厂预制剪力墙、框架柱等构件时灌浆套筒安装操作控制工艺流程如图 9-35 所示。

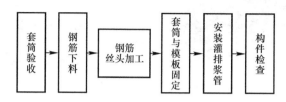

图 9-35　灌浆套筒安装操作控制工艺流程

（1）套筒验收按照 JGJ/T 398 及 JGJ 355 规范的相关要求进行。

钢筋灌浆连接涉及构件预制和现场施工两个作业主体或场所，故在构件厂套筒的验收中，最好协调考虑匹配的灌浆料和实际施工操作工艺，否则在现场安装时需要单独重复验收，造成不必要的浪费。

如 JGJ 355 规范第 7.0.5 条规定，"灌浆套筒埋入预制构件时，工艺检验应在构件生产前进行。当现场灌浆施工单位与工艺检验时的灌浆单位不同，灌浆前应再次进行工艺检验"。这表明，如果现场灌浆施工单位与工艺检验时的灌浆单位不同时，需要进行重复的工艺试验，反之则不然。

JGJ 355 规范第 7.0.6 条规定，"灌浆套筒进厂（场）时，应抽取灌浆套筒并采用与之匹配的灌浆料制作对中连接接头试件，并进行抗拉强度检验。检查数量：同一批号、同一类型、同一规格的灌浆套筒，

不超过 1000 个为一批，每批随机抽取 3 个灌浆套筒制作对中连接接头试件"。这就需要构件预制和现场施工两单位事先协调好，一是套筒与灌浆料的选择匹配性，二是如何完成检验。

另外需要注意的是，灌浆料最终强度周期为 28d，故工艺检验应该在构件生产前提前进行，当然，为减少试验周期，在 28d 内，只要同步灌浆料试块强度达到 85MPa 就可送检。

（2）钢筋下料时注意两个环节，一是端头应平直（如图 9-36），以保证加工丝头有效长度和灌浆锚固有效长度。二是要控制好总长度尺寸，要求构件拆模后外露钢筋偏差为 0～＋10mm。采取半灌浆套筒的要考虑钢筋与套筒螺纹重合连接的长度。

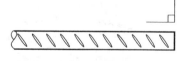

图 9-36　钢筋端部切口

（3）采用半灌浆套筒的，要对钢筋一端进行与套筒螺纹匹配的丝头加工，然后与套筒拧紧连接（图 9-37）。钢筋螺纹连接在我国已经成为现浇建筑施工中非常普遍的方式，在构件厂应该更加容易控制。但是，根据目前的情况，还是有几方面需要引起重视：一是丝头加工机、加工参数的选择要与套筒螺纹参数配套；二是对操作人员要进行专业培训，丝头质量要按要求检查合格；三是套筒与钢筋螺纹拧紧连接后要达到要求的力矩值；四是套筒与钢筋连接后整齐码放（图 9-38），严禁磕碰。

半灌浆套筒在预制构件端采用直螺纹方式连接钢筋，现场装配端采用灌浆方式连接钢筋。由于直螺纹连接端所需要的钢筋锚固长度小于灌浆连接端所需的钢筋锚固长度，半灌

浆套筒接头尺寸较小（图 9-37），半灌浆套筒主要适用于竖向构件（墙、柱）的连接。

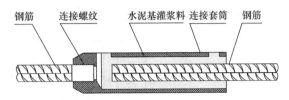

图 9-37 半灌浆套筒

图 9-38 钢筋剥肋滚丝加工、丝头及检验

采用全灌浆套筒的，钢筋和套筒暂时"软"连接，即将钢筋插入套筒，顶紧套筒内限位销钉后绑扎固定。这时注意：一是套筒端部密封件要安装紧密且无破损，以防止浇筑构件时漏浆；二是钢筋插入一定要紧贴限位销钉，否则会影响插入深度。

（4）通常采用专用固定件将套筒与构件模板固定。

这里主要控制套筒端口贴紧模板且不松动，一是保证套筒定位准确，二是保证浇筑混凝土时不往套筒内漏浆，如图 9-39 所示。

图 9-39 固定组件与构件套筒固定

（5）通常采用适宜的 PVC 管与灌浆套筒上的灌排浆嘴连接，形成灌排浆通道。采用其他材料管子时，要考虑强度及刚度，避免浇筑混凝土时变形或破损。

灌浆排浆管要安装结实，必要时绑扎固定，防止浇筑混凝土时移位或脱落漏浆，如

图 9-40 所示。

图 9-40 安装 PVC 管并固定

（6）这里的构件检查主要是指构件制作完成后对灌浆套筒位置外露钢筋长度的检查和对套筒内腔和灌浆、排浆管路的检查。

在实际应用中，曾出现过在现场安装时发现有些灌浆管路堵塞的问题，有些灌浆前检查出问题将整个构件退回，返工费用高昂。有些甚至在构件安装后灌浆施工时才发现，造成严重的质量问题和经济损失，应该予以足够重视。

2. 现场对竖向预埋套筒进行灌浆施工

在现场对预制剪力墙、框架柱等竖向预埋套筒进行灌浆施工操作的控制工艺流程如图 9-41 所示。

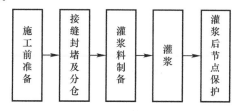

施工前准备 → 接缝封堵及分仓 → 灌浆料制备 → 灌浆 → 灌浆后节点保护

图 9-41 灌浆施工操作控制工艺流程

（1）现场灌浆施工是套筒灌浆连接的最重要也是难度最大的环节，因而准备工作要充分，主要包括：

1）对进场构件的钢套筒位置、外露钢筋长度位置、灌浆孔道等进行验收确认，合格后再吊装。

2）对与套筒配套的灌浆料的进货验收。根据 JGJ 355 规范第 7.0.4 条要求，"灌浆料进场时，应对灌浆料拌合物 30min 流动度、泌水率、3d 抗压强度、28d 抗压强度、3h 竖向膨胀率、24h 与 3h 竖向膨胀率差值，按同一成分、同一批号的，不超过 50t 为一批进行检验"。注意有 28d 的强度指标，所以应该尽早进货。

3）准备必要的灌浆施工工具，包括：浆料搅拌桶、冲击钻式砂浆搅拌机、电子秤、刻度杯、测温计、电动灌浆泵或手动灌浆枪。这些工具中，对搅拌机和灌浆泵，一定要经过对选用灌浆料的实际搅拌和灌浆施工工艺试验验证后方可施工应用，或由灌浆料提供厂家确认。

准备必要的现场灌浆料检验模具：检验流动度的截锥试模、钢化玻璃板，检验强度的三联试模。

对灌浆施工人员包括封缝、灌浆料制备和灌浆人员要由技术产品提供单位进行专业技术培训。

（2）对于多套筒连通腔灌浆来说，预制构件吊装后的接缝封堵是非常重要的环节。

封堵接缝应该采用专用的封缝料，也叫封堵座浆料，是一种强度高（强度等级按施工图要求确定）、干缩小、和易性好（可塑性好，封堵后无坍落）、粘接性能好的水泥基砂浆。

封堵时，为填抹密实并防止封堵过深堵住套筒里孔，需要在里侧加内衬。内衬材料可以是略小于接缝高度的 PVC 管（图 9-42）或橡胶管，

另外，还可以直接用类似抹子的钢板做内衬。封堵完毕后，及时将内衬抽出，抽出内衬时尽量不扰动抹好的封堵料。封堵完毕后确认干硬强度达到约 30MPa 以上时再灌浆。封堵深度（宽度）一般在 15～20mm，封堵高度为接缝高度。

特别注意，对带保温夹芯层的剪力墙外侧，要用密封带封堵（橡塑保温板）。这时，密封带要有足够厚度，压扁到接缝高度后要有一定强度。密封带要不吸水，防止吸收灌浆料水分影响流动并引起收缩。

对长度超过 1.5m 的接缝，如果没有充分的灌浆试验，宜用封缝料分仓。

当不采用连通腔灌浆方式时，构件就位前应设置坐浆层。此时注意：一方面坐浆层铺设高度太低则无法密封，太高则套筒进浆。另一方面吊装构件时构件调整幅度过大容易密封不实，这种工艺目前采用较少。

当不采用连通腔灌浆方式时，还有一种方式值得推荐，就是在吊装时每个套筒下方设置一套弹性密封组件，局部辅助堆砌坐浆料（图 9-43），构件吊装后每个套筒进行单独灌浆，可以很好地保证套筒灌浆质量。剩余接缝空腔可使用普通灌浆料充填。

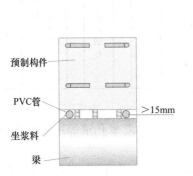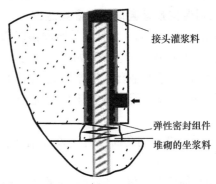

图 9-42　封缝示意图　　　　图 9-43　弹性密封组件安装示意图

（3）灌浆料是灌浆连接的核心产品之一，一定选用经过型式检验和在构件生产时与套筒配套通过工艺检验的专用接头灌浆材料。严禁使用未经与套筒配套通过上述检验的灌浆料。

灌浆料搅拌制备是套筒灌浆连接中的重点控制环节。在现场制备灌浆料时，一定要使用按 9.5.4 节第 2 条选定的工具，并重点控制：一是加水量（水料比），要按本批料出厂检验报告要求的水料比，精确称量灌浆料和水。建议用电子秤称量灌浆料，用刻度量杯计量水。在实际应用中，发现过用无刻度脸盆估计加水量的情况，一定要引起重视并严格杜绝；二是搅拌工艺。为了搅拌均匀，建议先加水、后加料，用选定的变速搅拌机大约搅拌 3～4min 至彻底均匀（图 9-44）；三是静置排气。搅拌均匀后，静置约 2～3min，使浆内气泡自然排出后再使用。

（4）灌浆是整个套筒灌浆连接中最关键的工序。

灌浆前要确认吊装和封缝满足要求。灌浆时单个套筒灌浆可采用手动灌浆枪，多个套筒连通腔灌浆采用电动泵。灌浆时要从套筒下方的灌浆孔处向套筒内灌浆，待接头

图 9-44　灌浆料搅拌及流动度测试

上方的排浆孔流出浆料后，及时用堵塞封堵。封堵时要保持一定的灌浆压力，灌浆泵（枪）口撤离灌浆孔时，也应立即封堵，以防倒流。严禁同一个腔体从两处及以上灌浆（会窝气）。

特别注意：浆料要尽量在加水搅拌开始 20～30min 内灌完，以保留一定的操作应急时间。剩余的浆料如果经搅拌不能达到 260mm 以上流动度要求时要废弃不用，严禁再加水使用。

灌浆完成后浆料凝固前，巡视检查已灌浆的接头，如有漏浆及时处理。灌浆料凝固后，取下灌排浆孔封堵胶塞，检查孔内凝固的灌浆料充盈度。对于半灌浆接头，由于套筒设计时在排浆孔处预留了 20mm 长的钢筋偏差余量，故凝固的灌浆料上表面高于排浆孔下缘 5mm 即可（图 9-45）。对于全灌浆接头，则要求凝固的灌浆料要充满排浆口。如有灌浆不满，需要处理。

（5）在灌浆开始时，同步制作灌浆料强度试块。当试块强度达到 35MPa 前，不得有对构件接头有扰动的后续施工。拆除支撑固定模架要根据后续承载确定。

3. 现场安装全灌浆套筒及灌浆施工

（1）在现场对预制框架梁等水平构件纵筋进行套筒灌浆施工操作控制工艺流程如图 9-46 所示。

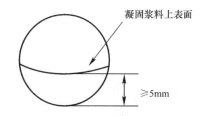
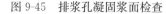

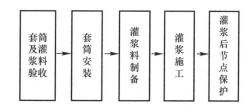

图 9-45　排浆孔凝固浆面检查　　　　图 9-46　套筒灌浆施工操作控制工艺流程

（2）全灌浆套筒接头的两端采用灌浆方式连接钢筋，由于直灌浆连接端所需要的钢筋锚固长度较长，全灌浆套筒尺寸长于半灌浆套筒，全灌浆套筒适用于竖向构件（墙、柱）和横向构件（梁）的钢筋连接，如图 9-47 所示。

（3）受施工工艺的限制，预制梁等水平构件的纵筋连接通常采用在预留现浇段现场安装全灌浆套筒、单独灌浆的作业方式。

1）首先，对灌浆套筒和匹配的灌浆料进行进场验收，验收要求同 9.5.4 节第 1 条和第 2 条。不同的是，套筒和灌浆料的选择全部是现场施工同一单位，省去两单位协调的环节。

2）在构件吊装前，用记号笔在待连接钢筋上做插入深度定位标记。标记划在钢筋上部，要清晰，不易脱落，如图 9-48 所示。然后将套筒全部套入一侧预制梁的连接钢筋上。

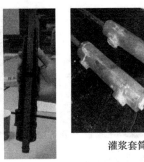

灌浆套筒　　　　　　　　　　浆锚搭接
波纹管浆锚搭接

图 9-47　剪力墙竖向钢筋全灌浆套筒连接

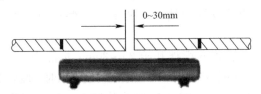

图 9-48　钢筋上做标记

构件吊装后，检查两侧构件伸出的待连接钢筋位置及长度偏差，合格后将套筒按标记移至两根待接钢筋中间。安装时应转动套筒使灌排浆嘴朝向正上方±45°范围内，并检查套筒两侧密封圈是否正常。

9.5.5　灌浆施工

1. 灌浆施工流程

灌浆料和灌浆套筒在使用前必须提前做好匹配性试验，并提前对灌浆料原材、坐浆料原材进行复试，对灌浆工人操作水平进行工艺性试验，试验合格后方可进行灌浆施工。灌浆施工流程见图 9-49。

分仓　　　　接缝封堵　　　　量水　　　　灌浆料称重

搅拌灌浆料　　流动度试验　　留置试块　　　灌浆

连接部位检查
↓
分仓
↓
构件吊装固定
↓
接缝封堵
↓
灌浆料制备
↓
灌浆料检验
↓
灌浆连接
↓
灌浆后节点保护

图 9-49　灌浆施工流程

2. 浆料搅拌

（1）按灌浆料厂家提供的配比要求添加适量水与灌浆料进行拌和，拌和完成后浆体流动度大于等于 300mm，不宜大于 350mm。

（2）搅拌时间不应小于 5min，以浆体搅拌均匀无结块为准。为保证浆体获得较好的工作性能，先加指定用量的拌合水，再加入 70％～80％干粉料，高速搅拌 30s 后，在搅拌的状态下缓慢投入剩余粉料，待粉料完全投入后，高速搅拌 2～3min，静置 1～2min，期间可以用刮刀将桶壁上未搅拌开的浆料刮入桶中，再慢速搅拌 1min，停机静置 2～3min，待表面气泡消失后，即可进行灌注施工。

3. 注浆施工

（1）对竖向钢筋套筒灌浆连接，灌浆作业应采用压浆法从灌浆套筒下注浆口注入，当灌浆料浆体从构件其他灌浆孔、出浆孔流出后应及时封堵。采用连通腔灌浆时，宜采用一点灌浆的方式。当一点灌浆遇到问题而需要改变灌浆点时，各灌浆套筒已封堵的灌浆孔、出浆孔应重新打开，待灌浆料浆体再次流出后进行封堵。

（2）对水平钢筋套筒灌浆连接，灌浆作业应采用压浆法从灌浆套筒灌浆孔注入，当灌浆套筒灌浆孔、出浆孔的连接管或连接头处的灌浆料浆体均高于灌浆套筒外表面最高点时停止灌浆，并及时封堵灌浆孔、出浆孔。

（3）开启注浆机后，应先将注浆枪头对空，用浆体将注浆管内部的水和残渣挤出，待注浆枪头流出的灌浆料与注浆料斗中浆体流动度一致时，方可进行注浆施工。

（4）出浆封堵：当浆体以整股状（圆柱状）从出浆口流出时，可进行出浆封堵，建议采用可重复利用且尺寸适宜的橡胶塞封堵，为保证注浆饱满度，可将橡胶塞抵住出浆口下部，待上部空气排空后完全封堵，并用橡胶锤击打塞紧。

（5）漏浆检查：注浆过程中，应密切注意四周是否有漏浆情况，特别是现浇部分连接处以及外墙外侧部位，如果出现漏浆，应暂停灌浆作业并及时采用快速封堵材料进行封堵。

（6）灌浆施工结束后 30～60min，应检查灌浆密实饱满程度，如有空洞，应查明原因并及时补浆。

4. 灌浆施工温度控制

灌浆施工时，宜在 5～30℃环境下进行，当施工环境温度低于 5℃时，必须采取加热和防冻措施，如对拌合水及物料提前进行预热，控制浆体入模温度不低于 10℃，砂浆灌注后及时进行保温养护。环境温度低于 0℃时，不得施工。当连接部位养护温度低于 10℃时，应采取加热保温措施。当施工环境温度高于 30℃时，浆体的流动度损失较快，因此需要采取降温措施，在搅拌时，搭置遮阳棚，避免搅拌机及其他搅拌设备，以及砂浆温度过高，必要时，应使用冰水作为拌合水，并尽量加快浆体灌注工作速度。

（1）高温施工

当环境温度高于 30℃时即进入高温环境施工，并应符合下列规定：

1）灌浆前 24h 应防止灌浆料、拌合水、搅拌器具及灌浆器具等受阳光直射或其他热辐射。

2）应采取降温措施，与灌浆料拌合物接触的混凝土基础的温度不应大于 30℃。

3）灌浆料拌合物的入模温度不应大于 30℃。

4）搅拌时，搭置遮阳棚，避免搅拌机及其他搅拌设备，以及砂浆温度过高，必要时，应使用冰水作为拌合水，并尽量加快浆体灌注工作速度。

5）灌浆时，在灌浆机上覆盖遮阳设施。

（2）冬期施工

1）冬期施工需要编制冬季灌浆施工专项方案，并经过专家论证评审通过，方可实施。灌浆料厂家宜有生产低负温灌浆料能力。

2）当大气平均气温低于 5℃，且最低气温高于 0℃时，采用常温灌浆料的，施工避开夜晚等低温环境，确保环境温度在 5℃以上时施工。

3）当大气平均温度低于 0℃，最低温在-5℃以上，可采用低温灌浆料施工，施工流程同常温灌浆料的施工流程。

4）当大气温度在−5℃与−10℃之间时，用低温灌浆料进行施工，施工方法为后灌浆施工工艺，灌浆滞后 1~2 层，灌浆作业区采取全封闭保温加热措施。

5）当大气温度低于−10℃时，不进行灌浆施工。

6）为保证冬季施工期间施工质量，宜采取灌浆作业区用岩棉被全封闭形式进行保温。在低温灌浆料强度未达到 35MPa，套筒内灌浆料温度低于−5℃时，可对灌浆作业区采用工程取暖器进行蓄热保温。

7）灌浆作业时间宜调整至上午 10 点至下午 2 点之间。灌浆施工前，每 30min 测温一次，连续三次大气温度稳定在−5℃以上，预制墙体溢浆孔内温度在−5℃以上，方可组织灌浆作业。灌浆后及时采取棉被覆盖保温，每 2h 测温一次，至灌浆料强度达到 35MPa 后，停止测温并拆除保温。

5. 支撑拆除要求

1）设计有要求时，按设计要求进行拆除。

2）设计无要求时，预制柱的临时支撑，应在套筒连接器内的灌浆料强度达到 35MPa 后拆除。

3）预制墙板临时斜撑和限位装置应在连接部位混凝土或灌浆料强度达到设计要求后拆除；当设计无具体要求时，混凝土或灌浆料应达到设计强度的 75% 以上方可拆除。

4）由于梁用套筒是每个接头单独灌浆，一般采用手动灌浆枪。灌浆时用灌浆枪从套筒的一端灌浆嘴向套筒内灌浆，至浆料从套筒另一端的排浆嘴处流出为止。

灌浆完成后马上检查是否两端漏浆并及时处理。灌浆料凝固后，检查灌浆口、排浆口处，凝固的灌浆料上表面应高于套筒上沿。

5）由于梁用灌浆套筒处于现浇带暴露在外，且梁构件跨度大固定支撑难度较大，故灌浆完成后，同步灌浆料试块强度达到 35MPa 前，不得踩踏套筒，不得有对构件接头有扰动的后续施工。

9.5.6　套筒灌浆质量控制

（1）套筒灌浆连接是 PC 建筑中的关键技术，设计、构件制造、安装各方必须予以高度重视。

（2）套筒、灌浆料、施工工艺三个环节，要统筹配套选择，严格把控。

（3）由于灌浆完成后没有有效的内部质量检测手段（国际性难题），所以灌浆工艺和过程控制非常重要。工厂钢筋丝头加工及现场灌浆应该是质量控制的重点，其中难点在现场灌浆。

（4）实践证明，只要有"小接头、大文章"的意识，领导重视、管控到位，就能满足要求，否则就会出现大问题。

9.5.7 套筒灌浆常见质量问题及处理

主要问题：爆仓、排气口堵塞、注浆口堵塞、排气口或注浆口未出浆时就封堵、灌浆料流动度过大。

采取措施：加强管理、及时灌浆（个别项目滞后严重）、监理旁站、留视频资料、培训上岗（图9-50）。

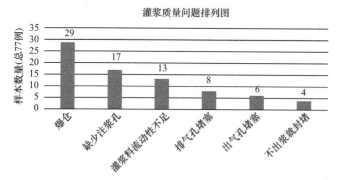

灌浆实例

图 9-50　灌浆施工监理旁站

9.6　机电安装施工

9.6.1　施工流程

首批构件进场应会同总包、机电分包、预制构件厂、监理方进行验收确认，主要复核手孔洞、线盒、预埋管、灯头盒、给水套管、排水地漏、排水立管洞等点位是否符合设计要求。

楼板机电安装施工时配合土建专业形成以单元为施工段的流水作业，其施工流程如下：

（1）无叠合板顶板施工：模板及底筋铺设绑扎→线管线盒预埋→面筋铺设绑扎→混凝土浇筑。

（2）叠合板顶板施工：叠合板吊装定位→底筋铺设绑扎→线管线盒预埋→面筋铺设绑扎→混凝土浇筑。

墙板机电安装施工时需在楼板混凝土浇筑后将多余预留线管以超出混凝土面10cm为标准进行割除，然后组织吊装。抢板钢筋绑扎与线管线盒接驳形成流水施工。其施工流程为：线管切割封堵→吊装PC墙板→墙面钢筋绑扎→线管线盒接驳→支模封板浇混凝土。

9.6.2　主要施工技术

装配式住宅机电安装，与传统现浇住宅相比差异主要体现在预留预埋阶段，电气系统预埋管路、线盒分布在预制剪力墙、预制外墙、预制叠合楼板等构件中，装配式住宅预留预埋关键控制点在于预制构件预留手孔下翻管路与现浇底板上翻管路能否实现精准对接，各管线与其他专业预埋件空间碰撞是否满足结构及建筑设计要求。

1. 预留手孔处上下翻管精准对接技术

采用分体式直接头，使用接头的内侧粘接墙板固定线管的端口，接头的中段与墙板线管的端口平，而后使平台预埋上翻线管敷设至墙板预留线管的端口，与接头内侧粘接。

在接头外侧的内壁及对接缝上涂抹 PVC 胶水，而后卡接在接头内侧上，待胶水凝固后，对接完成。接头使用示意方法见图 9-51。

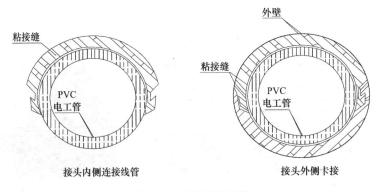

图 9-51　接头使用示意

2. 现浇区线管线盒定位限位技术

采用线管线盒定限位模具（图 9-52），模具的主体为一个或两个八角灯头盒，线盒顶上距线盒边开 2 个 ϕ22 孔，线盒的两侧接出两根经过预煨弯的 PVC 电工管，煨弯位置由手孔位置决定。

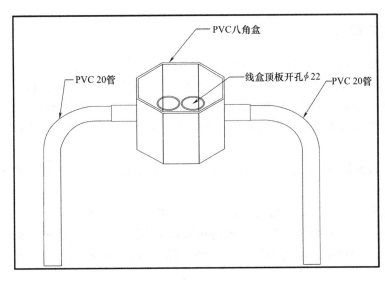

图 9-52　模具设计图

查阅预制构件深化图纸，确定预制墙板上手孔的位置、手孔两旁相邻的构件预留钢筋的定位尺寸及规格，如图 9-53。根据手孔中心至预留钢筋的尺寸确定模具的 PVC 20 管煨弯处与线盒表面的距离，下翻的线管底端距离施工面 15cm，模具设计图样见图 9-54。

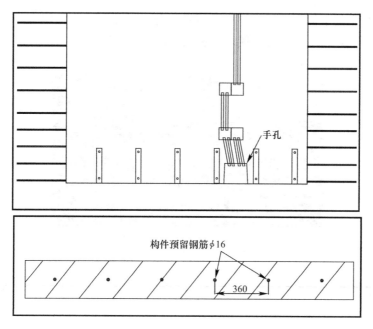

图 9-53 确定手孔位置并测量手孔两旁预留钢筋与手孔中心距离

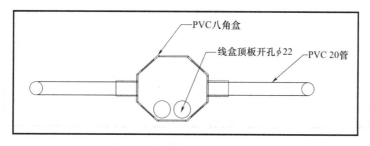

图 9-54 依照测量尺寸制作模具

定位模具 3D 模型见图 9-55,实样模具见图 9-56。

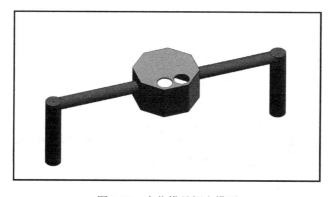

图 9-55 定位模具概念模型

模具制作完成后,在模具上贴上标签,标明使用号楼及对应手孔。现场定位时,将模具的两根下翻的 PVC 管插在预留钢筋上(步骤一,见图 9-57)。平板预埋时,将对应的暗敷线管敷设至模具处上翻，从模具顶上预开孔中穿出（步骤二，见图 9-58）。混凝土浇筑完成后，移走模具，待下一层继续使用（步骤三，见图 9-59）。

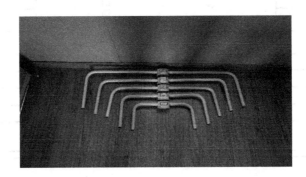

图 9-56　定位模具实物

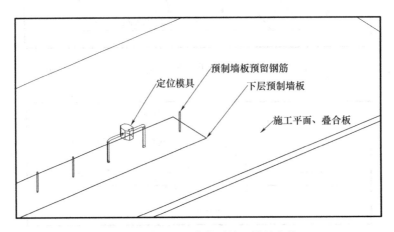

图 9-57　步骤一：定位时放置模具定位

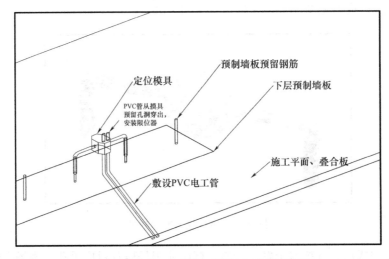

图 9-58　步骤二：预埋时线管上翻穿过模具

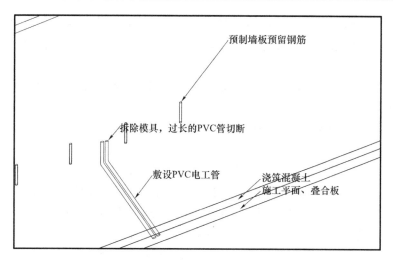

图 9-59　步骤三：混凝土浇筑完成后拆走模具

3. 管线排布 BIM 深化技术

运用 BIM 软件进行简单建模，利用 REVIT 软件对户内配管进行建模（图 9-60），合理的优化排管路径，减少管线的翻越及交叉，杜绝了三叠管现象。同时使用软件有助于统计并标记线管需煨弯处，使作业班组在未进行预埋施工前，利用空闲时间提前预制 PVC 线管短弯头，合理利用用工时间，减少在施工平台的工作量。通过此措施有效降低了作业单位的人工成本，同时也使施工质量得到保障。

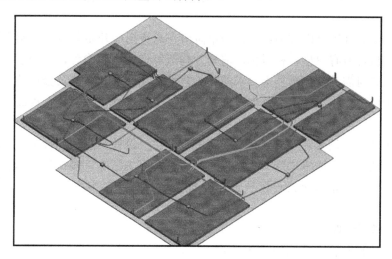

图 9-60　利用 REVIT 软件建模

9.7　装饰装修施工

9.7.1　装饰装修施工部署

装配式装饰装修建筑应在主体结构验收结束后开始组织施工部署，装饰装修一般工期紧、工序多且质量要求高，需结合项目实际情况进行详细的施工策划及合理的施工部署。

一般根据工程各验收节点排定合理的工期计划、材料计划、劳务计划和施工流水段划分、严格按照确认的分段流水进行施工、严把安全关、进度关、质量关，对重点工序做好重点管控。

（1）施工段的划分及劳动力分配宜按照同单体—同户型—同工序进行划分，同时需充分考虑不同材料供应周期。

（2）平面场地应确保施工道路顺畅，每个主体或区段设置独立材料加工厂及临时堆场，加工厂及堆场应随室外总体作业进度要求分阶段移位。

（3）垂直运输宜采用主体结构阶段室外人货梯或室内人货梯，宜每个单元/区段配置一个，同单元/全区段错在不同流水作业时应合理划分不同工序使用时间，大型集材料应集中运输。根据干/湿作业、材料规格、材料重量等选择不同阶段运输方式，运输工具应经专业检测并配备具有资质证书的司机后使用并定期维护。

（4）应制定安全、进度、质量管控目标并分解至每个管理人员或施工各班组，通过会议制度、报验制度、奖罚制度等定期考核目标值完成情况。

9.7.2　装饰装修设计管理

1. 图纸会审管理

装配式装饰装修建筑图纸审核应综合考虑消防及竣工验收、物业需求，品质提升及施工操作性等内容，确保在大手施工过程减少消除设计变更。一般主要分为一下及各阶段：

设计内审-业主及总包及分包技术深优化审核—业主及总包成本审核—业主、设计及总包综合审核。

各阶段主要设计审核内容为：设计内审阶段在总包招标开始前审核已出图纸是否达到招标深度——包含所有户型、材料标注清晰、构造节点做法明确等，是否已考虑装配式建筑的优缺点，同时需符合招标技术要求相关工艺做法。业主及总包及分包技术深优化审核阶段在分包单位进场施工前1个月内对图纸节点、工艺进行二次优化，提高施工施工可操作性及施工效率，确定工艺及工程样板图纸。业主及总包成本审核阶段在分包样板施工过程，审核成本增减比例及其对合同造成的影响。业主、设计及总包综合审核阶段综合审核样板图纸对品质定位、成本增降、操作性及项目目标值的影响，确认最终施工蓝图。其中总包设计深度参与，是这个设计阶段的重要提资者，对总包本身及工程起着举足轻重的作用。

2. 样品/样板管理

样品确认流程及管理范围如图9-61所示。

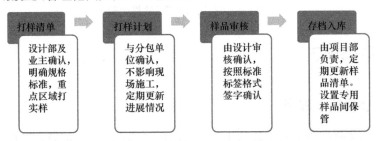

图9-61　样品确认流程及管理范围

样板确认及管理范围如图 9-62 所示。

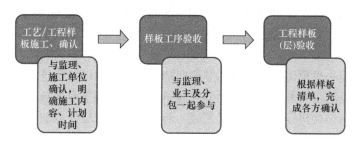

图 9-62 样板确认及管理范围

3. 施工过程销项管理

施工过程中为消除不同程度的节点盲区或不同专业的碰撞障碍，应同设计、不同系统专业分包建立设计沟通机制，尤其对设计单位，可根据项目难易程度及工期质量等要求申请设计单位驻场销项，每周宜 1~3 次，每周组织分包设计销项会，提前消除返工影响。

9.7.3 装饰装修施工管理

1. 工程交底

分包进场后对其进行总包工程管理交底，含轴线标高、场地移交、管理制度及管理目标等。

2. 样板管理

使样板层充分体现指导大手施工的目的，做到标准统一、做法统一，方案施工，消除施工中的差异点，明确标准及要求，发现潜在影响大手施工问题，确保大手工期和质量。管理原则为：样板层上一道工序验收完成通过后方能开展下一道工序的施工，样板层工序验收完成后方能开展该工序的大手施工。样板层每道工序验收均由分包、总包、监理及业主共同参加。样板层工序验收要统一各家单位的工艺工法标准，对于相同户型相同装修标准，要做到深化图纸、现场节点的统一。

其中工艺样板一般内容为：防水工程、管道与淋浴房导墙、硬包龙骨架及基层、门套基层、木饰面龙骨及基层、过门石止水带及铺贴、厨卫间抹灰、石膏抹灰、吊顶及基层、窗帘箱挂板、地暖保温层及精找平、墙地面瓷砖铺贴、天花阴角金属凹槽安装、移门钢架基层及挂网抹灰、金属踢脚基层。

工程样板一般内容为：造型基层、机电末端点位的定位与底盒预埋、饰面层材料的排版放线，实木门套安装，橱柜、卫生间台盆柜模型（木工板）制作与定位（水槽洗碗一体机定位，龙头定位模型）、固定柜及镜箱模型安装等

3. 关键工序质量管理

设置重点工序停检点，要求停检点必须严格执行验收，细化到每栋每层每户，确保现场施工质量，避免交付风险。主要停检点有（石材干挂）龙骨安装停检点检查验收表、木地板基层地面停检点检查验收表、墙面墙纸基层（垂直度、直线度、方正度、平整度）停检点检查表、轻钢龙骨吊顶石膏板安装停检点检查验收表、卫生间防水施工停检点检查验收表、卫生间防水施工停检点检查验收表等。

装配式建筑关键停检点主要体现在防水及基层处理，幕墙/涂料分仓线条施工。装配

233

式建筑内墙一般为薄抹灰或免抹灰，装饰基层处理时对工人施工水平及工艺精度由较高要求，需采用激光仪或红外线设备度结构墙面垂平度进行复核，超标部分需提前修补处理。基层材料应符合设计要求，并且复检合格。施工过程严格按照方案设置冲筋并进行工序报验。

配式建筑外墙一般预留间距不等的竖横向结构拼缝，用以结构连接的同时发挥抗震变形作业，此节点是防渗漏及幕墙完成面分仓线条的施工管理重点区域。其中分仓缝施工前应优化其尽可能与结构拼缝重合，设置假缝。防渗漏水平拼缝处应加强防水处理。

9.8　工作面交接管理

构件自进场至交付前，各施工方之间需办理多次工作面交接，确保各道工序安全、质量及进度受控。总包应建立各分包单位协调管理制度，健全各分包单位沟通管理机制，监督各阶段移交内容的完整性及有效性。各阶段移交内容及参建方接收如表9-7所示。

工作面交接内容及参建各方接收表　　　　　　表9-7

施工阶段	移交内容	移交单位	接收单位	其他参建方
吊装前准备阶段	临边洞口封堵。外架围护。 混凝土养护成品保护措施（塑料薄膜）。 基层清理。 钢筋、线管预留长度说明	土建/机电	吊装单位	总包、监理方的施工、质量及安全人员
水平及竖向构件吊装阶段	构件加固设施（含埋件）。 构件垂直度/平整度/拼缝测量统计表。 构件表面预留孔洞保护措施（橡皮塞、PE棒等）	吊装单位	土建/机电	总包、监理方的施工、质量人员
现浇区施工阶段	竖向钢筋/底筋绑扎成品。混凝土浇筑计划单	土建	机电	总包、监理方的施工、质量人员，总包材料员
	预留预埋施工成品。混凝土浇筑令	机电	土建	
外立面打胶阶段	现浇区混凝土垂直度/平整度测量统计表。外立面孔洞封堵验收表	土建	吊装单位	总包、监理方的施工、质量人员
外立面涂料/幕墙作业阶段	外立面现浇区/PC区垂直度/平整度测量统计表。外立面胶缝验收变。外立面淋水试验验收表	吊装单位	涂料单位/保温单位/幕墙单位	总包、监理方的施工、质量人员
装饰装修阶段	现浇区/PC区机电预留预埋点位及数量	机电	装饰单位	总包、监理方的施工、质量人员
	外立面现浇区/PC区垂直度/平整度测量统计表。水平拼缝及手孔灌浆区域验收表	吊装单位		
	墙板孔洞封堵验收表	土建		

第 10 章 装配式建筑质量管理

装配式建筑是由各工厂化预制构件运到施工现场装配建成，要确保装配式建筑的质量必须从加强预制混凝土构件的质量管理做起，提高预制构件的深化设计质量，加强构件生产、堆放、运输、吊装、节点固接、成品保护等各环节的质量控制，分清各个环节的主体责任，才能促进装配式建筑的健康发展。

严格执行工程质量有关法律法规和强制性标准，以施工现场为中心，以质量行为标准化和工程实体质量控制标准化为重点，建立企业和工程项目自我约束、自我完善、持续改进的质量管理工作机制，严格落实工程参建各方主体质量责任，全面提升工程质量水平，并将各专业分包质量管理员，纳入总包质量管理体系。

10.1 项目质量管理组织机构和职责分工

10.1.1 质量管理组织机构

如图 10-1 所示。

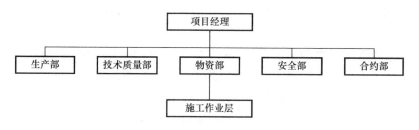

图 10-1 项目质量管理组织架构

10.1.2 质量管理职责分工

项目质量管理职责分工如表 10-1 所示。

质量管理职责分工 表 10-1

序号	部门及人员	职责内容
1	项目经理	项目质量的第一责任人，负责组织工程质量策划和施工组织设计大纲的编制，制定工程质量实施总目标
2	总工程师	根据工程质量策划和质量计划，组织专项施工方案、工艺标准、操作规程编制，提出质量保证措施，负责工程施工规范、规程和标准管理
3	专业经理	参与工程质量策划，制定质量计划和阶段质量实施目标，并对阶段目标的实施情况定期监督、检查和总结。负责定期组织质量讲评、质量总结，以及与业主和业主代表、监理进行有关质量工作的沟通和汇报

续表

序号	部门及人员	职责内容
4	技术质量部	编制质量检验计划、过程控制计划、质量预控措施等，对工程质量进行控制。组织检查各工序施工质量，组织重要部位的预检和隐蔽工程检查。组织分部工程的质量核定及单位工程的质量评定，并监督检查其落实
5	机电部	组织编制机电项目施工进度计划、生产要素需用计划，组织、协调现场施工。组织编制机电方案，组织施工图纸自审。组织机电专业工序交接和施工现场、工程成品（半成品）维护，核定现场施工进度和实物量的完成情况。参与单位工程质量评定，办理交工手续，整理竣工资料
6	物资设备部	严格按物资采购程序进行采购，确保物资采购质量。组织对工程物资的验证，确保使用合格产品。采购资料及验证记录的收集、整理
7	生产部	实施工程过程质量监控，按照规范、标准对施工过程进行严格检验与控制，确保工程实体质量优良。工程成品保护管理，做到职责到人，保护措施到位。对施工进行具体的安排部署，保证各专业工程质量目标的实现
8	分包层	项目经理和质量总监，列入项目部垂直管理

10.2　装配式建筑质量管控要点

10.2.1　工程总承包管理单位管控要点

（1）工程总承包管理单位应按有关规定将装配式建筑施工图设计文件送审查机构审查。当施工图设计文件有涉及与结构安全、使用功能相关的重要变更时，需送原审查机构重新审图。

（2）应根据装配式建筑的施工特点，配足安全生产文明施工措施费用。

（3）工程总承包管理单位应做好设计、施工总包、监理、构件生产等参建各方在施工进度及工作配合上的协调工作，保持生产用量的均衡。

（4）建设工程实施监理的，工程总承包管理单位应委托监理单位对预制混凝土构件的生产环节进行监理，并支付相应的监理费用，监理驻场是构件生产质量控制的关键。

（5）工程总承包管理单位应建立相应的工作制度，组织工程参建各方进行预制混凝土构件生产首件验收和现场安装首段验收，验收合格后方可进行批量生产或后续施工。

10.2.2　设计单位管控要点

（1）施工图设计文件应严格执行装配式建筑设计文件编制深度规定。在施工图设计文件中应明确装配式建筑的结构类型、预制装配率、预制构件部位、预制构件种类、预制构件之间和预制构件与主体现浇之间的构造做法等，并编制结构设计说明专篇。对可能存在的重大风险提出专项设计要求。

（2）设计单位应会同施工单位充分考虑构件吊点、塔吊和施工机械附墙预埋件、脚手架拉结等因素，方便构件生产及后续施工，并提出施工过程中确保质量的措施。

（3）设计单位应做好现场服务，并指派专人作为现场服务负责人，对施工现场进行的相关服务内容做好详细记录并汇总为设计服务台账。对有涉及与结构安全、使用功能相关的重要变更时，设计单位应严格把关，并提醒建设单位将修改文件送原审查机构审查。

10.2.3 监理单位管控要点

（1）监理单位应严格审查施工专项方案的审批和专家论证情况，并根据专项方案编制可操作性的监理实施细则，明确监理的关键环节、关键部位及旁站巡视等要求，关键环节和关键部位旁站需留存影像资料，装配式建筑除常规施工方案外至少应包括以下：构件加工方案、构件运输方案、装配式施工组织设计、施工吊装方案、灌浆方案。

（2）构件生产实施驻场监理时，监理单位要切实履行相关监理职责，实施原材料验收、检测、隐蔽工程验收和检验批验收，在预制构件出厂前应对构件强度、外观质量、尺寸偏差、预留预埋、滴水线、粗糙面、修补检查、编码、成品保护、包装及构件运输等内容进行检查，并编制完成驻场监理评估报告。

（3）现场监理日常旁站巡视重点应包括施工单位吊装前的准备工作、吊装过程中的管理人员到岗情况、作业人员的持证上岗情况、吊装监管人员到岗履职情况、灌浆料的操作时间控制情况及灌浆料专人操作情况及相关辅助设施方案的实施情况等。

10.2.4 预制构件生产单位管控要点

（1）生产单位应根据审查合格的施工图设计文件进行预制构件的加工图设计，并须经原施工图设计单位审核确认。

（2）生产单位应编制预制构件生产方案，明确质量保证措施，按规定履行审批手续后方可实施。

（3）生产单位应加强预制构件生产过程中的质量控制，并根据规范标准加强原材料、混凝土强度、连接件、构件性能等的检验。

（4）生产单位应对检查合格的预制构件进行标识，标识内容应包括生产单位名称、构件型号、生产日期和质量验收标识等，标识不全的构件不得出厂。出厂的构件应提供完整的构件质量证明文件。

（5）预制混凝土构件生产首件生产完成后，生产单位应报建设单位进行首件验收。生产单位应派专业人员在安装首段构件前对现场施工人员进行相关技术培训，并应参加现场安装首段验收。

（6）生产单位应积极配合监理单位开展相关监理工作。

10.2.5 施工单位管控要点

施工单位应及时编制装配式建筑施工的质量专项方案，并按规定履行审批手续。施工现场应严格落实领导带班，严格落实各岗位的安全职责，协调督促各分包单位有效落实专项方案。针对交叉施工的环节，协调督促各分包单位相互配合，有效落实施工组织设计及专项方案的各项内容。

1. 施工准备

（1）设计单位应当参加建设单位组织的针对生产单位的生产技术交底，以及对施工单位及监理单位进行的设计交底。当构件生产和现场施工有需求时，应及时给予技术支持。在设计过程中采用了突破现有规范及标准的装配式建筑（采用新结构体系、新技术、新材料等）应进行专项评审。

（2）施工单位应制定涉及质量控制措施、工艺技术控制难点和要点、全过程的成品保护措施等内容的专项方案，并通过审核。专项施工方案应包括现场构件堆放、构件安装施工、节点连接、防水施工、混凝土现浇施工等内容。质量控制措施应包括构件进场检查、吊装、定位校准、节点连接、防水、混凝土现浇、机具设备配置、首件样板验收、预制构件堆放、构件安装的临时支撑体系的搭设等方面的要求。

（3）监理单位应及时编制装配式建筑施工监理细则且通过审核，并对施工单位现场质量体系建立、管理及施工人员到位情况、主要工程材料落实情况进行审查。

2. 预制构件管理

（1）预制构件应设置专用堆场，堆场应硬化平整。构件堆放区应设置隔离围栏，按品种、规格、吊装顺序分别设置堆垛，其他建筑材料、设备不得混合堆放，防止搬运时相互影响造成伤害。

（2）应根据预制构件的类型选择合适的堆放方式及规定堆放层数，同时构件之间应设置可靠的垫块。若使用货架堆置，货架应进行力学计算满足承载力要求。

（3）加强预制构件成品保护，尤其是对外墙饰面、窗框、预埋套筒及灌浆孔、吊具、构件阳角、预留预埋孔洞、出筋以及构件薄弱部位应进行重点保护。

（4）施工单位应对进入施工现场的每批预制构件全数进行质量验收，并经监理单位抽检合格后方能使用。验收内容包括构件是否在明显部位标明生产单位、安装部位、构件型号、生产日期和质量验收标识。构件上的预埋件、吊点、插筋和预留孔洞的规格、位置和数量是否符合设计要求。构件外观及尺寸偏差是否有影响结构性能和安装、使用功能的严重缺陷等。施工单位和监理单位同时还须复核预制构件产品质量保证文件，包括吊点的隐蔽验收记录、混凝土强度等相关内容。

3. 构件连接

（1）构件安装就位后应及时校准，校准后须及时将构件固定牢固，防止变形和位移。

（2）当采用焊接或螺栓连接时，须按设计要求连接，对外露铁件应采取防腐和防火措施。

（3）采用钢筋套筒灌浆连接施工前，须对灌浆料的强度、微膨胀性、流动度等指标进行检测。在灌浆前每一规格的灌浆套筒接头和灌浆过程中同一规格的每 500 个接头，应分别进行灌浆套筒连接接头抗拉强度的工艺检验和抽检（检验方法：按规格制作 3 个灌浆套筒接头，抗拉强度检验结果应符合 I 级接头要求）。施工中检查套筒中连接钢筋的位置和长度必须符合设计要求，并应加强全过程加强质量监控，灌浆施工过程应留存影像资料。

4. 构造防水及防水施工

（1）对进场的外墙板应注意保护其空腔侧壁、立槽、滴水槽以及水平缝的防水台等部位，以免损坏而影响使用功能。

（2）密封防水部位的基层应牢固，表面应平整、密实，不得有蜂窝、麻面、起皮和起砂现象，嵌缝密封材料的基层应干净、干燥。应事先对嵌缝材料的性能、质量和配合比进行检验，嵌缝材料必须与板材牢固粘接，不应有漏嵌和虚粘的现象。

（3）抽查竖缝与水平缝的勾缝，不得将嵌缝材料挤进空腔内。外墙十字缝接头处的塑料条须插到下层外墙板的排水坡上。外墙接缝应进行防水性能抽查，并做好施工记录。发现有渗漏，须对渗漏部位及时进行修补，确保防水作用。

5. 结构施工

（1）现浇混凝土浇筑前应清除浮浆、松散骨料和污物，并采取湿润技术措施，构件与现浇结构连接处应进行构件表面拉毛或凿毛处理。

（2）立柱模板宜采用工具式的组合模板。根据混凝土量的大小选用合适的输送方式，连接处须一次连续浇筑密实，混凝土强度等性能指标须符合设计规定，并应做好接头和拼缝的混凝土或砂浆的养护。

（3）结构的临时支撑应保证所安装构件处于安全状态，当连接接头达到设计工作状态，并确认结构形成稳定结构体系时，方可拆除临时支撑。每件预制墙板安装过程中斜撑不少于两道，支撑点高度距离板底不大于板高 2/3，且不大于板高 1/3，底部限位装置不少于 2 个，且间距不少于 4m，临时斜撑和限位装置应在连接部位混凝土或灌浆料强度达到设计要求后拆除。当设计无具体要求时，混凝土或灌浆料应达到设计强度的 75% 以上方可拆除，每一楼层临时支撑及限位装置拆除工作应先报监理审批同意才可进行。

（4）现场灌浆过程中应注意套筒内浮浆清理、墙体分仓、封堵密实、灌浆机械选择、灌浆压力确定、灌浆料配合比等。

（5）预制装配式结构，定位测量与标高控制，是一项施工重要内容，关系到装配式建筑物定位、安装、标高的控制。

平面控制采用网状控制法，施工方格控制网，垂直控制每楼层设置四个引测点。根据本工程主楼建筑的平面形状特点，通过地面上设置的控制网，在建筑物的地下室顶板面上设置垂直控制点，形成十字相交，组成十字平面控制网，并避开每层的柱、梁、墙，并且点与点之间不被核心筒、柱子等预留钢筋挡住视线。浇捣顶板混凝土时，在相交点设置固定引测点（留设孔），浇混凝土完毕放线后，依据固定引测点测量放线（图 10-2）。

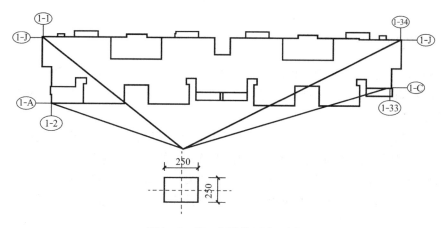

图 10-2 洞口留设位置布置图

引测时，操作者将经纬仪架在中间控制点上，对中调平，楼层上一个操作者将一个十字丝操作控制点放在预留孔上，上、下人员用对讲机联络，调整精度，经纬仪十字丝和接收靶十字丝重合，即在预留孔边做好标记，在混凝土上弹十字黑线，该点即引测完毕。其次，将其他控制点分别引测到同一个楼面上，然后测量员到楼面上用经纬仪将引测好的点分别引出直线，并转角校核，拉尺量距离，准确无误后即可形成轴线控制网。每个独立楼面设立四个控制点，在相对应控制点的部位设置四个 250×250mm 的预留孔作为通视孔

（图 10-3）。

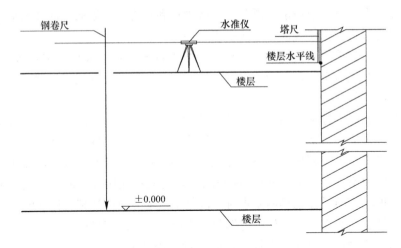

图 10-3　±0.000 以上高层测量示意图

每块预制构件进场验收通过后，统一按照板下口往上 780mm 弹出水平控制墨线。按照板左右两边往内 200mm 各弹出两条竖向控制墨线。PC 墙板、预制阳台板、楼梯控制线依次由轴线控制网引出，每块预制构件均有纵、横两条控制线，并以控制轴线为基准在楼板上弹出构件进出控制线（轴线内翻 200mm）、每块构件水平位置控制线以及安装检测控制线。构件安装后楼面安装控制线应与构件上安装控制线吻合。

10.3　装配式建筑检验、试验管理

10.3.1　一般规定

装配整体式混凝土建筑现场检测包括主体结构系统、外围护系统、设备与管线系统、内装系统的检测。其中，主体结构系统检测主要包括材料、构件、安装与连接质量、结构性能的检测。

（1）当遇到下列情况之一时，应进行装配整体式混凝土建筑的现场检测：

1）涉及主体结构工程质量的材料、构件以及连接的检验数量不足。

2）材料与部品部件的驻厂检验或进场检验缺失，或对其检验结果存在争议。

3）对建筑实体质量的抽样检测结果达不到设计要求或施工验收规范要求。

4）对建筑实体质量有争议。

5）相关法规、标准、行政主管部门等要求进行的第三方检测。

（2）装配整体式混凝土建筑现场检测工作可接受单方委托，存在质量争议时宜由当事各方共同委托第三方检测机构完成。

（3）装配整体式混凝土建筑现场检测工作包括初步调查、检测方案制定、仪器与设备选择、检测人员配备、现场检测标识与数据信息记录、补充检测或复检等方面，按现行国家标准《混凝土结构现场检测技术标准》GB/T 50784 执行。

（4）装配整体式混凝土建筑现场检测工作结束后，应及时提出针对由于检测造成结

或构件局部损伤的修补建议。

10.3.2 材料检测

装配整体式混凝土建筑的材料检测包括混凝土、钢筋、连接材料等检测项目。

（1）混凝土包括进场预制构件中的混凝土和现场施工的后浇混凝土。钢筋包括进场预制构件中的钢筋和现场施工的后浇混凝土中的钢筋。

（2）混凝土力学性能检测包括抗压强度、弹性模量等检测项目。混凝土长期性能和耐久性能检测包括抗渗性能、抗冻性能、氯离子渗透性能等检测项目。混凝土中有害物质含量及其作用效应检验包括氯离子含量、碱骨料反应危害性等检测项目。应根据装配整体式混凝土建筑的特点和要求合理选择混凝土检测项目，检测方法按现行国家标准《混凝土结构现场检测技术标准》GB/T 50784 执行。

（3）装配整体式混凝土结构后浇混凝土的抗压强度应在施工现场预留混凝土立方体试块，按现行国家标准《混凝土强度检验评定标准》GB/T 50107 进行检测。施工后对预留混凝土试块检测结果存在争议时，按照现行国家标准《混凝土结构现场检测技术标准》GB/T 50784 进行现场检测。

（4）钢筋检测包括直径、力学性能和锈蚀状况等检测项目，检测方法按现行国家标准《混凝土结构现场检测技术标准》GB/T 50784 执行。

10.3.3 连接材料检测

装配整体式混凝土建筑的连接材料包括灌浆料、坐浆料、钢筋接头、钢筋锚固板、紧固件及焊接材料等。

（1）灌浆料的抗压强度应在施工现场制作平行试块进行检测，其中，套筒灌浆料抗压强度的检测方法按现行行业标准《钢筋连接用套筒灌浆料》JG/T 408 执行，浆锚搭接灌浆料抗压强度的检测方法按现行国家标准《水泥基灌浆材料应用技术规范》GB/T 50448 执行。

（2）坐浆料的抗压强度应在施工现场制作平行试块进行检测，检测方法参照现行行业标准《建筑砂浆基本性能试验方法标准》JGJ/T 70 执行。

（3）钢筋采用套筒灌浆连接时，接头强度应在施工现场制作平行试件进行检测，检测方法按现行行业标准《钢筋套筒灌浆连接应用技术规程》JGJ 355 执行。

（4）钢筋采用机械连接时，接头强度应在施工现场制作平行试件进行检测，检测方法按现行行业标准《钢筋机械连接技术规程》JGJ 107 执行。

（5）钢筋采用焊接连接时，接头强度应在施工现场制作平行试件进行检测，检测方法按现行行业标准《钢筋焊接及验收规程》JGJ 18 执行。

（6）钢筋锚固板的检测方法按现行行业标准《钢筋锚固板应用技术规程》JGJ 256 执行。

（7）紧固件的检测方法按现行国家标准《钢结构工程施工质量验收规范》GB 50205 执行。

（8）焊接材料的检测方法按现行国家标准《钢结构工程施工质量验收规范》GB 50205 执行。

10.3.4　构件检测

装配整体式混凝土建筑的预制构件检测包括缺陷、尺寸偏差与变形、构件结构性能等检测项目。

1. 缺陷检测

（1）预制构件缺陷检测包括外观缺陷检测和内部缺陷检测。

（2）外观缺陷检测包括露筋、孔洞、夹渣、蜂窝、疏松、裂缝、连接部位缺陷、外形缺陷、外表缺陷等检测项目。各检测项目可根据实际需要采用以下方法检测：

1）露筋长度可用钢尺或卷尺量测。

2）孔洞直径可用钢尺或卷尺量测，孔洞深度可用游标卡尺量测。

3）夹渣深度可采用剔凿法或超声法检测。

4）蜂窝和疏松的位置和范围可用钢尺或卷尺量测，委托方有要求时，可通过剔凿、成孔等方法量测蜂窝深度。

5）表面裂缝的最大宽度可用裂缝专用测量仪器量测，表面裂缝长度可用钢尺或卷尺量测。

6）连接部位缺陷可用观察或剔凿法检测。

7）外形缺陷和外表缺陷的位置和范围可用钢尺或卷尺测量。

（3）内部缺陷检测包括内部不密实区、裂缝深度等检测项目，可用超声法进行检测。对于判别困难或检测结果存在争议的区域应采用钻芯法或剔凿法进行验证，按现行国家标准《混凝土结构现场检测技术标准》GB/T 50784 执行。

2. 尺寸偏差与变形检测

（1）预制构件尺寸偏差与变形检测包括截面尺寸及偏差、翘曲、裂缝等检测项目，检测方法按现行国家标准《混凝土结构现场检测技术标准》GB/T 50784 执行。

（2）预制构件尺寸偏差检测时，应同时对预制构件上的预埋件、预留插筋、预留孔洞、预埋管线的尺寸偏差进行检测，检测方法按现行国家标准《装配式混凝土建筑技术标准》GB/T 51231 执行。

（3）预制构件与后浇混凝土、灌浆料、坐浆料的结合面应按设计要求设置粗糙面或键槽，粗糙面与键槽的质量可采用以下方法检测：

1）粗糙面的面积可用钢尺或卷尺量测。

2）键槽的尺寸、间距和位置可用钢尺量测。

10.3.5　套筒灌浆质量与浆锚搭接灌浆质量检测

（1）装配整体式混凝土结构中套筒灌浆质量的检测方法包括 X 射线工业 CT 法、预埋钢丝拉拔法、预埋传感器法、X 射线法等，可针对不同施工阶段进行检测：

1）灌浆施工前，结合工艺检验采用 X 射线工业 CT 法进行套筒灌浆质量检测。

2）灌浆施工时，根据实际需要采用预埋钢丝拉拔法或预埋传感器法进行套筒灌浆饱满度检测。

3）灌浆施工后，可根据实际需要采用 X 射线法结合局部破损法进行套筒灌浆质量检测。

（2）焊接连接质量与螺栓连接质量检测：

1）装配整体式混凝土结构中预制构件采用焊接连接时，焊接连接质量检测按现行国家标准《钢结构工程施工质量验收规范》GB 50205 执行。

2）装配整体式混凝土结构中预制构件采用螺栓连接时，螺栓连接质量检测按现行国家标准《钢结构工程施工质量验收规范》GB 50205 执行。

（3）预制剪力墙底部接缝灌浆质量检测：

1）预制剪力墙底部接缝灌浆质量宜采用超声法检测，超声法所用换能器的辐射端直径不应超过 20mm，工作频率不应低于 250kHz。

2）采用超声法对预制剪力墙底部接缝灌浆质量进行检测时，参照现行中国工程建设标准化协会标准《超声法检测混凝土缺陷技术规程》CECS 21 执行，应选用对测方法，初次测量时测点间距宜选择 100mm，对有怀疑的点位可在附近加密测点。

10.3.6　结构性能检测

1）装配整体式混凝土结构整体性能检测包括沉降和倾斜检测、静载检验和动力测试。

2）结构构件静载检验和结构动力测试时，应根据现场调查、检测和计算分析的结果，预测检验过程中结构的性能，并应考虑相邻的结构构件、组件或整个结构之间的影响。

3）对所有进场时不做结构件能检验的预制构件，可通过施工单位或监理单位代表驻厂监督生产的方式进行质量控制，此时构件进场的质量证明文件应经监督代表确认。当无驻厂监督时，预制构件进场时应对预制构件主要受力钢筋数量、规格、间距及混凝土强度、混凝土保护层厚度等进行实体检验，具体可按以下原则执行：

1）实体检验宜采用非破损方法，也可采用破损方法，非破损方法应采用专业仪器并符合国家现行有关标准的有关规定。

2）检查数量可根据工程情况由各方商定。一般情况下不超过 1000 个同类型预制构件为一批，每批抽取构件数量的 2％且不少于 5 个构件。

3）对所有进场时不做结构性能检验的预制构件，进场时的质量证明文件宜增加构件生产过程检查文件，如钢筋隐蔽工程验收记录、预应力筋张拉记录等。

10.4　装配式建筑验收管理

装配式结构作为一个分项进行验收。

（1）分项工程的验收包括预制构件进场、预制构件安装以及装配式结构特有的钢筋连接和构件连接等内容。

ü 装配式结构现场施工中的钢筋绑扎、混凝土浇筑等内容，应分别纳入钢筋、混凝土、预应力等分项工程进行验收

（2）混凝土结构子分部工程的划分如图 10-4 所示。

（3）GB 50204—2014 验收检验批划分：

1）子分部→分项→检验批。

2）分项工程：模板、钢筋、预应力、混凝土、现浇结构、预制装配结构

（4）隐蔽工程验收：

装配式结构连接节点及叠合构件浇筑混凝土之前，应进行隐蔽工程验收。隐蔽工程验收应包括下列主要内容：

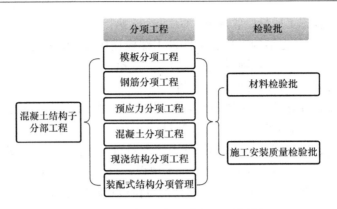

图 10-4　混凝土结构子分部工程的划分

1）混凝土粗糙面的质量，键槽的尺寸、数量、位置。

2）钢筋的牌号、规格、数量、位置、间距，箍筋弯钩的弯折角度及平直段长度。

3）钢筋的连接方式、接头位置、接头数量、接头面积百分率、搭接长度、锚固方式及锚固长度。

4）预埋件、预留管线的规格、数量、位置。

10.4.1　构件进场验收

构件进场时，总包单位应组织监理工程师对构件进行进场验收，验收内容如下：

（1）构件进场是否需要进行结构实体检测参考 10.3.6 节内容。对于进场时不做结构性能检验的预制构件，质量证明文件尚应包括预制构件生产过程的关键验收记录。

（2）对专业企业生产的预制构件，进场时应检查质量证明文件。质量证明文件包括产品合格证书、混凝土强度检验报告及其他重要检验报告等；其检验报告在预制构件进场时可不提供，但应在构件生产企业存档保留，以便需要时查阅。灌浆套筒质量证明文件包括产品合格证、产品说明书、出厂检验报告（含材料性能检测报告）。

（3）对总承包单位制作的预制构件没有"进场"的验收环节，其材料和制作质量应按规范规定进行验收。对构件的验收方式为检查构件制作中的质量验收记录。

（4）预制构件的外观质量缺陷可按国标 GB 50204—2015 及国家现行有关标准的规定进行判断。对于预制构件的严重缺陷及影响结构性能和安装、使用功能的尺寸偏差，处理方式按国标 GB 50204—2015 的有关规定。专业企业生产的预制构件，应由预制构件生产企业按技术方案处理，并重新检查验收。

（5）预制构件的预埋件和预留孔洞等应在进场时按设计要求抽检，合格后可使用可避免在构件安装时发现问题造成不必要的损失。

（6）预制构件表面的标识应清晰、可靠，以确保能够识别预制构件的"身份"，并在施工全过程中对发生的质量问题可追溯。预制构件表面的标识内容一般包括生产单位、构件型号、生产日期、质量验收标志等，如有必要，需通过约定标识表示构件在结构中安装的位置和方向、吊运过程中的朝向等。

（7）装配整体式结构中预制构件与后浇混凝土结合的界面称为结合面，具体可为粗糙面或键槽两种形式。有需要时，还应在键槽、粗糙面上配置抗剪或抗拉钢筋等，以确保结构的整体性。

10.4.2　安装与连接验收

（1）临时固定措施是装配式结构安装过程中承受施工荷载、保证构件定位、确保施工安全的有效措施。临时支撑是常用的临时固定措施，包括水平构件下方的临时竖向支撑、水平构件两端支承构件上设置的临时牛腿、竖向构件的临时斜撑等。

（2）钢筋采用套筒灌浆连接时连接接头的质量及传力性能是影响装配式结构受力性能的关键，应严格控制。灌浆饱满、密实是灌浆质量的基本要求。套筒灌浆连接的验收应按现行行业标准《钢筋套筒灌浆连接应用技术规程》JGJ 335 的有关规定执行。

（3）钢筋采用焊接连接时，应按现行行业标准《钢筋焊接及验收规程》JGJ 18 的有关规定进行验收。考虑到装配式混凝土结构中钢筋连接的特殊性，很难做到连接试件原位截取，故要求制作平行加工试件。平行加工试件应与实际钢筋连接接头的施工环境相似，并宜在工程结构附近制作。

（4）钢筋采用机械连接时，应按现行行业标准《钢筋机械连接技术规程》JGJ 107 的有关规定进行验收。

（5）在装配式结构中，常会采用钢筋或钢板焊接、螺栓连接等"干式"连接方式，此时钢材、焊条、螺栓等产品或材料应进行进场检验，施工焊缝及螺栓连接质量应按国家现行标准《钢结构工程施工质量验收规范》GB 50205、《钢筋焊接及验收规程》JGJ 18 的相关规定进行检查验收。

（6）当叠合层或连接部位等的后浇混凝土与现浇结构同时浇筑时，可以合并验收。对有特殊要求的后浇混凝土应单独制作试块进行检验评定。

10.4.3　灌浆工程验收

（1）施工单位应当在钢筋套筒灌浆连接施工前，单独编制套筒灌浆连接专项施工方案。专项施工方案应当由施工单位技术负责人审核签字、加盖单位公章，经总监理工程师审查签字、加盖执业印章后方可实施。专项施工方案中应明确吊装灌浆工序作业时间节点、灌浆料拌和、分仓设置、补灌工艺和坐浆工艺等要求。

（2）灌浆施工人员须进行灌浆操作培训，经考核合格后方可上岗。

（3）施工单位应按要求对灌浆料、套筒、分仓材料、封堵材料和坐浆料等材料进行报审，监理单位审核通过方可使用。

（4）灌浆料进场时，施工单位应按规定随机抽取灌浆料进行性能检验。在灌浆施工过程中，施工单位应当按规定留置灌浆料标准养护 28d 抗压强度试件，并应当留置同条件养护抗压强度试件。同条件养护试件抗压强度未达到 35N/mm²，不得进行对接头有扰动的后续施工。水泥基灌浆料材料在运输及存储时，不得受潮和混入杂物，不得混杂。产品自生产日期起计算，在符合标准的包装、运输、储存的条件下储存期为 3 个月，过期应重新进行物理性能检验。

（5）钢筋套筒灌浆连接应符合《钢筋套筒灌浆连接应用技术规程》JGJ 355 的规定，施工现场应有符合要求的接头试件型式检验报告。钢筋套筒灌浆接头工艺检验和接头抗拉强度的试件应由施工现场实际灌浆施工人员在见证人员的见证下制作，接头检测报告上应明确灌浆施工人员及其单位。

（6）施工单位应根据灌浆料特性、灌浆工艺要求使用注浆压力等参数符合要求的灌浆机，并报监理单位审核同意。

（7）实行灌浆令制度。钢筋套筒灌浆施工前，施工单位及监理单位应联合对灌浆准备工作、实施条件、安全措施等进行全面检查，应重点核查套筒内连接钢筋长度及位置、坐浆料强度、接缝分仓、分仓材料性能、接缝封堵方式、封堵材料性能、灌浆腔连通情况等是否满足设计及规范要求。每个班组每天灌浆施工前应签发一份灌浆令，灌浆令由施工单位项目负责人和总监理工程师同时签发，取得后方可进行灌浆。

（8）施工单位应明确专职检验人员，对钢筋套筒灌浆施工进行监督并记录，钢筋套筒灌浆施工应由监理人员旁站监督，并进行旁站记录。

（9）施工单位应当对钢筋套筒灌浆施工进行全过程视频拍摄（各地市要求不同），该视频作为施工单位的工程施工资料留存。视频内容必须包含：灌浆施工人员、专职检验人员、旁站监理人员、灌浆部位、预制构件编号、套筒顺序编号、灌浆出浆完成等情况。视频格式宜采用常见数码格式。视频文件应按楼栋编号分类归档保存，文件名包含楼栋号、楼层数、预制构件编号。视频拍摄以一个构件的灌浆为段落，宜定点连续拍摄。

（10）竖向钢筋套筒灌浆施工时，出浆孔未流出圆柱体灌浆料拌合物不得进行封堵，持压时间不得低于规范要求。水平钢筋套筒灌浆施工时，灌浆料拌合物的最低点低于套筒外表面不得进行封堵。当灌浆套筒施工出浆孔出现无法出浆的情况时，采取的补灌工艺应符合《钢筋套筒灌浆连接应用技术规程》JGJ 355 的规定。

（11）灌浆施工后，施工单位和监理单位相关人员必须对出浆孔内灌浆料拌合物情况实施检查：当采用竖向钢筋连接套筒时，灌浆料加水拌合 30min 内，一经发现出浆孔空洞明显，应及时进行补灌。采用水平钢筋连接套筒施工停止后 30s 内，一经发现灌浆料拌合物下降，应检查灌浆套筒的密封或灌浆料拌合物排气情况，并及时补灌。补灌后，施工单位和监理单位必须进行复查。

（12）《钢筋套筒灌浆连接应用技术规程》JGJ 355—2015 有关验收的内容：

1）型式检验报告的内容与施工过程的各项材料一致（第 7.0.2 条）。

2）灌浆套筒进厂（场）外观质量、标识和尺寸偏差（第 7.0.3 条）。

3）灌浆料进场流动度、泌水率、抗压强度、膨胀率（第 7.0.4 条）。

4）接头工艺检验，可在第一批灌浆料进场检验合格后进行（第 7.0.5 条）。

5）灌浆套筒进厂（场）接头力学性能检验，部分检验可与工艺检验合并进行（第 7.0.6 条）。

6）预制构件进场验收。

7）灌浆施工中灌浆料按批检验。

8）灌浆质量检验。

9）工程应用套筒灌浆连接时，应由接头提供单位提交所有规格接头的有效型式检验报告。

10）工程中应用的各种钢筋强度级别、直径对应的型式检验报告应齐全，报告应合格有效。

11）型式检验报告送检单位与现场接头提供单位应一致。

12）型式检验报告中的接头类型，灌浆套筒规格、级别、尺寸，灌浆料型号与现场使用的产品应一致。

10.5　质量保证措施

10.5.1　样板引路制度

（1）建设单位应组织设计单位、施工单位、监理单位及预制构件生产单位进行预制混凝土构件生产首件验收并填写验收记录（附表1），验收合格后方可批量生产。

（2）建设单位应组织设计单位、施工单位、监理单位对首个施工段预制构件安装后进行验收填写验收记录（附表2），验收合格后方可后续施工。

（3）施工单位应在施工现场设置样板区，针对装配式结构中的连接、防水、抗渗、抗震、预制楼梯板等部位做样板。样板中可将各节点部位分解，还原施工中常见问题，将详细施工过程以图片形式与实体样板对照，并说明施工重点。

样板实施管理流程见表10-2。

样板实施管理流程　　　　　　　　　　　　　　　　表10-2

	实施流程	重点内容
第一步	方案策划	每个分部分项工程样板实施前，由项目技术负责人组织编制详细的样板施工方案，明确施工工艺、质量标准、注意事项
第二步	方案深化设计	对样板提前进行方案深化设计，形成排版图，固化施工工艺，确定实施标准。比如：钢筋工程：结合图纸、规范、图集要求，绘制配料单，按照1:1比例放样。模板工程：结合图纸、规范、图集要求，绘制配模图和节点构造图，进行模板排版，细部尺寸准确计算。砌筑工程：对砌块墙体进行排砖，按照规范要求，设计灰缝宽度和厚度。地下室防水工程：确定节点构造、卷材搭接长度、防水层厚度等。卫生间地面：洁具平面布置具体定位，管根处理，地面砖排砖，预埋管线标高等，通过软件进行详细模拟
第三步	方案审核确认	样板方案需经项目总工程师审核，项目经理审批，报监理单位和建设单位审核、审批，同意后再做样板
第四步	材料选样确认、封样	所选用施工材料，根据建设单位和监理单位要求进行选样送审，认可的材料进行封样
第五步	样板施工过程监控	挑选有经验、操作技能较强的班组，严格按照技术标准、施工图设计文件以及审批通过的分项工程样板方案进行施工。关键部位、重点工序应分层解构，并附文字说明。样板施工过程中，按照工艺先后顺序留存图片，做好文字记录
第六步	样板点评方案修正	质量样板施工完毕，应报建设单位和监理单位，共同进行初验，并填写点评意见，对实施方案进行回顾和修正，对样板进行整改
第七步	样板验收	样板验收合格，要形成记录文件，并以样板标准做为大面积工程实施的依据。在样板验收合格部位或构件要挂"验收合格标识牌"，并将实测实量的结果标注于被测量的构件上。隐蔽部分应用墨线标出，如楼面墙体内管线走向、板厚、混凝土强度、砌体砂浆强度、楼层净高、房间方正度等
第八步	施工作业班组教育和交底	样板验收合格后，项目总工程师组织对施工班组进行岗前培训，在现场做实物教育，并进行书面的技术交底和签字确认。过程做好相应的图片和文字记录
第九步	工程实体参照样板全面实施	实施过程中，质量员应严格监督检查，偏差之处应及时督促及时整改，保证实体施工效果

10.5.2 工程自检、互检以及工序交接制度

如表 10-3 所示。

自检、互检以及工序交接制度 表 10-3

序号	项目	内容
1	自检	由各班组长组织,由班组操作工人对本人施工完成的工序进行有针对性的检查,特别是以前各次检查中发现的质量通病,操作者自己检查,自己发现问题,自己改正,尽可能地将质量问题解决在其发生的初始状态。各分部、分项、检验批工程,尤其是隐蔽工程每个工序施工完成,班组必须自检,自检要填写自检、互检记录单。自检合格后,由项目部施工质量管理人员验收。在内部自行验收合格的基础上,方可通知监理进行验收
2	互检	本工种工作完成后,在不同工种间还应进行互检,互检由各班组长组织,在班组操作工人之间进行,甲班组完成后的工作内容由乙班组检查,使班组间互相检查、互相督促,互相学习、共同提高。检查对方施工工序与本工种工序衔接的正确性,与设计图纸,国家规范的符合性,若有不符,应及时向对方班组质检员或项目质量员提出。互检完后形成填写自检、互检记录单
3	工序交接	交接检由项目部组织,项目技术负责人主持,项目施工员和质量员,上下道工序施工班组长和工种负责人参加,检查内容包括材料质量情况,工序操作质量情况,工序质量防护情况等,需隐蔽的必须办理隐蔽工程记录,由参加各方签字确认以后,方得转入下一工序施工。进行不同工序施工交接检查,上一班人员必须对接班人员进行质量、技术、数据交接,并做好交接记录

10.5.3 成品保护专项措施及验收制度

如表 10-4 所示。

成品保护一般措施 表 10-4

序号	名称	措施内容
1	保护	提前保护,以防止成品可能发生的损伤和污染。如门口手推车易碰部位,在手推车车轴的高度钉防护条等
2	包裹	成品包裹:防止成品被损伤或污染。 采购物资的包装:防止物资在搬运、贮存至交付时受影响而导致质量下降。采购单位在订货时向供应商明确物资包装要求。包装及标志材料不能影响物资质量。对装箱包装的物资,保持物资在箱内相对稳定,有装箱单和相应的技术文件,包装外部必须有明显的产品标识及防护(如防雨、易碎、倾倒、放置方向等)标志
3	覆盖	对于楼地面成品主要采取覆盖措施,以防止成品损伤。如用木板、加气板等覆盖,以防操作人员踩踏和物体磕碰。高级地面用苫布或棉毡覆盖。其他需要防晒、保温养护的项目,也要采取适当的措施覆盖
4	封闭	对于楼梯地面工程,施工后可在楼梯口暂时封闭,待达到上人强度并采取保护措施后再开放。室内墙面、天棚、地面等房间内的装饰工程完成后,应立即锁门以进行保护
5	巡逻看护	对已完产品实行全天候的巡逻看护,并实行标色管理,规定进入各个施工区域的人员必须佩戴由承包方颁发的贴有不同颜色标记的胸卡,防止无关人员进入
6	搬运	物资的采购、使用单位应对其搬运的物资进行保护,保证物资在搬运过程中不被损坏,并保护产品的标识。搬运考虑道路情况、搬运工具、搬运能力与天气情况等。对容易损坏、易燃、易爆、易变质和有毒的物资,以及业主特殊要求的物资,物资的采购使用单位负责人指派人员制订专门的搬运措施,并明确搬运人员的职责
7	贮存	贮存物资要有明显标识,做到账、卡、物相符。对有追溯要求的物资(如钢材、水泥)应做到批号、试验单号、使用部位等清晰可查。必要时(如安全、承压、搬运方便等)应规定堆放高度等。对有环境(如温度、湿度、通风、清洁、采光、避光、防鼠、防虫)要求的物资,仓库条件必须符合规定

10.5.4 施工图纸审核、施工技术交底制度

如表 10-5、表 10-6 所示。

图纸审核内容 表 10-5

编号	类别	审核内容
1	建筑工程	(1) 设计是否符合国家的技术经济政策和《工程建设标准强制性条文》,图纸是否为正式图纸。 (2) 审核设计单位是否具备相应的设计资质,是否有注册建筑师、注册结构工程师签章等。 (3) 屋面、地下防水等级和结构抗震等级,是否符合规范、规程要求。 (4) 有无特殊的施工要求,技术上有无困难,能否保证安全施工。 (5) 使用的新材料和特殊材料其规格品种能否满足。 (6) 设计是否符合施工技术装备条件。 (7) 建筑、结构、水、电、通风及设备安装等专业之间有无重大矛盾。 (8) 图纸及说明是否齐全、明确,施工图中所列标准图是否都有,是否有作废版本。 (9) 总图与施工图坐标、标高、图纸尺寸、管线、道路等交叉连接是否相符。 (10) 原地下管网位置与施工图有无矛盾。 (11) 地质勘探资料是否齐全,水文地质资料是否符合现场实际,地基处理方法是否合理。 (12) 建筑物是否配套,建成后能否使用。 (13) 建筑与结构构造是否有不便于施工或有明显的不合理等问题,结构设计有不安全疑问时亦应在会审时提出并备案。 (14) 有无合理化建议
2	建筑安装工程	(1) 施工图是否符合国家现行的有关技术标准、《工程建设标准强制性条文》、经济政策等有关规定。 (2) 施工的技术设备条件是否满足设计要求,当采取特殊的施工技术措施时,现有的技术力量及现场条件有无困难,能否保证工程质量和安全施工的要求。 (3) 有关特殊技术或新材料的要求,其品种、规格、数量能否满足需要及工艺规定要求。 (4) 建筑结构与安装工程的设备和管线的接合部位是否符合技术要求。 (5) 安装工程各专业之间与建筑、结构专业之间有无重大矛盾。 (6) 图纸及说明是否齐全、清楚、明确,图纸上标注的尺寸、坐标、标高及地上、地下工程和道路交汇点等有无遗漏和矛盾

三级交底内容 表 10-6

编号	交底分类及名称	交底内容
1	项目工程总体交底-项目部级技术交底	在项目工程开工前,项目部主动邀请设计单位进行设计交底,其了解的内容一般包括: (1) 设计意图和设计特点以及应注意的问题。 (2) 工程难点和设计采用四新技术的情况以及相关要求。 (3) 对施工条件和施工中存在的问题的意见。 在项目机构进场后 30 日内,项目部总工程师须组织相关部门依据施工组织总设计、工程设计文件、施工合同或投标文件、设备说明书等资料制定技术交底提纲,对项目部职能部门、工区技术负责人和主要施工负责人及分包方有关人员进行全面交底。其主要内容是项目部对本项目工程的整体实施性安排,一般包括: (1) 本项目工程规模和承包范围及其主要内容,WBS 分解及内部施工范围划分。 (2) 项目设计意图、业主需求、工程特点、工程重难点。 (3) 质量、安全、工期、成本、环境目标分解策划。 (4) 总平面布置规划和临时设施安排。 (5) 主要施工方案、施工程序、施工方法,综合进度和各专业配合要求。 (6) 公布本项目的关键工序和特殊过程。 (7) 实现安全与职业健康、质量、工期、成本和环境目标的主要措施。 (8) 资源配置要求及需求计划,主要包括关键岗位和专业管理人员以及特殊工种人员、施工机械设备和检测与试验设备、主要材料以及资金计划。 (9) 科技攻关和采用四新技术、新工艺策划要求,施工及技术管理程序及其他施工注意事项

续表

编号	交底分类及名称	交底内容
2	操作交底-工区级技术交底	交底内容是本专业范围内施工和技术管理的整体性安排，包括： (1) 本工区施工范围及其主要单位（项）工程概况，单项（位）工程 WBS 分解及各班组施工任务、范围划分。 (2) 本工区施工项目设计意图特点、重难点、特殊施工过程和关键工序，施工平面布置的具体计划安排。 (3) 具体质量、安全、工期、责任成本、环境、文明施工目标以及具体的措施。 (4) 施工进度计划要求，节点工期要求，相关施工项目的配合计划，所有资源需求计划及到场时间要求。 (5) 施工方案、分项分部工程施工方法、施工工艺流程，关键工序及特殊施工过程作业指导书，重大施工方案。 (6) 施工质量验收标准、施工规范、企业标准、施工依据、安全技术标准、环境保护标准，涉及的与本工程相关法律等。 (7) 各种质量管理制度，至少包括：施工测量复核制度，施工图现场核对制度，施工技术交底制度，开工报告申请制度，成品保护制度，施工工艺流程设计、试验制度，基础技术资料管理制度，分包和劳务用工管理制度，关键岗位培训、持证上岗制度，材料进场检验及储存管理制度，设备、构配件进场检验及储存管理制度，检验批、分项、分部、单位工程质量检测、申报、签认制度，隐蔽工程及关键部位验收制度，质量事故报告、调查和处理制度，质量信息管理制度。 (8) 设计的各种应急预案及应急贮备。 (9) 技术管理程序及逐级技术责任制，施工技术总结、竣工文件资料收集、整理，编撰要求，其他施工注意事项
3	工序或分专业交底-班组级作业人员技术交底	交底内容主要包括以下内容： (1) 施工项目的内容、范围和工程数量。 (2) 施工图纸解释（包括设计变更和设备材料代用情况及要求）。 (3) 施工步骤、操作方法和采用新技术的操作要领，工艺流程，施工图及施工大样图，施工手段，进入结构的原材料规格、型号、数量。 (4) 质量标准和特殊要求，保证质量的措施，检验、试验和质量检查验收评级依据和方法。 (5) 安全技术标准和特殊要求，保证安全的措施，应急预案的启动和救援方法吗，作业人员职业健康和安全防护事项等。 (6) 环境管理技术标准和相关要求，环境和水土保持的具体措施。 (7) 文明施工的标准、具体要求及相关措施。 (8) 责任成本的量化标准，进入工程实体材料定额消耗指标、辅助材料定额消耗指标，人工消耗指标，单机、单车设备消耗指标，定额核算方法，定额节超措施及奖罚办法。施工记录的内容和要求，其他注意事项

10.6　装配式建筑常见问题及处理措施

10.6.1　构件缺陷

预制构件质量缺陷及处理要点如表 10-7 所示。

构件预制质量缺陷处置　　　　　　　　　　　　　　　　表 10-7

序号	质量子项	质量问题描述	质量操作要点
1	蜂窝麻面	预制构件表面脱模后有蜂窝麻面现象	(1) 模板清理干净，不得粘有干硬水泥等杂物。 (2) 模板要均匀涂刷隔离剂，不得漏刷。 (3) 混凝土必须分层均匀振捣密实，不得漏振。每层混凝土应振捣至气泡排除为止。 (4) 严格控制混凝土的配合比，按规定时间或批次检查，做到计量准确。 (5) 混凝土拌合均匀，坍落度符合设计要求

续表

序号	质量子项	质量问题描述	质量操作要点
2	漏筋	预制构件保护层厚度不足，或钢筋偏位，脱模后有漏筋现象	(1) 浇筑混凝土前，应保证钢筋位置和保护层厚度正确，并加强检查和修正，可采用塑料或混凝土垫块。 (2) 钢筋密集时，应选用适当粒径的石子，保证混凝土配合比正确和良好的和易性
3	色差	预制构件脱模后表面色泽不一致，有明显色差	(1) 采用专用脱模剂。 (2) 预制构件浇筑混凝土时采用同一锅料，均匀振捣
4	结合面粗糙度	预制墙体构件与现浇结构结合面粗糙度不足，或键槽深度不够	(1) 预制构件粗糙面可采用拉毛或凿毛处理方法，也可采用化学处理方法，当采用化学方法时，应采用专用的混凝土露骨料药剂。 (2) 叠合楼板、填充墙等非结构受力面粗糙面凸凹不应小于4mm。预制梁、剪力墙等结构受力面粗糙面凸凹不应小于6mm。 (3) 粗糙面面积不小于结合面面积80%
5	预制墙体预留箍筋	预制墙体预留箍筋长度及形式颠倒	(1) 采用闭口箍时，箍筋预留长度不小于图集15G310-2规定的锚固长度，且不小于20cm。 (2) 采用开口箍时，箍筋预留长度不小于图集15G310-2规定的锚固长度（0.6倍），且不小于20cm。 (3) 箍筋留置形式根据深化设计确定
6	预留窗洞口滴水线	预留窗洞口没有预留滴水线或鹰嘴	(1) 窗洞口上侧预留滴水线，并距外口边3cm、距窗洞口两侧墙体3cm，并贯通至外口 (2) 南阳台墙厚为100mm时上口预留鹰嘴
7	窗口防裂纹及防水	预制窗口四周出现裂纹，未设置防水坡度或坡向错误	(1) 窗口四周生产时按设计要求设加强筋。 (2) 窗口处应由内向外设置一定坡向，坡度不小于2cm
8	线盒预留预埋	线盒位置留错	(1) 工厂预制构件生产时，必须仔细核对线盒大小、位置，准确预留。 (2) 线管预留预埋时，不应出现90°直角。 (3) 预留线管应伸出预留洞口不小于5cm，便于后期穿线
9	预制墙与栏杆交界处	栏杆安装时遇到预制墙体，未进行预留预埋	(1) 窗或者栏杆需通过螺栓固定在墙体上，确保牢固安全。 (2) 采用端部增加盖帽等处理办法，进行装饰遮挡
10	预制空调板	预制空调板生产时未设反坎	(1) 反坎是否做根据设计要求确定。如设计要求，在预制时需保证构件完整不破损。 (2) 如设计未要求做反坎，则空调板采用建筑找坡，坡向地漏，地漏设置在靠墙一侧
11	预制构件上部预留吊环	预留吊环与构件接触处有裂缝现象，吊环松动	(1) 预制构件生产时，吊环埋入方向宜与吊索方向基本一致。埋入深度不应小于30d（d为吊环钢筋直径），钢筋末端应设置180°弯钩，弯钩末端直段长度、钩侧保护层、吊环在构件表面的外露高度以及吊环内直径等尺寸应符合要求。吊环应焊接或绑扎在构件的钢筋骨架上。 (2) 预制构件浇筑、养护时，必须达到设计规定的强度方能拆模、转场
12	预制构件出现裂纹	预制构件混凝土强度不足	预制构件拆模时的混凝土强度应达到设计要求
13	叠合板桁架筋高度有误差	叠合板桁架筋高度、位置引起施工困难	(1) 桁架筋设计时应根据工程特点及施工方便选择合适的形式。 (2) 钢筋桁架在构件厂生产时，布置应符合设计或图集要求。 (3) 钢筋桁架布置应避开预留洞口，确有困难时，应考虑施工便利，在预制底板安装后或设备安装时断开
14	预留钢筋规格长度	预制构件预留钢筋规格及长度问题	(1) 预制构件生产时，预留钢筋的规格和长度应符合设计要求。 (2) 现场吊装施工时，预制构件的预留钢筋不允许切割

10.6.2　实体质量缺陷

预制构件安装、现浇结构施工中，常见质量问题及处理措施如表 10-8 所示。

构件施工质量操作要点　　　　　　　　　　　　　　表 10-8

序号	质量子项	质量问题描述	质量操作要点
1	预制墙体（含剪力墙、填充墙）吊装施工	墙体底部预留空隙达不到要求，接缝处漏浆	(1) 预制构件出厂前或进场验收时，总包检查灌浆套筒是否畅通，间距是否满足设计要求。 (2) 清理预制墙体就位处的楼板，保证清洁、干净。 (3) 预制墙体底部两端采用 2cm 高成品垫块控制间隙，如有高低差时，应采用高强混凝土补充。 (4) 预制墙体吊装就位后，不移除底部垫块，采用无收缩砂浆封堵两侧。 (5) 墙体顶部阴角和两侧与现浇段连接处，采用海绵条或泡沫胶带封堵结实，防止漏浆
2	预制叠合楼板施工	叠合楼板浇筑完成后，板底、板面平整度差，接缝处漏浆	(1) 叠合楼板现浇段结合处采用泡沫胶带封堵，防止漏浆。 (2) 预制板和现浇板拼缝处采用网格布搭接（20cm 宽，一边各 10cm），防止开裂，满刮腻子两遍。 (2) 叠合板面层采用平板振动器振捣密实，并用滚筒碾压
3	预制楼梯吊装施工	预留钢筋位置偏差，楼梯两侧与墙面空间距离不统一	(1) 楼梯板安装前应检查楼梯梁预留钢筋、预埋件位置，复核楼梯控制线及标高，做好标记。 (2) 在施工的过程可从楼梯井一侧慢慢倾斜吊装施工，楼梯下放时，应将楼梯平台的预留筋与梁箍筋相互交错，缓慢下放，保证楼梯平台准确就位，再使用水平尺、吊具再次调整楼梯水平度。吊装完毕后可用撬棍对楼梯位置进行调整校正，误差控制在 2mm。 (3) 在浇筑现浇楼梯平台时控制标高，重点控制楼梯侧墙的垂直度和平整度。 (4) 预制楼梯安放准确，当采用预留钢筋锚固方式安装时，应先放置预制楼梯，再与现浇梁或板浇筑连接成整体，并保证预埋钢筋锚固长度和定位符合设计要求。 (5) 当采用预埋焊接或螺栓杆连接方式时，应先施工现浇梁或板，在搁置预制楼梯进行焊接或螺栓孔灌浆连接。 (6) 预制楼梯底部应设滴水槽，并保证贯通。构件厂未贯通时，现场应采取后凿除或其他方式贯通。 (7) 预制楼梯安装后与墙有 2cm 间隙，可不处理，或刮完腻子后进行墙面装饰施工
4	预制墙与预制叠合板间接缝	预制剪力墙上表面为水洗面，叠合板下表面为光面，搭接在一起存在接缝	预制墙体与预制叠合板间接缝处 1cm 采用模板封闭，浇筑完成后拆除打磨平整
5	阳台外挂板底部缝	阳台外挂板底部由于吊装间隙存在 2cm 缝隙	(1) 存在外侧和内侧共两条缝，其中外侧缝的处理办法根据外立面采用 MS 胶。 (2) 内侧缝宽度为 20mm，不进行隐蔽，由小业主后期自行处理
6	窗体安装	预制墙免抹灰，需解决防渗漏、免抹灰问题	(1) 预制构件生产时一定要按设计要求，做好坡度。 (2) 塑钢窗采用后安装方式时，应采用射钉由窗框内侧打向墙体固定，射钉位置处的窗框和预制墙间放置钢片（由专业单位保证质量）

续表

序号	质量子项	质量问题描述	质量操作要点
7	外立面	外墙装饰采用不同材质时的处理方式不同	(1) 如外墙装饰采用面砖、石材，采用构件厂预制一体化生产。 (2) 如外墙装饰采用涂料、真石漆，采用现场二次施工。 (3) 分隔缝应沿楼层设明缝，如剪力墙结构无法设置明缝时，应根据立面设计需要设暗缝。立面分缝施工前项目部应进行深化设计，由设计部、质量部会签同意后实施
8	外墙板接缝	外墙板接缝处理	竖向接缝贴海绵条或胶带封闭，防止漏浆，底部按设计要求采用无收缩防水水泥砂浆密实
9	构件吊装	构件吊装控制	(1) 构件吊装应使用专用钢梁吊架，并可保证根据构件特点移动吊点。 (2) 确保每个吊点为垂直起吊，避免起吊时吊点或预埋件形成剪切破坏
10	灌浆控制	灌浆控制要点	(1) 灌浆前 24h，楼板表面充分湿润。 (2) 推荐采用机械搅拌方式，搅拌时间 1～2min，采用人工搅拌时，先加入 2/3 的用水量拌和 2min，其后加入剩余水量搅拌至均匀。 (3) 灌浆方式可采用自重法、高位漏斗法、压力注浆法，采用压力注浆时，应采用预灌浆试验后再进行正式施工，灌浆压力宜控制在 1MPa 左右，避免灌浆压力过小不密实或灌浆压力过大导致墙体偏位，如灌浆仓大于 1.5m，采用分仓，分段注浆。 (4) 由下部注浆孔进行注浆，当上部出浆孔有浆料溢出时，视为该注浆孔完成注浆，注浆时必须连续进行，不能间断，并应尽可能缩短灌浆时间。 (5) 注浆过程中及注浆完成后要观察内外墙面是否有注浆料渗漏，如有渗漏及时封堵，封堵材料为不低于剪力墙混凝土强度的高强砂浆。 (6) 注浆充填完毕后 4h 内不得移动套筒，灌浆材料充填操作结束后 1 天内不得施加振动、冲击等影响

10.7 装配式建筑常见质量问题及处理

10.7.1 套筒灌浆问题

主要问题：爆仓，排气口堵塞，注浆口堵塞，排气口或注浆口未出浆时就封堵，灌浆料流动度过大。

采取措施：加强管理，及时灌浆（个别项目滞后严重），监理旁站，留视频资料，培训上岗。

10.7.2 钢筋定位

1. 预留钢筋定位

见本书第 9.4.6-1。

2. 预留钢筋定位控制

见本书第 9.4.6-2。

10.7.3 构件粗糙面质量

粗糙面的面积不宜小于结合面的 80%，预制板凹凸深度不应小于 4mm，预制梁、柱、墙凹凸深度不应小于 6mm。达不到要求只能现场后凿，质量难以保证（图 10-5）。

图 10-5 构件粗糙面质量

10.7.4 预留安装误差

如图 10-6 所示。

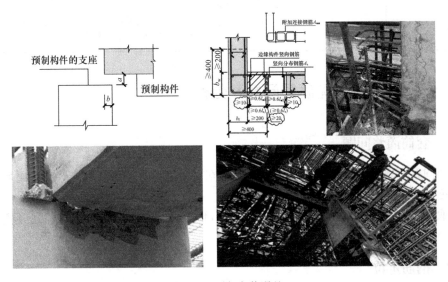

图 10-6 预留安装误差

10.7.5 墙纵筋问题

如图 10-7 所示。

野蛮施工

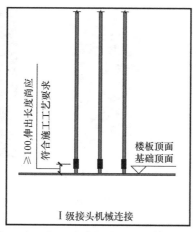
I级接头机械连接

套筒连接

图 10-7 墙纵筋问题

10.7.6 成品保护

各种边角难题如图 10-8 所示。

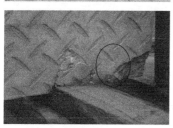

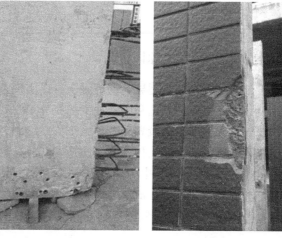

翻转砂坑

柔性垫层

角钢保护

楼梯保护

图 10-8 各种边角难题

各种钢筋碰撞如图 10-9 所示。

线盒问题如图 10-10 所示。

板钢筋碰撞

墙箍筋碰撞

纵横向梁钢筋碰撞

图 10-9　各种钢筋碰撞

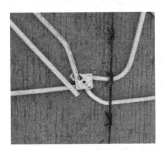

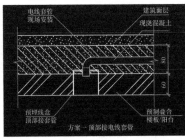

图 10-10　线盒问题

10.7.7　常见质量问题的原因分析

（1）设计与施工长期割裂导致深度融合难以实现。

（2）设计缺乏对生产工艺和施工技术的充分了解。

（3）总包方未开展前期策划和专项施工方案编制。

（4）施工组织管理仍然按传统现浇建造方式进行。

（5）PC 安装在分项工程中的核心地位没有被重视。

（6）现场监理对生产施工的质量监督往往不到位。

上游环节缺位工作会在 PC 安装时集中爆发，必须引起重视。

第 11 章　装配式建筑安全管理

11.1　安全生产管理组织架构

装配式建筑安全生产管理组织架构如图 11-1 所示。总承包单位项目经理为安全管理第一责任人，工程部、安全部、技术部、设计部、物资部各司其职，各分包单位应按照要求设置安全管理专员，并纳入总承包安全管理组织架构。

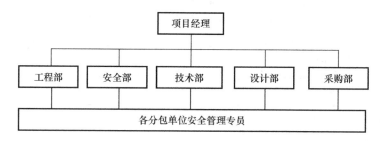

图 11-1　装配式建筑安全生产管理组织架构

装配式建筑安全生产管理各岗位职责分工如表 11-1 所示。

装配式建筑安全生产管理各部门职责分工　　　　　　　　　表 11-1

序号	部门及人员	职责内容
1	项目经理	(1) 项目安全生产第一责任人，对项目的安全生产工作负全面责任。 (2) 建立项目安全生产责任制，与项目管理人员签订安全生产责任书，组织对项目管理人员的安全生产责任考核。 (3) 组织项目班子及各部门负责人编制项目安全策划。 (4) 负责安全生产措施费用的足额投入，有效实施。 (5) 组织并参加项目安全生产周期检查，及时消除生产安全、职业健康事故隐患。每月带班生产时间不得少于本月施工时间的 80%。 (6) 组织召开安全生产领导小组会议、安全生产周例会，研究解决安全生产中的难题。 (7) 组织应急预案的编制、评审及演练。 (8) 及时、如实报告生产安全事故，负责本项目应急救援预案的实施，配合事故调查和处理
2	生产部	(1) 组织项目施工生产，对项目的安全生产负主要领导责任。 (2) 参加本项目安全策划的编制工作，并组织实施。 (3) 协助项目经理组织制定本项目的安全生产管理制度。 (4) 组织对建筑起重机械、临时设施等的验收，参与危险性较大的分部分项工程的安全验收。 (5) 组织各类危险设施、消防作业的审批。 (6) 配合项目经理组织安全生产周检查，对发现的问题落实整改。 (7) 参加安全生产周例会，组织安全生产日会议。 (8) 发生伤亡事故时，按照应急预案处理，组织抢救人员、保护现场。 (9) 组织工人月度安全教育、季节性安全教育、节假日安全教育等。 (10) 组织落实职业健康防控措施

续表

序号	部门及人员	职责内容
3	安全部	(1) 对项目的安全生产、职业健康监督工作负领导责任。 (2) 监督项目安全生产费用落实。 (3) 参与项目安全策划的编制，对落实情况进行监督。 (4) 参与制定项目有关安全生产管理制度、生产安全事故应急救援预案。 (5) 参加各类安全交底、验收、危险作业审批及安全生产例会。 (6) 参加定期安全生产和职业健康检查，组织日巡查，督促隐患整改。对存在重大安全隐患的分部分项工程，有下达停工整改决定，并直接向上级单位报告的权利。 (7) 组织作业人员入场安全教育，监督员工持证上岗、班前安全活动开展。 (8) 记录安全生产监督日志。 (9) 发生事故应立即向项目经理、公司安全总监报告，并立即参与抢救
4	技术部	(1) 对项目安全生产负技术领导责任。 (2) 参与编制项目安全策划，组织编制专项施工方案并按规定组织专家论证。 (3) 组织安全专项方案的技术交底，检查安全专项方案中安全技术措施落实情况。 (4) 组织对危险性较大的分部分项工程的验收，参与安全防护设施、大型机械设备及特殊结构防护的验收。 (5) 组织作业场所危险源、职业病危害因素的识别、分析和评价，编制危险源清单、职业病危害因素清单。 (6) 牵头编制项目应急救援预案及演练计划，并参加演练。 (7) 发生伤亡事故时，按照应急预案处理，组织抢救人员，配合事故调查
5	设计部	(1) 参与施工重大危险源的识别与技术措施制定。 (2) 规避结构设计中的高危项
6	采购部	(1) 负责物资、劳动保护用品的采购与安全管理，并对采购的劳动防护用品的质量负责。 (2) 负责安全物资费用的 ERP 录入工作。 (3) 参加应急救援，负责所需设备、材料、用品等的及时供应
7	分包层	(1) 应设置专职安全管理员，并纳入总承包的安全管理组织架构。 (2) 遵照总承包单位的安全管理制度，开展安全生产工作

11.2　起重设备与垂直运输设施管理安全管理

（1）建筑施工中的垂直运输设备在安装前对使用地的安监部门进行告知，安装后要验收，安监部门需要提供生产许可证、产品合格证、使用说明书、塔机拆装方案、安全技术交底等资料。

（2）为了保证垂直运输设备的正常与安全使用，强制性要求在安装时必须具备规定的安全装置，主要有：起重量限制器、高度限位装置、幅度限位器、回转限位器、吊钩保险装置、卷筒保险装置、风向风速仪、钢丝绳脱槽保险、小车防断绳装置、小车防断轴装置和防坠器等。

（3）起重设备与垂直运输设施经市特种设备检验检测机构检验合格，起重机械作业人员（司机、挂钩工、指挥工、维修工）需经本市特种设备安全监督管理部门考核合格后，持特种设备作业人员安全操作证上岗。

（4）建立安全管理规章制度，其内容包括：司机守则、起重机械安全操作规程、起重机械维护、保养、检查和检验制度、起重机械安全技术档案管理制度、起重机械作业和维修人员安全培训及考核制度。

（5）起重机械使用单位要经常检查起重机械的运行和完好状况，包括年度检查、月检查、周检查和日检查。

（6）经检查发现起重设备与垂直运输设施有异常情况时，必须及时处理，严禁带病运作。

11.3 构件运输安全生产管理

（1）大型预制构件运输应设专人指挥

（2）大型预制构件平板拖车运输，时速宜控制在 5km/h 以内。简支梁的运输，除在横向加斜撑防倾覆外，平板车上的搁置点必须设有转盘。

（3）运输超高、超宽、超长构件时，牵引车上应悬挂安全标志。超高的部件应有专人照看。

（4）在雨、雪、雾天通过陡坡时，必须提前采取有效措施。

（5）人货电梯安装情况如图 11-2 所示。

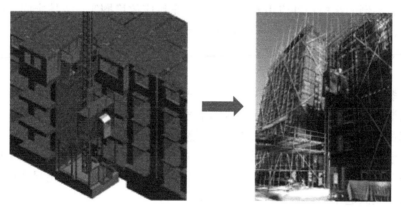

图 11-2　人货电梯安装情况

（6）塔吊设计实施情况如图 11-3 所示。

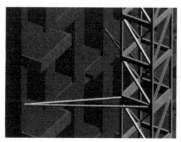

图 11-3　塔吊设计实施情况

（7）双立杆脚手架实施情况如图 11-4 所示。

图 11-4　双立杆脚手架实施情况

11.4　构件吊装安全措施

项目安全生产管理人员必须对吊装作业人员进行安全技术交底:

(1) 吊装作业必须开具吊装令后方可吊装。

(2) 所有人员进入现场,必须戴好安全帽,扣好帽带,并正确使用个人劳动防护用具。

(3) 装运易倒的结构构件应用专用架子,卸车后应放稳搁实,支撑牢固,防止坍塌。

(4) 将构件直接吊卸在工程结构楼面时,严禁超负荷堆放。

(5) 吊装人员、起重司机、指挥、司索和其他起重工人,均要持有各自特种作业证上岗。

(6) 吊装前应检查机械索具、夹具、吊环等是否符合要求并进行试吊。

(7) 吊装时必须有统一的指挥、统一的信号。

(8) 起吊构件时,应找好构件重心,合理选择吊点及绑扎钢丝绳。

(9) 吊装第一个构件时,按起重吊装要求进行试吊,试吊高度一般为离地面 200mm 左右,试吊时间 10min。确认起重机械、钢丝绳、起重卡具、吊耳,衡量实际荷载,确认无异常后方可正式起吊。

(10) 构件就位时,应平稳放置,可靠固定。

(11) 吊装不易放稳的构件,应用卡环,不得直接用吊钩。

(12) 吊装屋面板、楼面板时,禁止在结构楼层上超荷载堆放板料。

(13) 遇有大雨、大雾、大雪或六级以上阵风大风等恶劣气候,必须立即停止作业。

(14) 严格执行有关起重吊装的"十不吊"的规定。

(15) 根据实际施工情况,制定补充安全技术交底内容。对吊装作业人员进行交底后,安全生产管理人员实时监督并要求其严格按照交底要求进行吊装。

11.5　支撑与防护架安全管理

11.5.1　支撑架安全管理

支撑架包括内支撑架、独立支撑、剪力墙临时支撑。装配式结构中预制柱、预制剪力墙临时固定一般用斜钢支撑。叠合楼板、阳台等水平构件一般用独立钢支撑或钢管脚手架支撑。

1. 内支撑架

（1）装配整体式混凝土结构的模板与支撑应根据施工过程中的各种工况进行设计，应具有足够的承载力、刚度，并应保证其整体稳固性。

（2）模板与支撑安装应保证工程结构构件各部分的形状、尺寸和位置的准确，模板安装应牢固、严密、不漏浆。

2. 独立支撑

（1）叠合楼板的预制底板安装时，可采用钢支柱及配套支撑，钢支柱及配套支撑应进行设计计算。

（2）宜选用可调整标高的定型独立钢支柱作为支撑，钢支柱的顶面标高应符合设计要求。

（3）应准确控制预制底板搁置面的标高。

（4）浇筑叠合层混凝土时，预制底板上部应避免集中堆载。

3. 临时支撑

安装预制墙板、预制柱等竖向构件时，应采用可调斜支撑临时固定，斜支撑的位置应避免与模板支架、相邻支撑冲突。夹心保温外剪力墙板竖缝采用后浇混凝土连接时，宜采用工具式定型模板支撑，并应符合下列规定：

（1）定型模板应通过螺栓或预留孔洞拉结的方式与预制构件可靠连接。

（2）定型模板安装应避免遮挡预制墙板下部灌浆预留孔洞。

（3）夹芯墙板的外叶板应采用螺栓拉结或夹板等加强固定。

（4）墙板接缝部位及与定型模板连接处均应采取可靠的密封防漏浆措施。

11.5.2 防护架安全管理

（1）防护架须针对结构形式，编制独立的安全施工方案，经审批后按方案施工。

（2）防护架搭设工人须经过培训考核，持有效合格证方能上岗作业。

（3）防护架搭设过程中，须及时做好防护架安全防护。安装完成后须检查防护架及其周围是否存在安全隐患，制定相应的应急措施。

（4）防护架须经过技术负责人、安全负责人、搭设负责人等按照"三步一验收"制度验收合格后，经三方签字确认方可交接使用。

11.6 旁站监控

吊装作业期间，项目安全生产管理人员应全程实时监控，保证吊装作业的安全性、准确性、规范性。

11.7 影像资料

项目安全生产管理人员应做好吊装前、吊装过程中、吊装完成后的影像资料收集。吊

装前对吊装作业人员安全技术交底影像资料收集，对验收不合格构件进行影像记录，以此
要求对构件修复或更换。吊装过程中做好影像资料收集，对吊装过程中不安全行为和规范
行为形成影像记录，以便对之后的吊装作业进行经验性管理。吊装完成后，检查过程中对
构件及其连接处发生的安全隐患进行影像记录，并及时整改。

11.8 安全教育及培训

项目安全生产管理人员负责定期对吊装作业人员进行安全教育，对新入场的吊装作业
人员进行相关培训，强调安全作业的重要性，提高作业人员本身的安全意识，帮助其竖立
正确安全观念，使作业人员熟知相关规章制度，牢记"三不伤害"原则，为之后的吊装作
业提供一定的安全保障。

第 12 章　预制构件生产与运输

12.1　预制构件生产

预制构件的制作过程包括模板的制作与安装，钢筋的制作与安装，混凝土的制备、运输，构件的浇筑振捣和养护，脱模与堆放等。混凝土预制构件的生产从一定程度上可以说是建筑的工厂化，虽然说相比以前技术方法有了一定进步，但并不是质量也随之提高了，这还有赖于构件生产过程中的管理，下面我们来讨论有关混凝土预制构件的生产与管理。

流水线特点：整条自动化生产线采用基于 SYMC 和以太网的 PMS 中央控制系统，集中控制、可视化操作，可实现各个工位的启停、监控及各工位状态实时显示，实现生产线的全自动流转控制，并具有故障自动诊断、人员行动捕捉等功能，以确保安全生产。PMS中央控制系统可与公司生产管理系统相匹配，保证产品质量、提高生产效率。

物流管理将采用集成 PC 专用 ERP 系统，可实现订单、采购、生产、仓储、发运、安装、维护等全生命周期管理。

12.1.1　构件制作的方法

根据生产过程中组织构件成型和养护的不同特点，预制构件制作工艺可分为台座法、机组流水法和传送带法三种。

1. 台座法

台座是表面光滑平整的混凝土地坪、胎模或混凝土槽。构件的成型、养护、脱模等生产过程都在台座上进行。构件生产过程中固定在一个地方，而操作人员和生产机具顺序的从一个构件移至另一个构件，来完成各项生产过程（图 12-1）。

图 12-1　台座法

特点：设备简单，投资少，但占地面积大，机械化程度低，生产受气候条件的影响。

2. 机组流水法

机组流水法是在车间内，根据生产工艺的要求将整个车间划分为几个工段，每个工段

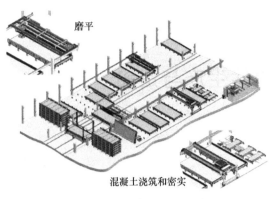

磨平

混凝土浇筑和密实

图 12-2　机组流水法生产线

皆配备相应的工人和机具设备，构件的成型、养护、脱模等生产过程分别在有关的工段循序完成（图 12-2）。生产时，构件随同模板沿工艺流水线，借助于起重运输设备，从一个工作段移至下一工作段，分别完成各有关的生产过程，而操作人员的工作地点不变。构件随同模板在各工段停留的时间长短可以不同。

此法比台座法效率高、机械化程度高，占地面积小，但建厂投资大，生产过程运输繁多，宜生产定型的中小型构件。

3. 传送带流水法

模板在一条呈封闭环形的传送带上移动，各个生产过程（清理模板、涂刷隔离剂、排放钢筋、预应力筋的张拉、浇筑混凝土等）都是在沿传送带循序分布的各个工作区中进行。

生产时，模板沿着传送带有节奏地从一个工作区移至下一个工作区（图 12-3），而各工作要求在相同的时间内完成各自的生产过程，以此保证有节奏地连续生产。

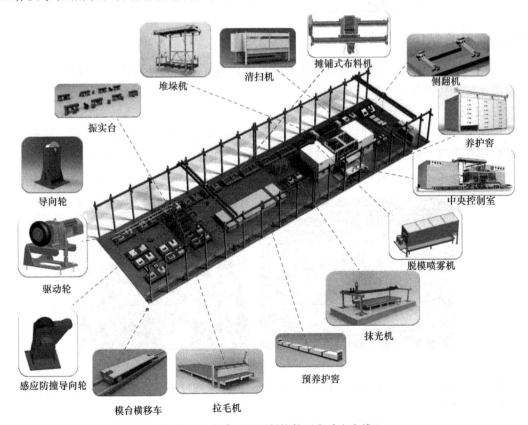

堆垛机　　清扫机　　摊铺式布料机　　侧翻机

振实台　　养护窑

导向轮　　中央控制室

驱动轮　　脱模喷雾机

抹光机

感应防撞导向轮　　预养护窑

模台横移车　　拉毛机

图 12-3　中建八局预制构件厂自动生产线

此法是目前最先进的工艺方案，生产效率高，机械化、自动化程度高，但设备复杂，投资大，宜用于大型预制厂大批量生产预制构件。

4. 游牧式预制

游牧式预制指在施工现场建设使用小型化、可重复利用、拆卸运输简便的"小型预制构件现场生产厂"（图12-4），该方法可以有效控制现阶段国内预制装配式建筑成本增加的问题，对于预制装配式建筑在国内初期阶段的发展具有促进作用。该方法减少了构件运输费用及构件税费，有效降低预制构件成本和建场周期，增强企业在预制装配式方面的竞争力和盈利能力。

图12-4　游牧式预制生产

该技术的主要发展方向为可重复利用、拆卸方便的生产模具及工具。目前阶段，自主研发的装配式钢铝框模板体系，具有模板装配化程度高、可实现尺寸自由调整的特点，模板刚度大、模板面板拆换及维护方便、模板拼缝设计合理，混凝土成型产品表面平整、光洁。同时，模板开洞及开洞封闭处理方式简单，可有效减少模板由于开洞导致的损坏、修复的费用。装配式钢铝框模板体系，作为游牧式生产方式中梁、柱、墙等构件的侧模体系，具有成本、人工、构件质量等多方面的优势。

12.1.2 预制构件的模具

构件的模具，首先是根据建筑的设计要求，切割加工制作出建筑外墙、梁、楼梯、楼板、柱等配套所需的模具。由于目前国内住宅模具加工的生产技术标准尚不完善，甚至是一片空白，所以我们主要通过"外引内产"来制订行业标准，填补国内空白。

1. 模具设计

（1）模具组成

首先是根据建筑的设计要求，切割加工制作出建筑外墙、梁、楼梯、楼板、柱等配套所需的模具。预制混凝土产品的精度以及能否成功拆模，很大程度取决于模具的设计及制作工艺。模具的制作首先要满足刚度要求，确保模具在堆放、组装、拆除时的自身稳定，以增加其周转次数。同时，还要有足够的强度和平整度，以保证预制混凝土产品的精度。

模具的设计制作精度直接决定了构件的精度。因此，设计并制作高精度的、便于生产与拆除的模具对于预制构件的生产是一项至关重要的工作。以图12-5为例说明模具的组成与制作要求。预制构件的模具通常由面板系统、支撑系统、移动和调节系统组成，具体构成部件为底模、外侧模、内侧模、端模、埋件定位架、调整定位锁紧装置等。

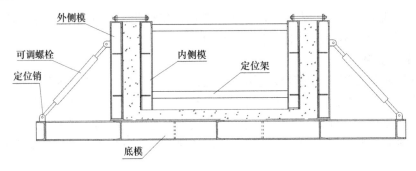

图 12-5　模具组成

模具设计时，应对所有规格的预制构件尺寸进行分组，并综合考虑预制构件的吊装次序，确定所需投入模具的规格与数量，即每套模具对应一组构件规格，从而确定了每套模具应具备的尺寸要求。

模具设计时还应该考虑组装的可行性与便捷性。以垂直侧模为例，操作工人用水准仪测量好底模的水平度，在保证外侧模与底模成 90°时，在底模和外侧模间加装定位销装置，以确保以后每次生产构件的垂直度。此后，在挂板制作组装模具时，在确保外侧模与底模成 90°时，插好定位销，可防止模具在混凝土振捣过程中移位，保证了立面垂直度。

（2）模具设计理念

模具设计，应按照如下基本理念进行：

1）使用寿命

模具的使用寿命将直接影响构件的制造成本，所以在模具设计时就要考虑到给模具赋予一个合理的刚度，增大模具周转次数。

2）通用性

模具设计人员还要考虑如何实现模具的通用性，也就是增大模具重复利用率。

3）方便生产

模具影响生产效率主要体现在组模和拆模两道工序，所以在模具设计时必须要考虑到如何在保证模具精度的前提下减少模具组装时间。

4）方便运输

设计模具时充分考虑这点，就是在保证模具刚度和周转次数的基础上，通过受力计算尽可能地降低模板重量，达到不靠吊车，只需 2 名工人就可以实现模具运输工作。

（3）一般规定

混凝土预制构件模具以钢模为主，面板主材选用 Q235 钢板，支撑结构可选型钢或者钢板，规格可根据模具形式选择，应满足以下要求：

1）模具应具有足够的承载力、刚度和稳定性，保证在构件生产时能可靠承受浇筑混凝土的重量、侧压力及工作荷载。

2）模具应支、拆方便，且应便于钢筋安装和混凝土浇筑、养护。

3）模具的部件与部件之间应连接牢固。预制构件上的预埋件均应有可靠固定措施。

（4）设计要点

对不同类型的模具，其设计要点也不相同。此外，还应考虑到防止漏浆、边模及埋件定位、模具加固、模具验收以及经济性等问题。

现有的模具的体系可分为：可采用独立式模具和大底模式模具（即底模可公用，只加工侧模具）。独立式模具用钢量较大，适用于构件类型较单一且重复次数多的项目。大底模式模具只需制作侧边模具，底模还可以在其他工程上重复使用，下面主要介绍该类模具体系。

主要模具类型：大底模（平台）、叠合楼板模具、阳台板模具、楼梯模具、内墙板模具和外墙板模具等。

大底模设计要点：面板根据楼层高度和构件长度，宜选用整块的钢板。每个大底模上布置不宜超过 3 块构件，据此选择底模长度、宽度由建筑层高决定。对于板面要求不严格的，可采用拼接钢板的形式，但需注意拼缝的处理方式。大底模支撑结构可选用工字钢或槽钢，为了防止焊接变形，大底模最好设计成单向板的形式，面板一般选用 10mm 钢板。大底模使用时，需固定在平整的基础上，定位后的操作高度不宜超过 500mm。

叠合楼板模具设计要点：根据叠合楼板高度，可选用相应的角铁作为边模，当楼板四边有倒角时，可在角铁上后焊一块折弯后的钢板。由于角铁组成的边模上开了许多豁口，导致长向的刚度不足，故沿长向可分若干段，以每段 1.5～2.5m 为宜。侧模上还需设加强肋板，间距为 400～500mm。

阳台板模具设计要点：为了体现建筑立面效果，一般住宅建筑的阳台板设计为异性构件。构件的四周都设计了反边，导致不能利用大底模生产。可设计为独立式的模具，根据构件数量，选择模具材料。首先考虑构件脱模的问题，在不影响构件功能的前提下，可适当留出脱模斜度（1/10 左右）。当构件高度较大时，应重点考虑侧模的定位和刚度问题。

楼梯模具设计要点：楼梯模具可分为卧式和立式两种模式，卧式模具占用场地，需要压光的面积较大，构件需多次翻转，故推荐设计为立式楼梯模具。重点为楼梯踏步的处理，由于踏步成波浪形，钢板需折弯后拼接，拼缝的位置宜放在既不影响构件效果又便于操作的位置，拼缝的处理可采用焊接或冷拼接工艺。需要特别注意拼缝处的密封性，严禁出现漏浆现象。

内墙板模具设计要点：由于内墙板就是混凝土实心墙体，一般没有造型。公租房项目的预制内墙板的厚度一般为 200mm，为便于加工，可选用 20 号槽钢作为边模。内墙板三面均有外露筋，且数量较多，需要在槽钢上开许多豁口，导致边模刚度不足，周转中容易变形，所有应在边模上增设肋板。

外墙板模具设计要点：外墙板一般采用三明治结构，即结构层（200mm）＋保温层（50mm）＋保护层（60mm）。此类墙板可采用正打或反打工艺。建筑对外墙板的平整度要求很高，如果采用正打工艺，无论是人工抹面还是机器抹面，都不足以达到要求的平整度，对后期施工较为不利。但是正打工艺，有利于预埋件的定位，操作工序也相对简单，可根据工程的需求，选择不同的工艺。在此主要介绍反打工艺为主的模具。根据浇筑顺序，将模具分为两层，第一层为保护层＋保温层，第二层为结构层。第一层模具作为第二层的基础，所以在第一层的连接处需要加固。第二层的结构层模具与内墙板模具形式相同。结构层模具的定位螺栓较少，故需要增加拉杆定位，防止胀模。

外墙板和内墙板模具防漏浆设计要点：构件三面都有外漏钢筋，侧模处需开对应的豁口，数量较多，造成拆模困难。为了便于拆模，豁口开得大一些，用橡胶等材料将混凝土与边模分离开，从而大大降低了拆卸难度。

边模定位方式及设计要求：边模与大底模通过螺栓连接，为了快速拆卸，宜选用 M12

的粗牙螺栓。在每个边模上设置 3～4 个定位销，以便更精确地定位。连接螺栓的间距控制在 500～600mm 为宜，定位销间距不宜超过 1500mm。

预埋件定位设计要求：预制混凝土构件预埋件较多，且精度要求很高，需在模具上精确定位，有些预埋件的定位在大底模上完成，有些预埋件不与底模接触，需要通过靠边模支撑的吊模完成定位。吊模要求拆卸方便，定位唯一，以防止错用。

模具加固设计要点：对模具使用次数必须有一定的要求，故有些部位必须要加强，一般通过肋板解决，当楼板不足以解决时可把每个肋板连接起来，以增强整体刚度。

模具的验收要点：除了外型尺寸和平整度外，还应重点检查模具的连接和定位系统。

模具的经济性分析要点：根据项目中每种预制构件的数量和工期要求，配备出合理的模具数量。再摊销到每种构件中，得出一个经济指标，一般为每方混凝土中含多少钢材。据此可作为报价的一部分。

2. 脱模

模具的设计，按照构件的特点和施工的工艺，可分为"平脱法模具"和"翻转台法模具"，两者均为平躺式浇筑，再翻转脱模。

（1）平脱法模具

平脱法模具，主要是构件浇筑的过程需要在水平模具内完成，还要对混凝土的强度进行有效的控制，尽量在 15MPa 以下，然后水平起吊脱模。水平构件可以根据平脱模具来完成制作，而且竖向的构件，也可以采用平脱法模具来进行完成，只是对竖向构件制作的时候，需要采用翻转台设备将构件进行翻转。竖向的构件在以后的打包处理、稳定运输及安装过程都比较便利。平脱法模具的制作工艺，使用较少的钢，而且制作起来也比较简单。特别注意的是，模具脱模以后，翻转条件会受到一定的限制，不能在原地进行翻转。

（2）翻转台法模具

翻转台法模具也是可以通过水平模具来浇筑进行，同时也要求其混凝土的强度在 15MPa 以下，与平脱法模具不同的就是，翻转台法模具可以将其水平起吊也可以对其垂直起吊。水平起吊脱模与平脱法模具比较相似，采用自带的翻转装置进行相应的翻转，就可以进行垂直起吊脱模成功（图 12-6）。因此，总体来讲，该模具的制作工艺具有一定的繁琐性，使用的钢材量也比较多。翻转台法模具的最大的优点就是相对比较灵活，可以在远处进行翻转，使用的空间比较小，在人力物力方面都可以得到减少。

图 12-6　翻转机脱模

3. 模具使用要求

编号要点：由于每套模具被分解得较零碎，需按顺序统一编号，防止错用。

组装要点：边模上的连接螺栓和定位销一个都不能少，必须紧固到位。为了构件脱模时边模顺利拆卸，防漏浆的部件必须安装到位。

吊模等工装的拆除要点：在预制混凝土构件蒸汽养护之前，要把吊模和防漏浆的部件拆除。选择此时拆除的原因为吊模好拆卸，在流水线上不占用上部空间，可降低蒸养窑的层高。混凝土几乎还没强度，防漏浆的部件很容易拆除，若等到脱模的时候，混凝土的强度已到 20MPa 左右，防漏浆部件、混凝土和边模会紧紧地粘在一起，极难拆除。所以防漏浆部件必须在蒸汽养护之前拆掉。

模具的拆除要求：当构件脱模时，首先将边模上的螺栓和定位销全部拆卸掉，为了保证模具的使用寿命，禁止使用大锤。拆卸的工具宜为皮锤、羊角锤、小撬棍等工具。

模具的养护要求：在模具暂时不使用时，需在模具上涂刷一层机油，防止腐蚀。

12.1.3 预制构件的成型

预制构件成型与现场浇筑不同，其主要有三条生产线：模具加工制作、钢筋加工生产、混凝土浇筑。

根据图纸与规范标准要求，钢筋在这里要进行拉直、切割、弯曲，然后绑扎制作成钢筋笼。值得关注的是楼板与梁钢筋笼的制作生产。楼板生产是一个叠合板，即在工厂浇筑下半面混凝土，运至工地现场浇筑上半面混凝土，在制作钢筋笼时，板的钢筋笼比传统工艺施工多加了一道钢筋（即波纹筋，外形截面为三角形，侧面形似波浪状），主要的作用是增大混凝土叠合面处的粘接力及与板体中其他钢筋共同受力（图 12-7）。梁钢筋笼制作是采用两根通长的架立钢管作支撑（在梁的上部角端部位，位于现浇叠合层内），梁底部钢筋布置到位后，通过箍筋进行固定，与架立钢管共同绑扎成形，运至模具槽内，浇完混凝土后取出架立钢管（梁也为叠合构件，运至现场浇筑梁体的上半部位）。

图 12-7 板钢筋笼绑扎成型

钢筋切断、对焊、成型均在钢筋车间进行，按施工图加工时，严格控制尺寸，个别误差不大于允许偏差的 1.5 倍。

对于预制构件，构件成型中混凝土的浇筑，常用的振捣方法有振动法、挤压法、离心法等，其中离心法多应用于预制管桩的生产。

（1）振动法

用台座法制作构件，使用插入式振动器或表面振动器振捣。机组流水法和传送带流水法制作的构件则用振动台振实。振动台是支承在弹簧支座上的由型钢焊成的框架平台，平台下设振动机构。加压的方法分为静态加压法和动态加压法。前者用压板加压，后者是在压板上加设振动器加压，如图 12-8 所示。

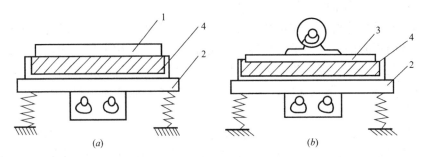

图 12-8　振动加压方法

(*a*) 静态加压；(*b*) 动态加压

1—压板；2—振动台；3—振动压板；4—构件

（2）挤压法

挤压法主要用于螺旋挤压机连续生产预应力混凝土圆孔板等构件。挤压机的工作原理：用螺旋绞刀把由料斗漏下的混凝土向后挤送，在挤送过程中，由于受到振动器和已成型混凝土空心板的阻力（反作用力）而被挤压密实，挤压机也在这一反作用力作用下被推动向前。构件有两种切断方法：一种是在混凝土达到可以放松预应力筋的强度时，用钢筋混凝土切割机整体切断。另一种是在混凝土初凝前用灰铲手工操作或用气割法、水冲法把混凝土切断。待混凝土达到可以放松预应力筋的强度时，再切断钢丝。

对于预制装配整体式剪力墙板，多采用钢模板，钢筋加工成型后整体吊装到模板内，浇筑凝土后进行蒸汽养护，混凝土振捣多采用振动台座法。生产过程中的模板清洁、钢筋加工成型、墙板内侧处理、门窗框安装、预埋件的固定、混凝土浇筑、蒸汽养护及拆模搬运等工序均采用工厂化流水施工（图 12-9），每个工种都由相对固定的娴熟工人进行操作实施。

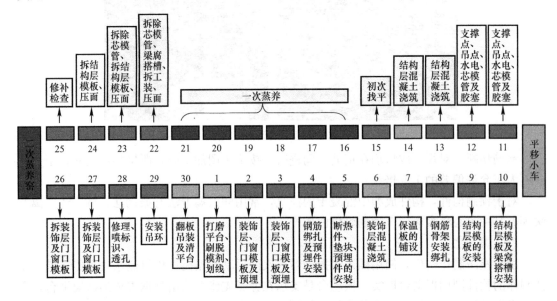

图 12-9　预制装配整体式剪力墙的构件制作流程

12.1.4 预制构件养护

预制构件的养护方法有自然养护、蒸汽养护、热拌混凝土热模养护、太阳能养护、远红外线养护等。自然养护成本低，简单易行，但养护时间长，模板周转率低，占用场地大，我国南方地区的台座法生产多用自然养护。蒸汽养护可缩短养护时间，模板周转率相应提高，占用场地大大减少。

1. 蒸汽养护

蒸汽养护是将构件放置在有饱和蒸汽或蒸汽与空气混合物的养护室（或窑）内，在较高温度和湿度的环境中进行养护，以加速混凝土的硬化，使之在较短的时间内达到规定的强度标准值。

蒸汽养护效果与蒸汽养护制度有关，蒸汽养护的过程可分为静停、升温、恒温、降温等四个阶段。

（1）静停阶段是混凝土构件成型后在室温下停放养护，以防止构件表面产生裂缝和疏松现象。普通硅酸盐水泥制作的构件时间至少为1~2h，火山灰硅酸盐水泥或矿渣硅酸盐水泥制作的构件不需静养。

（2）升温阶段是构件的吸热阶段。升温速度不宜过快，以免构件表面和内部产生过大温差而出现裂纹。对于塑性混凝土，升温速度每小时不超过25℃，其他构件不超过每小时20℃。

（3）恒温阶段是升温后温度保持不变的时间。此时混凝土强度增长最快，这个阶段应保持90%~100%的相对湿度。最高温度不得大于95℃，时间为3~8h。

（4）降温阶段是构件散热过程。降温速度不宜过快，每小时不得超过10℃。出池后，构件表面与外界温差不得大于20℃。

目前采用蒸汽养护方法有三种，即立窑、坑窑和隧道窑。立窑和隧道窑能连续生产，坑窑则为间歇生产。

2. 热拌混凝土热模养护

热拌混凝土热模养护，是将底模和侧模做成加热空腔，通入蒸汽或热空气，对构件进行养护。可用于固定或移动的钢模，也可用于长线台座。成组立模也属于热模养护型。

3. 远红外线养护

使用远红外线加热板，利用远红外辐射向新浇混凝土照射，使混凝土的温度得以提高，从而在较短的时间内获得要求的强度。采用此种工艺具有施工简便，降低能耗，易于操作的特点。此工艺的作用机理是利用电磁波，不同波长的远红外线对不同物质所产生的效果不同，远红外线加热板发射波长与混凝土组成的材料的吸收波长相匹配时，新拌混凝土作为吸收介质，在远红外线的共振作用下，介质分子作强烈运动，将辐射热能转化为热能，同时，加热板本身发出的热能与其共同作用使混凝土升温。

12.2 构件堆放

（1）预制构件需编制堆放方案，其内容包括堆场平面布置、地基承载力验算及图例、回顶措施（根据需要）、不同类型构件摆放要求、排水措施、堆场封闭式管理等。

（2）卸车前由专业机械管理员对钢丝绳等吊具进行检查，合格后利用扁担梁起吊，吊装过程缓慢进行，防止构件受损。

（3）预制构件应按照规格、品种、应用部位、吊装顺序分别设置堆场。堆场应设置在吊车或塔吊的作业范围内，堆垛之间宜设置通道，通道宜画线标识，各分垛需挂验收合格牌。

（4）预制构件堆场应平整坚实，需经过承载力验算，不满足部位需采取结构回顶等加固措施。

（5）各分垛宜将堆放架连成整体，竖向构件外饰面朝外，相邻两块净距需预留安全距离，保证起吊时不造成彼此损坏，连接止水条、高低口、外页预留板、墙体转角等薄弱部位尽量避免直接受力，无法避免使则应采用定性保护垫或专用附套件做加强保护。

（6）各分垛水平构件可采用叠放方式，层与层之间应垫平、垫实，各层支垫应上下对齐，最下面一层支垫应通常设置。叠放层不应大于 6 层。

（7）堆场宜设置周转区域，以供个别构件修补或临时周转使用。堆场应设有措施，四周封闭隔离并挂验收合格牌，非操作人员严禁入内。

12.3　构件物流管理

12.3.1　运输方案

预制构件需编制运输方案，其内容包括运输路线、运输时间、构件固定措施、成品保护措施、信息监控方式、车辆及人员管理要求、应急预案等。为保证 PC 构件生产进度满足现场要求，采取安排管理人员驻场协调备料及出货时间，确保构件厂始终储备一层单体构件。施工现场提前一天向构件厂发出书面通知，特别注明进场时间及使用部位，构件厂接到通知后合理安排夜间发货时间，确保现场于次日早晨验货。待现场安装完毕后再进下层构件。

预制构件进场通知单如表 12-1 所示。

预制构件进场通知单　　　　　　　　　　　　表 12-1

工程名称	
建设单位	
施工单位	
监理单位	
构件部位	
构件编号	
到场日期	年　月　日

总包单位意见：		
责任工程师： 年　月　日	生产经理： 年　月　日	项目经理： 年　月　日

构件厂意见：
运输调度负责人： 年　月　日

12.3.2　运输方式的要求

运输车辆及司机须符合国家及地方政府有关资质要求规定，运输全程可采用定位系统等信息化手段监控车流情况，需提前布置进场验收条件。预制构件运输车辆应满足构件尺寸和载重要求，装载和运输时应符合下列规定：

（1）装卸构件时，应对称堆载或卸载，保证全过程车体平衡。

（2）运输构件时，应采取防止构件移动、倾倒、变形等固定措施，避免外页板、预留插筋等受力薄弱部位直接接触受力。

（3）运输构件时，应采取防止构件破坏的措施，对构件边角或锁链接处的混凝土，已设置保护衬垫。对于超高、超宽或特殊异形构件应有专门质量安全保证措施。

（4）预制构件外墙面砖、石材、涂刷表面可采用贴膜或其他专业材料保护。

（5）竖向构件运输时，应采用专用插放架或靠放架，架体具有足够承载力和刚度，同一靠放架同侧不得靠放 2 个或以上数量构件，构件与地面倾角宜大于 80°。构件对称靠放，且外饰面朝外。

（6）水平构件运输时，应采用防止构件产生裂缝的措施。

12.3.3　运输构件的设计要求

构件混凝土强度需达到设计强度时方可出厂运输。

12.3.4　运输时间段的选择

构件运输宜控制好进场时间段，避免对施工干道长时间占用，避免对塔吊、吊车等起重机械长时间占用，以提高道路及起重机械利用率。同时为避免运输交通高峰期，构件运输多数选择上午 5：00～7：00 工人上班前进场卸车，使运输过程的时间处于可控范围之内。

12.4　成品保护

12.4.1　构件运输过程成品保护

预制构件在运输、堆放、安装过程及装配后应做好成品保护。尤其在运输过程易受到不可抗力影响因素较多，采取安全可靠的保护措施是避免 PC 构件造成二次物理伤害的重要保证。

（1）在运输车内放置构件支撑模架，模架整体稳定性经过力学平衡测试，以保证装载过程的安全性及稳定性。

（2）模架夹具与 PC 构件侧壁之间设置软体柔性隔离，构件与刚性搁置点处填塞柔性垫片，构件底部与运输车间以黄砂为垫层。

（3）预制构件外墙板饰面砖、石材、涂料表面可采用贴膜或其他专业材料保护。

12.4.2　构件堆放及安装后成品保护

（1）预制构件堆放处 2m 内不应进行电焊、气焊作业。

（2）预制构件暴露在空气中的预埋铁件应涂抹防锈漆，防止产生铁锈。预埋螺栓孔应采用海绵棒进行填塞，防止混凝土振捣时将其堵塞。

（3）预制楼梯安装后，踏步宜铺设模板或其他覆盖形式进行保护。预制外墙板安装完毕后门、窗应采用槽型木框保护。玻璃安装后应用薄膜贴膜保护。

12.5　全自动现代化预制构件厂生产线实例

中建航预制构件厂是一条全自动现代化的预制构件生产流水线（图 12-10）。生产线方案布置科学合理、生产效率高、灵活性强，自动化程度高，且节约大量人工的现代化自动流水系统作业。保证生产产品及预制构件质量。

生产线节拍约为 15min，预养约为 90min，蒸养时间约 6h，整体流转时间约为 12h。生产节拍可根据构件类型、气温温差等因素通过变频电机、通风降温系统等进行调整。

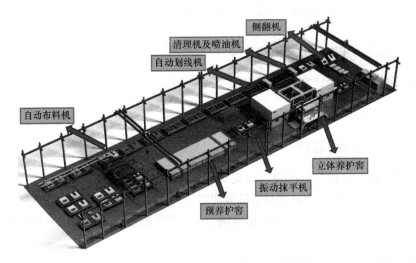

图 12-10　自动化流水生产线方案效果图

流水线特点：采用基于 SYMC 和以太网的 PMS 中央控制系统，集中控制、可视化操作，可实现各个工位的启停、监控及各工位状态实时显示，实现生产线的全自动流转控制，并具有故障自动诊断、人员行动捕捉等功能，以确保安全生产。PMS 中央控制系统可与公司生产管理系统相匹配，保证产品质量、提高生产效率（图 12-11）。

物流管理采用集成 PC 专用 ERP 系统，可实现订单、采购、生产、仓储、发运、安装、维护等全生命周期管理。

1. 钢筋加工、绑扎

通过自有的钢筋加工生产线生产出 PC 构件所需的桁架筋、箍筋、直条钢筋等，并通过定型钢筋绑扎模具进行钢筋绑扎（图 12-12）。

2. 钢筋运输

通过行车加电瓶装运车运输方式，将完工的钢筋网片由钢筋绑扎区吊运到 KBK 的正下方，通过 KBK 将钢筋直接吊运到钢筋安装工位。如果钢筋需用量比较大，可以直接通过 KBK 吊运到钢筋网片存放区（图 12-13）。减少用工量，提高钢筋网片的使用效率。

PMS中央控制系统

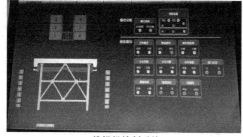

堆垛机控制系统

生产线实时监控系统

图 12-11 各控制系统

图 12-12 钢筋加工、绑扎

图 12-13 钢筋运输

3. 模板、钢筋笼、预埋件安装

如图 12-14 所示。

4. 布料

混凝土输送采用悬挂式变频行走系统，遥控控制（图 12-15）。

图 12-14　模板、钢筋笼、预埋件安装

图 12-15　悬挂式变频行走系统

布料系统全液压控制，变频调速，远红外定位，称重自动递减，控制每个构件实际需用量（图 12-16）。

5. 振捣

经过多次生产调试，已确定不同构件混凝土配合比，所需振捣频率与时间等技术参数。通过中央控制室设置频率和时间，达到精确控制，实现自动化。保证混凝土充分振捣、振捣密实（图 12-17）。

图 12-16　布料系统全液压控制

图 12-17　振捣

6. 预养护

预养护原设定 90min，经过对混凝土配合比的优化，现已缩短预养护时间，加快生产节奏。蒸养时间也由原设计 6h 缩短为 5h（图 12-18）。

7. 养护

养护窑对每个仓的温湿度蒸养时间进行单独控制，从而实现每个构件养护时间均达到5h。同时确保混凝土抗压强度符合设计要求（图 12-19）。

预养护窑、立体养护窑采用自动温控阀进行控制，实现温湿度的自动精确监测及自动调节，并将温湿度实时反馈至中央控制室。首次采用养护窑通风系统，在保证混凝土养护质量的前提下提高温度调节效率。

图 12-18　预养护

图 12-19　养护

立体养护窑实现自动控制与中央控制室人工操作，避免工位的误工。

8. 取模

如图 12-20 所示。

图 12-20　取模

9. 叠合板成品

如图 12-21 所示。

10. 固定模台生产实况

如图 12-22 所示。

11. 异形构件钢筋绑扎移动架，形成钢筋绑扎流水线

如图 12-23 所示。

图 12-21　叠合板成品　　　　　　　　　　　图 12-22　固定模台生产实况

图 12-23　异形构件钢筋绑扎移动架

12. 异形构件成品

如图 12-24 所示。

13. 瓷砖反打

如图 12-25 所示。

图 12-24　异形构件成品

瓷砖处理

钢筋笼入模

混凝土浇筑

构件形成

图 12-25 瓷砖反打

14. 石材反打

如图 12-26 所示。

石材入模

钢筋笼入模

混凝土浇筑

构件成形

图 12-26 石材反打（一）

石材反打构件成品

图 12-26　石材反打（二）

15. 物流运输及堆放

如图 12-27、图 12-28 所示。

预制构件厂要始终贯彻"以质量求生存、以质量求发展"的理念，走质量效益型道路，通过建立健全各种针对装配式建筑构件生产的质量体系制度，并充分发挥装配式建筑自身的质量优势，保证构件生产质量。如：通过优化设计的定型钢模具，使生产的构件误差控制在毫米级。通过高自动化的构件蒸汽养护设备，使构件在快速达到设计强度的同时避免出现开裂等质量问题。安全生产管理遵照预防为主的方针，注重事前管理。切实有效的落实各岗位安全生产责任制，加强安全生产监督与管理，提高安全管理水平。

构件外运车

现场塔吊卸货、安装

门吊场外运输

构件运输

图 12-27　物流运输

图 12-28　成品构件堆放

12.6 预制构件厂质量控制要点

12.6.1 预制构件厂需要提供的资料及试验报告

（1）预制构件生产单位在上海市的备案证。

（2）预制构件的质量保证书。

（3）灌浆套筒进厂外观质量、标识、尺寸偏差检验报告。

按照 JCJ 355—2015《钢筋套筒灌浆连接技术规程》7.0.3 条规定，同一批号、同一类型、同一规格的灌浆套筒，1000 个为一批，每批随机抽取 10 个。

（4）全数灌浆套筒合格证书，并在后附钢筋套筒灌浆连接接头的抗拉强度试验报告。上海项目按照 DGJ-08-2069-2016《装配整体式混凝土结构预制构件制作与质量检验规程》第 7.2.5 条规定，每个工程、每种规格不少于 3 个。外地项目按照各地区规范，若无则按照 JCJ 355—2015《钢筋套筒灌浆连接技术规程》7.0.6 条规定，同一批号、同一类型、同一规格的灌浆套筒，1000 个为一批，每批随机抽取 3 个灌浆套筒制作对中接头试件。

（5）钢筋套筒灌浆连接接头试件型式检验报告。按照 JGJ 355—2015《钢筋套筒灌浆连接技术规程》7.0.2 条，根据工程中应用的各种钢筋强度级别、直径，制作钢筋偏置、对中接头，报告格式见规范附表 A.0.1-3。此报告送检单位需和现场接头提供单位一致，且报告应在 4 年有效期内，并应当覆盖项目装配式结构施工工期。

（6）钢筋套筒灌浆连接接头试件工艺检验报告。按照 JGJ 355—2015《钢筋套筒灌浆连接技术规程》7.0.5 条，应根据不同钢筋生产企业的进厂钢筋，每种规格钢筋模拟现场施工条件制作 3 个对中接头，并且同时制作的灌浆料试块不少于一组。标准养护报告格式见规范附表 A.0.2。

（7）预制构件结构性能检验报告。根据 GB 50204—2015《混凝土结构工程施工质量验收规范》9.2.2 条及其条文说明，梁板类简支受弯预制构件提供结构性能检验报告，同一类型的构件不超过 1000 个为一批，随机抽取 1 个构件进行检验。

（8）提供不进行结构性能检验的预制构件的过程质量控制资料和证明文件。根据 GB 50204—2015《混凝土结构工程施工质量验收规范》9.2.2 条及其条文说明，该部分过程质量控制资料需要驻场代表签字，如无驻场代表则需要对构件进行实体检测。

（9）预制构件所使用混凝土的强度评定报告。根据 GB/T 50107—2010《混凝土强度检验评定标准》第 5 章及其条文说明，按照不同强度，每三个月评定一次。

（10）其他未尽事宜，应参照国家及地区相关规范及文件要求执行。

12.6.2 总包需进行的检试验及留存的资料

1. 转换层钢筋套筒灌浆连接接头试件工艺检验

按照 JGJ 355—2015《钢筋套筒灌浆连接技术规程》7.0.5 条，应根据不同钢筋生产企业的进厂钢筋，每种规格钢筋模拟现场施工条件制作 3 个对中接头，并同时制作的灌浆料试块不少于一组。标准养护报告格式见规范附表 A.0.2。

2. 灌浆料进场复试

上海项目按照 DGJ 08-2117-2012《装配整体式混凝土结构施工及质量验收规范》6.11.6 条，5t 为一个检验批，进行复试。外地项目按照当地规范要求，无要求则按照 JG/T 408—2013《钢筋连接用套筒灌浆料》7.3.1 条，50t 一个检验批，进行复试。

3. 钢筋套筒灌浆连接接头抗拉强度试验

上海项目按照 DGJ 08-2117-2012《装配整体式混凝土结构施工及质量验收规范》6.11.7 条，施工过程中以 500 个为一个检验批，制作三个接头试件。外地项目按照当地规范，无要求则按照 JGJ 355—2015《钢筋套筒灌浆连接技术规程》7.0.6 条的条文说明：对于埋入预制构件的灌浆套筒，预制构件厂家提供的抗拉接头试验报告合格的情况下，施工过程中可不再检验接头性能。对于不埋入预制构件的灌浆套筒，灌浆施工前按照 JCJ 355—2015《钢筋套筒灌浆连接技术规程》7.0.6 条规定，同一批号、同一类型、同一规格的灌浆套筒，1000 个为一批，每批随机抽取 3 个灌浆套筒制作对中接头试件。

4. 留置灌浆料抗压强度试件

按照 JGJ 355—2015《钢筋套筒灌浆连接技术规程》7.0.9 条规定，每个工作班组取样不少于 1 次，每层楼取样不少于 3 次，每次一组，标养 28 天。

5. 进场构件质量验收记录

上海项目同时按照 DGJ-08-2069-2016《装配整体式混凝土结构预制构件制作与质量检验规程》第 7.1 条、第 7.2 条、第 7.3 条规定以及 GB 50204—2015《混凝土结构工程施工质量验收规范》9.1 条、9.2 条规定验收。外地项目按照当地规范及 GB 50204—2015《混凝土结构工程施工质量验收规范》9.1 条、9.2 条规定验收。

注：灌浆套筒连接接头的预留钢筋长度和位置偏差，此项检查内容必须按照 JGJ 355—2015《钢筋套筒灌浆连接技术规程》表 6.2.4 及表 6.3.3 进行检查。

6. 留存装配式结构施工首段验收记录

上海项目根据沪建质安 2017【241】号文第二条第（五）款，配合建设单位组织设计、监理、预制构件生产单位进行首段验收，外地项目根据地方要求执行。

7. 进行预制外墙板拼缝淋水实验

上海项目按照沪建质安 2017【241】号文第五条第（六）款规定，根据 GB/T 21086《建筑幕墙》附录 D 进行淋水试验，外地项目根据地方要求执行。

12.6.3　装配式结构施工人员资格

（1）装配式结构施工高处作业人员必须持证上岗。

（2）总包应当对灌浆施工的操作人员组织开展职业技能培训和考核，取得合格证书。

12.6.4　预制构件生产方案

1. 预制构件生产方案

预制构件生产单位应当根据有关标准和施工图设计文件等，编制预制构件生产方案，包括生产工艺、模具方案、生产计划、技术质量控制措施、成品保护、堆放、运输方案，以及预制构件生产清单等，预制构件生产方案应当经预制构件生产单位技术负责人审批。

2. 装配式结构施工专项施工方案

根据沪建质安〔2017〕129 号文要求，专项施工方案应包括以下主要内容：

（1）预制构件堆放、驳运及吊装，包括：现场装卸、堆放及驳运、吊装方式和路线；构件堆场的地基承载力计算；吊装设备选型，吊具设计；构件吊点、塔吊施工升降机附墙点等设计。

（2）高处作业的安全防护，包括因临边安装构件、连接节点现浇混凝土及成品保护修补所采取的防护措施以及交叉作业安全防护等。

（3）专用操作平台、脚手架、垂直爬梯及吊篮等设施，及其附着设施。

（4）构件安装的临时支撑体系等。

3. 套筒灌浆连接专项施工方案

施工单位应当编制套筒灌浆连接专项施工方案，加强钢筋灌浆套筒连接接头质量控制。方案应包括以下内容：

（1）灌浆工艺参数。

（2）灌浆套筒、灌浆料和灌浆套筒连接接头的各种具体检验要求。

（3）灌浆后开始后续工序施工的时间要求。

（4）竖向构件的临时支撑设置（不宜少于 2 道）。

（5）临时支撑的配置及拆除的时间。

（6）分仓设置要求和灌浆顺序、封闭排气孔顺序（分仓灌浆）。

12.6.5　预制构件厂需要留存影像资料的施工工序

1. 预制构件生产过程

根据沪建质安 2017【241】号文第四条第（五）款规定：在混凝土浇筑前，应按照规定进行预制构件的隐蔽工程验收，形成隐蔽验收记录，并留存相应影像资料。

2. 灌浆施工过程

根据沪建质安 2017【241】号文第五条第（五）款第 9 项规定：灌浆操作全过程应有专职检验人员负责旁站监督并及时形成施工质量检查记录。灌浆施工过程应按照规定留存影像资料。

3. 施工记录

（1）构件厂组织对混凝土的开盘鉴定记录及预拌混凝土搅拌站组织对后浇段的混凝土开盘鉴定记录（现场宜派专人参加）。

（2）预制构件生产首件验收记录。

（3）构件混凝土、后浇混凝土试块抗压强度及统计评定。

（4）装配式专项图纸会审记录、设计交底、设计变更、现场服务记录。

（5）预制构件首段安装验收记录。

（6）预制构件的进场验收、安装施工记录。

（7）连接构造节点隐蔽验收记录。

（8）后浇混凝土部位的隐蔽工程检查验收文件。

（9）装配式结构分项、检验批验收记录。

（10）工程质量问题处理及验收记录。

（11）灌浆施工记录及影像资料。

12.6.6　工程实体检测

（1）预制构件的外观检查（重点查灌浆套筒位置偏差、套筒的透光检查、粗糙面的形式与质量，预留钢筋的长度、吊点，预制构件的强度回弹。灌浆孔、排气孔与现浇段的位置应不影响现浇段的正常施工，也不应受现浇段施工而影响正常灌浆。

（2）转换层灌浆套筒连接下部预留钢筋的长度是否不小于套筒直径的 8 倍，且是否满足设计要求。

（3）叠合板安装标高、拼缝是否与设计要求相符

（4）预制楼梯安装节点是否与设计要求相符。

（5）灌浆施工应按施工方案执行，还应符合 JGJ 355—2015 第 6.3.8 条第 6.3.11 条的规定。

12.6.7　起重吊装安全管理措施

（1）吊具应根据预制构件形状、尺寸及重量等参数进行配置，吊索水平夹角不宜大于 60°，且不应小于 45°。对尺寸较大或形状复杂的预制构件，必须采用扁担梁或分配桁架的吊具。

（2）预制构件吊装用内埋式螺母、吊杆、吊钩应有构件制造厂的合格证明书，表面应光滑，不应有裂纹、刻痕、剥裂、锐角等现象存在，否则严禁使用。

（3）构件卸车挂吊钩、就位摘取吊钩应设置专用登高工具及其他防护措施，不允许沿支承架或构件等攀爬。

（4）吊索、扁担梁（桁架）等吊具应有明显的标识：编号、限重等。吊装用的钢丝绳、吊装带、卸扣、吊钩等吊具进场使用前经检查验收合格方可投入使用，并在其额定范围内使用，每周检查至少一次。

（5）根据构件特征、重量、形状等选择合适的吊装方式和配套的吊具。竖向构件起吊点不少于 2 个，预制楼板（叠合板）起吊点不少于 4 个。构件吊运过程中应保持平衡、稳定，使吊具受力均衡。

（6）制定 PC 吊装钢丝绳更换、保养、报废制度，并严格实施。

（7）根据 GB/T 5976—2016 起重机钢丝绳保养、维护、安装、检验和报废规范要求，定期对吊索钢丝绳进行检查，对不符合使用要求的钢丝绳必须更换并销毁。

（8）PC 构件吊装使用的吊索钢丝绳每两个月或累计装配 5 层构件必须强制报废，时间与吊数以先到为准，钢丝绳报废需当场切断为不超过 50cm 的绳段并留存影像记录。

（9）预制构件堆场需设立禁行标志，除吊运期间的司索工、信号工外，堆场内禁止其他人员穿行、停留。

12.6.8　参考规范

参考规范见表 12-2。

参考规范

表 12-2

序号	类别	名称	编号
1	国家规范标准	混凝土结构工程施工规范	GB 50666—2011
2		混凝土结构工程施工质量验收规范	GB 50204—2015
3		混凝土质量控制标准	GB 50164—2011
4		装配式混凝土建筑技术标准	GB/T 51231—2016
5		混凝土强度检验评定标准	GB/T 50107—2010
6		水泥基灌浆材料应用技术规范及条文说明	GB/T 50448—2015
7		装配式混凝土结构连接节点构造	15G310-1～2
8		起重机钢丝绳保养、维护、安装、检验和报废规范	GB/T 5976—2016
9	行业规范标准	装配式混凝土结构技术规程	JGJ 1—2014
10		钢筋机械连接技术规程	JGJ 107—2016
11		钢筋连接用灌浆套筒	JG/T 398—2012
12		钢筋连接用套筒灌浆料	JG/T 408—2013
13		钢筋套筒灌浆连接应用技术规程	JGJ 355—2015
14		建筑施工安全检查标准	JGJ 59—2011
15		建筑施工高处作业安全技术规范	JGJ 80—2016
16	地方规范标准	装配整体式混凝土结构预制构件制作与质量检验规程	DGJ 08-2069-2016
17		装配整体式混凝土结构施工及质量验收规范	DGJ 08-2117-2012
18	国家行政文件	危险性较大的分部分项工程安全管理办法	建质 [2009] 87 号
19	地方行政文件	危险性较大的分部分项工程专家论证管理办法	沪建管 [2015] 569 号
20		关于印发《装配整体式混凝土结构工程施工安全管理规定》的通知	沪建质安 [2017] 129 号
21		关于印发《关于进一步加强本市装配整体式混凝土结构工程质量管理的若干规定》的通知	沪建质安 [2017] 241 号

第 13 章 装配式建筑施工工具

装配式建筑施工过程中除需准备传统结构建筑施工过程中所需施工工具外，还应从构件运输堆放、吊装、安装、灌浆等工序中考虑装配式建筑使用的专用工具。

13.1 运输、堆放专用工具

13.1.1 场内运输

预制构件运输车辆为 17.5m 和 13.75m 长两种板车，竖向构件运输时，采用专用插放架或靠放架，架体具有足够承载力和刚度，同一靠放架同侧不得靠放 2 个或以上数量构件，构件与地面倾角宜大于 80°。构件对称靠放且外饰面朝外。预制板运输时，叠放层数不超过 6 层，每层之间在同一个位置放置垫木。预制楼梯叠放层数不超过 2 层，并用垫木垫好。

13.1.2 运输堆放专用工具

预制板现场叠放要求同运输时要求，叠放层数不超过 6 层，每层之间在同一个位置放置垫木。预制楼梯叠放层数不超过 2 层，并垫好垫木。预制梁放置在平整硬化好的规定的场地。预制墙采用专用支架放置，并设置非专业人士严禁操作警示标识。

运输堆放专用工具见表 13-1。

运输堆放专用工具   表 13-1

序号	工具名称	作用	图片
1	构件运输车	运输竖向构件	
2	构件运输车	运输水平构件	

序号	工具名称	作用	图片
3	靠放架	用于竖向构件运输固定	
4	插放架	用于竖向构件堆放	
5	插放架	用于竖向构件堆放	
6	翻板机	用于竖向构件转运、起吊	

13.2　吊装及安装施工专用工具

（1）起重吊装设备：根据建筑的高度、平面尺寸、构件的重量、所在位置及现场设备条件选用，常用的有履带式起重机、轮胎式起重机、塔式起重机或桅杆式起重机和卷扬机等。

（2）施工操作：吊索、手拉葫芦、钢丝绳、铁扁担、溜绳、缆风绳、卸扣（根据实际情况准备吊具）、撬棍、钢角码、钢垫板、大锤、小型液压千斤顶、扫帚等。其中钢丝绳要经过受力计算确定钢丝绳直径。

（3）构件固定工具：斜撑杆杆件、楔子（木楔、钢或混凝土楔）等。

（4）测量校验工具：水准仪、塔尺、卷尺、靠尺。

预制构件的吊装施工工具如表 13-2 所示。

吊装施工主要专业工具　　　　　　　　　　　　表 13-2

序号	工具名称	作用	图片
1	吊装用钢梁	预制构件吊装用	
2	斜支撑	墙板安装时临时固定	
3	吊爪	专用吊具主要用于吊墙板，与吊钉配合	
4	吊钩	主要用于吊叠合楼板及叠合梁	
5	钢丝绳	用于构件吊装	
6	卸扣	钢丝绳与钢丝绳、吊抓、吊钩、钢扁担连接用	
7	硬塑垫块	尺寸 70mm×70mm 厚度 2mm/3mm/5mm/10mm/20mm	

序号	工具名称	作用	图片
8	钢筋定位器	转换层竖向预留插筋定位	
9	水准仪	竖向构件安装时标高抄测	
10	卷尺	构件安装位置测量	
11	塔尺	配合水准仪进行标高抄测	
12	靠尺	对竖向构件安装质量进行校核	

13.3 灌浆施工专用工具

（1）封仓准备：电动搅拌机、专用座浆料、电子秤、搅拌浆料的塑料桶、量杯、清水、橡胶条、抹铲及其他辅助材料等。

（2）灌浆准备：灌浆机（包括过滤筛网等）、专用灌浆料、电子秤、搅拌浆料的塑料桶、量杯、清水、橡皮塞、截锥圆模、量尺、灌浆料试块模具（40mm×40mm×160mm）、小铁锤、钢丝球、海绵球及其他辅助材料等。

具体灌浆专用的主要工具如表 13-3 所示。

灌浆施工主要专业工具 表 13-3

序号	工具名称	作用	图片
1	灌浆泵	灌浆套筒、灌浆缝灌浆	
2	重量称	灌浆料搅拌用水测量	
3	搅拌机	用于灌浆料搅拌	
4	温度计	施工温度测量	
5	截锥圆模	测量灌浆料流动度	
6	注浆枪	对注浆孔进行补灌浆	

序号	工具名称	作用	图片
7	量杯	称量定量的水，拌制坐浆料和灌浆料	
8	橡胶塞	封堵注浆孔和出浆孔	
9	试模	灌浆料试块模具 （40mm×40mm×160mm）	

第 14 章　装配式建筑分包管理

14.1　体系建设管理

14.1.1　装配式建筑分包管控体系

装配式项目部应建立管理组织体系架构,各职能部门应具体负责专业分包合同的履约和日常管理,依据合同文件和相关要求对专业分包进行组织、协调和管理,对分包方进行相关教育和交底,对施工进度、工程质量、技术措施、安全生产、文明施工、环境保护、资金支付等进行全面管控,对专业分包方的不良行为进行整理上报。组织架构如图 14-1 所示。

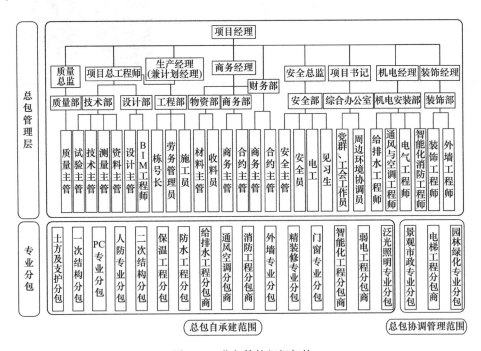

图 14-1　分包管控组织架构

14.1.2　总包和专业分包责任机制

应建立总包和专业分包责任机制(表 14-1),分包单位必须对其分包工程的安全、质量、工期、消防、文明施工、成品保护等负责,完成分包合同规定的各项义务,接受总承包单位项目部的统一管理。

总包和专业分包责任机制

表 14-1

序号	项目	具体事宜	分包责任人	总包责任人
1	深化设计	负责编制分包工程的施工组织设计和各种专项方案，负责相关专业的深化设计	深化设计师	技术部
2	质量管理及验收	（1）按照总承包单位确定的质量目标，制定本分包工程的质量控制计划，各专业单位以自行控制为主，严格执行自检、隐检，工程验收采取分包单位质量初验，总承包单位复验，分包单位、总承包单位和监理工程师会同综合检查验收制度，且必须使用统一验收表格，逐级传递、依次进行。 （2）按规范、标准控制工程质量，主动接受总承包单位对质量的监督及检验，在自检合格的基础上向总承包单位报验。 （3）组织好本专业分包工程的交工验收工作，保证按总承包单位及业主规定的节点工期完成业主对本专业分包工程的验收	质量员	质量部
3	协调问题及资料管理	（1）施工中出现的问题，各专业承包单位必须以工程联系单的方式告知总承包单位，由总承包单位将分包单位意见和问题送交业主和监理工程师，由总承包单位组织与各分包单位、业主以及监理工程师共同协商解决问题。 （2）按总承包单位的规定进行文件和资料的管理，保证达到总承包单位的要求	资料员	资料室技术部
4	会议管理	分包单位现场代表必须按时参加总承包单位召集的各种形式的专题会、协调会，接受并落实总承包单位安排和部署的各项工作任务和指令	安全员项目负责人	项目部
5	进度计划	分包单位按时编制工程进度计划，周计划、月度计划和季度计划，定期核查计划的实际执行情况和完成情况	项目负责人	生产部
6	现场施工	（1）施工现场的总平面布置由总承包单位规划后，各分包单位不得随意改变，如确需调整，必须提前以书面报告的形式告知总承包单位，经总承包单位书面批准后方可改变。 （2）保证进场施工作业人员、施工机械、计量器具的数量及质量能满足工程的需要。按总承包单位的总体安排及部署布置库房、加工预制场地等，并保证以上场地的管理达到总承包单位的要求。 （3）施工现场的管理严格按总承包单位规定，做到工完场清，安全设施、消防设施、个人劳保用品的配备要达到总承包单位的规定，安全、消防、文明施工保证体系齐全，责任明确，保证总承包单位制定的安全、消防、文明施工目标的实现	项目负责人	生产部技术部
7	管理制度	分包单位进场后必须执行总承包单位制定的各项管理制度	分包单位	项目部
8	图纸会审	对施工图纸详细审核，进行细化、深化、优化设计，及时上报总承包单位，并及时与设计单位等进行图纸会审，协助设计单位将对施工图的修改方案落实到图纸上	技术员	技术部
9	材料管理	按总承包单位要求编制材料、设备、成品、半成品采购计划及进场计划，并上报总承包单位备案。对甲供物资，承担进场验收的质量责任。对自行采购物资，进场前必须向业主及总承包单位提供样品、数量、规格及有关证书（生产厂家资质证书、质量保证书、合格证、检测试验报告等）进行报验，报验通过方能组织进场	项目负责人	材料部
10	协调管理	在总承包单位统一协调领导下，积极做好与其他分包单位的配合协作，对自己专业分包工程的成品保护负责，并不得损坏其他分包单位的劳动成果	项目负责人	项目部

预制构件生产单位，主要负责构件的部分深优化设计、模具设计、构件生产养护和构件运输。

需具备基本构件拆分、构件结点优化能力，在单体构件排产前与总包、设计、业主方积极沟通，以确保每个构件充分考虑到各专业间的空间碰撞问题，能够合理降低各类安全、质量隐患。

需具备一定生产能力，确保厂区有足够构件临时堆放场地，堆放场地可至少存放项目同批开发单体一个标准层的构件货物总量。

需具备一定运输能力，有可靠的专用运输车队，针对不同构件类型配置不同型号的运输车辆、采取不同的运输成品保护方式，且能够满足项目构件进场时间要求，构件厂与项目之间的运输距离越短越好。

构件吊装单位，主要负责配合监理、总包对进场构件进行质量验收，构件现场卸货堆放、构架就位前放线及标高评定、构件吊装加固、构件定位后垂平度复测、构件拼缝灌浆、打胶、各阶段资料填报及材料送检。此过程所需辅材如构件摆放架、平衡梁、长短斜拉杆、纤维胶带、PE 棒、灌浆设备及灌浆料、耐候胶等均可由吊装单位统一提供。此阶段包含的资料主要有 PC 构件进场质量验收表、构件卸货检查表、构件就位检查表（首段）、构件安装尺寸偏差检查表（首段）、构建灌浆检查表、构件厂拆撑申请表、吊装及灌浆过程影像记录。

土建现浇结构单位，负责与吊装单位穿插施工现浇部分结构，内支撑、支模、绑筋、混凝土浇筑及交叉过程中临边洞口、消防、碰撞等安全隐患的提前消除。机电、幕墙、精装修除常规作业内容外，需提前检查吊装结束移交时的预留预埋点位、建筑面层做法及成品保护是否符合设计及规范要求，进而达到移交条件。

14.1.3　人员配置管理

装配式建筑项目主要的专业分包单位有 PC 吊装，PC 安装，常规建筑、结构，水、电、暖、智能、消防等，幕墙、精装、门窗等，各专业分包的管理人员配置均需按照 2017 版《建筑工程施工现场专业人员配备标准》，详见表 14-2、表 14-3 所示。

对专业及劳务作业层要求：装配式混凝土建筑技术工人的关键工种，主要包括构件装配工、灌浆工、内装部品组装工、钢筋加工配送工、预埋工、打胶工 6 个工种，并对各工种的职业技能水平提出了具体要求。

建筑工程专业分包项目管理机构岗位设置和专业人员配备　　　　表 14-2

工程规模（万元）	岗位设置及专业人员数量（人）									
	项目负责人	技术负责人	施工员	质量员	安全员	标准员	材料员	机械员	劳务员	资料员
<500	1	1	1*	1	1	1*	1*	1*	1*	1*
≥500~<2000	1	1	2	1	1	1*	1	1*	1*	1
≥2000~<5000	1	1	3	2	1	1*	1	1	1*	1*
≥5000~<20	1	1	4	3	4	1*	3*	2*	2*	2
≥20~<10000	1	1	3	2	2	1	2	1*	1	2*
≥10000	1	1	4	3	3	1	3	1*	2*	3*

注：1. 专业分包单位无自带或租赁特种设备时，可不设置机械员岗位。
　　2. 可兼职的岗位用"*"表示。

建筑工程总承包项目管理机构岗位设置和专业人员配备 表 14-3

工程规模 (万 m²)	岗位设置及专业人员数量（人）									
	项目负责人	技术负责人	施工员	质量员	安全员	标准员	材料员	机械员	劳务员	资料员
<1	1	1	1	1	1	1*	1*	1*	1*	1*
≥1~<5	1	1	2	1	2	1*	1	1*	1*	1
≥5~<10	1	1	3	2	3	1*	2	1	1	2*
≥10~<20	1	1	4	3	4	1*	3*	2*	2*	2
≥20~<30	1	1	5	5	5	1	3	2*	2	3*
≥30	1	1	6	6	6	1	4	2	2	3

注：可兼职的岗位用"＊"表示。

装配式建筑专业分包单位按建设监管部门和分包合同要求配置专业管理人员，其中施工、技术、质量、安全等管理人员必须纳入总包体系下进行管理。

根据不同标段施工界面，总包委派一名责任工程师作为本标段分包现场施工进度、成本、安全、质量、环保等目标管理及信息沟通协调的现场第一责任人，负责所管辖分包的各项施工管理及协调事务。

专业分包进场需对主要管理人员进行面试，对其工程经验和项目管理能力进行评价，主要内容如下所示。

（1）对于 PC 深化设计单位，主要关注深化设计时间节点必须满足项目进度要求，相关节点需要针对项目图纸和项目成本逐个优化，并要求深化设计人员驻场。

（2）对于 PC 加工厂，主要考虑加工厂家生产资质、生产能力、加工场的运距是否增加成本，并要求驻场人员必须满足现场组装时能及时解决现场出现的问题。

（3）对于 PC 施工单位，主要管理人员必须有相关工程经验。对所有分包均设立奖惩机制，确保专业分包的设计或施工进度。

14.1.4 主要专业分包的协调管理制度

在装配式建筑结构施工过程中，总包方始终担任承上启下的纽带作用。各专业分包在安全、进度、质量管理方面存在着不同分歧，需总承包方建立完善的协调管理制度用以约束和督促各专业分包实现完美履约。主要包含以下几方面制度：

（1）会议制度：定期召开安全、进度、生产例会，根据项目规模及施工条件选择与会人员级别及会议频次，建议每周召开 1 至 2 次专题会，以 PPT 照片形式回顾本周期工作内容及存在问题，各单位依次汇报，对节点滞后或安全质量隐患提出整改措施或意见，对不同单位诉求进行整合并分析给出最合理处理意见，最后总结整理为会议纪要签字存档。对于不按时参会或不按时整改单位可给予适度警告、罚款、约谈处理。

（2）移交制度：各单位之间（子）分项工程办理移交手续，各单位内部根据需要办理工序移交手续，明确各阶段主体责任，落实到具体负责人，对上部分项工程或上道工序内容验收并确认，以避免安全、质量管理隐患纠纷，场容场貌措施界限不清。

（3）样板制度：各专业单位进场大手施工前需进行工艺样板及实体样板施工，如坐浆灌浆工艺、外立面防渗漏打胶工艺、机电配管工艺、首段吊装就位实体样板、幕墙首段龙骨及饰面实体样板等，待监理、设计及总包业主方确认后编制专项施工方案，方案确认后组织分级交底并组织大手施工。

14.2　进退场管理

专业分包进退场流程如图 14-2 所示。

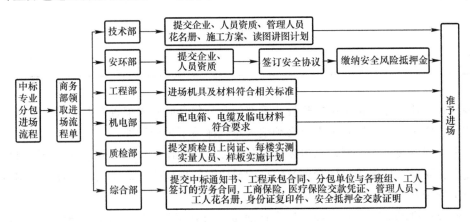

图 14-2　专业分包进场流程图

14.2.1　进场提交资料

（1）分包单位资质（3 套加盖单位公章）：营业执照、资质证书、安全生产许可证、业绩资料、主要管理人员岗位证书、安全 A、B、C 证等。

（2）三个协议：分包单位签订合同，合同备案完成后由合约部提供安全、消防、临电三个协议到安全部留底。

（3）分包主要管理人员资料（1 套加盖单位公章）：主要管理人员任命书，任命书上的主要管理人员必须与备案上一致（专业分包主要管理人员：项目负责人、技术负责人、安全员、质量员、劳务员。劳务分包主要管理人员：项目负责人、安全员、劳务员）。主要管理人员花名册，主要管理人员合同复印件。主要管理人员工资发放记录、社保每季度提交一次。

14.2.2　人员进场管理

（1）工人进场安全教育：总包组织，分包单位人员进场后分批次进行。

（2）工人进场安全总交底：总包组织，分包单位人员进场后分批次进行。

（3）工人进出场登记表（电子版、纸质版各一份）。

（4）施工人员安全教育档案手册：分包单位人员进场后陆续进行，审核从业人员信息，超龄人员：男 55 周岁，女 50 周岁以上不允许进场作业，手册需加盖单位公章。三级教育卡及试卷等须按要求填写。劳务合同一式三份，需加盖单位公章。

14.2.3　特种作业及监护人员管理

（1）构件装配工、灌浆工、内装部品组装工、钢筋加工配送工、预埋工、打胶工等特种作业人员必须持建管委颁发有效期内的特种作业人员操作证（安监局颁发的证件无效）。特种作业人员进场后证件及时上报总包复核报监，需附身份证复印件。

（2）动火作业、小型机械作业必须办理监护员证。监护员证办理需填报工人内部上岗培训报名表，并考试，交公司统一办理（办理监护员证需提交一寸相片2张，身份证复印件等）。

14.2.4 危险作业许可制度

施工现场动火作业及防护设施拆除作业必须履行作业审批手续，经生产、安全部审核同意方可施工，严禁私自动火和拆除防护设施。违反规定的将按照安全生产文明施工奖罚制度进行处罚。

14.2.5 材料机具出入场管理

（1）分包单位材料、机具等进出施工现场必须到项目部开具进/出门证，进/出门证必须经过安全、生产部等各部门会签确认方有效，凭证出入。

（2）大中小型机械设备、机具、电箱等进入施工现场必须通知总包单位组织验收，验收合格方可投入施工现场使用。大中小型机械设备必须提供合格证、检测报告、操作人员证件等报监。

14.2.6 安全生产文明施工奖罚制度

项目编制安全生产文明施工奖罚制度。对施工过程中发现的违章行为进行惩处，对表现良好的单位和个人进行奖励。

14.2.7 劳务管理

（1）劳务管理严格按照"十步工作法"和"劳务管理十不准"要求执行。做好实名制录入（提供身份证原件），门禁管理。施工人员进场后统一办理门禁卡，凭门禁卡出入施工现场。

（2）"三个台账"：实名制台账（实名制录入）。人工费台账（支付凭证录入）、工人工资发放台账（工人工资支付凭证录入）。

（3）支付凭证、工人工资支付表，劳务工人考勤表（加盖单位公章，每月月底上报）。

（4）工人体检。分包单位组织工人体检，并将体检报告或复印件交安全部。体检合格人员方可进场施工。

（5）食堂食品经营许可证及从业人员健康证要及时办理，食品采购做好采购记录。饭菜留样记录保留72h。

（6）各家单位做好各自宿舍卫生工作，生活垃圾严禁随意丢弃，身份证复印件按床位张贴在墙上。

14.2.8 商务对进退场的约束要求

商务对分包进退场的管理要求如表14-4所示。

商务对专业分包进退场的管理要求　　　　表 14-4

合同	进场要求	退场要求
劳务分包、构件厂、塔吊等	(1) 经公司组织正规招（议）标流程确认的分包单位签订施工合同，足额缴纳履约保证金后方可进场。 (2) 所有乙方进场人员必须严格遵守甲方公司现场管理条例。乙方工人进场后，到项目部登记，提供相关证件，由项目部统一办理和更换个人保险，如果有人员变动及时到项目部办理更换保险手续。 (3) 建立安全教育培训制度，进场时组织开展进场安全教育。 (4) 在农民工进场前先行签订合同并进行岗前培训、安全教育等，特殊工种持证率必须达到100％，并严格按照安全管理要求施工，杜绝工人工伤等各种事故的发生。混凝土振捣手进场时，乙方必须向项目部申请对振捣手进行考核，合格后方可进场施工。 (5) 根据工程需要，合理配合劳动力并负责对本单位进场施工人员的用工教育和具体管理工作，严格控制队伍人数，杜绝私招乱用社会闲散人员，禁止无证人员混入本队伍中进场施工。在施工过程中，因工程需要变动生产人员，必须事先得到甲方专管人员的同意，并补交变动人员名单及有关证件复印件。施工人员进场之前，需向甲方指派的现场专管人员递交本施工队伍人员花名册、身份证、特殊工作操作证等一切所需证件的复印件或原件	(1) 项目已完工结算。经项目部生产、技术、合约、材料、安环等部门会签同意、项目领导同意后方可退场。 (2) 付款已按要求预留保修金。 (3) 对租用甲方材料或办公用具进行验收，均合格后办理退场

14.3　劳务用工管理

14.3.1　总则

（1）为适应快速施工生产的需要，合理有效地使用外部劳务，加强外部劳务管理，提高劳动生产率，促进施工生产任务的完成，根据国家有关政策规定，结合本项目的实际，制定本办法。

（2）使用外部劳务，必须遵守国家有关政策、法规，并依照本制度组织实施。

14.3.2　使用的原则和条件

（1）使用外部劳务必须坚持"合理有序、总量控制"的原则，有计划地使用外部劳务。

（2）使用外部劳务仅限于施工生产第一线，非施工生产单位、岗位原则上不得使用。非施工生产岗位必须使用外部劳务时，应报使用计划，并注明使用部门、岗位，未经批准，一律不准私招乱聘。

（3）大型先进机械设备操作、财务管理、物资的采购保管、爆破物品的保管等重要岗位不得使用外部劳务。

（4）资格准入管理

1）劳务承包企业准入：由分项目部负责进行推荐，经公司综合评价合格后方可准入，并纳入公司合格劳务供方名录。

2）劳务派遣公司准入：由分项目部负责进行评价推荐，经公司综合评价备案后方可准入。

（5）队伍、人员选用管理

1）选用劳务承包企业时，原则上从公司合格劳务供方名录中选用。否则必须经过分项目部各部门及领导综合评审，并报公司审核批复后，方可使用。

2）选用劳务派遣公司时，从有派遣资格和一定经济实力的公司中选用。分部在选用劳务派遣公司时，必须从公司备案合格的劳务派遣公司中选用，未列入公司备案合格的劳务派遣公司名录中拟使用的劳务派遣公司，应按程序先进行评审，申报和备案，方可选用。

3）人员选用必须符合下列条件：

① 必须身体健康，具有一定文化程度和劳动技能，年龄在45岁以下的公民（有专业特长的可控制在50岁以下）。并持有本人居民身份证，户口所在地政府劳动部门发的《外出人员就业登记卡》、施工所在地劳动部门发的《外来人员就业证》和公安机关发的《暂住证》。严禁使用18周岁以下的童工。

② 必须与劳务施工企业或劳务派遣公司签订《劳动合同》，合同必须贯彻国家《劳动法》、《劳动合同法》等有关法律、规定，并遵守平等、自愿、协商一致的原则。合同内容公正、合理、合法。

14.3.3 劳务协作合同管理

（1）用工单位使用劳务人员，应签订书面合同，并严格执行规范性合同文本。杜绝发生先干后签、口头协议等违规行为。招用劳务队应签订《劳务协作合同》。

（2）签订《劳务协作合同》要求

1）《劳务协作合同》由分项目部组织签订，签约人必须是企业的法定代表人或其授权委托的代理人，未经授权，其他人不得以企业的名义签订《劳务协作合同》。

2）签订《劳务协作合同》应严格实行劳务作业项目工费综合单价承包，以书面形式订立，并以满足与建设单位签订的施工合同为前提，任何单位和个人不得利用劳务分包进行违法活动，损害集体利益。

3）签约人在签订《劳务协作合同》前要按照选择使用劳务队的条件，严格审查提供劳务方的主体资格和符合的条件。

4）《劳务协作合同》中应根据工程特点和实际，在验工计价时，应预留一定比例的农民工工资保证金，确保民工工资发放。

5）《劳务协作合同》由合同文本和合同附件组成。合同主要内容包括：合同双方主体、合同方式、工费单价、履约时间、双方责任、劳务费的计量与结算、变更与解除、违约责任、纠纷解决办法的处理等。法人代表授权书、劳务承包项目及单价表等为合同附件，与合同文本同时有效，并由双方代表逐一签字，合同签订单位要建立完整的合同管理台账。

6）加强《劳务协作合同》履约管理，及时解决履约中出现的问题。需要修改、变更、补充、中止合同的，应及时完善手续，收集和保管好有关证据材料。负责合同管理的人员调动工作时，要把合同签订、履行、债权债务情况以及其他需要说明的问题逐项移交清楚。

7）严格企业公章的使用管理，防范外部劳务队刻制或使用冠有本企业名称的公章。

8）依法订立的《劳务协作合同》，具有法律约束力，合同双方必须严格遵守，全面履行，任何一方不得随意变更或解除，需要补充或变更时，必须经双方协商一致，签订书面协议。履行合同中发生纠纷或争议时，双方应及时协商解决，或由上级主管部门协调，协商或调解不成的，当事人可向仲裁机构申请仲裁或向人民法院提起诉讼。

14.3.4　监管与罚则

（1）各部门和具体用工单位必须明确外部劳务管理职责，建立健全规章制度，本着"谁用工谁负责，谁主管谁负责"的原则，加强外部劳务日常管理工作。要全面建立和实行外部劳务工资保证金制度和外部劳务工资支付监控制度，加强对农民工工资支付情况的监督检查。

（2）加强对劳务分包队伍现场和内业资料的管理，特殊工程、关键工序、重要质量控制点要实行旁站制度，明确专人监督、指导和帮助。多支队伍交叉施工时要加强现场协调，及早发现隐患，及时解决存在的问题。各项总结、布置、检查、评比，要求劳务队与内部队伍同等参与。

（3）对外部劳务人员必须进行劳动纪律、法规法纪、规章制度、安全生产、操作规程教育，对农民工必须进行以基本生产技能为主要内容的岗位培训。

（4）将外部劳务人员的治安管理工作纳入本项目综合治理目标管理，建立治安保卫和群防群治组织，认真查处各类治安案件，严厉打击违法犯罪分子。

（5）加强对使用外部劳务的监督。

1）各级领导必须廉洁自律，不得利用职权在选用分包队伍中谋求不正当利益。

2）选用或辞退劳务队，必须坚持集体审批、公开办公。各职能部门要加强对单项劳务分包工程定价、验工计价、结算拨付工程款等环节进行监督并执行"会审"制度。

3）坚持企务公开，增加透明度，加强群众监督、对外部劳务使用管理中的不正之风，实行群众监督举报制度。

14.3.5　组织与职责

（1）要将外部劳务管理工作列入重要议事日程，分部经理对外部劳务管理工作负有领导责任。

（2）各职能部门管理职责：

1）计划部职责

① 对劳务队的营业执行照、资质证书、业绩和商业信誉进行审核，对使用外部劳务实施监督和控制。

② 负责制定外部劳务验工计价和劳务价款结算规定。

③ 负责劳务分包合同的签订，监督合同的履行，负责验工计价工作。

2）财务部职责

① 负责对外部劳务队财务履约能力进行审查和考核。

② 负责代发外部劳务队中民工工资。

③ 负责制定外部劳务劳务费的支付规定。

3）工程部职责

① 负责对劳务队施工能力、施工简历及对项目适应能力进行考核。

② 负责施工管理、现场管理和技术指导工作。

4）安全、质量管理部职责

① 负责制定外部劳务质量安全管理规定。

② 负责安全、质量教育，建立和落实安全质量管理制度。

③ 负责调查、处理安全质量事故。

5）综合办公室职责

① 负责外部劳务使用管理的宣传工作。

② 负责对外部劳务人员进行思想政治教育、普法教育。

（3）分部要选派责任心强、政策水平较高、具有一定专业技术和管理能力的人员担负外部劳务管理工作。加强对外部劳务管理人员的政策纪律教育。

（4）外部劳务管理人员必须认真执行国家政策、法规，廉洁奉公，忠于职守。管理人员不称职的要及时撤换，对玩忽职守、损公肥私者应视情节轻重给予处分或追究法律责任。

（5）分项目部要加强对所用外部劳务的管理，建立健全名册、档案、台账等基础资料。要定期巡回检查，并负责监督本办法的实施。

14.4 分包商综合评价

14.4.1 制定依据

为提高分包单位履约水平，保证工程的质量和安全，根据《建设工程质量管理条例》制定分包商综合评价表。

14.4.2 评价内容

（1）总包单位可从安全、施工、质量、质保、环境绩效综合能力及信誉等方面对分包单位做出评价。

（2）总包单位自合同签订之日起，对承包商定期进行综合评价。建设工程施工周期超过一年的，每年至少评价一次。不满一年的，至少评价一次。在竣工验收厚应给出最终的综合评价。

（3）分包商综合评价表见附表—分包商评价考核表。

第 15 章　装配式建筑商务管理

15.1　装配式建筑商务管理组织架构

建筑业已步入能力竞争时代，谁能提供高品质服务和低成本产品，谁就能赢得市场。装配式建筑工程总承包，更要着眼业主需求，以"项目全寿命周期"为主线，以成本管理为核心，突出价值创造，实现品质管理。

与传统施工不同的是，装配式建筑项目，结合项目实际情况，建立以项目经理为首的项目成本管理组织机构，如图 15-1 所示。打造精干高效统一的商务管理体系，明确责权利，形成"人人都是成本管理者，人人都是利润创造者"的商务管理文化，切实提高全员商务管理的意识和能力。

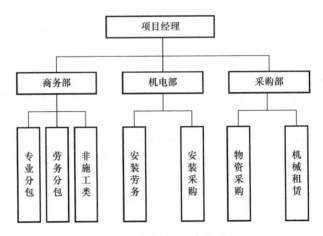

图 15-1　成本管理组织机构图

项目成本管理中心根据职责定位，按业务模块共设置三个部门：商务部、机电部、采购部。各部门职责分工如表 15-1 所示。职责：商务管理、预结算管理、合同管理、法务管理。

15.1.1　商务管理岗位职责和管理流程

1. 建章立制

（1）指标分解，量化每一位管理人员的岗位职责和考核标准。

（2）建立项目管理流程，分工明确、责任到具体岗位、具体人员。

（3）完善项目考核机制并严格考核。

建章立制是结合业主和项目特点，将各项管理指标落实到项目部每一个管理岗位和人员，并制定考核标准的过程。

2. 明确岗位职责

总承包项目部要建立以项目经理、总工、商务经理为一体的"铁三角"成本管控团队（图 15-2），明确部门岗位职责，示例见表 15-1。

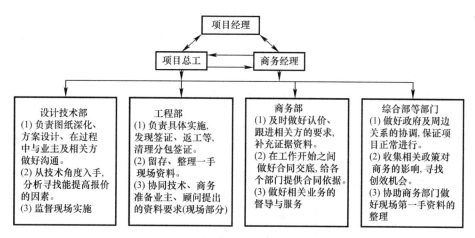

图 15-2 项目"铁三角"成本管控

部门岗位职责 　　　　　　　　　　　　　　　　　　　　　　　　　　表 15-1

序号	部门	重要管理职责
1	商务部	(1) 负责整合整个项目合约策划报告和项目招标计划的编制，并使其严格按工程招标采购制度予以执行，主要负责项目专业分包（含甲指分包）、劳务分包、非施工类分包等。 (2) 规范工程量清单及报价格式编制，招标文件、合同文本编制，资格审查，标底编制，议标等关键环节，使之标准化。 (3) 建立健全供方信息库，确保资格预审质量，做实供方履约评价，与有实力的信誉的工程供方形成长期合作的伙伴关系。 (4) 负责与营销和设计有关的合同条款与价格控制。 (5) 深入了解市场价格，不断完善价格信息库。 (6) 制定部门各项管理制度并予以执行
2	机电部	(1) 负责组织安装劳务和安装采购文件编制和审核，负责安装工程量清单的编制与审核，参与安装评标（比选）及合同谈判全过程工作。 (2) 负责推荐最佳候选人及顺位排名。 (3) 负责组织编制和审查安装合同。 (4) 深入了解市场价格，不断完善价格信息库。 (5) 制定部门各项管理制度并予以执行
3	采购部	(1) 负责组织编制采购策划方案。 (2) 负责组织采购文件编制和审核，参与采购评标（比选）及合同谈判全过程工作。 (3) 负责推荐最佳候选人及顺位排名。 (4) 负责组织编制和审查采购合同。 (5) 深入了解市场价格，不断完善价格信息库。 (6) 制定部门各项管理制度并予以执行

15.1.2 商务策划

（1）总承包项目经理要组织相关业务部门进行盈亏测算分析，并根据项目亏损点、风险点、盈利点编制商务策划，策划以工期为主线，成本为核心，三点两线五大体系管理为重点，进行全寿命周期的项目策划。

1）三点：亏损点、风险点、盈利点。

2）二线：生产线、商务线。

3）五大体系：工程、技术、商务、财务、营销。

4）六大环节：营销报价、合同签约、施工生产、竣工验收、工程结算、收款关账。

（2）项目实行"三全"管理体系，即全员、全过程、全方位，实现"六大环节"有机衔接、高效运行，"五大体系"相互协调、良性联动，建立项目"铁三角"优势互补、深度融合、人人有责、全员参与。

（3）项目策划核心：提高项目履约能力和盈利水平。项目核心见图 15-3。

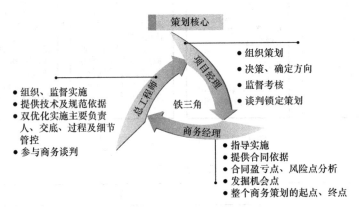

图 15-3　项目成本管控核心

（4）商务策划切入点

1）投标清单

找出盈亏点、亏损点、风险点，通过设计变更及双优化，提高盈利、降低亏损。查找图纸问题，对比清单找错项、漏项，寻找重新报价机会。

2）合同条款

列出风险项，制定应对措施，消除风险。分析合同工作内容，对超出合同约定的内容重新报价。

3）业主履约

收集业主不履行合同的证据，如前期手续办理不及时、拖延付款等，及时进行索赔。

要详细分析投标报价中的盈利项、亏损项、风险项，将所有亏损子项进行商务策划立项，让盈利子项继续扩大盈利空间，让亏损子项通过技术优化实现扭亏，对风险子项及时化解，加强科技引领，通过双优化提升项目盈利水平。

（5）商务管理重点

科学设定项目管理目标，及时分解形成压力传递，及时考核兑现（图 15-4），使项目人员的压力与动力并存，合理平衡企业利益与个人利益，让企业利润及时惠及员工，搭建好员工与企业共同发展的平台。

15.1.3　商务策划内容

商务策划内容包括投标策划、施工前期策划、履约过程策划和结算策划四个阶段。

投标策划是以企业层面为主所做的一项工作，后三阶段是以项目部为主进行的。项目经理必须亲自参与、组织和积极推动这项工作，否则不会产生明显效果。商务策划效果不好的项目，商务管理各项工作也不会理想。

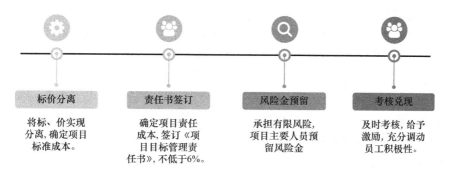

图 15-4　商务管理各阶段重点

1. 投标策划

好的开始是成功的一半，投标及签约阶段策划的实施直接关系到整个项目的经济效益和项目施工过程中的运行状态。企业要求投标项目的拟派项目经理、总工及商务经理均全程参与项目的投标过程。项目经理要对营销报价阶段的策划全程参与，了解项目的盈利点、亏损点和风险点（图 15-5），对不平衡报价的应用充分了解。对清单（清单项目）与施工图纸描述的异同点详细了解。对项目的盈亏测算要心中有数。

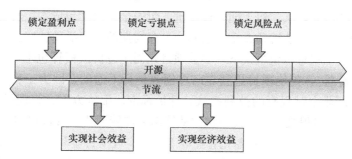

图 15-5　开源节流

项目盈亏分析直接反映项目的实际经济运行状态，是项目部各项商务工作阶段性成果和不足的集中体现。项目商务策划根据盈亏分析，可以总结经验，查找不足和漏洞，加以推广、优化和改进。

项目盈亏分析是在工程形象进度、实际工作量、实际成本三同步的前提下进行的，如果以上三要素不能同步，盈亏分析也无实际意义。盈亏分析的关键在于能否按期做好月工程形象进度和材料盘点工作，这项工作必须由项目经理亲自组织。

项目部还应建立对本项目利润做结构性分析的模块，针对项目特点，分析利润结构的合理性，以强化和弥补管理中的不足。

2. 投标报价和总包合同交底

投标报价和总包合同一级交底是企业层面职能部门在进行投标策划和合同谈判策划后对项目部进行的交底工作，旨在将项目营销、投标报价和合同谈判过程中的策划内容、盈亏分析、风险分析对项目部进行交底。

项目经理在这项工作中的关键作用就是负责组织项目部相关人员，与公司机关职能部门共同分析，研究对策、制定措施、责任到人。交底工作是用最短的时间，将前期的各项关键工作迅速传递项目部的一种方式，项目经理应予以高度重视并加以运用。

3. 施工前期策划

施工前期策划是在项目部主要管理人员基本就位，企业层面完成了对项目部报价和合同交底后进行的，是项目开工前期对原合同条件进行的初始策划。项目经理应组织对施工方案和合同条件进行策划。对项目的主要分部分项施工组织的措施、主要人材机的投入、平面的布置、总承包管理的范围和管理权限做全面的掌握。全程参与总包合同的谈判，对投标阶段的主要风险点和亏损点提出规避风险的意见。对人材机的调差、总包管理的范围和权限要有清晰的分析和理解。

4. 履约过程策划

商务策划不是一成不变的，也不是一策就灵，是需要整个项目团队充分发挥主观能动性、创新精神和锲而不舍的坚强毅力才能做好的一项工作，也是商务管理工作中最为重要的一项工作。在项目履约过程中和竣工结算阶段，随时捕捉策划点，对初始策划进行更新和调整。商务策划表见附表。

15.2　成本管理

装配式建筑成本压力很大，业主的需求从单一建造向设计、采购、生产、施工、运维等"一站式"服务转变，从"包工期、包质量、包安全"向"包成本"转变，倒逼商务管理从单一专业向项目全产业链条、全专业和全寿命周期的生产活动转变。

在装配式建筑工程总承包模式下，多数项目是固定总价或概算包干，概算包干的含义是"结算就是概算价"，传统项目盈利靠结算创效是行不通的，因为工程一竣工，项目盈亏就已成定局，而业主对现有的盈利模式、计价标准、报价方式、管理风格等更为熟悉，越来越强势介入项目过程管理，促使总包"从管结果向管源头、管过程转变"，通过加强设计管理、深化施工图设计等过程精益化管控等工作，实现项目盈利水平，降低工程造价。

对业主成本负责，一是明确项目投资概算就是业主的目标成本，项目建造和商务优化要紧紧围绕投资概算做减法。同时房建项目要在暂定金、暂估价上做加法，基础设施项目在降造费、预备费上做加法。二是要管控专业分包、供应商的成本动态变化，要通过整体的优化对项目投资概算进行科学切割。三是管业主范围与工程成本相关的工作，如项目前期的征地拆迁、房建项目的开发手续、业主的资金状况等。

15.2.1　装配式建筑影响成本的主要因素

1. 装配式成本增减分析

装配式建筑与传统施工有颠覆性改变，这些改变直接影响项目成本，见表 15-2。

装配式成本增减分析表　　　　　　　　　　　　　　　表 15-2

装配式建筑成本减少项	装配式建筑成本增加项
钢筋工程、混凝土工程工程量减少	模具加工成本、构件运输
措施费减少（模板、脚手架）	构件吊装、机械费（塔吊）增加
保温、装饰二次施工费用减少（夹芯、免抹灰）	套筒、保温连接件（夹芯）、密封胶等

2. 建筑规模与成本的关系

装配式建筑采用工厂化预制加工，模具成本大，规模越大，成本越低。这就要求设计拆分，部品部件及户型标准化、楼栋标准化，才能降低成本。

3. 结构成本增量

主要为钢筋混凝土增量，以项目为例，假定现浇钢筋混凝土综合单价为 1360 元/m^3（含模板），而预制混凝土构件综合价格约 4800 元/m^3（详见表 15-3），同时可减少抹灰，折合混凝土单方 250 元/m^3。混凝土含量为 0.36，假设采用 50% 的装配率，成本增加约为 $(4800-250-1360) * 0.36 * 50\% = 574.2$ 元/m^2。但此部分成本与构件的生产规模关系较大，规模越大，成本越低。

装配式建筑结构成本增量　　　　　　　　　　　表 15-3

| 序号 | 类型 | 工程 | 装配式价格 | | | | | | | 单位 |
			施工费	主材	辅材	管理费利润 10%	规费 3%	税金 10%	综合单价	
1	主体竖向构件	预支柱 PC 构件	570	3290.00	180	404.00	133.32	457.73	5035.05	m^3
2	主体其他构件	预制梁 PC 构件	550	3076.30	120	374.63	123.63	424.46	4669.02	m^3
3		预制叠合板 PC 构件	550	3185.18	120	385.52	127.22	436.79	4804.71	m^3
4		预制阳台 PC 构件	550	3400.00	120	407.00	134.31	461.13	5072.44	m^3
5		预制飘窗 PC 构件	580	3400.00	120	410.00	135.30	464.53	5109.83	m^3
6		预制楼梯 PC 构件	500	3520.00	120	414.00	136.62	489.06	5159.68	m^3
7	围护墙和内隔墙结构	预制外墙 PC 构件	600	3110.00	200	391.00	129.03	443.00	4873.03	m^3
8		预制内墙 PC 构件	590	3090.00	200	388.00	128.04	439.60	4835.64	m^3

注：主材价格参考漯河价格信息及河南省价格信息。

4. 措施费成本增量

（1）起重成本：由于装配式以吊装为主，导致塔吊等成本较大。比如：现浇结构的塔吊为 2 万/月，装配式的塔吊为 6 万，现浇结构为 7d/层，装配式为 6d/层，以 30 层（每层 480m^2，共计 14400m^2）为例，考虑地下基础影响，塔吊费用增加约 10~15 元/m^2；

（2）场地成本：装配式考虑运输、安装等问题，对现场的临路、堆放场地等因素要求较高，目前地下室均采用大开挖的形式，当堆场设在地下室顶板上，对地库顶板荷载要求大，需设计复核顶板荷载，并采取回顶加固措施，产生成本费用较大。

5. 设计费增加

由于目前设计院对于装配式建筑设计水平较为薄弱，装配式建筑需进行二次设计，设计费增加约 15~20 元/m^2。

6. 工期

装配式建筑标准层施工工期约为 6～7d/层，现浇 5d/层工期增加。由于施工图需要二次深化设计 45d，同时需要考虑厂家模具设计制作、准备生产的时间，工期缩短时间的优势并不明显。如表 15-4 所示。

装配式结构与现浇结构工期对比分析　　　　　　表 15-4

施工阶段	装配式（18F）	现浇（18F）	备注
主体结构施工	132	90	现浇结构 5d/层，装配式结构非标准层 10d/层，标准层 7d/层
外装施工	180	210	现浇：屋面 1 个月，防水 1 个月，保温两个月，涂料 1 个月，窗框及安装两个月；装配式：外墙免抹灰，节约 1 个月
内装施工	165	210	预制构件预留预埋到位，节约工期 1.5 个月
合计	477	510	33

7. 资金成本高

目前装配式厂家要求预付款 30%，增大资金成本压力。

8. 装配式建筑与生产规模关系大

若装配式规模小，工期优势也并不明显，需要提前筹划。

9. 安装施工水平对成本影响

（1）项目管理经验不足，施工组织设计不合理，对构件供应、吊装等困难预估不足，解决不力，导致人员、设备窝工，材料浪费，构件反复倒运。

（2）装配式住宅的核心是建筑工业化，工业化需要有丰富经验的技术产业工人，目前行业里劳务技术水平不足，装配式施工粗放，有悖于装配式住宅的精细化、标准化。

15.2.2　成本管理控制要点

装配式工程总承包模式下，成本管理应注意以下方面。

1. 认真学习研读相关的图集、标准

现阶段，设计人员由于对我国相关部门制定的 PC 构件生产标准和规范学习深度不够，导致各项目构件拆分设计千差万别，异型构件数量多，开模生产的成本较高，因此，就要求前期设计策划阶段统筹合理设计，减小单个构件的生产成本，继而以此为基础实现工程造价的有效控制。

2. 合理选择预制构件生产企业

在进行装配式建筑建造的过程中，除了需要减少 PC 构件的生产成本之外，还需要对预制构件的运输方式以及费用进行科学、合理的考量，继而实现对建筑成本的控制。宜选择构件生产的现场与工程建设的场地距离小于 50km 的预制厂家，通过这种方式能够有效降低 PC 构建的运输费用，继而实现对工程造价的控制。

3. 制定科学、合理的施工现场平面布置图

首先确定塔吊位置，要充分考虑塔吊的吊装承载力和吊装半径是否满足单个构件的吊装要求，根据塔吊位置确定材料加工场地及材料码放场地，PC 堆场、卸货点、均要考虑在主干道附近的部位，科学合理的施工组织策划能起到降本增效的作用。

4. 提高安装施工水平

作为装配式建筑施工环节中的关键技术，预制构件安装技术水平的高低以及安装质量的好坏直接影响到建筑成本的高低。尤其是构件装配工、灌浆工、内装部品组装工、钢筋加工配送工、预埋工、打胶工 6 个工种的职业技能水平直接影响工程建造质量。

5. 开源节流、搜集商务谈判资料

1）做好租赁周期台账，减少项目开办费用：施工场地内定型化必须根据技术交底及方案施工，实行可周转，避免无用的措施成本增加。

2）比对技术投标文本，分析目前项目工况，测算临建设施及大型设备投入费用，做好索赔依据。

6. 配合费管理

针对 PC 项目施工面积大、范围广、体量大，可以通过对甲方指定构件厂收取配合费，分担 PC 施工措施费用成本增加。

15.2.3 计价方式选择

预制构件采购采用总价包干招标模式风险较大，需在招标过程中明确图纸深化完成时间，供货周期，质量缺陷承担履约等诸多细节。未满足上述情况建议采用固定单价模式，按构件体积×单价计费。单价应综合考虑出厂价、运输费和装卸费等。

1. 计价方式：

条件满足，如不是甲方指定建议采用总价包干招标模式（在招标过程中图纸深化完成时间，供货周期明确，质量缺陷承担履约）。

未满足上述情况建议采用固定单价模式。确认单价明细组成，对未确认的部分采用常规暂列，后期进行施工图预算调整。

2. 吊装劳务采购宜采用单价合同，按构件体积×单价计费。单价应综合考虑从供应单位到达现场的运输车上初验、起吊、卸货，采用合适的支架堆放、供货验收、临时加固及妥善保管，采用满足起吊能力的机械吊装及安装就位、纠偏、校正、临时加固及破坏修补方案、结构胶、焊接、拴接或螺纹连接、连接面二次处理、清理、灌浆、封堵、贴保温板、临时加固拆除、连接面最终处理、成品保护等工作，及为完成上述工作所需的主材、辅材、机械、人工及管理费、利润、税金，与 PC 厂家配合深化工作等所有费用。

3. 塔吊采购租赁宜采用单价合同，按租赁时间×单价计费。租赁时间依据施工组织设计及实际启用和停用时间。单价应综合考虑设备进出场费、装卸车费用及安装调试费、拆除、设备报检、附墙及基础预埋脚费用等。

15.3 项目竣工结算

15.3.1 项目竣工结算编制

1. 工程竣工结算的条件

（1）工程已按施工承包合同及补充条款确定的工作内容全部竣工，并有合格的竣工质量验收报告及工程质量评定报告。

（2）工程已正式移交运营单位并签订保修合同。

（3）具备完整的竣工图、图纸会审纪要，工程变更，现场签证以及工程验收资料，且竣工材料已按照档案管理要求完整地移交项目公司档案室。

（4）工程量差、重大设计变更，委托治商（含审定的价款）审批材料齐全。

2. 竣工结算书的编制

竣工结算书是指承包人按照签订的工程承包合同完成所约定的工程承包范围内的全部工作内容，发包人应当根据施工图纸及说明书、国家颁发的施工验收规范和质量检验标及时进行验收，竣工验收合格后，承包人向发包人办理最终工程价款的结算。竣工结算书必须包含合同内造价及变更、签证等内容，并附带所有证明资料。

经审查的工程竣工结算是核定建设工程造价的依据，也是建设项目竣工验收后发包人编制竣工结算和核定新增固定资产的依据，审查确认的工程结算报告由合同双方签字盖章，作为合同执行的重要文件双方留存。

3. 竣工结算书主要包括以下内容：

（1）封面：应注明工程项目名称、合同标段名称、单位工程名称。注册合同编号和编制单位、加盖单位公章，授权委托人签字，编制人签字盖章。

（2）目录。

（3）编制说明。

（4）工程（预）结算汇总表。

（5）工程量差（预）结算表。

（6）工程设计变更（预）结算表及预算。

（7）现场签证（预）结算表及预算。

（8）工程治商（预）结算表及预算。

（9）工程材料价差调整明细表。

（10）工程应扣甲供材料明细表。

（11）标外工程（甲方另委）项目（预）结算表。

（12）索赔事宜确认函。

（13）奖罚。

4. 竣工结算要求

（1）单位工程竣工结算由承包人编制，发包人审查。实行总承包的工程，由具体承包人编制，在总包人审查的基础上，发包人审查。单项工程竣工结算或建设项目竣工总结算由总（承）包人编制，发包人可直接进行审查，单项工程竣工结算或建设项目竣工总结算经发、承包人签字盖章后有效。

（2）《建筑工程施工发包与承包计价管理办法》规定，国有资金投资建筑工程的发包方，应当委托具有相应资质的工程造价咨询企业对竣工结算文件进行审核，并在收到竣工结算文件后的约定期限内向承包方提出由工程造价咨询企业出具的竣工结算文件审核意见。逾期未答复的，按照合同约定处理，合同没有约定的，竣工结算文件视为已被认可。

（3）非国有资金投资的建筑工程发包方，应当在收到竣工结算文件后的约定期限内予以答复，逾期未答复的，按照合同约定处理，合同没有约定的，竣工结算文件视为已被认可。发包方对竣工结算文件有异议的，应当在答复期内向承包方提出，并可以在提出异议之日起的约定期限内与承包方协商。发包方在协商期内未与承包方协商或者经协商未能与承包方达成协议的，应当委托造价咨询企业进行竣工结算审核，并在协商期满后的约定期限内向承包方提出由工程造价咨询企业出具的竣工结算文件审核意见。

（4）承包方与发包方提出的工程造价咨询企业竣工结算审核意见有异议，在接该审核意见后一个月内，可以向有关工程造价管理机构或有关行业组织申请调解，调解不成的，可以依法申请仲裁或者向人民法院提起诉讼。

项目竣工结算为工程完成后，双方应当按照约定的合同价款及合同价款调整内容以及索赔事项，进场工程竣工结算。项目竣工结算一般分为单位工程竣工结算、单项工程竣工结算以及建设项目竣工总结算。

15.3.2 项目竣工结算依据

（1）经承包人、发包人确认的工程竣工图纸、图纸交底、设计变更、洽商变更。
（2）工程施工合同及其补充文件。
（3）招标投标资料。
（4）经确认的各种经济签证。
（5）经确认的材料限价单。
（6）竣工验收合格证明（工期或者质量未达到合同要求的项目应提供相应的明确责任的说明）。
（7）有关结算内容的专题会议纪要等。
（8）合同中约定采用预算定额、材料预算价格、费用定额及有关规定。
（9）经工地现场业主代表及监理工程师签字确认的施工签证和相应的预算书以及工程技术资料。
（10）经业主及监理单位审批的施工组织设计和施工技术措施方案。
（11）甲供材料及设备。
（12）按相关规定或合同中有关条款规定持凭证进行结算的原始凭证。
（13）由现场工程师提供的符合扣款规定的相关证明。
（14）不可抗拒的自然灾害记录以及其他与结算相关的经业主与承包商共同签署确认的协议，备忘录等有关资料。
（15）双方确认的其他任何对结算造价有影响的书面文件。

15.3.3 项目竣工结算递交

（1）结算申请：工程完工并验收合格后，承包人根据合同约定进行结算书的编制。编制完成后，出具书面结算申请书、竣工结算报告和完整的结算资料一并上报。该工作须在一个月内完成。
（2）监理批准：监理公司核实工程是否通过验收，以及结算书中所附结算资料是否属实。并在结算申请书上书写意见，该工作在一周内完成。
（3）发包人审查：监理公司将同意结算的批复意见报至发包人后，发包人应在接到竣工结算报告和完整的竣工资料后进行审核，该工作在60天内完成。
（4）承包人答疑：承包人与竣工核算单位对结算当中的扣减项目进行核对工作。在竣工结算的最后阶段，发包人上级主管部门或审计单位对承包人上报的竣工结算资料发出书面审核通知书（查询单），承包人应在规定期限内（一般为7个工作日内）对审核通知单所提出的意见逐条进行详细回复。

（5）竣工结算文件的确认与备案：工程竣工结算文件经发承包双方签字确认的，应当作为工程决算的依据，未经双方同意，另一方不得就已生效的竣工结算文件委托工程造价咨询企业重复审核。发包方应当按照竣工结算文件及时支付竣工结算款。竣工结算文件应当由发包方报工程所在地县级以上地方人民政府住房城乡建设主管部门备案。

15.4 结算管理

建设工程结算报送，不仅仅关系到结算金额多少，结算审核期起点，还关系到结算款支付节点何时到期，因此，结算资料的送达与签收对承发包双方关系重大。在实务中也常见因结算文件签收、资料之交付发生争议，以下提出承包人提交结算应注意的四点事项。

1. 结算资料应以合同约定为准

承包人向发包人或发包人委托的审计公司递交结算时，常常被发包人或审计公司认为结算资料不全不予签收。承包人迫不得已到处寻求承包人管理人员帮忙补充签字，耗时费力且结果不好。那么，承包人需要向发包人提供的"完整"的结算资料究竟包括哪些呢？发包人对发包人自认为"不全"的结算资料有拒收的权利吗？

首先，施工合同中约定了结算资料的具体内容的，应以施工合同约定为准。

建设工程施工合同，作为一般民事合同遵循当事人意思自治的原则，如果施工合同中约定结算资料的内容、种类、份数的，承包人应当按照约定准备资料并向发包人提交。反之，如果施工合同中对竣工结算资料没有约定的，承包人需要向发包人提供据以证明结算资金的资料即可，对于发包人提出要求工程部门对施工具体详情加以证明的要求，承包人没有补充提供相应资料的义务。

首先，承包人在承建项目之后需要对施工合同进行详读，针对合同中约定的结算资料条款，在施工过程中准备好，需要施工监理、业主方项目管理人员确认的，过程中完善签字手续，尽量避免因结算资料的问题耽误结算申报。

其次，如果承包人没有按照约定交付完整的结算资料，结算审核期向后顺延。施工合同中一般对结算审核期有明确约定，但是结算的实际时间往往会超过约定期间，由此会给承包人形成损失。如果发生诉讼或仲裁，承包人也可以就拖延结算给承包人造成的利息损失向法院提出主张。但是如果审计过程中发现结算资料不全的，结算审核期应当以当事人提交完整的结算资料开始计算。

最后，如果承包人已经根据合同提供了完整的结算资料，但是发包人或审计单位仍拒绝接受结算资料的，承包人可以采用其他方式完成送达。

在施工行业中，也存在很多发包人为了拖延结算、延迟付款，故意以种种没有依据的借口拒不办理结算文件的签收和接受，给承包人造成很大困难。为此，承包人应当首先查阅施工合同中是否对建设工程结算的送达约定采用直接送交的面对面方式，如果没有约定，承包人可以采用邮寄送达或公证送达的方式。但是在邮寄送达时，要在邮寄单中明确写明结算资料的内容和页数，并在向邮递公司索要发包人签收的底联。

2. 结算书中不要遗漏工作量和少报结算金额

建设工程价款计算，一般采用固定总价、固定单价和定额下浮三种方式。在固定总价合同中，工程结算要以固定总价为基础，增加工作量和变更工作量，减少发包人指令删除工作量，调整暂定价工作量，再增加索赔和其他工程费。固定单价合同结算时，首先要计算设计图纸内工程量价款，单价执行合同约定，工程量按照施工图计算，然后计算增加工作量价款、设计变更工程量价款和索赔价款。采用定额下浮计价时，要审查合同中对图纸内工程量的计价方式与变更和增加工作量的计价方式是否一致，如果合同中约定了按照竣工图计量则可以在竣工图基础上直接算量，如果合同中约定了变更签证的特殊认价方式的，一定要在施工过程中走签证变更的确认手续，以免发包人以变更签证超过合同约定的申报期间而提出不予认可。

另外在结算中不要遗漏总包服务费、进度款延迟支付利息、违约金等。有时候在承包人报送结算时部分费用并不清晰，例如总包服务费有赖于业主平行发包的合同金额（或结算金额），尽管承包人不清楚平行发包的价格，但在结算计算时依然要进行价款预估，也可以在结算说明中阐述该金额为预估费用，具体金额以发包人提供的合同金额或结算金额乘以总包配合费率为准。

承包人在计算合同内价款时，有时候会出现少计算量、低计算价的计算错误，甚至遗漏工程量，一旦结算书申报后，结算核对中就会给承包人造成非常不利的影响。因此，承包人应在取得施工图纸后尽快完成施工图预算，并在施工过程中进行调整，特别是在量的计算方面不能漏、不能少。反之，如果工程完工后才开始做施工图预算的，由于时间紧、项目部解散、人员变更等原因，容易发生计算错误。

3. 结算资料的原件和复印件

结算资料原则上应提供复印件，如果发包人要求提供原件的一定要做好原件的交付证明

结算资料，一般包括结算计算书和结算支撑资料两部分。结算书为承包人的计算方式，不存在原件复印件的问题。但是结算支撑资料，一般都是施工过程中形成的指令单、技术核定单、设计变更单、施工方案审批，以及认价资料、签证审批资料等，也包含双方签字盖章认可的竣工图。

有时发包人或审计公司会要求承包人提交结算资料中必须提交原件，对此承包人要有风险意识。有时候，当承包人将原件交付给发包人或审计公司后，由于发包人成本管理部门人员变更或审计公司更换，发生原件资料遗失。有时候承包人收取了原件资料后矢口否认，然后再以承包人不能提供证据原件为由不承认所涉及的结算价款。

所以，我们建议承包人在递交结算资料时应以复印件为原则，如果发包人要求提交原件的，一定要做原件的签字签收手续。最为完整的签字手续是在提供原件的复印件上予以签字确认。

4. 结算书报送要做好签收手续

鉴于结算书报送，对承发包双方意义重大，故一定要办理签字手续，要从证据的角度证明承包人已经签收结算资料，以及承包人签收的结算资料的主要内容。为此，我们建议承包人要注意两点：

一是要确保签收人的签字确实能够证明结算资料已经送达。对于资料签收，固然有发

包人盖章更加有效，但是在行业内一般为签字签收，如果承包人强行要求发包人盖章，未必能够如愿。对于个人签字的效力，法律上要求的标准并不高，一般能够证明签字人员确系发包人工作人员即可，所以签收人员的签字如果只是单独出现在结算书签收资料上，显然对承包人不利，因为发包人会否认签字人的身份。所以承包人要选择那些在工程施工中，在会议纪要、工作联系单、技术核定单等资料多次出现的人员签名，这样发包人没有办法否则人签字人员的身份。

二是发包人的签字签收能够证明报送的结算金额及结算资料的内容、种类、份数、原件还是复印件等。

对于交付原件复印件的问题前文已经阐述清楚，这里不再重复。

为确保结算资料签收无误，我们建议承包人的交付结算书时编制清晰的上报结算书目录表，写明报送金额、金额的组成方式、结算资料的名称、种类、页数、原件复印件等，而且要缩减在一页纸上，这样发包人做一个签字就能反映承包人交付的结算资料内容，避免以后发生争议。如果不能将上述目录浓缩在一页纸上，就需要发包人在每页目录上签字。对于装订成册的结算资料，建议加盖承包人骑缝章，以免日后因结算资料是否为承包人提交等真实性发生争议。

15.5　合约管理

目前，装配式建筑在国内迅速发展，但装配式建筑的招投标管理等，仍有较多的问题需要解决。

（1）缺少装配式建筑的国家操作技术规程和省市配套的工程量清单规范。

（2）招标投标操作规程处在探索制定中，无成熟的评标办法。

（3）掌握施工技术的企业不足，国家、省市未制定装配式建筑招标投标办法等。

（4）新投产并没有应用案例的企业面临资格门槛。

按照有关规定要求，装配式建筑原则上应采用工程总承包方式。在工程总承包模式下，装配式建筑招标的委托范围主要包括：设计、采购、施工和调试。组织实施原则为统一策划、统一组织、统一指挥、统一协调。

15.5.1　施工项目合同管理的概念

施工项目合同管理是对工程项目施工过程中所发生的或所涉及的一切经济、技术合同的签订、履行、变更、索赔、解除、解决争议、终止与评价的全过程进行的管理工作。

施工项目合同管理的任务是根据法律、政策的要求，运用指导、组织、检查、考核、监督等手段，促使当事人依法签订合同，全面实际地履行合同，及时妥善地处理合同争议和纠纷，不失时机地进行合理索赔，预防发生违约行为，避免造成经济损失，保证合同目标顺利实现，从而提高企业的信誉和竞争能力。

15.5.2　施工项目合同管理的内容

（1）建立健全施工项目合同管理制度，包括合同归口管理制度。考核制度。合同用章管理制度。合同台账、统计及归档制度等。

（2）经常对合同管理人员、项目经理及有关人员进行合同法律知识教育，提高合同业务人员法律意识和专业素质。

（3）在谈判签约阶段，重点是了解对方的信誉，核实其法人资格及其他有关情况和资料。监督双方依照法律程序签订合同，避免出现无效合同、不完善合同，预防合同纠纷发生。组织配合有关部门做好施工项目合同的鉴证、公证工作，并在规定时间内送交合同管理机关等有关部门备案。

（4）合同履约阶段，主要的日常工作是经常检查合同以及有关法规的执行情况，并进行统计分析，如统计合同份数、合同金额、纠纷次数，分析违约原因、变更和索赔情况、合同履约率等，以便及时发现问题、解决问题。做好有关合同履行中的调解、诉讼、仲裁等工作，协调好企业与各方面、各有关单位的经济协作关系。

（5）专人整理保管合同、附件、工程洽商资料、补充协议、变更记录及与业主及其委托的监理工程师之间的来往函件等文件，随时备查。合同期满，工程竣工结算后，将全部合同文件整理归档。

15.5.3 施工项目合同的两级管理

施工项目合同管理组织一般实行企业、项目经理部两级管理。

1. 企业的合同管理

企业设立专职合同管理部门，在企业经理授权范围内负责制定合同管理的制度、组织全企业所有施工项目的各类合同的管理工作。编写本企业施工项目分包、材料供应统一合同文本，参与重大施工项目的投标、谈判、签约工作。定期汇总合同的执行情况，向经理汇报、提出建议。负责基层上报企业的有关合同的审批、检查、监督工作，并给予必要地指导与帮助。

2. 施工项目经理部的合同管理

（1）项目经理为项目总合同、分合同的直接执行者和管理者。在谈判签约阶段，预选的项目经理应参加项目合同的谈判工作，经授权的项目经理可以代表企业法人签约。项目经理还应亲自参与或组织本项目有关合同及分包合同的谈判和签署工作。

（2）项目经理部设立专门的合同管理人员，负责本部所有合同的报批、保管和归档工作。参与选择分包商工作，在项目经理授权后负责分包合同起草、洽谈，制订分包的工作程序，以及总合同变更合同的洽谈，资料的收集，定期检查合同的履约工作。负责须经企业经理签字方能生效的重大施工合同的上报审批手续等工作。监督分包商履行合同工作，以及向业主、监理工程师、分包单位发送涉及合同问题的备忘录、索赔单等文件。

15.5.4 装配式建筑合同要点

1. 装配式建筑与现浇结构的合同管理的不同

（1）要明确运输、卸货责任，约定与预制构件供应商交接责任。

（2）明确生产周期，供货延迟的违约责任及处罚措施。

（3）明确其他分包对预制构件产品的保护责任（如幕墙、门窗、安装、保温、精装单位等）。

2. 合同优化方案

（1）合约核心点：

明确运输、卸货责任，约定与 PC 构建厂交接责任。明确生产周期，供货延迟的违约责任及处罚措施。明确其他分包的产品的保护责任（如门窗、保温、面砖等）。

一般明确卸货由 PC 构建厂实施。

（2）计价方式

条件满足，如不是甲方指定建议采用总价包干招标模式（在招标过程中图纸深化完成时间，供货周期明确，质量缺陷承担履约），建议采用固定单价模式。确认单价明细组成，对未确认的部分采用常规暂列，后期进行施工图预算调整。

15.5.5　项目索赔管理

工程施工过程发生的签证主要有三类：设计修改变更通知单（业主原因变更）、现场经济签证（对业主和对分包方）和工程联系单。为了保证其利润，事故方就要想方设法将签证变成由设计单位签发的设计修改变更通知单，实在不行也要成为建设单位签发的工程联系单，最后才是现场经济签证。

注：填写签证时按以下优先次序确定填写内容：能够直接签总价的就不签单价；能够直接签单价的就不签工程量；能够直接签结果（包括直接签工程量）的就不签事实；能够签文字形式的就不附图（草图、示意图）。

必须按有利于计价、方便结算的原则填写涉及费用的签证。如果有签证结算协议，填到内容与协议约定计价口径一致。如无签证协议，按原合同计价条款或参考原协议计价方式计价。另外，签证方式要尽量围绕计价依据（如定额）的计算规则办理。

根据不同合同类型签证内容，尽量有针对性地细化填写。可调价格合同至少要签到量。固定单价合同至少要签到量、单价。固定总价合同至少要签到量、价、费。成本加酬金合同至少要签到工、料（材料规格要注明）、机（机械台班配合人工问题）、费。能附图的尽量附图，注意注明列入税前造价或税后造价。

15.5.6　项目索赔管理

要索赔成功，重点看条件、程序和谈判三要素。

1. 索赔程序

索赔主要程序是施工单位向建设单位提出索赔意向，调查干扰事件，寻找索赔理由和证据，计算索赔值，起草索赔报告，通过谈判、调解或仲裁，最终解决索赔争议。建设单位未能按合同约定履行自己的各项义务或发生错误以及应由建设单位承担的其他情况，造成工期延误和（或）施工单位不能及时得到合同价款及施工单位的其他经济损失，施工单位可按下列程序以书面形式向建设单位索赔：

（1）索赔事件发生 28 天内，各工程师发出索赔意向通知。

（2）发出索赔意向通知后 28 天内，向工程师提出延长工期和（或）补偿经济损失的索赔报告及有关资料。

（3）工程师在收到施工单位送交的索赔报告及有关资料后，于 28 天内给予答复，或要求施工单位进一步补充索赔理由和证据。

（4）工程师在收到施工单位送交的索赔报告和有关资料后 28 天内未予答复或未对施工单位作进一步要求，视为该项索赔已经认可。

（5）当该索赔事件持续进行时，施工单位应当阶段性向工程师发出索赔意向，在索赔事件终了 28 天内，向工程师送交索赔的有关资料和最终索赔报告。索赔答复程序与（3）、（4）规定相同，建设单位的反索赔的时限与上述规定相同。

2. 索赔的证据

证据，作为索赔文件的一部分，关系到索赔的成败，证据不足或没有证据，索赔是不成立的。

（1）索赔证据的基本要求。索赔证据的基本要求包括是真实性、全面性、法律证明效力、及时性。

（2）证据的种类：

1）招标文件、合同文本及附件。

2）来往文件、签证及更改通知等。

3）各种会谈纪要。

4）施工进度计划和实际施工进度表。

5）施工现场工程文件。

6）工程照片。

7）气象报告。

8）工地交接班记录。

9）建筑材料和设备采购、订货运输使用记录等。

10）市场行情记录。

11）各种会计核算资料。

12）国家法律、法令、政策文件等。

3. 索赔报告

（1）索赔报告的内容。索赔报告的具体内容，随该索赔事件的性质和特点而有所不同。但从报告的必要内容与文字结构方面而论，一个完整的索赔报告应包括以下四个部分：

1）总论部分。一般包括以下内容：序言，索赔事项概述，具体索赔要求索赔报告编写及审核人员名单。

报告中首先应概要地论述索赔事件的发生日期与过程。施工单位为该索赔事件所付出的努力和附加开支。施工单位的具体索赔要求。在总论部分最末附上索赔报告编写组主要人员及审核人员的名单，注明有关人员的职称、职务及施工经验，以表示该索赔报告的严肃性和权威性。总论部分的阐述要简明扼要，说明问题。

2）根据部分。本部分主要是说明自己具有的索赔权利，这是索赔能否成立的关键。根据部分的内容主要来自该工程项目的合同文件，并参照有关法律规定。该部分中施工单位应引用合同中的具体条款，说明自己理应获得经济补偿或工期延长。

根据部分的篇幅可能很大，其具体内容随各个索赔事件的特点而不同。一般地说，根据部分应包括以下内容：索赔事件的发生情况。已递交索赔意向书的情况。索赔事件的处理过程。索赔要求的合同根据。所附的证据资料。

在写法结构上，按照索赔事件发生、发展、处理和最终解决的过程编写，并明确全文引用有关的合同条款，使建设单位和监理工程师能历史地、逻辑地了解索赔事件的始末，并充分认识该项索赔的合理性和合法性。

3）计算部分。索赔计算的目的，是以具体的计算方法和计算过程说明自己应得经济补偿的款额或延长时间。如果说根据部分的任务是解决索赔能否成立，则计算部分的任务就是决定应得到多少索赔款额和工期。前者是定性的，后者是定量的。

在款额计算部分，施工单位必须阐明下列问题：

① 索赔款的要求总额。

② 各项索赔款的计算，如额外开支的从工费、材料费、管理费和所失利润。

③ 指明各项开支的计算依据及证据资料，施工单位应注意采用合适的计价方法。至于采用哪一种计价法，应根据索赔事件的特点及自己所掌握的证据因事而异。

4）证据部分，证据部分包括该索赔事件所涉及的一切证据资料，以及对这些证据的说明，证据是索赔报告的重要组成部分，没有翔实可靠的证据，索赔是不能成功的。

索赔证据资料的范围很广，它可能包括工程项目施工过程中所涉及的有关政治，经济、技术、财务资料，具体可进行如下分类：

① 政治经济资料：重大新闻报道记忆录如罢工、动乱、地震以及其他重大灾害等；重要经济政策文件，如税收决定、海关规定、外币汇率变化、工资调整等；政府官员和工程主管部门领导视察工地时的讲话记录；权威机构发布的天气和气温预报，尤其是异常天气的报告等。

② 施工现场记录报表及来往函件：监理工程师的指令；与建设单位或监理工程师的来往函件和电话记录；现场施工日志；每日出勤的工人和设备报表；完工验收记录；施工事故详细记录；施工会议记录；施工材料使用记录本；施工质量检查记录；施工进度实况记录；施工图纸收发记录；工地风、雨、温度、湿度记录；索赔事件的详细记录本或摄像；施工效率降低的记录等。

③ 工程项目财务报表：施工进度月报表及收款录；索赔款月报表及收款记录；工人劳动计时卡及工资历表；材料、设备及配件采购单；付款收据。收款单据；工程款及索赔款迟付记录；迟付款利息报表；向分包商付款记录；现金流动计划报表；会计日报表；会计总账；财务报告；会计来往信件及文件；通用货币汇率变化等。

在引用证据时，要注意该证据的效力或可信程度。为此，对重要的证据资料最好附以文字证明或确认件。例如，对一个重要的电话内容，仅附上自己的记录本是不够的，最好附上经过双方签字确认的电话记录。或附上发给对方要求确认该电话记录的函件，即使对方未给复函，亦可说明责任在对方，因为对方未复函确认或修改，按惯例应理解为对方已默认。

（2）编写索赔报告的一般要求。索赔报告是具有法律效力的正规的书面文件夹，对重大的索赔，最好在律师或索赔专家的指导下进行。编写索赔报告的一般要求有以下几个方面：

1）索赔事件应该真实。索赔报告中所提出的干扰事件，必须有可靠的证据证明。对索赔事件的叙述，必须明确、肯定，不包含任何估计的猜测。

2）责任分析应清楚、准确、有根据。索赔报告应仔细分析事件的责任，明确指出索赔所依据的合同条款或法律条文，且说明施工单位的索赔是完全按照合同规定程序进行的。

3）充分论证事件造成施工单位的实际损失。索赔的原则是赔偿由事件引起的施工单位所遭受的实际损失，所以索赔报告中应强调由于事件影响，使施工单位在实施过程中所受到干扰的严重程度，以致工期拖延，费用增加，并充分论证事件影响实际损失之间的直接因果关系，报告中还应说明施工单位为了避免或减轻事件影响和损失已尽了最大的努力，采取了尽可能的措施。

4）索赔计算必须合理、正确。要采用合理的计算方法的数据，正确计算出应取得的经济补偿款额或工期延长。计算中应力求避免漏项或重复，不出现计算上的错误。

5）文字精练，条理清楚，语气中肯，结论明确，有逻辑性。索赔证据和索赔值的计算应详细和清晰，没有差错而又不显繁琐。在论述事件的责任及索赔根据时，所用词语要肯定，忌用"大概"、"一定程度"、"可能"等词汇。索赔理由须简洁明了、条理清楚、结论明确、有逻辑性。

4. 索赔成立的条件

（1）与合同相对照，事件已造成了施工单位成本的额外支出，或直接工期损失。

（2）造成费用增加或工期损失的原因，按合同约定不属于施工单位应承担的行为责任或风险责任。

（3）施工单位按合同规定的程序，提交了索赔意向通知和索赔报告。

5. 索赔谈判技巧

谈判技巧是索赔谈判成功的重要因素，要使谈判取得成功，必须做到：首先应事先做好谈判准备，知己知彼，百战不殆。认真做好谈判准备是促成谈判成功的首要因素，在同业主和监理开展索赔谈判时，应事先研究和统一谈判口径和策略。谈判人员应在统一的原则下，根据实际情况采取灵活的应变策略，以争取主动。谈判中一要注意维护领导的权威；二要丢芝麻抓西瓜，不斤斤计较；三要控制主动权，并留有余地。谈判的最终决策者应是承包方的领导人，可实行幕后指挥，以防僵局和陷于被动。

注：在索赔支付过程中，承包商和监理工程师对确定新单价和工程量方面经常存在不同意见。按合同规定，工程师有决定单价的权利，如果承包商认为工程师的决定不合理而坚持自己的要求时，可同意接受工程师决定的"临时单价"或"临时价格"付款，先拿到一部分索赔款，对其余不足部分，则书面通知工程师和业主，作为索赔款的余额，保留自己的索赔权利，否则，将失去将来要求付款的权利。

6. 注意谈判艺术和技巧

实践证明，在谈判中采取强硬态度或软弱立场都是不可取的，难以获得满意的效果。因此，采取刚柔结合的立场容易奏效，既掌握原则性，又有灵活性，才能应付谈判的复杂局面。在谈判中要随时研究和掌握对方的心理，了解对方的意图。不要使用尖刻的话语刺激对方，伤害对方的自尊心，要以理服人，求得对方的理解，善于利用机遇，因势利导，用长远合作的利益来启发和打动对方。准备有进有退的策略：在谈判中该争的要争，该让的要让，使双方有得有失，寻求折衷的办法。在谈判中要有坚持到底的精神，有经受挫折的思想准备，决不能首先退出谈判，发脾气。对分歧意见，应相互考虑对方的观点，共同寻求妥协的解决办法等。

15.6　风险管理

1. 预制构件质量风险

国内进行构件生产的厂家较多，但质量参差不齐。一些具有多年生产经验的企业构件产品质量较好、产品质量较为稳定。也有一些企业起步较晚，技术积累和管理经验缺乏，造成构件质量相对较差。建议在构件产品的选择上，慎重选择生产厂家。

2. 技术风险

装配式建筑外墙与保温体系的矛盾，装配式建筑外墙因其表面平整光洁，适宜直接作为建筑的外表面，不宜采用外保温系统。国外以及国内的万科及上海城建装配式住宅全部采用内保温系统。但如以毛坯交房，后续小业主进行内装时，易破坏内保温墙面。为避免该问题，建议装配式住宅采用全装修交付。同时，夹芯保温预制外墙既可以避免小业主的装修破坏问题，又可提供精美的预制外墙面，但目前造价还相对较高，建议综合考虑后选择使用。

3. 防水、隔声效果风险

装配式建筑，由于构件之间拼缝较多，需进行防水、隔声的特殊处理。采用的室外防水材料，应具有优良材料性能。

4. 施工管理风险

目前具有装配式建筑施工经验的企业并不多，相关管理人员和技术人员也较为缺乏，而且总包方现场配备的主要管理人员，大部分仍然习惯于按照传统施工标准进行操作。在PC建筑的管理要求、技术要求与传统习惯发生冲突时，往往以操作麻烦、标准要求高、措施费用高为理由，不愿按照新标准、新技术进行施工，容易造成现浇部分施工精度差，从而影响到高精度的预制构件的吊装施工。应注意防范此类风险，尽量选择具有相关施工经验的单位。

5. 产品设计错误风险

在现今传统的建设项目设计过程中，普遍存在各专业设计沟通不足、设计深度不够的现象，或者各专业设计工程师在审核设计成果的时候，往往忽略了比对相关专业图纸，造成各专业图纸不相匹配，影响了建筑物的使用功能。

装配式建筑设计极易碰到此类问题，设计中错误较多，会导致构件频繁更改，若在施工阶段才发现此类冲突，还需对预制构件进行调整，势必影响装配式建筑的质量，且费工、费时、费钱。

建议采取以下措施规避此类风险：①由工程总承包单位对装配式建筑的深化设计进行总体协调。②采用 BIM 技术，建立预制构件三维模型，并模拟吊装构件吊装工序。③在专业图纸审查的基础上，加大项目设计综合审查力度，使各专业设计融为一体，让各专业设计图纸满足构件生产和现场施工要求，减少或杜绝施工过程中的设计变更。

6. 上下游产业配套风险

目前国内的装配式建筑产业，由于市场尚处于培育期，上下游配套产业链还远不成熟，满足装配式建筑需求的产品、部品（如预制构件、钢筋连接套筒、防水胶条、密封胶等）的生产厂家还比较少，可供选择的产品范围还不大。

7. 成本风险

目前预制构件的生产厂家较少，相应产品、部品的价格较高。再加上构件蒸养、运输以及预制构件因生产、施工、构造要求而增加的钢材用量，造成建设成本有一定增加。根据以上数据及相关企业的经验，成本增加程度与预制率大致呈正相关性，预制率每提高10%，成本增加15%。目前，北京、上海等地出台了建筑面积奖励政策，可通过增加的建筑面积奖励消化增量成本，也可在政府给予装配式专项补贴的保障房项目中采用装配式技术，以规避成本风险。

8. 开发周期风险

国外预制装配式建筑，多为上部结构施工的同时进行二次结构或安装工程施工，但根据国内目前验收规程要求，需待结构封顶后进行整体验收，因此在主体结构施工上还无法发挥建设周期短的优势。

第 16 章 装配式建筑 BIM 应用与智慧建造

16.1 装配式建筑 BIM 应用组织架构

BIM 技术应用在装配式建筑中的组织架构如图 16-1 所示，装配式建筑项目需要配备专人的 BIM 负责人，负责预制构件建筑、BIM 深化设计、预制加工等。

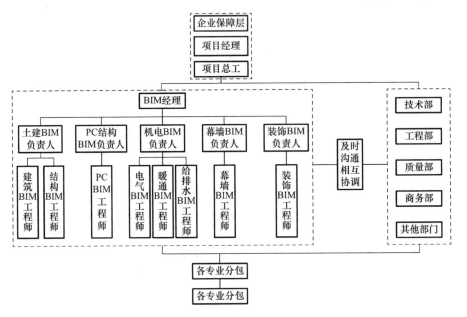

图 16-1 BIM 技术应用组织架构

16.2 装配式建筑 BIM 应用深度及职责分工

BIM 技术应用各岗位职责如表 16-1 所示。

BIM 中心岗位职责   表 16-1

序号	岗位	职责	管控要点
1	项目经理	BIM 资源组织协调，项目 BIM 应用第一负责人	
2	项目总工	BIM 应用组织实施，监督、检查项目执行进展	

续表

序号	岗位	职责	管控要点
3	BIM 经理	全面负责本工程 BIM 系统的建立、运用、管理，与业主 BIM 管理团队对接沟通，各专业之间的协调管理，全面管理 BIM 系统运用情况	(1) 制定 BIM 团队工作计划。 (2) 制定 BIM 建模标准流程。 (3) 审核各专业 BIM 工程师 BIM 模型。 (4) 组织各专业之间 BIM 模型协调管理
4	建筑 BIM 工程师	负责建筑专业 BIM 建模、模型应用，深化设计等工作	(1) 提供建筑完整的墙、门窗、楼梯、屋顶等建筑信息 Revit 模型。 (2) 主要的平面、立面、剖面视图和门窗明细表。 (3) 建筑平面视图三道尺寸标注，方便施工沟通
5	结构 BIM 工程师	负责结构专业（包括混凝土、钢结构）进行建模及深化设计	(1) 提供完整的梁、柱、板等结构信息 Revit 模型。 (2) 主要的平面、立面、剖面视图。 (3) 结构平面视图主要尺寸标注
6	PC BIM 工程师	负责预制构件建筑、BIM 深化设计、预制加工等	(1) 预制构件错、漏、碰、缺检测。 (2) 预制结构关键节点部位深化。 (3) 预制与现浇交接区深化。 (4) 相关方案、进度模拟等
7	暖通 BIM 工程师	负责暖通专业根据施工图建模及深化设计等工作	(1) 进行机电专业错、漏、碰、缺检测。 (2) 进行相关管线综合。 (3) 完成暖通综合图和结构留洞图报设计单位审核
8	给排水 BIM 工程师	负责给排水专业根据施工图建模及深化设计等工作	(1) 进行给排水专业错、漏、碰、缺检测。 (2) 进行相关管线综合。 (3) 完成给排水综合图和结构留洞图报设计单位审核
9	电气 BIM 工程师	负责前期专业根据施工图建模及深化设计等工作	(1) 进行机电专业错、漏、碰、缺检测。 (2) 进行相关管线综合。 (3) 完成机电综合图和结构留洞图报设计单位审核
10	幕墙 BIM 工程师	负责幕墙专业 BIM 建模及深化设计等工作	(1) 提供完整的装饰构件等构件信息 Revit 模型。 (2) 主要的平面、立面、剖面视图。 (3) 幕墙构件加工制作。 (4) 幕墙专业施工进行现场施工指导
11	装修 BIM 工程师	负责装修专业 BIM 建模及深化设计等工作	(1) 提供完整的装饰构件等构件信息 Revit 模型。 (2) 主要的平面、立面、剖面视图。 (3) 优化装饰施工方案及方案演示
12	现场工程师	根据 BIM 模型，对照现场施工情况，协调各专业施工	收集施工过程中施工资料，通过施工现场模拟，对现场进行动态管理，确保现场管理有序进行，保障施工整体形象和进度

BIM 应用各相关方及有关部门 BIM 工作的职责划分，如表 16-2 所示。

项目各方 BIM 工作职责　　　　　　　　　　表 16-2

参与方	BIM 工作主要内容及职责	可能涉及的 BIM 应用
业主方	(1) 制定 BIM 实施目标。 (2) 文件确认、技术方案确认、规则核定与确认。 (3) 参与每周 BIM 进展协调会	可视化 4D 综合计划模型

续表

参与方	BIM 工作主要内容及职责	可能涉及的 BIM 应用
设计方	(1) 设计模型审查，并确保模型构件几何尺寸、标高及类型准确。 (2) 完成 BIM 在设计阶段的应用并提交成果，参与每周 BIM 进展协调会	可视化 3D 协调 3D 碰撞检测
监理方	(1) 施工过程模型监控，BIM 辅助验收。 (2) 完成 BIM 技术的应用并提交成果	可视化 3D 协调 4D 综合计划模型
总承包方	(1) 创建、深化主体结构 BIM 模型并及时更新维护。 (2) 建模过程问题解决记录的汇总更新。 (3) 整合各专业达到充分协调模型。 (4) 模型的全面管理。过程竣工模型整合、维护和提交。 (5) 参加每周 BIM 进展协调会议。 (6) 4D 模型施工过程的临时工程的创建和可视化。 (7) 参加进度计划（含 4D 模型）会议，负责修改 4D 综合工作计划模型。 (8) 利用 3D 模型数据进行施工测量或复核，工程量复合、统计等	深化设计审查 3D 碰撞检测 过程模型记录，问题解决报告 4D 综合计划模型 可视化 3D 协调 工程量统计 3D 测量及复核
专业分包	(1) 负责各自专业工程模型的创建、深化、修改。 (2) 建模过程问题解决记录的汇总更新。 (3) 机电专业分包负责综合管线图的深化和整合机电设备图模型的完成。 (4) 实施工程量统计。 (5) 3D 施工测量及复合。 (6) 设备安装、设施整合等 4D 施工模拟。 (7) 各专业 4D 专业工程进度计划模型的优化、修改和更新	深化设计 3D 碰撞检测 过程模型记录，问题解决报告 4D 综合计划模型 可视化 工程量统计 3D 测量及复核 （Trimble 天宝机器人测量仪器）
供应商	提供各自相应产品的深化设计及加工完善模型，或详细具体产品说明书	3D 模型可视化 3D 模型加工图

　　BIM 建模的工作模式主要有两种，一是独立建模，后期整合。各团队及成员在同一坐标系下，根据项目拆分原则，进行各区域各专业独立建模，过程互不影响，后期采用链接的形式进行模型整合及应用，此方法适用于设计图纸齐全，BIM 团队较小的项目。二是协同建模，过程整合。启用 Revit 中心文件及工作集进行工作共享，此方法允许多名团队成员通过一个中心文件和多个同步的本地副本，同时处理同一个项目模型。工作组成员可同时对项目的不同部分进行建模并在过程中协调，此方法适用于设计图纸不全，过程中需要协同，且 BIM 团队人员充足的项目。

　　装配式建筑建模内容包括：建筑专业、结构专业、机电专业，机电专业模型内容又包括：给排水专业、暖通专业、电气专业，具体建模内容如表 16-3～表 16-7 所示。

建筑专业模型内容 表 16-3

模型元素	模型信息
主体建筑构件：楼地面、柱、外墙、外幕墙、屋顶、内墙、门窗、楼梯、坡道、电梯、管井、吊顶等	构件几何尺寸，材质，位置，施工信息等
主要建筑设施：卫浴、部分家具、部分厨房设施等	构件几何尺寸，材质，位置，施工信息等

续表

模型元素	模型信息
主要建筑细节：栏杆、扶手、装饰构件（如防水防潮、保温、隔声吸声）等	构件几何尺寸，材质，位置，施工信息等
预留孔洞	预留孔洞的位置和尺寸等
节点做法	尺寸、材质、规格等

结构专业模型内容　　　　　　　　　　　　　　　　表 16-4

模型元素	模型信息
主体结构构件：结构梁、结构板、结构柱、结构墙、水平及竖向支撑等的基本布置及截面	构件几何尺寸信息，材质信息，位置信息，施工信息等
空间结构的构件基本布置及截面，如桁架、网架的网格尺寸及高度等	构件几何尺寸信息，材质信息，位置信息，施工信息等
基础的类型及尺寸，如桩、筏板、独立基础等	构件几何尺寸信息，材质信息，位置信息，施工信息等
次要结构构件深化：楼梯、坡道、排水沟、集水坑等	构件几何尺寸信息，材质信息，位置信息，施工信息等
二次结构：构造柱、过梁等	位置、尺寸、材料和大样等
预埋件	预埋件的位置、尺寸、种类和大样等
预留孔洞	预留孔洞的位置和尺寸等
节点	钢筋信息（等级、规格、尺寸及排布等），型钢信息等

给排水专业模型内容　　　　　　　　　　　　　　　表 16-5

模型元素	模型信息	
	几何信息	非几何信息
管道（给排水管道，消防水管道）	有准确的尺寸大小、标高、定位。有需要的管道系统应表示坡度	专业信息：类型、规格型号、系统类型、材料和材质信息、保温材质、保温厚度、连接方式、安装部位、技术参数、施工方式等
管道管件（弯头、三通等）	有准确的尺寸大小，标高、定位，有精确形状	(1) 专业信息：类型、规格型号、系统类型、材料和材质信息、连接方式、技术参数、施工方式等。 (2) 产品信息：生产厂家、供应商、产品合格证等
管道附件（阀门、过滤器、清扫口等）	(1) 附件有精确形状、尺寸大小，精确位置。 (2) 附件按照类别创建。 (3) 阀门按照阀门的分类绘制，有精确形状，尺寸大小，精确位置	(1) 专业信息：类型、规格型号、系统类型、材料和材质信息、连接方式、技术参数、施工方式等。 (2) 产品信息：生产厂家、供应商、产品合格证等
仪表	有精确的外形尺寸、定位信息	(1) 专业信息：类型、规格型号、技术参数、施工方式等。 (2) 产品信息：生产厂家、供应商、产品合格证、生产日期等
喷头	有精确的外形尺寸、定位信息	(1) 专业信息：类型、规格型号、系统类型、技术参数、施工方式等。 (2) 产品信息：生产厂家、供应商、产品合格证、生产日期等
其他构件	有精确的外形尺寸、定位信息	(1) 专业信息：类型、规格型号、系统类型、附加长度、技术参数、施工方式等。 (2) 产品信息：生产厂家、供应商、产品合格证等

续表

模型元素	模型信息	
	几何信息	非几何信息
卫浴装置	有精确的外形尺寸、定位信息	(1) 专业信息：类型、规格型号、系统类型、技术参数、施工方式等。 (2) 产品信息：生产厂家、供应商、产品合格证、生产日期、价格等
消防器具	有精确的外形尺寸、定位信息	(1) 专业信息：类型、规格型号、系统类型、可连立管根数、技术参数、施工方式等。 (2) 产品信息：生产厂家、供应商、产品合格证、生产日期、价格等

暖通专业模型内容　　　　　　　　　　　　　表 16-6

模型元素	模型信息	
	几何信息	非几何信息
风管道	有准确的尺寸大小、标高、定位	专业信息：规格型号、系统类型、材料和材质信息、保温材质、保温厚度、软接头材质、软接头长度、安装部位、技术参数、施工方式等
风管管件（风管连接件，三通、四通、过渡件等）	有准确的尺寸大小、标高、定位，有精确形状	(1) 专业信息：类型、规格型号、系统类型、技术参数、施工方式等。 (2) 产品信息：生产厂家、供应商、产品合格证等
风管附件（阀门、消声器、静压箱等）	(1) 有精确形状、尺寸，精确位置。 (2) 附件按照类别绘制。 (3) 阀门按照阀门的分类绘制，有精确外形尺寸、形状、位置	(1) 专业信息：类型、规格型号、系统类型、扣减宽度、技术参数、施工方式等。 (2) 产品信息：生产厂家、供应商、产品合格证、生产日期、价格等
风道末端（风口）	有精确的外形尺寸、定位信息	(1) 专业信息：类型、规格型号、系统类型、技术参数、施工方式等。 (2) 产品信息：生产厂家、供应商、产品合格证、生产日期、价格等
暖通水管道	(1) 管道有准确的标高、定位，管径尺寸。 (2) 需要时，应反映管道系统的坡度	(1) 专业信息：规格型号、系统类型、材料和材质信息、连接方式、保温材质、保温厚度、软接头材质、软接头长度、安装部位、技术参数、施工方式等。 (2) 产品信息：生产厂家、供应商、产品合格证、生产日期、价格等
管件（弯头、三通等）	有精确的外形尺寸、定位信息	(1) 专业信息：类型、规格型号、系统类型、材料和材质信息、连接方式、技术参数、施工方式等。 (2) 产品信息：生产厂家、供应商、产品合格证、生产日期、价格等
管道附件（阀门、过滤器等）	(1) 有精确形状、尺寸，精确位置。 (2) 附件按照类别绘制。 (3) 阀门按照阀门的分类绘制，有精确外形尺寸、形状、位置	(1) 专业信息：类型、规格型号、系统类型、材料和材质信息、连接方式、技术参数、施工方式等。 (2) 产品信息：生产厂家、供应商、产品合格证、生产日期、价格等
仪表	有精确的外形尺寸、定位信息	(1) 专业信息：规格型号、技术参数、施工方式等。 (2) 产品信息：生产厂家、供应商、产品合格证、生产日期、价格等

模型元素	模型信息	
	几何信息	非几何信息
其他构件	有精确的外形尺寸、定位信息	(1) 专业信息：规格型号、附加长度、技术参数、施工方式等。 (2) 产品信息：生产厂家、供应商、产品合格证、生产日期、价格等
机械设备	准确长宽高尺寸、基本形状、精确位置，占位体积	(1) 专业信息：类型、规格型号、系统类型、技术参数、施工方式等。 (2) 产品信息：生产厂家、供应商、产品合格证、生产日期、价格等

电气专业模型内容 表 16-7

模型元素	模型信息	
	几何信息	非几何信息
桥架	有准确的尺寸大小、标高、定位	(1) 专业信息：类型、规格型号、系统类型、材料和材质信息、所属的系统、敷设方式、技术参数、施工方式等。 (2) 产品信息：生产厂家、供应商、产品合格证、生产日期、价格等
电缆桥架配件	有精确的外形尺寸、定位信息	(1) 专业信息：类型、规格型号、系统类型、材料和材质信息、所属的系统、技术参数、施工方式等。 (2) 产品信息：生产厂家、供应商、产品合格证、生产日期、价格等
母线	有准确的尺寸大小、标高、定位	(1) 专业信息：类型、规格型号、系统类型、所属的系统、敷设方式、技术参数、施工方式等。 (2) 产品信息：生产厂家、供应商、产品合格证、生产日期、价格等
电线、电缆配管	有基本路由、根数	(1) 专业信息：规格型号、系统类型、材料和材质信息、所属的系统、导线规格型号、技术参数、施工方式等。 (2) 产品信息：生产厂家、供应商、产品合格证、生产日期、价格等
电线、电缆导管	精确路由、根数	(1) 专业信息：规格型号、系统类型、所属的系统、导线规格型号、敷设方式、技术参数、施工方式等。 (2) 产品信息：生产厂家、供应商、产品合格证、生产日期、价格等
防雷接地	(1) 有精确位置。 (2) 有准确尺寸的构件、名称	(1) 专业信息：规格型号、系统类型、材料和材质信息、所属的系统、直径、技术参数、施工方式等。 (2) 产品信息：生产厂家、供应商、产品合格证、生产日期、价格等
照明设备，灯具	(1) 有精确位置。 (2) 有准确尺寸的构件、名称	(1) 专业信息：类型、规格型号、系统类型、所属的系统、技术参数、施工方式等。 (2) 产品信息：生产厂家、供应商、产品合格证、生产日期、价格等

续表

模型元素	模型信息	
	几何信息	非几何信息
开关/插座	(1) 有准确位置。 (2) 有准确尺寸的构件、名称	(1) 专业信息：规格型号、系统类型、所属的系统、技术参数、施工方式等。 (2) 产品信息：生产厂家、供应商、产品合格证、生产日期、价格等
弱电末端装置	(1) 有准确位置。 (2) 有准确尺寸的构件、名称	(1) 专业信息：类型、规格型号、系统类型、所属的系统、技术参数、施工方式等。 (2) 产品信息：生产厂家、供应商、产品合格证、生产日期、价格等
配电箱柜	(1) 有精确位置。 (2) 有准确尺寸的构件、名称	(1) 专业信息：类型、规格型号、系统类型、所属的系统、敷设方式、技术参数、施工方式等。 (2) 产品信息：生产厂家、供应商、产品合格证、生产日期、价格等
电气设备	(1) 有精确位置。 (2) 有准确尺寸的构件、名称	(1) 专业信息：类型、规格型号、系统类型、所属的系统、容量、技术参数、施工方式等。 (2) 产品信息：生产厂家、供应商、产品合格证、生产日期、价格等

16.3 三维建模出施工图

积极推广应用基于 BIM 的管线综合技术、机电管线及设备的工厂化预制技术，提出了设备管道递推施工的装配式施工方法（图 16-2）。施工过程引入精度控制理论、综合纠偏补偿技术，并采用流程化管理，从而缩短项目施工工期，降低安装成本，减少安全作业隐患，施工过程噪声小，无烟尘，实现施工效率、工程质量、安全、绿色施工的全面提升。

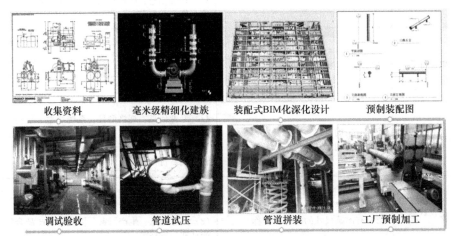

收集资料　　毫米级精细化建族　　装配式BIM化深化设计　　预制装配图

调试验收　　管道试压　　管道拼装　　工厂预制加工

图 16-2　基于 BIM 装配式施工流程

首先设计院建立的 BIM 模型会有系统完整但细节缺失、设备阀门配件等未 1∶1 精细建模、支架缺失设置不合理等问题，通过模型深化后达到管线深化。

根据设计院提供图纸、业主及设计院确认后的优化建议、设备选型样本、现场实际情况、施工验收规范等，进行 BIM 深化设计及管线优化布置。在 BIM 综合图的基础上，合理进行管道分节，并对每节构件进行唯一性编号，管道分节影响因素包括：尽量减少分节，缩减漏水隐患点的数量。管段长度越长，管道热加工变形累积越大，增加变形控制难度。构件尺寸越大，二维、三维构件的加工精度控制成本越高。工厂自动化加工平台，限制构件尺寸。镀锌厂镀锌池的尺寸，限制构件尺寸。长距离运输过程中，选用的运输设备限制构件的尺寸。机房空间，决定构件的运输、吊装回转半径，限制构件尺寸。通过合理选择纠偏段的位置，减少、合并部分纠偏段，合理缩短纠偏段的尺寸，明确各装配模块之间、装配模块与各型设备之间的递推关系，科学规划纠偏方案，提升项目一次装配完成率。BIM 深化管道分节图如图 16-3 所示。

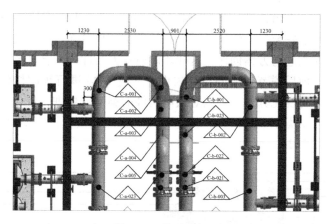

图 16-3　管道分节图

16.4　装配式建筑全生命周期 BIM 应用

16.4.1　BIM 技术在标准化设计方面的应用

标准化是装配式建筑长远发展的前提，标准化设计的核心内容是建立标准化模块，这样才能满足构件生产工厂化的要求。如今大众对建筑物样式多样化的要求越来越高，为了满足大众需求，在标准化设计的同时还应结合多样化，这种设计模式在标准化的基础上，使部品部件的生产集约化、大众化。随着信息技术的推广，信息化被广泛地运用到设计阶段中，其中 BIM 技术的信息共享、协同工作能力更有利于预制构件族库的建立。

预制装配式住宅的主要构配件都要在工厂进行生产加工，因此，预制构件在加工生产前应进行深化设计。在装配式建筑 BIM 应用中，应模拟加工厂加工是方式，以"预制构件模型"的方式来进行系统集成和表达，这就需要建立装配式建筑的 BIM 构件库。

通过装配式建筑 BIM 构件库的建立，可以不断增加 BIM 虚拟构件的数量、种类和规格，逐步构建标准化预制构件库，如图 16-4 所示。

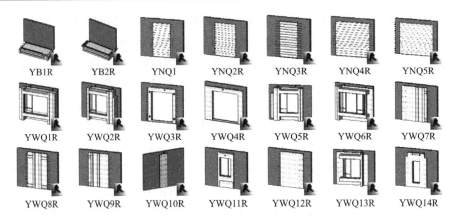

YB1R　YB2R　YNQ1　YNQ2R　YNQ3R　YNQ4R　YNQ5R

YWQ1R　YWQ2R　YWQ3R　YWQ4R　YWQ5R　YWQ6R　YWQ7R

YWQ8R　YWQ9R　YWQ10R　YWQ11R　YWQ12R　YWQ13R　YWQ14R

图 16-4　BIM 构件库

在装配式建筑中要做好预制构件的"拆分设计"，俗称"构件拆分"。传统方式下大多是在施工图完成以后，再由构件厂进行"构件拆分"。实际上，正确的做好是在前期策划阶段就专业介入，确定好装配式建筑的技术路线和产业化目标，在方案设计阶段根据既定目标依据构件拆分原则进行方案创作，这样才能避免方案性的不合理导致后期技术经济性的不合理，表面由于前后脱节造成的设计失误。通过 BIM 进行预制构件的拆分后，单个构件的几何属性经过可视化分析，可以对预制构件的类型数量进行优化，较少预制构件的类型，以及预制构件某类型数量较少的构件可以考虑加工模板由定型化钢模改为木模板。预制构件数量优化如图 16-5 所示。

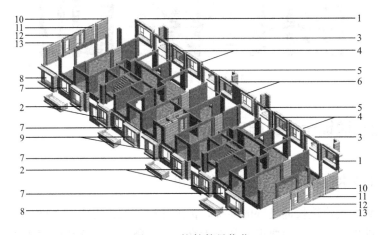

图 16-5　构件数量优化

16.4.2　BIM 技术在工厂化生产方面的应用

在装配式建筑施工前，预制构件的工厂化生产是关键，即根据设计单位提供的预制构件图纸或三维模型，在工厂车间内通过模具进行批量生产，在主体结构施工过程中，传统施工方式精度低、质量难以保证，预制构件的工厂化生产正好解决了这类问题。以外墙板的生产过程为例，为了使外墙板保持美观和不褪色，可以在工厂内进行喷涂、烘烤。除此之外，预制构件的防火、保温、隔声等性能可以在生产过程中随时控制。

　　通过 BIM 模型对建筑构件的信息化表达，构件加工图在 BIM 模型上直接完成和生成，不仅能清楚地传达传统图纸的二维关系，而且对于复杂的空间剖面关系也可以清楚表达，同时还能够将离散的二维图纸信息集中到一个模型当中，这样的模型能够更加紧密地实现与预制工厂的协同和对接。如图 16-6 所示。

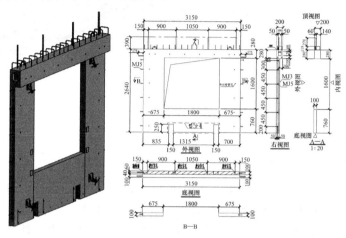

图 16-6　构件加工图

　　BIM 建模是对建筑的真实反映，在生产加工过程中，BIM 信息化技术可以直观地表达出钢筋、混凝土和预埋件的空间关系和各种参数情况，利用软件的碰撞检查功能进行连接节点钢筋的优化设计，并且能自动生成构件下料单、派工单、模具规格参数等生产表单，通过可视化的直观表达帮助工人更好地理解设计意图，可以形成 BIM 生产模拟动画、流程图、说明图等辅助材料，有助于提高工人生产的准确性和构建质量。

　　通过 BIM 模型，构件生产厂家与设计院在模型上进行对接，提高了数据交换的精确性，有效减少了预制构件的生产周期。如图 16-7 所示。

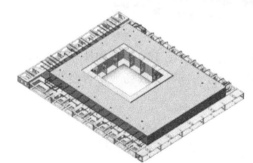

图 16-7　构件生产图

　　预制构件在工厂加工生产完成后，由专门的卡车运输到施工现场，在运输到施工现场的过程中，需要考虑时间和空间两个方面的问题。首先，根据工程实际情况，以及运输路线中的实际路况，有的预制构件可能受当地法律法规的限制，无法及时运往施工现场。运输的时间问题，应根据现场的施工进度与对构建的需求情况，提前规划好运输时间。并考虑到运输过程中发生意外导致构件损坏，不仅影响施工进度，也会造成成本损失，所以提前根据构建尺寸、重量安排运输卡车，规划运输路线等，做好周密的计划安排，实现构件在施工现场零积压。如图 16-8 所示。

图 16-8　构件运输图

16.4.3　BIM 技术在装配化施工方面的应用

1. 施工场地布置

在装配式建筑施工过程中，以塔吊作为关键施工机械，其布置情况将会大大影响建筑整体施工效率。施工过程中由于塔吊欠缺合理性，常常会发生二次倒运构件的现象，所以塔吊的型号、位置选定在项目前期策划是非常重要的（图 16-9）。首先，明确塔吊型号，其次对设备作业及覆盖面需求以及塔吊尺寸、设施等满足的条件下，针对塔吊布设的多个方案进行 BIM 模拟、对比分析工作，最终选择出最优方案。

图 16-9　塔吊附墙设计

预制构件进入施工现场后的存放也是至关重要的（图 16-10），构件存放场地的储备量应满足楼层施工的需求量，应根据楼位置就近存放，同时存放场地是否会造成施工现场内交通堵塞也是必须考虑的问题。

图 16-10　装配式构件现场堆放

将 BIM 技术运用于施工平面布置方面，不仅可令塔吊、人货梯等大型机械布设方案制定、预制构件存放场地规定、预制构件运输道路规划等得以优化，还能有效避免预制构架或其他材料的二次倒运、影响施工进度等问题，进而使运输机械设备具有更高的使用效率。

2. 施工现场质量管理

在项目施工阶段，质量管理属于项目管理的关键，并且装配式建筑提出来更为严格的要求。安装过程中的吊装顺序、构件安装、节点核心区钢筋模板、灌浆等均会对建筑质量产生直接影响。运用 BIM 技术（图 16-11），通过将进度技术关联到 3D 模型，进行施工4D 进度模拟演示，运用可视化对施工工序进行模拟，便于协调施工计划，简化复杂的施工进度计划，保证工程合理有序进行。在施工过程中，项目各部门在 BIM 模型的基础上进行沟通与讨论，将运用 BIM 软件的过程作为对进度计划过程控制的依据，将建筑信息模型作为施工的标准逐步推进。同时管理人员的全局观要强，将重要节点与进度技术做对比，做到时间空间分配合理、物尽其用，以建筑信息模型为核心，尽量避免工期延误的情况发生。

图 16-11 现浇节点钢筋绑扎

通过 BIM 技术确定构件的吊装顺序，模拟吊装工序，强调质量管控要点，通过模型对构件类型、尺寸等信息予以直观的了解，以便施工队进行安装，使工作效率、安装质量得以提升。此外，通过协同平台，在移动设备即可实时了解构件位置、安装进展等情况，并向项目数据库上传相关施工数据，即可追溯查询有关施工质量的记录。

3. 复杂节点施工模拟及碰撞检查

碰撞检查是建筑工程中一项常见也是非常重要的环节，通过碰撞检查功能，找出设计与施工流程中的空间碰撞，通过 BIM 软件的碰撞检查功能，针对碰撞点进行分析排除合理碰撞后，针对碰撞点进行讨论，期望能在施工前预先解决问题，节省工时不必要的变更与浪费。

一般来说在建模完成确认无误之后，将建立好的模型导入相关碰撞 BIM 软件中，根据工地施工所预定的流程进度，进行施工流程模拟，通过软件碰撞检查功能开展施工碰撞检查。检查类型分为硬碰撞与间隙碰撞两种，硬碰撞是对于检测两个几何图形间的实际交叉碰撞，而间隙碰撞用于检测制定的几何图形需与另一几何图形具有特定距离。

在施工过程中对复杂的施工节点或控制要点，方案的设计与尺寸的优化是必不可少的环节，以传统的方式进行深化设计时，深化平面细节反映在平面图纸上，最大限度地精确图纸尺寸，材料交接、内部结构关系、细部尺寸等内容更需要详细的表达，所以这一环节要花费大量的工作，且经过交底以后依然可能受限于施工工艺、施工顺序等无法顺利施工。通过 BIM 技术协调设计阶段和施工阶段信息资源的一致性，利用 BIM 信息集成的特性解决这一矛盾，利用三维模型进行施工方案模拟（图 16-12），对施工工艺、现场、进度、施工难点进行预判与处理，从而实现对施工过程的控制，提高项目的综合效益。

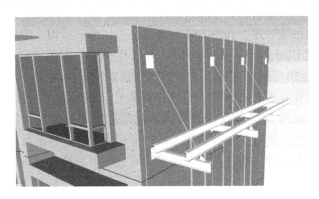

图 16-12　现浇核心区-悬挑脚手架布置

16.4.4　BIM 技术在信息化施工方面的应用

装配式建筑的 BIM 信息化管理是以建筑信息模型为基础的项目信息源，应用云技术、RFID 等物联网技术和移动终端技术为信息采集和应用手段服务于项目的一体化全过程管理。装配式建筑全过程信息化管理首先要建立统一的信息管理平台，统一所有参与方的项目全过程材料、进度、技术、质量安全的信息化管控，提高整体建造的效率和提升企业的管理水平。

在项目决策阶段，需要评价项目的可行性、工程费用的估算合理与否，做出科学决策。在设计阶段，三维的图形设计，使得建筑、结构、设备、电气、暖通等多个专业设计人员可以更好地分工合作。在招投标阶段，直接统计出建筑的实物工程量，根据清单计价规则套上清单信息，形成招标文件的工程量清单。在施工阶段，利用 BIM 模型，添加时间进度信息，就可以实现 4D 模拟建造，分析统计每阶段的成本费用，进行 5D 模拟。在运营阶段，利用 BIM 模型进行数字化管理。在拆除阶段，利用 BIM 模型分析拆除的最佳方案，确定爆破方案的炸药点设置是否合理，可以在 BIM 模型上模拟爆破的坍塌反应，评价爆破对本建筑及周边建筑的影响。

"智慧工地"是一种以互联网＋、物联网、大数据、云计算等平台为依托，通过工地信息化、智能化建造技术的应用及施工精细化管控，达到有效降低施工成本，提高施工现场决策能力和管理效率，实现工地数字化、精细化、智慧化的一种新型施工管控模式。通过打造"一厅一馆两平台"基于 BIM 的智慧工地平台管理系统（图 16-13），通过在施工现场布置各种传感器设备和无线传感网络，将各类数据集成至自主开发的智慧工地云平台中，由云端服务器对数据进行只能处理，同时与反馈控制机制联动，实现对现场人、机、料、法、环的全面监控与分析，项目业务流程的全面管控。

智慧建造云平台采用统一协议，对各子系统进行集成，通过分级管理，实现公司和项目部管理人员只需要单一入口登录，即可对各子系统进行数据查看，不需要重复登录，多次切换页面。目前可以集成的主要内容包括：塔机安全监控系统、施工升降机安全监控系统、扬尘噪声检测系统、人员实名制管理系统等。智慧建造云平台对各系统的统一整合，可以进行数据共享（图 16-14），在远程实时观察现场数据。进一步打通各子系统之间的价值数据，通过智慧工地平台对各子系统数据的抽取和分析，反映出各项工作进展情况及人料机配备情况，为整体把控项目提供数据支撑（图 16-15）。

图 16-13　智慧工地云平台显示屏

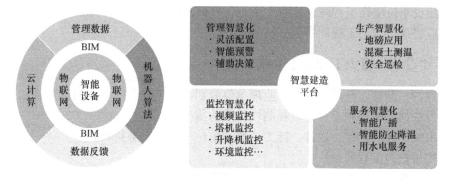

图 16-14　智慧工地云平台数据共享

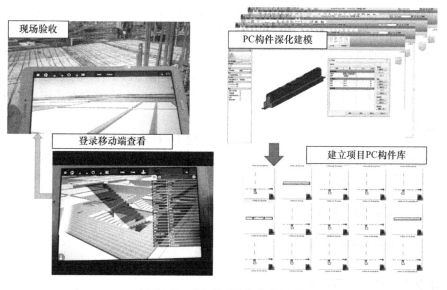

图 16-15　BIM＋PC 信息化管理

第 17 章　装配式建筑竣工与交付

17.1　装配式建筑竣工管理

17.1.1　竣工验收备案＝竣工＋验收＋备案

（1）工程完工后，总包向建设单位提交工程竣工报告，申请工程竣工验收。实行监理的工程，工程竣工报告须经总监理工程师签署意见。

（2）建设单位收到工程竣工报告后，对符合竣工验收要求的工程，组织勘察、设计、施工、监理等单位和其他有关方面的专家组成验收组，制定验收方案。

（3）建设单位应在工程竣工验收 7 个工作日前将验收的时间、地点及验收组名单书面通知负责监督该工程的工程质量监督机构。

17.1.2　建设单位组织工程竣工验收：

（1）建设、勘察、设计、施工、监理单位分别汇报工程合同履约情况和在工程建设各个环节执行法律、法规和工程建设强制性标准的情况；

（2）审阅建设、勘察、设计、施工、监理单位的工程档案资料；

（3）实地查验工程质量；

（4）对工程勘察、设计、施工、设备安装质量和各管理环节等方面作出全面评价，形成经验收组人员签署的工程竣工验收意见。

（5）参与工程竣工验收的建设、勘察、设计、施工、监理等各方不能形成一致意见时，应当协商提出解决的方法，待意见一致后，重新组织工程竣工验收。

（6）工程竣工验收合格后，建设单位应当及时提出工程竣工验收报告。工程竣工验收报告主要包括：工程概况，建设单位执行基本建设程序情况，工程勘察、设计、施工、监理等方面对工程的评价，工程开工、竣工、验收时间、程序、内容和组织形式，工程竣工验收意见等内容。

（7）建设单位应当自工程竣工验收合格之日起 15 日内，依照《房屋建筑工程和市政基础设施工程竣工验收备案管理暂行办法》的规定，向工程所在地的县级以上地方人民政府建设行政主管部门备案。

17.1.3　建设工程竣工验收备案流程

1. 建设工程竣工验收流程

如图 17-1 所示。

2. 建设工程验收时间安排

如图 17-2 所示。

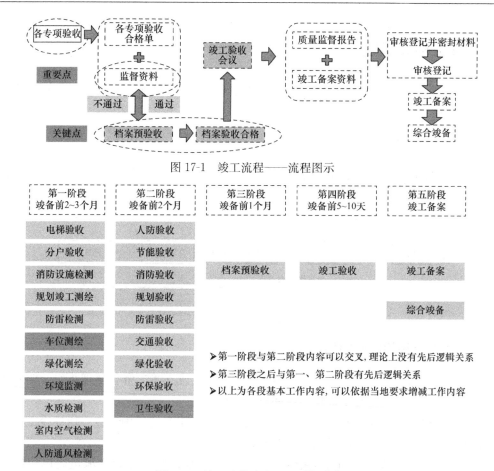

图 17-1　竣工流程——流程图示

图 17-2　竣工验收流程——时间分布

3. 建设工程验收程序

如图 17-3 所示。

星级	工作内容
★	电梯验收
★	分户验收
★	室内空气检测
★★	节能验收
★★	人防验收
★★	消防验收/备案
★★★	规划验收
★★	绿化验收
★★	环保验收
★★★	档案预验收
★★	竣工验收
★★★	竣工备案登记
★★	综合竣工备案登记
★★	移交档案馆

验收程序

★对竣备具有重要影响,重要程度高,完成难度大
★★对竣备具有重要影响,重要程度高,完成难度大
★★★对竣备具有重要影响,重要程度高,完成难度大

档案移交也可以在竣工备案后进行

图 17-3　建设工程验收程序

17.2　竣工档案编制

严格执行各地市工程竣工验收备案细则报送规定的有关要求，强化竣工资料的日常管理和后期整理，按时移交满意档案资料。

17.2.1　竣工资料的日常管理

竣工资料日常管理贯穿于资料的生成、传递、使用、更改、报废五个环节之中，其流程如图 17-4 所示。

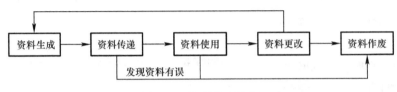

图 17-4　资料管理流程

17.2.2　竣工资料的后期归档

（1）在工程临近竣工首尾阶段，即由项目总工牵头成立竣工资料整理小组，明确各成员的责任分工，专门负责竣工资料的后期整理工作。

（2）邀请建设工程安全质量监督总站有关专家、工作人员到场检查、指导竣工资料的整理工作，针对其提出的问题或建议，及时整改完善。

（3）严把竣工验收关，对业主指定分包商、独立承包商等各专业承包商单位编制的竣工图、文字资料、施工报告进行认真审查，着重检查隐蔽工程验收记录的真实性和工程设计变更单的落实情况，认真审查竣工图及文字资料是否完整、准确、签证是否完备，组卷排列是否合理等，指导各专业施工单位整理工程资料，使其满足档案接收要求。

（4）竣工资料提请监理单位和发包人在确认表上盖章确认，以证明竣工资料上的相关内容与该项目送审资料的实际内容相一致。

（5）对整理装订成册的竣工资料编制总目录，并在每页的下方统一编号，以便查找。对记录、反映施工过程的一些影像资料、照片等刻盘备份。

17.2.3　文件归档要求

详见表 17-1 所示。

文件归档要求　　　　　　　　　　　　　　　　　　　　　表 17-1

序号	项目	要求
1	立卷	（1）一个建设项目由多个单位（子单位）工程组成时，按单位（子单位）工程分类组卷。 （2）建设项目文件划分为前期阶段文件（立项、审批、招投标、勘察、测量、设计及工程准备过程中形成的文件）、施工阶段及验收阶段文件（工程竣工文件、竣工图、设备厂家资料、监理文件）及其电子档案、声像档案四个部分组成。

序号	项目	要求
1	立卷	(3) 建设项目立卷的原则：前期阶段文件按建设项目的建设程序、专业、形成单位立卷。监理文件按合同项目、单位（子单位）工程立卷。施工阶段及竣工阶段文件按单位（子单位）工程、专业立卷，竣工图按专业顺序编制立卷。竣工验收文件按单位（子单位）工程立卷。声像档案、电子档案按单位（子单位）工程立卷。 (4) 竣工档案的案卷卷内文件必须按照竣工档案案卷目录名称表排列。凡表内未列入的项目文件材料，可根据文件材料的性质归类在后
2	归档质量要求	(1) 不得使用圆珠笔、铅笔、红色墨水、蓝色墨水等褪色材料书写、绘制。 (2) 所有盖章、字样要用不褪色、快干的红色印泥加盖。 (3) 归档的竣工图应是新蓝图。 (4) 计算机出图必须清晰，不得使用计算机出图的复印件。 (5) 设计变更单、洽商单、工程测量、审批单、施工报告、施工记录、施工图表等永久保存的归档文件，及编制档案案卷目录、卷内目录要用激光机打印。 (6) 凡为易褪色材料（如复写纸、热敏纸、传真件等）形成，并需要永久保存的文件，要附一份电脑扫描文件的激光机打印件。 (7) 各类施工用表应用激光机打印或印刷品，不得使用复印表格填报。 (8) 纸质案卷规格统一为 A4 幅面，案卷厚度要求文字材料一般不要超过 3cm，图纸不要超过 4-5cm。同类文件页数多的，可单独组成一个或多个案卷，案卷题名不能同名，如属同一内容文件，分开组卷时，应以时间段、部位或图纸编号作区分标注。 (9) 文字、图纸要分别组卷。图纸折叠成 A4 幅面，横向按手风琴式折叠，竖向按顺时针方向折叠，折叠后图标露在右下角
3	文件组卷编目	步骤：文件分类组卷（卷内文件排列→编页号→填写卷内目录→填写卷末备考表→填写案卷封面）→填写案卷目录→装订入档案盒

17.3 竣工验收条件和标准

17.3.1 竣工验收条件

（1）已完成设计和合同规定的各项内容。

（2）单位工程所含分部（子分部）工程均验收合格，符合法律、法规、工程建设强制标准、设计文件规定及合同要求。

（3）工程资料符合要求。

（4）单位工程所含分部工程有关安全和功能的检测资料完整。主要功能项目的抽查结果符合相关专业质量验收规范的规定。

（5）单位工程观感质量符合要求。

（6）各专项验收及有关专业系统验收全部通过。

由建设单位负责向有关政府行政主管部门或授权检测机构申请各项专业、系统验收：

（1）消防验收合格文件。

（2）规划验收认可文件。

（3）环保验收认可文件。

（4）电梯验收合格文件。

（5）智能建筑的有关验收合格文件。

（6）建设工程竣工档案预验收意见。

（7）建筑工程室内环境检测报告。

17.3.2　竣工验收标准

（1）生产性项目和辅助、公用设施以及必要的生活设施，已按批准的设计文件要求建成，能满足生产、生活使用需要，经试运达到设计能力。

（2）主要工艺设备和配套设施经联动负荷试车合格，形成生产能力，能够生产出设计文件所规定的产品。

（3）生产准备工作能适用投产的需要，经验收检查能满足连续生产要求。

（4）环境保护设施、劳动安全卫生设施和消防设施、节能降耗设施，已按设计要求与主体工程同时建成使用。

（5）生产性投资项目的土建工程、安装工程、人防工程、管道工程、通信工程等工程的施工和竣工验收，必须按照国家和行业施工质量验收规范执行。

17.3.3　竣工验收管理程序和准备

1. 竣工验收管理程序

（1）工程完工后，施工单位向建设单位提交工程竣工报告，申请工程竣工验收。实行监理的工程，工程竣工报告必须经总监理工程师签署意见（施工单位在工程竣工前，通知质量监督部门对工程实体进行到位质量监督检查）。

（2）建设单位收到工程竣工报告后，对符合竣工验收要求的工程，组织勘察、设计、施工、监理等单位和其他有关方面的专家组成验收组，制定验收方案。

（3）建设单位应当在工程竣工验收 7 个工作日前将验收的时间、地点及验收组名单通知负责监督该工程的工程监督机构。

（4）建设单位组织工程竣工验收。

1）建设、勘察、设计、施工、监理单位分别汇报工程合同履行情况和在工程建设各个环节执行法律、法规和工程建设强制性标准的情况。

2）审阅建设、勘察、设计、施工、监理单位提供的工程档案资料。

3）查验工程实体质量。

4）对工程施工、设备安装质量和各管理环节等方面作出总体评价，形成工程竣工验收意见，验收人员签字。

参与工程竣工验收的建设、勘察、设计、施工、监理等各方不能形成一致意见时，应报当地建设行政主管部门或监督机构进行协调，待意见一致后，重新组织工程竣工验收。

2. 竣工验收准备

（1）工程竣工预验收（由监理公司组织，建设单位、承包商参加）：工程竣工后，监理工程师按照承包商自检验收合格后提交的《单位工程竣工预验收申请表》，审查资料并进行现场检查。项目监理部就存在的问题提出书面意见，并签发《监理工程师通知书》，要求承包商限期整改。承包商整改完毕后，按有关文件要求，编制《建设工程竣工验收报告》交监理工程师检查，由项目总监签署意见后，提交建设单位。

（2）工程竣工验收（由建设单位负责组织实施，工程勘察、设计、施工、监理等单位参加）。

（3）施工单位编制《建设工程竣工验收报告》，监理单位编制《工程质量评估报告》，勘察单位编制质量检查报告，设计单位编制质量检查报告，取得规划、公安消防、环保、燃气工程等专项验收合格文件，监督站出具的电梯验收准用证，提前15日把《工程技术资料》和《工程竣工质量安全管理资料送审单》交监督站。工程竣工验收前7天把验收时间、地点、验收组名单以书面通知监督站。

3. 项目竣工验收的检查内容

（1）检查工程是否按批准的设计文件建成、配套、辅助工程是否与主体工程同步建成。

（2）检查工程质量是否符合国家和部颁布的相关设计规范及工程施工质量验收标准。

（3）检查工程设备配套及设备安装、调试情况、国外引进设备合同完成情况。

（4）检查概算执行情况及财务竣工决算编制情况。

（5）检查联调联试、动态检测、运行试验情况。

（6）检查环保、水保、劳动、安全、卫生、消防、防灾安全监控系统、安全防护、应急疏散通道、办公生产生活房屋等设施是否按批准的设计文件建成并合格，精测网复测是否完成，复测成果和相关资料是否移交设备管理单位，工机具、常备材料是否按设计配备到位，地质灾害整治及建筑抗震设防是否符合规定。

（7）检查工程竣工文件编制完成情况，竣工文件是否齐全、准确。

（8）检查建设用地权属来源是否合法，面积是否准确，界址是否清楚，手续是否齐备。

4. 项目竣工验收组织

（1）竣工验收的组织：由建设单位负责组织实施建设工程竣工验收工作，质量监督机构对工程竣工验收实施监督。

（2）验收人员：由建设单位负责组织竣工验收小组，验收组组长由建设单位法人代表或其委托的负责人担任。验收组副级长应至少有一名工程技术人员担任。验收组成员由建设的单位上级主管部门、建设单位项目负责人、建设单位项目现场管理人员及勘察、设计、施工、监理单位相关负责人组成。验收小组成员中土建及水电安装专业人员应配备齐全。

（3）当在验收过程中发现严重问题，达不到竣工验收标准时，验收小组应责成责任单位立即整改，并宣布本次验收无效，重新确定时间组织竣工验收。

（4）当在竣工验收过程中发现一般需整改的质量问题，验收小组可形成初步验收意见，填写有关表格，有关人员签字，但建设单位不加盖公章。验收小组责成有关责任单位整改，可委托建设单位项目负责人组织复查，整改完毕符合要求后，加盖建设单位公章。

（5）当竣工验收小组各方不能形成一致竣工验收意见时，应当协商提出解决办法，待意见一致后，重新组织工程竣工验收。当协商不成时，应报建设主管部或质量监督机构进行协调裁决。

17.3.4 竣工验收的步骤

1. 施工单位自检评定

单位工程完工后，施工单位对工程进行质量检查，确认符合设计文件及合同要求后，填写《工程验收报告》，并经项目经理和施工单位负责人签字。

2. 监理单位提交《工程质量评估报告》

监理单位收到《工程验收报告》后，应全面审查施工单位的验收资料，整理监理资料，对工程进行质量评估，提交《工程质量评估报告》，该报告应经总监及监理单位负责人审核、签字。

3. 勘察、设计单位提出《质量检查报告》

勘察、设计单位对勘察、设计文件及施工过程中由设计单位签署的设计变更通知书进行检查，并提出书面《质量检查报告》，该报告应经项目负责人及单位负责人审核、签字。

4. 建设（监理）单位组织初验

建设单位组织监理、设计、施工等单位对工程质量进行初步检查验收。各方对存在问题提出整改意见，施工单位整改完成后填写整改报告，监理单位及监督小组核实整改情况。初验合格后，由施工单位向建设单位提交《工程竣工报告》。

5. 建设单位组成验收组

建设单位收到《工程竣工报告》后，组织设计、施工、监理等单位有关人员成立验收组，验收组成员应有相应资格，工程规模较大或较复杂的应编制验收方案。

6. 施工单位提交工程技术资料

施工单位提前七天将完整的工程技术资料交质监部门检查。

7. 竣工验收

建设单位主持竣工验收会议，组织验收各方对工程质量进行检查。如有质量问题提出整改意见。

监督部门监督人员到工地现场对工程竣工验收的组织形式、验收程序、执行验收标准等情况进行现场监督。

8. 竣工验收报告的内容

（1）工程概况：建设工程项目概况、建设单位、施工单位、设计单位、监理单位等相关单位名称。

（2）竣工验收实施情况：验收组织、验收程序。

（3）质量评定：验收意见、质量控制资料核查、安全和主要功能核查及抽查结果、观感质量验收。

（4）验收人员签名。

（5）工程验收结论，验收单位签章确认。

（6）附件。主要包括施工许可证，施工图设计文件审查意见、规划验收合格意见等。

9. 施工单位按验收意见进行整改

施工单位按照验收各方提出的整改意见及《责令整改通知书》进行整改，整改完毕后，写出《整改报告》，经建设、监理、设计、施工单位签字盖章确认后送质监站，对重要的整改内容，监督人员参加复查。

10. 工程验收合格

对不合格工程，按《建筑工程施工质量验收统一标准》和其他验收规范的要求整改完后，重新验收，直至合格。

11. 验收备案

验收合格后五日内，监督机构将监督报告送县住建委。建设单位按有关规定报县住建委备案。

17.4 竣工资料管理

验收责任单位：建设单位、监理单位、总包单位。

验收所需的条件：施工任务完成，档案资料编制完成。

验收流程：城建档案验收（取得竣工档案检查结论单）→规划验收→取得城建档案验收合格证明书（蓝本）。

17.4.1 验收所需的资料

（1）建设工程竣工档案验收申请表。

（2）报送城建档案馆一套和建设单位自行保存一套建设项目竣工档案索引目录（要求详见《建设项目竣工档案编制技术规范》）。

（3）建设工程竣工档案检查结论单。

（4）报送市城建档案馆一套建设项目竣工档案电子档案光盘。

17.4.2 档案管理

（1）竣工档案必须真实反映建设全过程，并应按建设项目（工程）建设程序进行收集、整理、编制，达到完整、准确、系统的要求。

（2）建设单位在进行招投标或与勘察、设计、施工、监理等单位签订合同时，应对竣工档案的数量、内容、质量、费用、移交时间和违约责任等提出明确要求。

（3）每个建设项目（工程）应至少编制两套纸质竣工档案，一套由建设单位自行保管，另一套向市或区（县）规划行政主管部门报送。两套竣工档案中归档的工程文件和图纸应使用原件。专业主管部门核发的证书，建设单位可以保留原件，用复制件归档报送市或区（县）规划行政主管部门。

（4）向市或区（县）规划行政主管部门报送的一套竣工档案，表式和装具必须符合本规范的规定，填写时应用黑色墨水书写或打印。建设单位自行保管的一套竣工档案表式和装具也应符合本规范的规定。

（5）每个建设项目（工程）应编制一套工程电子档案，报送市或区（县）规划行政主管部门。其中应包含两类格式的工程电子文件，并应符合下列规定：

1）第一类是按照要求收集、整理、组卷后的多种格式的工程电子文件。

2）第二类是把前一类格式转换成 TIFF 格式后的工程电子文件，TIFF 文件的压缩方式应为 Group4，分辨率应为 300dpi、黑白模式。

（6）工程电子档案应与相应的纸质或其他载体形式的工程文件同时归档。

（7）工程电子档案的存储载体应一次性写入光盘。磁带、可擦写光盘、硬磁盘、移动硬盘、优盘、软磁盘等不宜作为长期保存电子档案的载体。

17.5 装配式建筑交付管理

17.5.1 装配式建筑交付条件

（1）由建设单位组织设计、施工、工程监理等有关单位进行工程竣工验收，确认合格；取得当地规划、消防、人防等有关部门的认可文件或准许使用文件；在当地建设行政主管部门进行备案。

（2）小区道路畅通，已具备接通水、电、燃气、暖气的条件。

17.5.2　装配式建筑交付流程和工作要求

1. 交付流程

如图 17-5 所示。

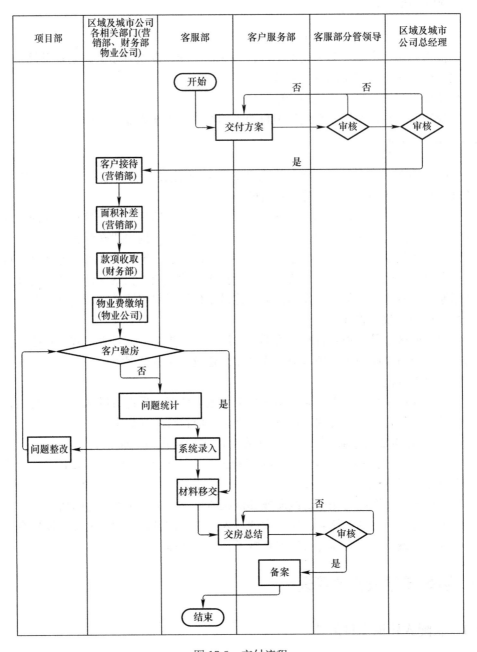

图 17-5　交付流程

2. 交付要求

如表 17-2 所示。

交付要求

表 17-2

序号	关键活动	管理要求	时间要求	主责部门	相关部门	工作文件
1	确定交付方案	客户服务部与客服部共同完成项目交付方案编制	交付前 30 天	客服部	客户服务部	交付方案
2	审核	区域公司分管领导就项目交付方案进行审核	交付前 18 天	客服部	—	
3	审批	区域公司总经理就项目交付方案进行审批并执行	交付前 15 天	客服部		
4	交付通知	营销邀约并通过 EMS 交房通知	交付前 10 天	营销部		交付通知书
5	客户接待	接待客户，收集交付手续材料，查验客户身份证明文件	交付当天	营销部		交付通知书
6	面积补差	与客户确定实测面积差异及费用	交付当天	营销部		
7	款项收取	确认交付前应付购房付款凭据，收取办理权证的相应费用及物业维修基金	交付当天	财务部		
8	物业费缴纳	与业主签订相关的物管协议，预交物管费用	交付当天	物业公司		
9	客户验房	陪同客户验房及整改后的复检，抄录水、电底度，将房屋钥匙移交客户	交付当天	项目部客服部	物业公司	
10	问题统计	客户对工程质量提出整改要求的，填写《交付整改记录表》记录客户意见及整改信息	交付当天	物业公司	客服部	交付整改记录表
11	系统录入	对项目交付整改情况进行统计，录入系统，派发至项目部整改	交付当天	客服部		—
12	问题整改	项目部收到客服部整改信息，安排总分包单位整改	交付后 10 天内	项目部		
13	材料移交	客户交付成功后，发放所有交付业主的交付材料及交付礼品，客户签收	交付当天	营销部、物业公司、财务部、客服部	—	交付材料清单

3. 交付整改记录表

见表 17-3 所示。

交付整改记录表　　　　　　　　　　　　　　表 17-3

交付整改记录表				
项目名称			房号	
序号	问题描述	整改情况	记录人	日期
备注				

4. 档案移交内容

住宅应推行社会化、专业化的物业管理模式。建设单位应在住宅交付使用时，将完整的物业档案移交给物业管理企业，内容包括：

（1）竣工总平面图，单体建筑、结构、装配式、设备竣工图，配套设施和地下管网工程竣工图，以及相关的其他竣工验收资料。

（2）设备安装、使用和维护保养等技术资料。

（3）工程质量保修文件和物业使用说明文件；物业管理所必需的其他资料。

17.5.3　项目竣工移交搬场

1. 项目竣工移交的条件

（1）完成承位范围内所有工程并达到合同约定的质量标准

承包范围内工程包括施工合同协议书约定的承包范围。施工过程中承发包双方签订的补充协议所约定的承包范围、设计变更。

承包人完成施工的同时还须注意已完工程必须达到合同约定的质量标准。实践中，大部分建设工程项目约定的质量标准均为"合格"，但也有少部分建设工程项目特质量标准约定为"某某优质工程"、"某某样板工程"等，如工程质量部分为后者，承包人应尽一切努力使工程达到该标准，否则即使工程达到"合格"标准，发包人也可请求减少支付工程价款。

（2）组织竣工验收

竣工验收组织要求是由发包人负责组织验收。勘察、设计、施工、监理、建设主管、备案部门的代表参加。

验收组织的职责是听取各单位的情况报告，审核竣工资料，对工程质量进行评估、鉴定，形成工程竣工验收会议纪要，签署工程竣工验收报告，对需整改的同题位出外理决定。

（3）办理工程移交手续

通过工程竣工验收后，承包人应在规定的期限内（一般为 28 天）同发包人办理工程移交手续，工程移交的主要内容为：交钥匙，交工程竣工资料，交质量保修书。

2. 工程移交

项目通过竣工验收，承包人递交"工程竣工报告"的日期为实际竣工日期。承包人应在发包人对竣工验收报告签认后的规定期限内向发包人递交竣工结算报告和完整的结算资料，承包人在收到工程竣工结算价款后，应在规定的期限内将竣工项目移交发包人，及时转移撤出施工现场，解除施工现场全部管理责任。

（1）办理工程移交的工作内容

1）向发包人移交钥匙时，工程室内外应清扫干净，达到窗明、地净、灯亮、水通、排污畅通、动力系统可以使用。

2）向发包人移交工程竣工资料，在规定的时间内，按工程竣工资料清单目录，进行逐项交接，办清交验签章手续。

3）原施工合同中未包括工程质量保修书附件的，在移交竣工工程时，应按有关规定签署或补签工程质量保修书。

（2）撤出施工现场的计划安排

1）项目经理部应按照工程竣工验收、移交的要求，编制工地撤场计划，规定时间，明确负责人、执行人，保证工地及时清场转移。

2）撤场计划安排的具体工作要求：

① 暂设工程拆除，场内残土、垃圾要文明清运。

② 对机械、设备进行油漆保养，组织有序退场。

③ 周转材料要按清单数量转移、交接、验收、入库。

④ 退场物资运输要防止重压、撞击，不得野蛮倾卸。

⑤ 转移到新工地的各类物资要按指定位置堆放，复核合平面管理要求。

⑥ 清场转移工作结束，恢复临时占用土地，结束施工现场管理责任。

资料移交确认单如表 17-4 所示。

资料移交确认单 表 17-4

文件名称			
文件编号		移交份数	
		移交日期	
说明： 1. 本次移交文件范围详见附件移交清单 2. 本次移交文件仅用于总承包商了解、熟悉标准、强条、规范、合同等管理规定，不能作为指索赔的依据。 3. 分包单位需对移交文件详细列出高于国家标准、规范的文字内容并反馈万达成本部，未列明部分将认为符合国家标准、规范要求。			
移交单位		接收单位	
总承包商		专业分包商 年　月　日	

第18章 装配式建筑用户服务

18.1 为用户提交《住宅使用说明书》和《住宅质量保证书》

建设单位应在住宅交付用户使用时提供给用户《住宅使用说明书》和《住宅质量保证书》，并附住宅结构平面布置图和机电平面布置图。《住宅使用说明书》和《住宅质量保证书》格式参见各地市住房和城乡建设委员会颁布的模板。

《住宅使用说明书》应当对住宅的结构、性能和各部位的类型、性能、标准等做出说明，提出使用注意事项。《住宅使用说明书》应附有《住宅品质状况表》，其中应注明是否已进行住宅性能认定，并应包括住宅的外部环境、建筑空间、建筑结构、室内环境、建筑设备、建筑防火和节能措施等基本信息和达标情况。

《住宅质量保证书》应当包括住宅在设计使用年限内和正常使用情况下各部位、部件的保修内容和保修期、用户报修的单位，以及答复和处理的时限等。

18.2 用户培训

业主或小业主入住前，向用户详细讲解房屋使用说明和注意事项，讲解内容应包括：现浇结构梁、柱、剪力墙位置，装配式承重构件和非承重构件位置，二次结构隔墙位置，设施安装预留位置，门窗、屋面、阳台、电梯、上水、下水、燃气、用电、消防设施、通信线路、有关设备等的使用注意事项。

重点要求用户：

（1）应正确使用住宅内电气、燃气、给水排水等设施，不得在楼面上堆放影响楼盖安全的重物。

（2）现浇结构承重构件、装配式承重构件、装配式竖向非承重但有暗梁的构件，未经设计确认和有关部门批准，切勿自行在以上部位切割、凿洞或剪断钢筋（丝），切勿大力敲打楼面，以免破坏构件的承载力。

（3）地面装饰，应尽量采用轻质材料，以减轻楼板的承重。在日常使用中，应避免在某一局部位置集中放置过于沉重的物品，以免楼板变形或破坏。

（4）切勿破坏厨房、卫生间、阳台防水层，以免引起渗漏。

（5）保温砂浆或其他保温层不得破坏（特别针对外墙内保温工程），以免出现冷桥效应。严禁擅自改动承重结构、主要使用功能或建筑外观，不得拆改水、暖、电、燃气、通信等配套设施。

（6）对公共门厅、公共走廊、公共楼梯间、外墙面、屋面等住宅的共用部位，用户不得自行拆改或占用。

（7）住宅和居住区内按照规划建设的公共建筑和共用设施，不得擅自改变其用途。

（8）必须保持消防设施完好和消防通道畅通。

18.3　用户保修

1. 工程回访

在工程保修期内，每三个月回访一次，维修期满后每隔半年回访一次。

工程回访或维修时，建立本工程回访维修记录，根据情况安排回访计划，确定回访日期。

在回访中，对业主提出的任何质量隐患和意见，做好回访记录，对工程质量及使用功能方面存在的问题，根据业主要求及时派人解决。

在回访过程中，对业主提出的施工质量问题，责成有关单位、部门认真处理解决，同时应认真分析原因，从中找出教训，制定纠正措施及对策，以免类似质量问题的出现。

2. 工程保修范围与期限

（1）保修范围：对整个工程的保修负全部责任。

（2）本工程承诺保修期限：按合同文件执行。

3. 保修程序

当接到用户的投诉和工程回访中发现缺陷后，应自通知之日后一天内就发现的缺陷进一步确认，与业主商议返修内容。可现场调查，也可电话询问。将了解的情况填入维修记录表，分析存在的问题，找出主要原因制订措施，经部门主管审核后，提交单位主管领导审批。

工程维修记录发给指派维修单位，尽快进行维修，并备份保存。

维修负责人按维修任务书中的内容进行维修工作。当维修任务完成后，通知单位质量部门对工程维修部分进行检验，合格后提请业主及用户验收并签署意见，维修负责人要将工程管理部门发放的工程维修记录返回工程部门。

4. 保修记录

对于回访及维修，建立相应的档案，并由工程服务部门保存维修记录。主要记录见表 18-1～表 18-5。

工程回访记录表 　　　　　　　　　　　　　　　　　　　　　　表 18-1

中国建筑　项目管理表格		
工程回访记录表		表格编号
工程名称		CSCEC8B-PM-B10704
合同编号	建筑面积结构形式	
交付时间	质量等级回访形式	

回访情况及存在问题：

问题的原因及责任：

顾客意见：

对工程质量的满意程度：□满意□较满意□基本满意□不满意□很不满意
对回访服务的满意程度：□满意□较满意□基本满意□不满意□很不满意

签章（或记录）： 　　　　　　　　　　　　　　　　　　　　　　年　月　日

处理意见：

维修记录表编号：工程部门负责人： 　　　　　　　　　　　　　　年　月　日

工程维修记录表　　　　　　　表 18-2

中国建筑　项目管理表格		表格编号
工程维修记录		CSCEC8B-PM-B00705

指派单位：编号：

工程名称		合同编号	
顾客名称		联系电话	
工程地点		联系人	

维修内容：

签发人：　　　年　月　日

维修记录：

维修负责人：　　　年　月　日

质量检查验收意见：

检验人：　　　年　月　日

顾客评价：
对本次维修的满意程度：□满意□较满意□基本满意□不满意□很不满意

签字：　　　年　月　日

注：该表一式两份，一份交指派维修单位，维修完毕填写意见、评价后，由维修负责人反馈给工程部门。另一份工程部门自存。

客户满意度调查表 表 18-3

中国建筑　管理表格		
客户满意度调查表	表格编号	
	CSCEC8B-MC0B10403	

尊敬的客户：

　　为了更好地满足您的要求，向您提供更好的服务，请填写下表把您的意见告诉我们，我们将不断改进。

中国建筑第八工程局有限公司

地址：　　　　　　　　　　　　　　邮编：

电话：　　　　　　　　　　　　　　传真：

客户名称		联系电话		
工程名称				
调查方式	电话□　　电邮□　　信件□　　面访□　　其他□			
调查内容	客户评价（请在您认可的栏内打√）			
	满意（100 分）	较满意（80 分）	基本满意（60 分）	不满意（30 分）	很不满意（0 分）
质量管理（15%）					
安全管理（15%）					
工期管理（15%）					
商务合约（15%）					
工程回访（15%）					
工程维修（10%）					
投诉处理（15%）					

您的意见及建议：

客户签字（盖章）：　　　　　　　　　年　月　日

客户服务台账 表 18-4

	中国建筑　项目管理表格									
	客户服务台账						表格编号			
							CSCEC8B-PM-B10701			
序号	项目名称	竣工日期	设计使用年限	建筑面积（m²）	竣工质量评价	回访记录				项目长期客户档案编号
						1	2	3	4	

编制		审核		批准	
时间		时间		时间	

353

产品质量跟踪服务联系单　　　　　　　表 18-5

中国建筑　项目管理表格		
产品质量跟踪服务联系单	表格编号	
	CSCEC8B-PM-B10703	

尊敬的顾客：
　　为了更好地满足您的要求，向您提供更好的服务，请填写下表贵单位工程使用情况，把您的意见告诉我们，我们将不断改进。

XXXXX 有限公司

地址：　　　　　　　　　　　　　　　　邮编：
电话：　　　　　　　　　　　　　　　　传真：
　　　　　　　　　　　　　　　　　　　编号：

项目名称	竣工日期	设计使用年限	建筑面积（m²）	竣工质量评价	项目长期客户档案编号

计划回访时间	计划回访内容	实际回访时间	实际回访主要情况及回访记录

分部工程名称	工程使用情况

第 19 章　装配式建筑开发与经典实例分享

19.1　案例一　敦煌文博会系列场馆装配式工程总承包管理

敦煌文博会系列场馆 27 万 m^2，在 EPC＋BIM＋PC＋VR 模式下，装配率达 81.94％，总工期从 4 年压缩至 8 个月，项目成本节省 65％以上、资金成本（贷款利息）节省约 35％，在大漠戈壁创造了"敦煌奇迹"，4 年工期用 8 个月时间建成敦煌大剧院、国际酒店、国际会展中心等 27 万 m^2 的建筑群和一条 32km 的景观大道（图 19-1），创造了"敦煌速度"和"敦煌奇迹"，充分展示了装配式建筑工程总承包资源整合能力和专业管理能力。敦煌文博会系列场馆装配式建筑创新管理驱动发展转型升级引领未来，被国家收录在改革开放 40 年经典案例中。它给建设者带来启示：新型的绿色建造方式低碳，经济，四节一环保，可实现了又快又好，同时减少了对国家资源的消耗，保护了环境。

图 19-1　敦煌文博会装配式建筑系列工程

敦煌文博会是目前国内大型公共建筑装配化水平最高的，不仅结构工程装配化，而且机电安装和装饰装修（如屋面、幕坪、GRG、木制品、石材、舞台设备等）都尽可能部品化、装配化，同时在设计、采购、施工实现平行搭接，深度融合，实现了高效的集成化管理，比传统方式工期缩短 50％以上。重塑了设计管理流程，由总包统一协调设计、采购与施工，统筹协调多专业并行交叉进行设计：

（1）利用限额设计控制工程造价。

（2）仅用 42 天就完成了从方案设计到土建施工图的全部图纸设计。

（3）58 天完成装饰、舞台机械、灯光音响、景观、泛光照明等各专业施工详图。

（4）敦煌文博会装配式建筑系列工程一览表，见表 19-1。

序号	项目名称	合同额	工期	承包范围	承包模式	质量	业主满意度
			敦煌文博会装配式建筑系列工程				表 19-1
1	敦煌大剧院	7.06 亿	开工时间：2015.11.29 竣工时间：2016.7.31 总工期（天）：246	设计、采购、施工	EPC 工程总承包	鲁班奖	满意
2	敦煌国际会展中心	8.88 亿	开工时间：2016.2.5 竣工时间：2016.7.31 总工期（天）：178	设计、采购、施工	EPC 工程总承包	鲁班奖	满意
3	敦煌国际酒店	17.11 亿	开工时间：2016.2.28 竣工时间：2016.12.30 总工期（天）：306	设计、采购、施工	EPC 工程总承包	鲁班奖	满意
4	敦煌鸣沙山景观大道	2.80 亿	开工时间：2016.2.18 竣工时间：2016.8.20 总工期（天）：183	设计、采购、施工	EPC 工程总承包	合格	满意

敦煌装配式系列工程涵盖工程建设全过程、全方位、全专业（图 19-2），项目建立了全寿命期集成化总承包管理体系，以计划为主线、以设计为龙头、以投资控制为核心，以技术为支撑，以采购为保障、以信息化为平台、以专业施工为抓手，以满足政府的功能需求为目的，深化组织架构管理、量化责任目标考核，强化平行搭接，深度整合设计、采购、施工一体化的绿色智慧建造的工程总承包管理模式。在实施的各个阶段平行搭接，深度融合，缩短工期，降低成本，创造了新时代装配式建筑的经典工程。2017 年获得国家高奖——鲁班奖。

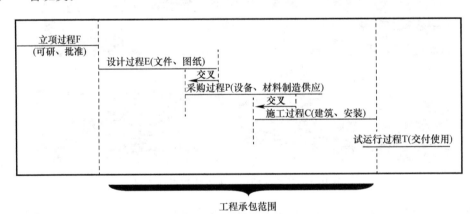

图 19-2　工程承包范围

19.1.1　项目背景

2015 年 11 月 13 日，国务院正式批准在甘肃举办丝绸之路（敦煌）国际文化博览会。这是全国唯一以国际文化交流为主题的综合性博览会，是"一带一路"建设的重要载体，是丝绸之路沿线国家人文交流合作的战略平台，承载着重要的国家使命。

文博会永久会址是敦煌又一次重新回归到丝绸之路各国多元文化交流的中心。盛会将至，要在 2016 年 8 月份以前完成场馆建设任务成为建设者们空前难题，受甘肃省委省政府之托，中国建筑第八工程承担了这项具有历史使命和社会责任的重任，以 EPC 工程总承包模式承接了敦煌国际会展中心、敦煌大剧院、敦煌国际酒店、鸣沙山景观大道 4 个项目。中建八局整合集团内资源，带领中建钢构、中建上海设计院、中建安装、中建装饰等兄弟单位火速集结，组建了精干高效的总承包管理团队、专业分包团队和技术产业工人的劳务作业层（图 19-3），展开了一场波澜壮阔的总承包攻坚战。

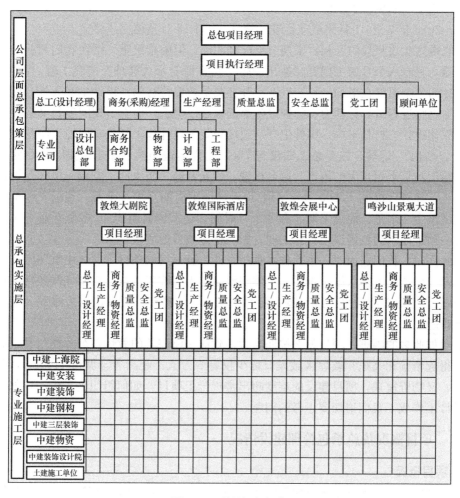

图 19-3 项目组织机构

敦煌总承包项目团队管理人员平均年龄 33 岁，通过考察、学习、总结，向 EPC 设计、采购、施工一体化的思维转变，抓住了 EPC 中的设计管理关键，需要根据承包范围和工作内容的扩展，明确职责分工，完善扩充总承包层和执行层的管理职责，确保项目完美履约。

首先，项目进行前期项目策划，详细梳理了整个工程特点和难点和管控要点，抓住项目群管理的特点，实施总承包集成化管理，以项目建设的主要里程碑关键工期节点为抓手，制定了详细的倒排工期计划，然后围绕这几个大节点再展开阶段性的攻坚。

以敦煌大剧院项目为例，关门工期为 2016 年 7 月 31 日不可动摇，8 月 20 日前要完成全部移交，没有任何可商量的余地，按此计算总工期只有 240 天，倒排工期有以下几个大的节点：

（1）2016 年 1 月份之前需完成所有方案设计和施工图设计工作，设计周期只有 40d。

（2）2016 年 2 月 15 日前完成所有土方、桩基及地下室混凝土现浇结构施工，施工周期只有 60d。

（3）2016 年 4 月 20 日前完成所有钢结构工程，施工周期仅有 75d。

（4）2016 年 7 月 20 日前完成所有室内装饰装修、机电安装、舞台机械、外幕墙等剩余工程，施工周期只有 100d。

（5）2016 年 7 月 31 日完成项目竣工验收，8 月 18 日整体完成移交。

要取得这次攻坚战的胜利，工期节点已经明确，但困难重重，摆在我们面前的是一片戈壁荒滩，只有八个月的工期要建造出一带一路文博会永久会址及配套工程。而这期间，有三个月的冬季温度在平均−15℃以下，开春又是敦煌特有的沙漠沙尘暴天气，施工环境恶劣。加之临近春节，劳动力、物资设备等资源难以组织，而春节期间项目又必须得完成钢结构深化设计、材料采购、构件生产、现场安装等设计施工任务。敦煌大剧院钢结构总量 7000t，加工、运输、施工总工期仅有 77d，构件运输距离两千多公里，冬季西北雨雪天多，给运输带来相当大的困难。舞台机械、灯光音箱、防火门、空调、电梯等设备加工周期更长，如舞台机械（3200 多吨用钢量），仅加工周期至少 3 个月，现场安装至少 3 个月，调试至少 2 个月，而总工期才有 8 个月时间，还需同时组织 40 多个专业工序穿插抢工，有一项工序制约将延误项目总工期，影响整体项目的成败。

与此同时，我们还面对一系列技术难题，如：极寒气候条件下"坑中坑"施工支护难题、严寒气候条件下防水施工难题、大体积混凝土无缝施工难题、极寒气候条件下钢结构焊接难题、GRG 多曲面复杂造型施工精度控制难题、舞台机械室内吊装难题、超大幕墙安装等难题。

面对如此多的困难，项目怎么按期高效地建成一座完美的敦煌新名片交付甘肃省政府才能对得起信赖和嘱托？敦煌区域人口稀少仅有 5 万人，距离省会城市 1100km，既无劳务人员，又物资短缺，项目建设的难度超出常规抢工项目，如何组织施工生产，如何高效开展设计工作成了我们迫切要思考的问题。

19.1.2　项目概况及总承包管理建设情况

1. 项目概况

敦煌文博会系列场馆工程总建筑面积 26.8 万 m^2，是在 EPC＋BIM＋PC＋VR 管理模式下，进行设计、采购、施工一体化集成总承包管理。

（1）敦煌国际会展中心

总建筑面积 12.5 万 m^2，投资概算 10.8 亿元，由三栋建筑构成，2 号楼为会议中心，建筑面积 7.2 万 m^2，具有国际会议、新闻发布和国宴功能。1 号、3 号楼为展览中心，建筑面积 5.3 万 m^2，为专业展览及商业配套功能，布展面积 3 万 m^2，共有电梯 40 部，扶梯 16 部。

项目建筑风格借鉴中国汉唐的高台建筑的形式，建筑体型对称，主体建筑立于厚重的基座之上，建筑形式庄重沉稳。建筑形式汲取了中国唐代建筑古朴敦厚的造型语言，采用了大坡屋顶、高塔、高台基、墙体、古典窗格、柱梁斗拱等富有中国特色的建筑元素，并采用了现代建筑的造型方法，塑造了端庄的建筑形象，体现对中国传统文化的传承和对敦煌当地文脉的延续。

（2）敦煌大剧院

总建筑面积 3.8 万 m^2，投资概算 7.9 亿元，1206 座，主体为全钢结构。具备以歌舞
演出为主，兼顾戏曲、话剧、会议等功能
（图 19-4）。舞台为品字形布局，具有垂直、
平移、旋转、侧移等功能。共有电梯 7 部，
扶梯 2 部，是世界名剧《丝路花雨》的驻
场演出剧院。

其建筑风格和建筑元素同会展中心一样，
并与会展中心建筑按围合布置，形成敦煌文
化广场，使整体空间有收有放，张弛有度。

（3）敦煌国际酒店

占地 1200 亩，绿化面积 1000 亩，建

图 19-4 敦煌大剧院

筑面积 10.5 万 m^2，含 1 栋拆改单体、5 栋新建单体、1 条 1.12km 地下综合管廊，是甘肃
省首座全装配式钢结构的高标准国际酒店，投资概算 21.3 亿元。集高档客房、餐饮、会
议、休闲、健身为一体，具备国宾接待能力，文博会期间主要用于政要接待。

新建酒店设 14 部客梯，共 281 间客房，包含无障碍客房 4 间、标间 105 间、大床房
98 间、精品套 66 间、豪华套房 6 间、总统套 2 间。酒店客房区设置 10 种风格各异的内庭
院，景观通过提取古典园林要素、凝练传统造园手法、浓缩经典场景意境。

酒店应用了诸多的新技术，如污水百分百循环利用技术、太阳能集热技术、智慧安防
技术、智慧客房技术、智慧酒店管理等技术。同时，根据当地的气候条件，园区内景观最
大限度保留了包括葡萄园在内的现状植被，室外景观从外到内绿植依次形成乔木（果树）、
灌木、草花、精致庭园植物四个景观层次，打造河西地区最好的新型园林式酒店。

（4）鸣沙山景观大道

鸣沙山景观大道是集旅游观光、交通于一体的景观性道路，东起莫高窟数字中心，西
至 G215 国道，道路全长 32km、路宽 13m、设计时速 40km，路面为沥青混凝土路面，投
资概算 3.3 亿元。

2. 项目建设情况

项目自开工以来，系统内各单位按照总包项目部（指挥部）的要求，进行总承包管理
的资源整合，中建安装、中建钢构、中建装饰、中建设计院等先后整合数十个专业化公司，
投入了大量的中坚力量奔赴敦煌，其中中建上海院、中建装饰设计研究院累计投入设计人员
400 余人，中建系统内各单位投入管理人员 500 余人，劳务人员高峰期 8000 余人。在各单位
各专业的共同奋战下，各项目于 2016 年 7 月 31 日全面完工，2016 年 8 月 18 日竣工验收。

敦煌大剧院项目于 2015 年 11 月 29 日开工，总工期 246d。在极寒天气下，17d 开挖
土方 8.4 万 m^3、26d 完成 1506 根工程桩施工、61d 完成 2 万余方地下混凝土结构施工、
77d 完成了 7000 余吨钢结构制作—运输—吊装任务。

敦煌国际会展中心项目于 2016 年 2 月 5 日开工，总工期 178d。项目历时 15d 完成 32
万 m^2 室外广场场地平整和换填工作。28d 完成 29 万 m^2 广场垫层硬化工作。25d 完成文
博会主会场 96m 超长跨度钢管桁架安装工作。55d 完成 7 万 m^2 外幕墙工程。

敦煌国际酒店项目于 2016 年 2 月 28 日开工，历时 35d 完成规划、土建、建筑、装

修、机电安装等所有设计内容。42d 开挖土方 37 万 m³。66d 回填土方 21.5 万 m³。70d 完成 9100t 钢结构制作与安装工程。80d 完成 10 万 m² 幕墙安装工程。

鸣沙山景观大道项目于 2016 年 2 月 18 日开工，总工期 182d。90d 完成全线路基土石方施工。60d 完成水稳基层全部工程。55d 完成沥青路面全线施工。

19.1.3　主要做法和措施

八个多月艰辛的奋战历程，场馆建设之所以能圆满成功，主要采取了以下几个方面的做法和措施：

1. 整合内外资源，建立高效的决策体系

2015 年 11 月 3 日，由甘肃省政府与中国建筑股份有限公司共同牵头成立场馆建设联合指挥部。联合指挥部高度融合了业主、投资方、建设方的各项职能，缩短了决策链条与程序性决策时间，极大地提升了决策效率。

中建八局牵头整合系统内外部资源，调度中建上海院、中建装饰、中建钢构、中建物资、中建电子、中建科技、中建安装等系统内设计施工各专业优势兵力，开展大兵团全专业协同作战，形成了全专业、全过程、全方位高度统一的集成化管理，形成了一盘棋的良好建设氛围。建立合作共赢的机制，激发系统内外部专业活力。选择优秀专业资源，以设计管理统筹专业管理。

2. 以施工单位牵头的 EPC 总承包模式

以施工单位牵头的 EPC 项目优势在于，经验丰富的施工单位可以根据本企业经验数据库不断优化设计、施工及采购各个环节，针对设计，根据以往经验向设计院提出施工方的成熟建议，减少设计缺失、避免过度设计，有效衔接各个环节。

以施工单位牵头的 EPC 总承包模式在敦煌文博会场馆建设项目发挥了至关重要的作用：

首先，EPC 模式集成下的设计总包方式，施工前置参与设计，设计与施工的深度融合，重塑了设计管理流程，各专业同步工作，有效保证了设计质量，同时缩短了各专业调整配合时间、极大地减少了设计周期。大剧院仅用 42d 即完成方案设计到土建施工图的全部图纸，58d 完成全部装饰、舞台机械灯光、景观、泛光照明等各专业详细施工图纸，保证了项目及时开工建设。

其次，EPC 模式实现设计施工无缝衔接，有效管控施工质量，保证了项目的最终实施效果。同时全方位整合施工资源，提高了施工组织效率，极大地缩短了施工周期。

第三，EPC 模式有效地管控了采购流程，充分利用中建集采平台的资源优势，保证招标采购周期，确保关键设备及时就位。同时确保招采过程的充分竞争、公平比选、合理中标，有效控制了投资造价，保障设计施工的全力推进。

第四建立基于总承包管理的 BIM 技术应用，通过精细化管理、EPM 工期管控、BIM 技术施工模拟等先进手段，组织大剧院观众厅多曲面 GRG 造型与主体结构、屋面工程、幕墙工程等穿插作业、同步施工，确保了关键线路的工期管控。

3. 建立清晰的 EPC 组织架构

EPC 模式下由总承包方统一协调建设过程中的设计、生产（设备）、施工各个环节，总承包方的管理范畴大大扩展，组建了精干、高效、清晰的组织架构和与业主间高效的决策体系（图 19-5）。敦煌系列工程更是集管理、咨询和 EPC 于一体，通过向业主提供增值服务完成合同任务实现业主满意。

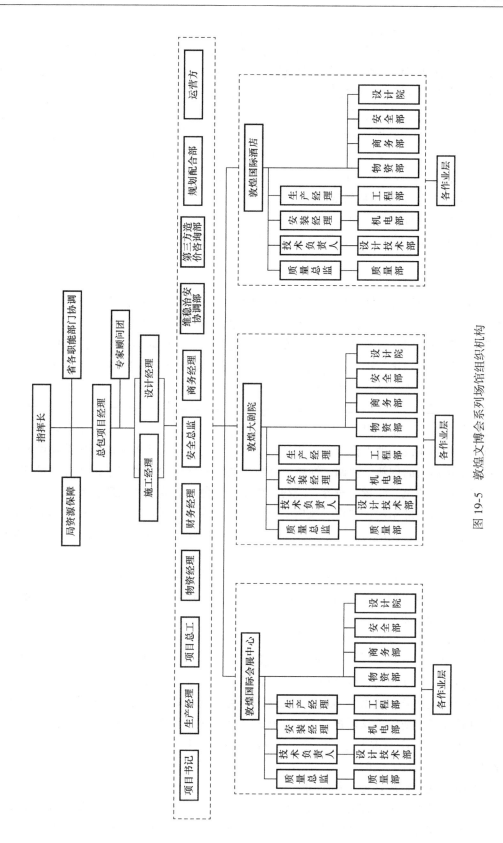

图 19-5　敦煌文博会系列场馆组织机构

在场馆建设的管理组织方面，建立了清晰总承包管理层（总承包项目部）、四个项目执行层（项目部）和作业层（专业分包），总包指挥部负责自方案设计到施工图设计、深化设计的设计管理工作，资源整合，专业招采。项目执行层负责执行指挥部的指令、现场专业管理和施工计划管理。指挥部集公司两级机关主要力量在项目现场集中办公，公司总部作为大平台大支撑，有利实现场馆建设目标的持续跟踪、即时纠偏，同时要求各专业单位场馆建设的决策层也建立在前端，融合在指挥部整体系统中，为指挥部的高效运行提供坚实的组织保障。同时成立了高度融合我方与业主职能的联合指挥部，实现了决策链条短、决策体系高效。从组织职能管理上理清了 EPC 的组织管理流程。

4. 向全员 EPC 管理思维转变

EPC 总承包管理需要公司、经理部、项目各个层级的管理者由传统单一的施工管理定势思维向"管设计、管好设计、管专业采购"全面转变，即全员管理思维由"按图施工"向"画图施工"转变。

5. 扩充管理职能

在 EPC 模式下，需要根据承包范围和工程实际情况，完善扩充总承包层和执行层的管理职责。如在敦煌系列工程设计管理方面，完善扩充了设计管理的职能，公司科技部、指挥部总工和项目部总工兼具了对设计管理，扩充了原有岗位职能，并予以考核。与另行增设专业设计经理相比，扩充现有人员的管理职能更加有利于发挥施工经验支持设计管理，将设计与施工相融合，设计重在管理与协调。

6. 设计管理

文博会主要场馆建设伊始，恰逢中央城市工作会议召开和《中共中央国务院关于进一步加强城市规划建设管理工作的若干意见》发布。省委省政府要求文博会场馆建设要切实贯彻习总书记提出的创新、协调、绿色、开放、共享发展理念。省委书记明确对场馆建设提出了"实用、特色、质量、兼容、简约、市场、绿色、总规"八大理念要求。

鉴于此，指挥部制定了"建筑风格要充分展示敦煌汉唐元素，突出关键空间效果，确保功能先进，实现管理信息化、生产工业化、施工装配化，高效优质的建成文博会场馆"的设计理念。

围绕于此，由我方主导设计院，通过专家资源、社会资源、专业资源的整合，迅速开展了针对性的实地考察、市场调研、对标分析，计划性地展开设计管理工作，并取得了良好效果，具体措施如下：

（1）建立完善的设计组织机构，开展设计总承包协调模式

设计组织管理方面，在 EPC 模式下采用设计总协调管理机制（图 19-6），即由指挥部控制设计目标、设计原则、设计费用、设计决策，由专业分包设计院——中建上海院负责专业控制和专业间总协调附图 3。在满足设计费用、设计效果、设计功能的情况下，所有专业设计首先经上海院确认后再必须由指挥部决策，方案设计集成化，200 人专业设计团队，30d 时间完成 31 套重大方案设计，这样既确保了设计总体目标可控，又保证了设计的专业协调性、适用性、及时性。

（2）融合优势资源，为工程所用

他山之石可以攻玉，在方案设计阶段，由指挥部组织调研、考察了乌镇互联网大会会址、杭州 G20 会址、APEC 雁栖湖会议场馆、上海世博中心亚信会会场、哈尔滨大剧院、

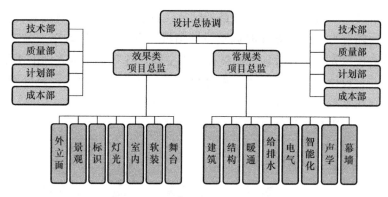

图 19-6　设计总承包管理与总协调

杭州西湖国宾馆、上海西郊宾馆等国内一流会议场馆，与相关单位深入座谈、充分研讨，学习汲取类似功能场馆的方案设计思路和建设经验，并通过集成中建上海院、中建西北院、华东院、上海东方院、甘肃省院等专业资源意见，确定了"建筑汉唐风格的表达手法，突出大厅、观众厅、多功能会议厅等人员密集空间装修效果"的方案设计原则。在此原则下，指挥部和上海院组织了近 200 人的专业设计团队，30d 完成了 31 套重大设计方案并一次性原则通过省委常委会评审，同时实现了建筑与结构方案、室内外装饰方案与机电设备方案、建筑方案与园林景观并行完成，为后续各专业设计和施工任务的展开争取了宝贵时间。

整合优势专业分包如图 19-7 所示。

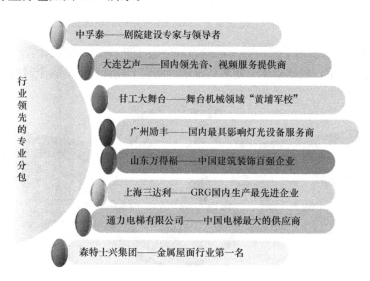

图 19-7　整合优势专业分包

（3）建立基于 BIM 技术应用的总承包管理附图 4，实行数字化并行设计

数字化并行设计是此次文博会场馆设计的成功保障。设计采用 BIM 技术，打破传统的部门分割以及封闭的组织模式，并行工作，实现各专业设计的系统化集成，减少反复，进行碰撞验证，提高设计质量，缩短设计周期，降低项目成本，真正实现了多专业间关键节点交底、同步设计。

方案设计阶段，BIM 技术与犀牛软件的结合，直观地体现设计意图和设计效果，后台的技术服务平台随着方案的更新随时调整设计图纸，提升了设计效率。施工图设计阶段，采用数字化建造模拟先行，弥补传统图纸在三维空间与各专业同步方面的不足，在确保各专业协同工作并行设计的同时，最大限度地模拟还原景观实景效果，充分验证设计意图，全面展示规划建筑景观设想，保证了最终项目的全景实施效果。

方案设计——三维数字化并行设计，如图 19-8 所示。

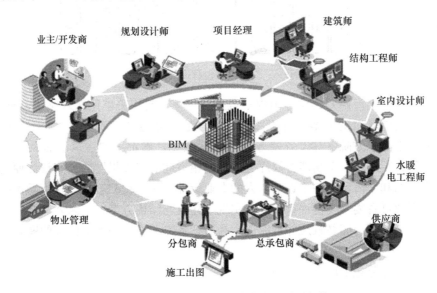

图 19-8　建立基于 BIM 技术应用的总承包管理

通过 BIM 等信息技术手段，实现管理的信息化（图 19-9），使设计管理更加科学、高效。在大计划管理体系下，根据总体工期节点要求，制定了设计任务的各个时间节点。附图 5

图 19-9　设计与采购协同

与传统模式下的三边工程相比有本质区别（图 19-10），首先是由总包牵头，在充分统筹了后续专业的要求下根据工期节点要求进行设计分阶段的科学决策、出图。传统的三边工程特征是：前面设计成果不全面顾及后续专业设计和施工的要求，各专业设计间无统筹，同时业主施工经验少、资源少，最终导致决策不科学而产生大量拆改。在整个敦煌系列工程的施工过程中，场馆的零拆改也再次验证了设计管理的有序性、科学性、协调性、专业性。

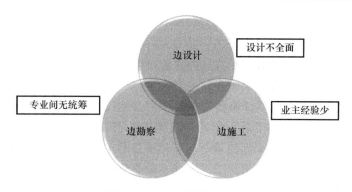

图 19-10　总包统筹三边工程

方案设计——与传统模式下的三边工程相比有本质区别，总包牵头，在充分统筹了后续专业的要求下根据工期节点要求进行设计分阶段的科学决策和出图。附图 6

（4）主导设计思想

在施工单位牵头的 EPC 模式下，设计阶段充分集成发挥以往施工经验，主导设计思想。

在方案设计阶段，各专项设计方案在经过各设计单位内部评审后，报项目指挥部组织的专家评审组，进行评审论证。指挥部先后聘请各专业国家级设计和技术专家 100 余人次对各类设计方案、技术方案进行专业评审，召开专业评审会 10 余场。

中建内部评审后，各专项设计方案报酒泉市（含敦煌市）组织的专家评审和技术审查。

甘肃省 6873 领导小组作为项目建设的直属省级管理部门，在项目方案设计、深化设计阶段，先后组织由省属各部门主要负责人、酒泉市主管领导、运营单位负责人以及行业专家组成的评审组，对方案进行评审，并提出了诸多关键性、建设性的修改建议。

在经过上述各层级论证审查后，最终的设计方案于 2016 年 1 月 10 日报甘肃省委常委会审议并获通过。

在我们评审过程中，发现原建筑设计方案的诸多细部与汉唐建筑风格有较大出入，尤其是在对建筑屋顶正脊和角脊的设计上，原建筑设计误用了闽南古建筑中的燕尾脊的造型，显然与汉唐建筑的建筑元素不符。我们查阅大量古籍资料并咨询著名古建设计专家张锦秋院士，最终修改后的建筑外观，完整呈现了汉唐建筑的磅礴、浑厚的建筑风貌。斗拱是中国古建筑中的特有构件，是古建筑中最精巧和华丽的部分。在室内装饰斗拱的设计中，我们既要注重其在整体结构中的合理性，又要充分推敲每朵斗拱中栌（lú）斗、华拱、散斗的构造和比例关系，严格遵循《营造法式》中的构造比例，同时还需充分体现出其在空间中的视觉冲击力。会展中心入口大厅上方两根大梁之间因结构加固增加的一根矮柱是整个空间设计的难点，如何巧妙地把柱子进行处理，使之融入整个空间氛围是关键，经过多方案的对比论证，最终选择采用古建中的隔架斗拱的方案，很好地解决了这个难题。

敦煌是古丝绸之路上四大古文明交汇之处，我们在室内设计时，在整体汉唐风格基础上，对部分独立空间引入了伊斯兰、印度和欧洲文明的设计元素。既体现出汉唐文化的博大和包容性，又充分反映出各大文明相容共生的繁荣景象。同时，在标识导视系统设计时，充分考虑了国际通用识别的需求，采用了国际通用识别符号、中英双语说明。在多媒体导视系统内，还植入丝路沿线国家多国语言导引系统。在会议系统设计中，按照国际会

365

议标准配备 15 个语种同声传译系统。会议座椅的选择上，也充分考虑国际友人的体型元素，选择了较为宽大舒适的会议座椅。

在结构体系选型方面，结合中建八局西北公司近几年经历了大型会议场馆建设项目施工经验，如中阿论坛宁夏国际会议中心和内蒙古文化中心等项目，加之工期紧、后续多专业穿插密集、敦煌地处严寒地区面临冬季极端恶劣自然气候条件的现实情况以及对高跨现浇结构的成本投入对比，将施工总承包的"双优化思想"应用在 EPC 总承包管理中，实现设计一次到位（图 19-11），果断决策所有新建项目的主体结构均采用钢结构体系，楼板采用钢筋桁架楼承板，由上海院负责结构设计，专业分包中建钢构并行进行节点深化、优化设计，确保设计一次到位，同时实现了构件生产工厂化，现场施工装配化，降低了施工组织难度，有效利用了宝贵的 3 个月冬歇期，降低了工程造价，保证了施工关键节点的按期完成，为后续装饰装修、机电安装、舞台设备、屋面及外墙的提前穿插提供了工作面。

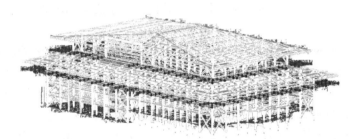

图 19-11　敦煌大剧院钢结构模型

在结构体系选型方面，公司充分集成发挥以往同类工程丰富的成熟施工经验，以施工引导设计，主导设计结构选型。各专业设计优先选用装配式，还包括幕墙、GRG、轻质隔墙、室内干挂、预制管沟等，剧院整体装配率达到 80%。

施工现场如图 19-12 所示。

图 19-12　施工现场

如敦煌大剧院仅用 77d 就完成了 8000 余吨钢结构从采购、制作、运输到吊装完成（图 19-13），其中现场吊装仅用 45d 完成了 13000 多吊，是大剧院工期履约实现的关键，创造了 10 年来国内同类型项目工期的新纪录。同样自然条件下，若采用传统现浇结构，仅主体施工期至少在 7 个月，同时无法及时提供后续专业的穿插的工作面。

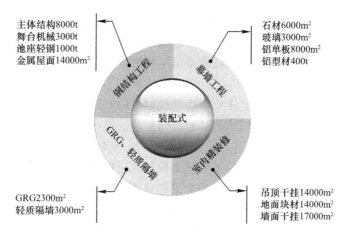

图 19-13 设计与施工优化

大剧院观众厅施工涉及专业多、工序复杂，如何尽早提供工作面是项目成功的关键，池座结构的施工是重中之重，为此项目主导设计采用轻钢结构，为国内首创，极大加快了施工进度，缩短工期 1 个月，为观众厅立体交叉施工创造了有利条件，确保了观众厅工期目标。该工艺获得省级工法。

景观大道桥梁上部结构设计方面，主导设计从预制混凝土箱梁方案优化为钢-混组合箱梁方案。既满足全线作为景观道路的定位，克服当时敦煌当地气候条件的限制，节约工期 25d，达到了工期和项目定位的双赢（图 19-13）。

桩基选型方面，结合以往普通混凝土灌注桩施工需要经历混凝土龄期、检测等周期，无法满足项目工期要求，在桩基设计阶段主导设计采用预应力管桩。在充分调查预应力管桩厂家各桩型库存情况下，为设计院提供设计参数，在满足设计的前提下，可保证物资及时到场施工。同时，敦煌大剧院项目在舞台台仓深基坑支护过程中，创造性地采用预应力管桩＋内插工字钢的支护方式，有效解决了普通混凝土灌注桩在严寒气候条件下施工周期长的难题，该支护方式获得国家级专利一项。敦煌大剧院预应力管桩成功解决了敦煌极端寒冷气候条件下的桩基施工进度的难题，且节约了建造成本。

在外立面选材方面，通过实体样板比选，本项目外立面石材采用敦煌本地的特色莫高金石材，该种石材质优价廉、色泽饱满，既满足了设计要求又极大地降低了建造成本和运输成本。而室内装饰材料选用上，除二层重点部位采用了中档天然石材外，其他楼层空间均采用新型仿大理石瓷砖材料，既有效降低了成本，又大幅缩短了供货周期。

在木饰面材料选择上，除了少部分区域人手能够触摸到的部位，为了确保品质感而采用实木贴皮饰面板外，其他木饰面板均采用金属铝板转印木纹的工艺。对于实木贴皮面板，则全部采用工厂化加工成品现场组装施工工艺，基层木板为实木多层板，油漆为水性漆，这些措施均能够把现场的有害污染物降到最低值，并远低于国际标准。所有区域的吊顶材料均采用了石膏板材质或金属材质，其有害污染物挥发量几乎为零。在家具的选购上，采用了更加严格的美标作为家具采购和验收的参考标准，并对家具生产商的生产过程实施过程监督，从而确保了家具成品的环保性远高于国家标准。

敦煌大剧院为国内第一栋全钢结构专业剧场，相比传统混凝土结构，钢结构的隔声处理更为复杂，而能否呈现完美的声学效果则是剧院成败的关键。针对敦煌大剧院钢结构剧场声学处理的难题，项目进行了钢结构声学专题研究、反复的论证、改进和提升，提出了针对性的隔声减振措施，观众厅及舞台区周边通过采用钢管混凝土，维护墙体采用重质隔墙。结合浮筑楼板、隔声吊顶以及钢柱钢梁阻尼减振等措施，保障观众厅、舞台区具备良好的隔声隔振效果。

项目签约声学专业机构进行了 1∶20 声学模型试验，通过缩尺模型声学测试，了解剧场内的真实声场，对现有模型和剧场内选材进行复核。通过声学模型试验将剧院剧场本底混响时间由原设计 1.4s 调整为 1.0s，可满足音乐剧、交响乐、歌剧等不同类型演出需求。

舞台机械设计方面，在国内同标准和同规模舞台机械的加工、安装、调试最少需要十个月，按常规项目待设计完善后再进行招标采购显然无法满足现场施工进度，要求上海院进行对标甘肃大剧院，在设计阶段率先确定舞台尺寸，开展舞台机械设计工作并及时采购，确保在 8 个月的工期内完成舞台机械的各项工作（图 19-14）。

图 19-14　敦煌大剧院舞台

夜景亮化方面，对原设计进行模拟，通过无人机航拍比对，对整体效果进行把控，改变了原设计的灯具布置方式和投射方式，使夜景照明效果整体更佳。

室外广场设计方面，在原设计基础上充分考虑与环境融入、与建筑协调和使用功能等因素，取消了原设计在广场的造型，包括对原设计 300mm×300mm 广场石材调整为 600mm×600mm，使广场更显大气。

在机电设计方面，所有的照明灯具均采用了更加节能的 LED 光源照明灯具，照明控制系统则采用了可编程智能控制系统。暖通空调系统均采用变频控制的可变风量末端设备。给排水系统则全部选用节水型洁具和龙头。通过以上种种节能措施的实施，把本工程的日常运营能耗降到最低。

除此之外，主导装饰装修设计采用装配式、标准件，不仅能保证工程质量，更能大幅度提高施工效率，缩短建设工期。在大剧院的声学效果控制上，采用双层加气块隔墙代替传统做法的现浇混凝土墙，从设计阶段降低了施工难度，缩短了工期。

另外在设计阶段充分调研当地资源，最大限度实现就地取材，降低成本，在外幕墙、室外广场和路面铺装中共使用当地石材约 36 万 m²，占整个场馆建设用量的 95%，实现了从设计源头解决采购和施工资源组织的难题。

与此同时，主导了其他关键分项的设计。如景观大道施工难度最大的全长 300m 的党河大桥采用钢混组合结构，解决了景观大道工期履约的关键难题。所有屋面结构采用金属屋面，工厂化定尺加工，现场装配式安装，提高了效率，实现了及时封闭，为装饰装修的穿插提供了工作面。地下室防水采用水泥渗透结晶结构内掺的方式，较传统卷材防水节约工期 10d，防水效果好。

总之，主导各专业设计优先选用装配式，还包括幕墙、GRG、轻质隔墙、室内干挂、预制管沟等，项目整体装配率达到 80%。

EPC 总承包管理中，设计决定工程的本质，是 EPC 的灵魂。在满足业主需求的前提下，设计自主权在总承包方，转变 EPC 思维是前提，抓住设计管理是关键，而提高设计管理能力是实现管理提质增效的有效途径，更是 EPC 总承包管理的首要任务。

7. 招采管理

敦煌项目始终以功能需求为导向，坚持通过积极广泛的资源整合和专业集成，以实现场馆功能建设达到国内领先、国际一流为目标，开展了大量的专业和物资招采工作。

（1）敦煌项目招采组织面临的困难

1）地区偏远资源紧缺

敦煌地区地处甘肃最西部，周边均为沙漠及荒山戈壁，距离最近的地级市也有 400 余公里，距最近省会城市 1100 余公里。周边几乎没有可用资源，亦无成熟的供应商资源。在如此紧迫的工期下，怎么选择优质供应商资源成了摆在采购面前的第一道难题。

2）全专业的大量采购

敦煌项目物资组织除施工总承包项目包含的土建和二次结构施工材料外，还包含了大量传统施工总承包企业未曾接触的物资采购组织。

其中敦煌国际酒店项目要求达到拎包入住条件，大剧院项目要求具备舞台剧"丝路花雨"演出条件，敦煌国际会展中心要具备国际性会议举行的高端要求，在这些要求下需增加大量的采购任务，如：舞台灯光、音响设备、软装系列产品、厨房设备、活动家具、导向标识、窗帘、地毯、电器、装饰画、艺术品等。其中，家具 18228 件、洁具 10426 件、大理石 65421m²、地毯 51040m²、木饰面 42210m²、厨具 863 件、瓷砖 72190m²、灯具 7486 件、客梯 77 部、石材 403140m²、铝板 141086m² 等。

对于传统的施工总承包企业而言以上采购任务大部分未接触过，如何在 EPC 模式下优质高效地组织此类采购资源是敦煌项目面临的又一难题。

3）时间紧迫

从承接敦煌项目以来，给我们的是一片沙漠荒地，要在短短 8 个月的时间内完成 25 万 m² 的场馆和 32km 的道路建设，任务十分艰巨。且需要同时开展设计、采购、施工等工作，在设计、施工工作已经不可压缩的情况下，只有压缩采购时间。所以，要保证文博会场馆的如期交工，采购工作的时效性最为关键。

4）EPC 模式下设计采购同时进行

敦煌项目采用 EPC 模式进行工程总承包管理，设计与采购同时展开才能满足施工工期的需要，这样，物资采购组织就不同于以往项目，没有明确的规格参数和技术性能指标作为招采依据，不能以明确的采购标准为前提而快速展开招标。

（2）EPC 模式下应对紧迫采购周期的方法措施

1）编制严密招采计划

在招采的计划管控方面，根据项目工期节点的分解，将专业、设备、物资招采按照功能重要性、加工周期、运输距离、仓储等方面进行分类编制，涉及 80 余类严密的计划。临近春节，公司招标小组通过区域集采、驻场开标等方式，发挥集采平台作用，仅大剧院项目 2 个月完成了 140 余项招标，高峰期仅用一日连夜完成 5 项招标工作。专业设计师同步参与招标技术参数的决策，高效率、高质量完成了招采工作，同时结合招采过程的各专业资源的技术集成又优化原设计，实现了设计、采购相互支撑。

2）充分利用大企业集团资源优势，借助集采平台高效选择优质供应商

项目采购工作刚开始就面临资金的困难，物资采购又需要有实力的供应商合作缓解资金压力。在这种情况下，我们充分利用了中建品牌效应，充分利用云筑网（中建集采网），从中建集采网选择有过成功合作基础的优质单位参与投标，并优先选择评价高、与中建各单位合作忠诚度高的企业进行竞标。这样既缓解了资金的压力，同时也选择了优质合作单位，在确保了施工前期基本物资的快速供应，在选择优秀供应商的同时，节约了采购成本，保障了及时供应。

3）采购与设计紧密结合，确保高效招采

坚信过程精品的信念，在招标前项目采购团队与设计单位进行反复推敲，让设计人员参与市场调研及招标过程，确保招标结果准确，过程高效。同时，让设计人员参与市场调查，反推设计方案的合理性，在调研过程中大量了解新材料，充分认知采购物资的性价比，在保证工程效果的前提下尽可能优化采购标的物，降低采购成本，增加采购效益。

例如：为提高工程品质，达到设计效果，我们组织采购及设计团队对厂家进行实地考察，仅家具就涵盖了北京、上海、广州等 9 家知名企业，行程 8000 余公里。灯具招标过程中，为确保最后灯光效果，我单位联合长安大学建筑声光研究所共同对灯光投标厂家及光源生产厂家进行联合考察，涵盖广州、惠州、佛山、中山、深圳等中国灯具生产聚集地，行程 5000 余公里。为了保证大剧院项目舞台流畅运转与音响的完美音质，我公司考察了甘肃工大等 7 家专业舞台、音响制造、安装厂家，行程以敦煌为起点累计 9000 余公里。

4）合理利用客观条件，取得经济、社会效益双丰收

敦煌项目在建造过程中大量采购当地可用建材，有效促进当地的建筑建材企业的"去产能、去库存"，就地取材也节省了运输时间，降低了采购成本。

一是使用当地钢材，开工伊始，与我国西北地区最大的碳钢和不锈钢生产单位"酒泉钢铁"签订了战略合作协议。项目在建造过程中钢结构采购近 2 万 t，主体结构钢筋用量近 1.5 万 t，利用当地钢材量占整个项目用量 90% 以上。在降低采购成本的同时赢得了省市两级政府的认可。

二是使用当地石材，在外幕墙、内墙地面、广场和路面铺装中使用敦煌当地石材约 36 万 m²，占整个项目用量 95% 以上，仅此项节约的采购成本约 1800 万元，并为当地企业创造了效益。

5）坚持采购标准

为实现场馆功能建设达到国内领先、国际一流为目标，在招采方面，指挥部也是不遗余力，我们确定了物资采购"国内一线，实用优质"的采购标准，物资采购遍布全国 15 个省份，办公类家具从北京采购、酒店类家具从上海和广州采购、灯具采购自广东、地毯采购自山东和江苏，窗帘从西安加工、门窗和木饰面从江苏生产加工等，我们均选择国内一线品牌，确保采购品质优良。从目前使用的效果和反馈来看，我们最开始的决策是正确的。

6) 专业咨询顾问团队确保项目招采品质

针对场馆功能复杂、专业性强、保障体系庞杂的特点，指挥部邀请了中广电、外交部、中国建科院、北京大学、广州大学、长安大学、甘电投、甘肃大剧院等众多国内行业权威专家、顾问，钓鱼台宾馆会展技术总监、APEC 会议等重大活动会议保障负责人等技术指导人员 80 余人次，签约合作章奎生声学研究所、德国 MBBM 咨询团队等国际国内知名设计咨询顾问团队，提供技术咨询服务，同时对国家大剧院、上海大剧院、大连国际会议中心大剧院、首都剧场、甘肃大剧院、哈尔滨大剧院进行考察，功能信息搜集，对比分析，确定了以甘肃大剧院为基准，对标设计，同时集成其他剧院的优秀成果，组织数次论证和会审，进行整体功能提升。

同时聘请专家顾问驻场全程参与指导设计、解决技术难题、把控专业招标技术要点和现场施工跟踪，确保设计参数明确、分包招标选择专业，施工控制到位。最终，会展中心会议厅声场设计 1.6s，实测 1.46s，优于设计指标。大剧院音频系统设计建声 1.1～4s 可调，具备会议、歌舞、戏剧、话剧、音乐等声场需求，建成后经权威机构检测八项声学指标全部满足设计要求，可调声场环境达到国际一流水平，得到了业内专家的赞赏，圆满实现了场馆建设的功能目标。

EPC 总承包管理，涉及全专业招采。广泛充分的资源整合是实现专业、高效招采的主要途径，是提高总承包管理能力的重要基础。

通过 EPC 管理的实践，积累和固化了广泛的设计、专家、社会、专业资源，为下一步提高资源整合能力，提升总承包管理水平奠定了基础。

通过以上方法和措施，采购组织在 EPC 框架下实现了真正意义上的全产业链采购，保证了设计的原创性、适用性和可行性。也同时保证了采购的合规、高效、优质。

8. 计划及专业管理

(1) 建立合作共赢的机制，激发系统内专业活力。选择优秀专业资源，以设计管理统筹专业管理。

在总公司的充分授权下，在近几年八局在南京南站、上海国博、G20 峰会等国家重点工程建设过程中奠定的与系统内专业单位间的良好信誉和互信基础上，项目结合实际制定了互利共赢、利益共享、风险共担的合作机制，激发了系统内中建钢构、中建安装、中建装饰、中建上海院、中建物资等各参建方的积极性，充分调动了系统内各专业公司的技术优势，形成了一盘棋的局面。

同时通过充分竞标，优选了一批国内优秀专业分包：装修选择了有"剧院建设专家与领导者"美誉的中孚泰、国内领先的音视频服务提供商大连艺声、舞台机械领域有"黄埔军校"称号的甘工大舞台、国内最具影响力的灯光设备服务商广州励丰、金属屋面选择行业排名第一的森特士兴集团等。优良的专业分包资源为建设提供专业技术支撑，在设计专业总协调的机制下，确保了建设中各专业的协调推进。

(2) 以计划管理为龙头，建立全过程的计划管理体系，利用 EPM 系统监控各项工作如期完成。

在专业分包的计划管控方面，根据总节点目标，制定专业分包主要节点任务，涵盖专业深化设计、主要材料设备招标进场计划、现场施工节点计划，通过 EPM 计划管理系统监控关键节点计划推进和各专业间的衔接情况，识别和控制计划管理。

如施工进度与电梯设备的制造、运输、现场验收密不可分。如果采购的设备不能及时制造、到货，现场验收不能符合设计及合同规定的技术要求等，就不能满足施工进度要求。因此，采购工作要随时处理好与现场施工的进度关系，在安装调试阶段及时组织设备供应商参与调试、验收等工作。

（3）施工部署的界面协调和设计的技术服务是做好专业管理的保障。

按施工部署，分析出各区域重难点，技术难题牵头设计院在设计关解决，现场组织协调，有针对性地将主要施工区域设立主协调专业单位。例如大剧院舞台区施工是关键路线，项目在策划施工部署时，首先优先舞台区的基础、结构施工，为舞台设备的安装提前创造条件。在舞台机械设备深化设计和施工过程中，以设计总协调单位上海院负责总协调、驻场跟踪设计技术交底，以舞台机械确定的平面尺寸为基准，其他专业配合，确保各专业平行设计的准确性，解决了专业协调和现场问题处理的效率（图 19-15）。

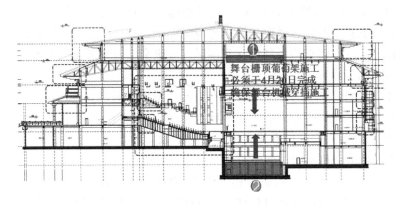

图 19-15　舞台栅顶施工作为关键工序必须确保舞台机械穿插施工

（4）以新技术应用为手段，提高专业管理效率和服务水平

项目在施工过程中，通过深化 BIM 在施工阶段的应用，解决了机电安装与装饰的深化设计一体化，实现了天花和立面排版的美观到位。通过 3D 扫描，跟踪解决了专业分包的多曲面 GRG 施工的精度控制难题，提高了专业服务能力。

传统 GRG 多曲面施工是在结构施工完成后，对结构实体进行扫描后才建模加工，但敦煌大剧院的总体进度安排必须在主体施工过程中 GRG 就得投产加工，GRG 多曲面施工定位将是一个很大的难题，对剧场声学和整体效果有巨大影响，也是一个很大的质量风险。为了解决这一难题，项目引进了 BIM＋三维激光扫描仪技术，在施工过程中对 GRG造型扫描，及时与 BIM 模型进行比对，发现问题及时解决，施工结束后，通过 BIM＋三维激光扫描仪技术检测发现，GRG 施工实体最大误差 1.5cm，满足规范要求（图 9-16）。

在敦煌文博会系列工程中，通过大量新技术应用，如敦煌国际酒店项目全面采用先进的节水灌溉技术，覆盖全部绿化范围，打造高效节水的戈壁绿洲。运用成熟的污水处理技术，实现项目污水零排放，百分之百回收利用。同时运用太阳能热水技术，充分利用敦煌当地充沛的太阳能，为酒店使用提供热水供给，实现了绿色建造（图 9-16）。

（5）以文化引领、制度引领、行动引领，提高专业管理能力

项目严格落实公司安全早会、领导带班、安全劳保用品配备、质量底线管理等制度，示范带动所有专业分包自觉执行项目各项管理制度，以制度和行动引领专业管理。

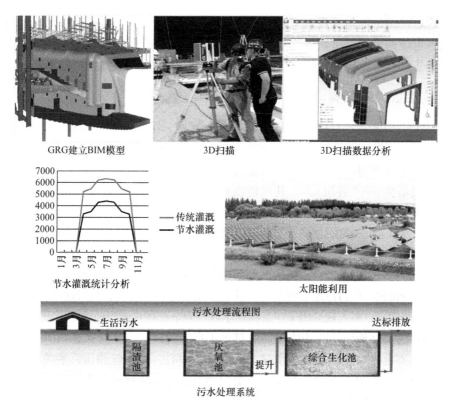

图 9-16 以新技术应用为手段提高效率和服务

在敦煌建设的始终，全体员工发扬"令行禁止，使命必达"的铁军精神，营造了招之即来、来之能战、战之必胜的建设氛围，感召和凝聚了全体参建员工的精神和力量，为圆满完成建设任务提供了精神支持，使曾经的苍茫戈壁、无际荒漠变为如今的高台厚榭、碧瓦朱檐（图 19-17）。

图 19-17 中建八局铁军文化项目部准军事化管理

9. 党工团凝心聚力

项目先后组织"春节期间员工家属反探亲""春节慰问""三八妇女节座谈会""百日攻坚劳动竞赛"等活动，同时，为工友开展一系列"夏送清凉冬送温暖"活动，采取措施让工友不仅要"吃饱饭"，更要"吃好饭"，春节期间，更是联合敦煌市政府为工友送去

"社火表演",组织工友与管理人员开展了"春节,我们在一起"系列趣味活动,让出门在外的建设者也能快乐地度过新春佳节。一系列暖心活动地开展极大地激发了项目员工和工友们工作的主动性与积极性,增强了团队的凝聚力,为项目完美履约奠定了基石。

19.1.4 主要成果和影响

项目开工伊始即制定总体创优目标,高标准策划、深耕细作,对标"鲁班奖"工程,逐级分解目标,量化考核指标,在完美履约的基础上,积极推进科技引领、绿色建造、一次成优。项目累计获得国家及省部级各类荣誉 30 余项,其中,敦煌大剧院更是获得了中国建筑工程最高奖——"鲁班奖",其"仿汉唐建筑全钢结构剧院建造关键技术研究与应用"被鉴定为"国际先进水平"。

项目自承建以来,受到甘肃省委省政府、酒泉和敦煌两级地市及地方行业高度关注,各级政府领导来项目累计视察 80 余次,其中黄强副省长用"值得信赖、值得尊敬、值得学习"表达对中建的高度赞誉。中央电视台、新华日报、甘肃电视台、酒泉日报、敦煌电视台等新闻媒体多次对项目进行报道,项目进度、安全、质量等各方面受到各级政府和行业协会高度认可,甘肃省政府为此组织 200 多人观摩团来项目参观学习,为企业在甘肃当地树立了很好的品牌。

敦煌项目的高品质施工,为中建品牌打下了良好的口碑,累计接待内外部观摩考察百余次,在此基础上,中建八局先后承接了西安奥体中心、西安丝路国际展览中心、西安丝路国际会议中心、郑州大剧院、内蒙古历史博物馆、呼市文化客厅等一系列优质项目。

19.1.5 体会与思考

敦煌文博会项目在中建总公司领导的正确决策和充分授权下,经过中建各参建单位团结协作、艰苦奋战和超常拼搏,在八个月时间内完美履约,回顾这八个月艰辛的奋战历程,主要有以下体会与思考:

(1)在总公司的领导下,我们将以 EPC 思维、全产业链的视野构建总承包管理的大格局,企业层面也应从此角度着手,为企业创新发展、转型升级铺垫战略认识基础。

(2)面对急难险重的项目,中建系统全产业链的大兵团作战能力得到充分体现,展现了企业的综合实力,建议得到大力推广。

(3)我们要大力起用年轻干部,敦煌项目中建系统主要管理人员 90% 为 80 后,平均年龄 33 岁,均无 EPC 管理方面经验,且大剧院、会展中心和景观大道项目经理均为首次履职,缺少总承包管理经验,但通过考察、学习、总结,全员向 EPC 设计、采购、施工一体化的思维转变,抓住了 EPC 中的设计管理这个关键环节,实现了设计、采购、施工三者之间有效搭接,确保了项目的成功履约,同时为企业储备了大批有能力的年轻干部。当前企业通过管理职能的扩充取得了一定成效,下一步企业将通过广泛的专业业务知识培训逐步实现 EPC 总承包管理人才的职业化。

(4)我们要大力推广以经验丰富的施工单位牵头的 EPC 模式,这样可更好地将施工经验融入设计和招采环节,当下设计、采购、施工的潜在交叉优势还需要更深一步挖掘,企业将继续努力积极积累专业协调和集成管理经验,进一步提高管理效率和管理品质,这一方面需要加强思考。提升 EPC 工程总承包管理水平是我们实现转型发展和加快传统生产管理方式变革的必然选择。

（5）要壮大中建集团装配式子企业。敦煌项目的装配式建造方式取得了工期和效益的双重收获，中央也在大力推广装配式建筑，在今后的建筑市场，装配式建筑将占据更多的市场分量，例如雄安新区的建设已经发布的规划纲要明确指出要大量使用装配式建筑。考虑到市场的趋势及需求，建议扩大企业装配式建筑的生产规模，在主营区域收购、并购或组建装配式子企业，形成全产业的核心产品的从源头掌握，形成新环境下的充分竞争力。

（6）企业战略资源数据库的大平台建设是提高企业管理能力的资源基础，需要我们进一步完善和搭建。

敦煌项目在 EPC 模式下设计、采购、施工三位一体的集成化交叉管理优势突显，社会和经济成效显著。积累了丰富的专业协调和总承包集成化管理经验，项目以 EPC 思维、视野构建总承包管理的大格局，为企业创新发展、转型升级铺垫战略认识基础。企业战略资源数据库的大平台建设是提高总承包管理能力的资源基础，是实现价值创造的高品质管理典范。

19.2 案例二 全国首个城市综合体装配式建筑

19.2.1 工程概况

上海颛桥万达广场项目位于上海市闵行区都市路与颛兴东路路口，集购物中心、休闲娱乐为一体的大型商业购物中心，也是上海市即将开业的第 7 座万达广场。项目总工期508d，2016 年 8 月 1 日开工，于 2017 年 12 月 22 日开业。项目采用 EPC 总承包交钥匙管理模式，预制率为 30%，工程概况如表 19-2、图 19-18 所示。

工程概况表   表 19-2

工程名称	上海颛桥万达广场项目	工程性质	商用
建设规模	地下 2 层、地上 4 层，总高度 24m	工程地址	上海市闵行区颛兴东路都市路交叉口
总占地面积	4.624 万 m²	总建筑面积	建筑面积 14.77 万 m²
建设单位	上海颛桥万达广场投资有限公司	项目承包范围	EPC 工程总承包
设计单位	中国建筑上海设计研究院有限公司		
勘察单位	中船勘察设计研究院有限公司		
监理单位	上海三凯建设管理咨询有限公司		
总承包单位	中国建筑第八工程局有限公司		
工程主要功能或用途	本工程为一座购物、餐饮、娱乐一体的综合商业楼，其中地下室为地下车库与超市，地上 1-3 层主要是购物和娱乐，4 层主要为餐饮和影院		
工期目标	计划开竣工时间：2016 年 8 月 1 日～2017 年 12 月 22 日		
质量目标	上海市优质结构		
科技目标	局级科技研发项目、"十三五"科技示范项目		

图 19-18 工程效果图

本项目地上平面尺寸为 180.1m×161.5m，建筑高度为 23.5m，柱轴网 8.4m×8.4m。按合同约定，地上结构采用预制装配式施工，预制装配率为 30%，预制构件有叠合板、预应力双 T 板、叠合梁、预制楼梯。各个楼层高度如表 19-3 所示。

工程各楼层高度　　　　　　　　　　　　　　　表 19-3

工程楼层	标高（m）	层高（m）
地下二层	−10.400	4.900
地下一层	−5.500	5.450
地上一层	−0.050	5.300
地上二层	5.250	5.100
地上三层	10.350	5.100
地上四层	15.450	5.100
大屋面	20.550	2.900
小屋面	23.450	2.900

结构采用框架结构＋双 T 板（局部叠合楼板），其中框梁（倒 T 梁）、次梁预制，柱现浇。预制构件分布及类型如表 19-4 所示。

工程概况表　　　　　　　　　　　　　　　表 19-4

项目	双 T 板	主梁	次梁	叠合板	梯段	数量合计
2F	399	459	208	279	128	1473
3F	400	458	234	252	124	1468
4F	328	417	212	230	112	1299
大屋面	—	376	227	39	24	666
小屋面	—	126	69	78	—	273
合计	1127	1836	950	878	388	5179

19.2.2　工程特点难点分析

如表 19-5 所示。

工程特点难点分析　　　　　　　　　　　　　　　表 19-5

序号	工程难点	难点分析	对策
1	施工场地及周边环境复杂	场外只有西、南两侧为主路且有高架桥存在，道路行车较多，北侧靠六磊塘河，由此导致大型车辆进出困难且对安全防护、文明施工要求很高。东侧紧邻居民小区，对施工扰民措施要求严格。地下室施工时，场地狭小，地下室外墙紧靠施工道路，材料堆放场地需不断调整	（1）提前编制材料进场计划避免外部车辆高峰期，必要时候在项目周边配备专职车辆疏导员。 （2）精心组织，充分发挥我单位在文明施工、安全生产上的总包管理能力，定期检查施工现场的文明施工和安全生产，在施工过程中采取必要的降低噪声、减少扬尘和减少水污染的措施，创造施工现场安全文明的环境。 （3）分阶段进行科学的平面策划、合理布置施工平面图

续表

序号	工程难点	难点分析	对策
2	30% PC 施工	PC工程量大，总预制量约10000m³，且梁板柱均需预制，施工难度较大	(1) 工程前期准备阶段，组织人员参观采用PC构件的项目，学习相关管理经验。 (2) 成立专门的PC工作小组，工作小组包括各个部门的人员，处理、解决PC施工过程中可能出现的问题。 (3) 提前计算出各PC构件的重量，合理进行施工机械的选型和配置，满足现场施工的需求。 (4) 施工阶段配若干汽车吊配合进行PC构件及其他材料的垂直运输。 (5) 根据PC吊装工期合理安排好各PC构件的进场顺序及摆放位置，保证PC构件的顺利吊装。 (6) 利用BIM技术对PC构件及节点进行建模，避免钢筋碰撞的发生
3	PC施工及PC安装后期机电管线的预留预埋	PC预制施工时需准确进行机电预留预埋	应用BIM技术，分别建立机电和土建模型，在机电预留预埋深化设计阶段选择最优方案，在PC预制施工时通过模型精确定位，保证与模型图纸的一致性
4	底板、屋面的渗漏	电梯基坑底板渗漏：底板面积大近25000m²，施工缝、后浇带多，基坑深、地下水丰富。屋面面积大，突出屋面的局部房间、设备基础多，细部处理繁琐	(1) 防水混凝土施工时严格控制施工缝的形成，避免结构渗漏，防水材料质量必须有保障，采用万达品牌库内的品牌。 (2) 总包制定地下室、屋面防水专项施工方案，注重防水细部处理。 (3) 采用"跳仓法施工"，即将地下室结构划分为若干仓，分仓间隔施工。可以取消后浇带且可流水作业，方便各工序穿插，同时避免了因预留后浇带而造成的底板渗漏。 (4) 对混凝土配合比进行优化，避免出现混凝土收缩大、混凝土开裂等质量弊端； (5) 屋面防水：采用结构自防水的形式。尽量减少屋面后开洞，如需开洞，必须进行分层封堵
5	管井内的策划	管井内管线多、排布复杂	(1) 应用BIM技术，建立管线模型，为深化设计、现场施工提供依据。 (2) 施工过程中加强监管，控制管道安装质量

19.2.3 总承包组织机构

项目根据不同阶段，动态调整总承包项目部，见图 19-19 至图 19-21。

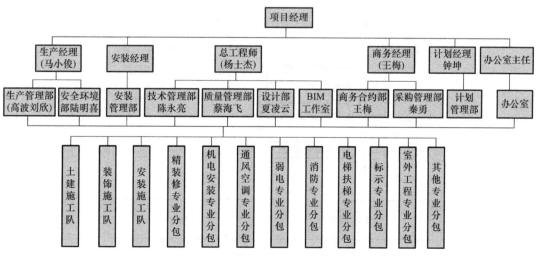

图 19-19 前期准备阶段组织结机构图

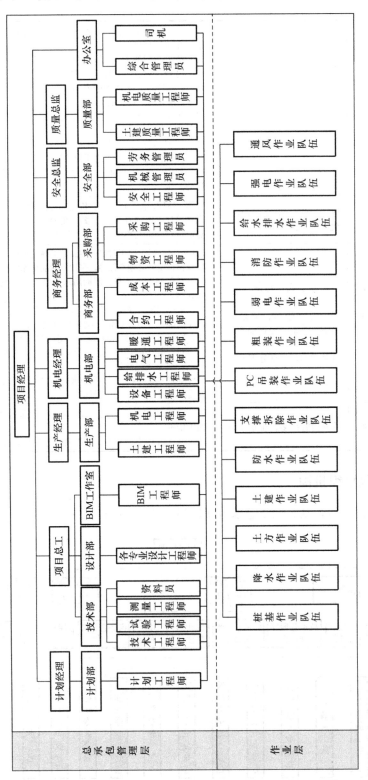

图 19-20　主体结构施工阶段组织机构图

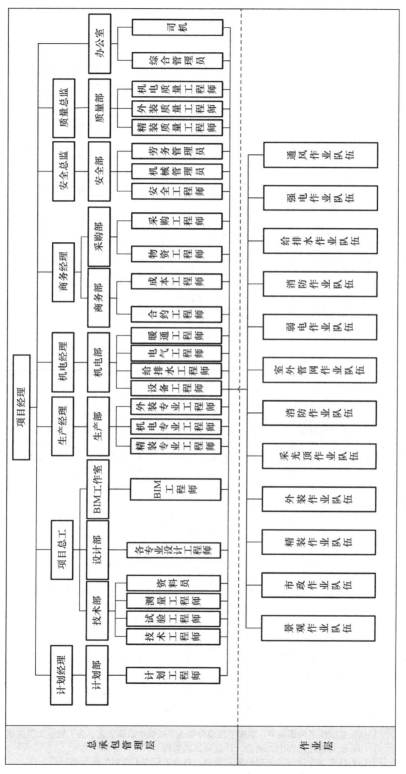

图 19-21 机电及精装修施工阶段组织机构图

本项目自进场以来就成立了以项目经理为首的 PC 专项小组，明确了以设计部、合约部牵头，技术部、BIM 等配合的项目组织架构，并在不同阶段的工作职责进行划分。见表 19-6、表 19-7。

PC 专项小组职责　　　　　　表 19-6

	设计部	技术部	BIM	合约部	采购部
厂商选定	√	o		□	■
PC 构件选型	√	o	o	■	□
方案设计	√	o	o	■	□
深化设计	√	o	o	■	□
样板段	√	o	o	■	□
现场施工方案	o	√	o	■	□
现场图纸处理	√	o	o	■	□

√技术主责方 o 技术配合方 ■商务主责方 □商务配合方

总包项目部职责分工　　　　　　表 19-7

序号	部门	部门职能
1	计划管理部	(1) 负责项目计划管理工作，包括模块计划、专项计划编制、督导与落实。 (2) 配合总包项目经理梳理并调配资源，从经营角度管控计划。 (3) 负责与万达项目公司全面协调对接各项计划 (4) 负责各分包单位进场组织安排、协调与计划管控。 (5) 负责对项目执行情况进行对比与分析 (6) 负责对总包项目部各部门进行计划考核 (7) 负责对总包项目部进行计划培训
2	商务合约部	(1) 学习"总包交钥匙"总包合同及操作手册、总包清单计算规则、采购数据库计量原则及组价方式、成本信息系统的使用。 (2) 施工总承包合同的洽谈和签订，协调解决争议问题。 (3) 负责协助万达项目公司编制合约规划，确定合约规划的标段。 (4) 组织编制项目结算及重计量计划，并按计划开展项目重计量及结算。 (5) 协助确定分包单位，对分包单位合同价款进行核对，办理分包合同备案手续。 (6) 对合同履行过程中实施动态控制，指导履约过程中的总包分包合同工程签证变更的上报。 (7) 负责总分包工程款的阶段性预算确认，负责向万达方申请工程款进度款。 (8) 合理利用资金，确保分包、施工队资金到位，满足施工正常进行所需的资金。 (9) 对于合同执行过程中发生的争议、变更、仲裁和投诉等重大事件，向万达项目公司及总包上级主管单位报告情况，并提出相应的处理意见。
3	采购管理部	(1) 学习"总包交钥匙"总包合同及操作手册、采购数据库材料分类原则、材料设备类单项合同，编制大宗材料管理流程。 (2) 依据模块计划要求，组织编制分包单位材料计划，并组织排产。 (3) 建立材料进出台账，积极协助管理积压物。 (4) 负责在万达数据库内进行项目各专业分包商、材料设备的招标与选用。 (5) 按照万达规定的招标流程进行采购，并及时上线，填报相关数据。 (6) 协助计划部、协调管理部参与分包分供商的管理工作。 (7) 分阶段进行分包分供方的评价。 (8) 按照业主的要求，配合业主做好与采购相关的工作。
4	技术管理部	(1) 负责整个项目的施工技术管理工作。 (2) 参与编制项目质量计划、职业健康安全管理计划、环境保护计划等。 (3) 编制专题方案和各类技术方案，并对分包商的施工方案和施工工艺进行评审，参与材料设备的选型和招标，并负责设计变更。 (4) 组织图纸内部会审，掌握工程设计和施工图纸的最新变化，为工程施工提供相应的支持。 (5) 负责施工过程中的测量、计量和试验管理。 (6) 负责各个阶段的资料收集和整理，负责工程竣工资料的编写和归档工作。 (7) 负责 PC 吊装方案的编制工作

续表

序号	部门	部门职能
5	设计管理部	(1) 协助组织图纸内部会审，负责设计的协调管理以及专业分包的深化设计审核工作。与设计、业主方保持紧密联系，掌握工程设计和施工图纸的最新变化，为工程施工提供相应的支持。协调自行施工专业深化设计的协调与配合。对工程所有专业的深化设计进行设计总协调。就设计方面的问题向设计方和业主提出合理化建议。 (2) 在项目内部进行设计交底，负责工程施工的各类工况演算和分析，编制整体变形控制方案、变形监测方案。 (3) 负责利用项目 BIM 技术的应用，利用 BIM 技术进行管线综合、碰撞检查等，及时解决好设计图纸中存在的各种问题。 (4) 负责机电系统的管线综合。 (5) 负责 PC 构件的深化设计
6	工程管理部	(1) 负责按施组及方案及进度计划要求完成施工任务，解决工程施工中的现场管理及技术工艺问题。 (2) 负责编制工程月、周、日进度计划，修订总进度计划，并监督计划的实施完成。 (3) 负责编制劳动力、机械设备和材料物资需用计划和材料物资采购计划。负责对分包商各类计划的审核工作。 (4) 参与施组方案、各施工专项计划的编制，并负责组织实施，确保各种计划目标的实现。 (5) 参加图纸会审、设计交底，负责向分包商进行设计交底和质量、安全、环境管理要求的技术交底。 (6) 协助项目副经理召开生产例会，协调专业工种，各分包商交叉作业工序，调度平衡生产要素资源，及时解决施工生产中出现的问题，确保施工生产科学、合理、有序、高效进行。 (7) 组织施工责任工程师进行施工过程的进度、质量、安全、环境、文明施工及成本的实施及监控管理，组织开展 QC 小组活动，确保工程创优目标实现。 (8) 参与三项管理体系的建立与运行，参与项目环境因素和危险源的识别评价，参与编制上报《重大危险源清单》和《重要环境因素清单》，为安全生产管理和环境保护提供依据，参与制定控制措施，督促施工责任工程师实施、跟踪并监督持续改进，做好项目基础管理工作。 (9) 参与组织分部分项工程的质量验收评定，参加主体结构验收评定和工程竣工交验工作。负责组织质量、安全、文明施工隐患的整改和工程质量缺陷的处理，参与安全质量事故的调查处理。 (10) 参加对分包商资质、能力的评价，负责对分包商日常施工进度、质量、安全、文明施工的监管。审核分包商月度完成实物工程量
7	机电安装管理部	(1) 负责机电安装工程全过程的工程施工组织、计划落实、方案实施，并进行工序控制和施工协调。 (2) 完成施工前期准备工作。 (3) 根据工程进度提出机电安装工程相应的进度计划、资源计划，并落实实施。 (4) 进行机电安装工程质量、安全、环保等方面管理和配合协调。 (5) 参与机电安装工程质量验收、阶段验收和竣工验收工作。 (6) 负责施工现场管理，与业主和监理进行施工生产方面的业务联系和对接。 (7) 负责专业分包商的全面管理和协调。 (8) 负责现场临地用水用电管理
8	质量管理部	(1) 执行国家和地方的有关工程建设的法律、规范、标准和规程。 (2) 编制项目质量计划，确定施工项目的总体质量目标，并进行目标分解。 (3) 对工程施工实施过程质量控制和管理，与政府、业主质量部门对接工作。 (4) 负责质量资料的编制、汇总，并参与工程竣工资料的汇总和编写。 (5) 具体负责质量体系的运行，进行质量培训、质量检查和质量评定工作。 (6) 参与分包商、供应商的选择，并进行日常的管理。 (7) 编制质量奖罚办法，并监督落实。 (8) 负责工程质量创优计划的策划、编写和实施。 (9) 负责质量事故的处理，并编制相应的整改计划和措施，并监督落实。 (10) 负责 PC 施工过程中的质量控制

序号	部门	部门职能
9	安全管理部	(1) 负责项目安全生产、文明施工和环境保护及职业健康等工作。 (2) 负责编制项目职业健康安全管理计划、环境管理计划和管理制度并监督实施。 (3) 负责安全生产和文明施工的日常检查、监督、消除隐患等管理工作。 (4) 制定员工安全培训计划并组织实施，负责管理人员和进场工人安全教育工作。负责安全技术审核把关和安全交底。 (5) 负责每周全员安全生产例会，与各分包商保持联络，定期主持召开安全工作会议。 (6) 负责安全目标的分解落实和安全生产责任制的考核评比。负责开展各类安全生产竞会议和宣传活动。 (7) 制定安全生产应急计划，保证一旦出现意外，能立即按规定报告各级政府机构。 (8) 保证项目施工生产的正常进行，负责准备安全事故报告。 (9) 在危急情况下有权向施工人员发出停工令，直至危险状况得到改善为止。 (10) 负责安全生产日志和文明施工资料的收集整理工作。 (11) 负责 PC 构件吊装过程中的安全监督
10	办公室	(1) 负责项目人员的调动及日常管理。 (2) 负责项目内部的文化宣传。 (3) 负责项目办公设备配置与管理，来往文件签转、打印、登记工作。 (4) 负责现场劳务管理，实行务实名制，确保农民工工资的及时发放。 (5) 负责项目的后勤服务工作及对所有分包商相关工作的管理。 (6) 负责对外事务工作，进行社会各方面的工作协调，为施工创造良好的外部环境。 (7) 负责对信息化日常支持和相关硬件网络运维工作，确保项目人员能够正常使用万达总包交钥匙相关信息化系统

19.2.4　总包管理人员及专业化分包

1. 总包管理人员到岗

如表 19-8 所示。

模块要求时间与实际到岗时间　　　　　　　表 19-8

序号	类别	事项	模块要求时间	实际到岗时间
1	管理人员	项目经理到岗	2016/3/13	2016/1/10
2		生产经理到岗	2016/3/13	2016/1/25
3		项目总工到岗	2016/3/13	2016/1/10
4		商务经理到岗	2016/3/13	2016/1/25
5		质量总监到岗	2016/3/13	2016/1/25
6		安全总监到岗	2016/3/13	2016/1/25
7		机电总监到岗	2016/8/1	2016/5/1
8		计划总监到岗	2016/3/13	2016/1/25
9		设计经理到岗	2016/3/13	2016/1/25
10		BIM 工程师到岗	2016/3/13	2016/2/25
11		建筑工程师到岗	2016/3/13	2016/3/13
12		结构工程师到岗	2016/3/13	2016/3/13
13		电气工程师到岗	2016/8/1	2016/8/1
14		暖通工程师到岗	2016/8/1	2016/8/1
15		内装工程师到岗	2017/4/1	2017/4/1
16		景观工程师到岗	2017/4/1	2017/4/1
17		资料员到岗	2016/3/13	2016/1/25
18		预算员到岗	2016/3/13	2016/1/25

序号	类别	事项	模块要求时间	实际到岗时间
19		合约管理员到岗	2016/3/13	2016/1/25
20		招采部经理到岗	2016/3/13	2016/1/25
21		招采部物资员到岗	2016/3/13	2016/1/25
22		技术负责人	2016/3/13	2016/1/10
23		质量员到岗	2016/3/13	2016/3/13
24		安全员到岗	2016/3/13	2016/3/13
25		土建工程师到岗	2016/3/13	2016/3/13
26		装修工程师到岗	2017/4/1	2017/4/1
27		景观工程师到岗	2017/4/1	2017/4/1
28		办公室人员到岗	2016/3/13	2016/3/13
29		技术员到岗	2016/3/13	2016/3/13
30		测量员到岗	2016/3/13	2016/3/13
31		实验员到岗	2016/3/13	2016/3/13
32		材料员到岗	2016/3/13	2016/3/13
33		施工员到岗	2016/3/13	2016/1/25

19.2.5 分包组织机构的设置要求

（1）各专业分包单位要建立"城市综合体广场项目××工程项目管理部"作为完成所分包内容施工的管理机构，分包项目至少设置以下职能部门：技术质量部、工程管理部、安全管理部、物资部、商务部。

（2）各专业分包单位设置的项目经理、项目总工、专职安全经理、专职质量经理需、专职物资管理员具有大专以上学历，项目经理具有一级注册建造师资格证书，其他具有二级建造师以上职业资格证书，并且在相同工作岗位上工作的时间不得少于5年。

（3）各专业分包单位所有管理人员必须在总包单位处进行备案，施工过程中不得随意更换，若未经总包单位同意，擅自更换管理人员的，总包将对其进行处罚。

19.2.6 设计管理

1. 设计协调

设计协调流程为：设计单位完成施工图→业主的项目公司组织审核形成会议纪要→设计单位按照纪要修改图纸→项目公司签字并发给总包单位。

2. 预制构件深化设计

预制构件深化设计为本项目深化设计的重点，涉及双T板、叠合板、叠合梁等。按照设计进度计划完成深化图纸，并获得批复。优化梁及板的配筋及归并任务。预制构件深化原则如下：

（1）保证土地出让条件中PC构件达到30%。

（2）按照施工的难度：依次预制板、梯段、次梁。

（3）规格统一，标准化生产及安装构件。

（4）控制构件数量在6t以内，满足构件垂直运输要求。

构件深化流程如图19-22所示。

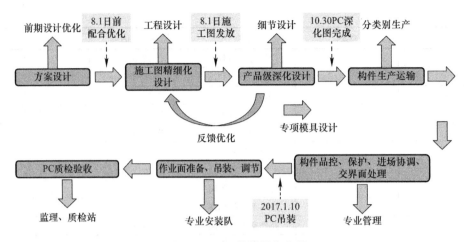

图 19-22　PC 构件深化流程

（1）业主与总包 PC 图纸界限

业主与总承包单位关于预制装配式图纸的界限如表 19-9 所示。

业主与总包 PC 图纸界限　　　　　　　　　　　　表 19-9

业主移交给总承包商的图纸	移交内容	总承包商提报给业主的图纸	报备内容	审核部门
装配式建筑施工图	（1）PC 构件概况（分布，范围，构件类型及装配体系、计算书、节点说明）。 （2）设计图纸（平面、立面、节点详图）。 （3）机电管线预埋定位及预留沟槽、孔洞等。穿构件相关节点详图。	预制构件深化图	基于原设计及现场施工，对 PC 构件进行深化： （1）PC 构件概况（分布，范围，构件类型及装配体系、计算书、节点说明）。 （2）设计图纸（平面、立面、节点详图优化）。 （3）机电管线预埋定位及预留沟槽、孔洞等标高、定位尺寸。穿构件相关节点详图	深化设计应由原设计单位审核，项目公司报备

（2）优化设计

在工程总承包管理模式下，总承包单位可以参与前期的设计，把施工经验加入设计，避免现场返工。落实图纸和现场施工、设备进度匹配，避免窝工。设计与施工的内部协调，降低运作成本。

预制构件深化设计过程中，通过归并主筋，改变梁的截面尺寸，达到节约成本的目的。原设计预制梁为花篮梁，优化后预制梁为倒 T 梁，方便预制构件模具生产。

1. 工期分析：

（1）搭设排架 15d。

（2）PC 吊装 40d（场内共布置 10 台塔吊，安排 5 个 PC 吊装班组配合 5 台塔吊进行施工，故工期以搭接施工考虑）。

（3）节点混凝土现浇 5d。

（4）统计得出地上结构单层构件数量：

柱：400 根

主梁：800 根

次梁：800 根

楼板：1200 块

9. 梁＋板＋柱＝3200 块

10. 3200（块）＊30（min/块）＝96000（min）

11. 96000（min）÷60（min/h）＝1600（h）

12. 1600（h）÷10（台塔吊）＝160（h/台）

13. 160（h/台）÷10（工作小时/d）＝16（d）

2. PC 施工方案与传统现浇施工方案对比

如表 19-10 所示。

装配式建筑地上施工方案工期对比　　　　　表 19-10

传统现浇施工		PC 施工	
工艺	时间	工艺	时间
按常规施工顺序流水搭接施工	50d/层	搭设排架	15d
		PC 吊装	40d
		节点混凝土浇筑	5d
单层施工工期	50d		60d

3. PC 单位成本增量组成分析图

PC 单位成本增量由以下 4 部分组成（图 19-23）：

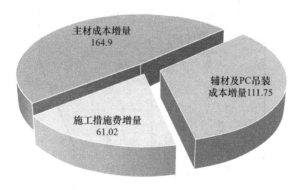

图 19-23　成本增量组成分析图

（1）主材成本增量。

（2）辅材及 PC 吊装成本增量。

（3）施工措施成本增量。

（4）模板施工人工及材料成本减少。

4. 深化设计优化双 T 板

如图 19-24 所示。

5. PC 结构施工

（1）PC 结构施工流程

引测控制轴线→楼面弹线→水平标高测量→现浇结构柱钢筋绑扎→现浇结构柱模板封

闭→主梁支撑架搭设→预制主梁吊装→预应力双 T 板吊装→双 T 板之间连接固定→板面钢筋绑扎→相邻双 T 板间缝隙吊模→机电管线、盒预埋→混凝土浇捣。

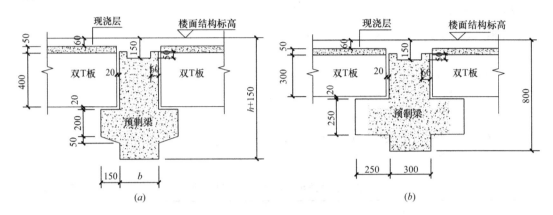

图 19-24　深化设计优化
（a）优化前；（b）优化后

（2）PC 吊装的顺序

拟采用两个 PC 班组由中间往两边递推施工，从 2 区、5 区开始同时施工，如图 19-25 所示。

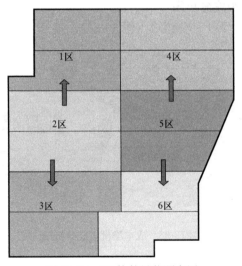

图 19-25　PC 构件吊装顺序图

（3）PC 结构双 T 板连接节点

如图 19-26 所示。

6. PC 安装工程质量保证技术措施

（1）PC 结构成品生产、构件制作、现场装配各流程和环节，施工管理应有健全的管理体系、管理制度。

（2）PC 结构施工前，应加强设计图、施工图和 PC 加工图的结合，掌握有关技术要求及细部构造，编制 PC 结构专项施工方案，构件生产、现场吊装、成品验收等应制订专项技术措施。在每一个分项工程施工前，应向作业班组进行技术交底。

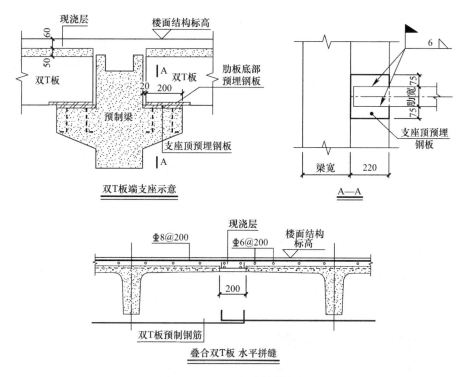

图 19-26 双 T 板连接节点图

（3）每块出厂的预制构件都应有产品合格证明，在构件厂、总包单位、监理单位三方共同认可的情况下方可出厂。

（4）专业多工种施工劳动力组织，选择和培训熟练的技术工人，按照各工种的特点和要求，有针对性地组织与落实。

（5）施工前，按照技术交底内容和程序，逐级进行技术交底，对不同技术工种的针对性交底，要达到施工操作要求。

（6）装配过程中，必须确保各项施工方案和技术措施落实到位，各工序控制应符合规范和设计要求。

（7）每一道步骤完成后都应按照检验表格进行抽查，在每一层结构混凝土浇捣完毕后，需用经纬仪对外墙板进行检验，以免垂直度误差累积。

（8）PC 结构应有完整的质量控制资料及观感质量验收，对涉及结构安全的材料、构件制作进行见证取样、送样检测。

（9）PC 结构工程的产品应采取有效的保护措施，对于破损的外墙面砖应用专用的粘结剂进行修补。

19.2.7 主要施工技术

1. 双 T 板的设计选型

预制预应力双 T 板在工业建筑中相对比较常见，然而在商业建筑中还未见具体应用。本工程从成本、后期改造等方面进行分析，在国内首次将预制预应力双 T 板技术应用在商业建筑中。

颛桥万达项目主体结构为装配式框架结构，在摘地条件中已规定预制率为 30%。项目从设计源头开始，参与 PC 方案及构件的设计选型与拆分，选择了如下三种方案进行了经济性分析，最终确定了叠合梁与双 T 板的方案。本工程为商业功能，平面复杂，楼板开大洞，将传统的预制双 T 板的翼缘板创新设计为叠合楼板，既加强了整体性，又为后期商业调整楼板开洞等增加了灵活性。

2. 双 T 板的生产

（1）模具改装

双 T 板在方案设计过程中，选用标准型号。双 T 板供货厂家选择时，考虑厂家已有生产线的模具情况，对双 T 板设计方案进行调整，保证双 T 板肋宽等参数一致，从而减少模具成本。机电管线在施工完成后明装，不需在双 T 板生产过程中进行管线预埋，提高了双 T 板的生产速度，如图 19-27 所示。

（2）抗剪插筋预留

在双 T 板表面除做粗糙面外，增设抗剪钢筋，加强现浇层与双 T 板结合面处的抗滑移能力，使之共同工作，保证楼盖整体性，如图 19-28 所示。

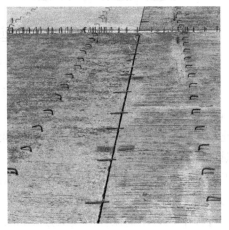

图 19-27　双 T 板模具改装　　　　图 19-28　抗剪钢筋预留

（3）双 T 板预应力筋张拉

预应力筋安装时，应注意防止钢筋被隔离剂污染。预应力筋两端的螺杆穿入钢横梁张拉孔，安装螺帽，用扳手拧紧。张拉前，用千斤顶对预应力筋逐根施加初始应力。张拉时，两台千斤顶同时张拉预应力筋，张拉到控制应力时，一端先锚固，另一端补足张拉值后再锚固，张拉完成后浇筑混凝土。

3. 框架-双 T 板结构安装

（1）双 T 板排架搭设

双 T 板直接搁置于主梁挑耳上，下方不需设置支撑架。预制梁根据受荷情况，在梁底设置支撑架。梁下支撑架向梁两侧延伸 2 跨，保证架体高宽比满足倾覆稳定性要求。同时，在纵横向支撑架的连接部位增加短钢管进行拉结，每步架体均设置，增强纵横向梁下支撑架的稳固，如图 19-29。

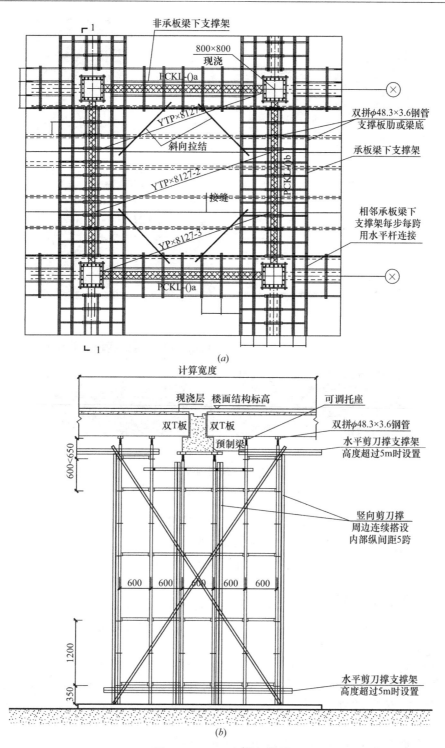

图 19-29 双 T 板排架搭设

(a) 预应力双 T 板支撑俯视图；(b) 预应力双 T 板支撑剖面图

(2) 预制构件安装图

预制构件安装如图 19-30 所示。

图 19-30　预制构件安装

(*a*) 梯段安装；(*b*) 主次梁安装；(*c*) 双 T 板安装

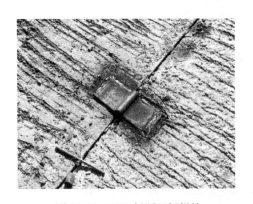

图 19-31　双 T 板预埋板焊接

预制构件安装，应首先确定构件安装顺序，保证吊装顺序合理，工人易操作。构件安装顺序：排架搭设吊装→楼梯梯段吊装→大截面预制主梁吊装→小截面预制主梁吊装→预制次梁吊装→双 T 板吊装→叠合板吊装。

（3）双 T 板面层钢板焊接

双 T 板翼板约 40mm 厚，板缝间距约 20mm，在翼板边缘预埋有连接钢板，双 T 板吊装就位后，进行面层钢板焊接，增加楼面整体刚性，同时减少翼板受荷导致的变形不协调，如图 19-31 所示。

19.2.8　大型预制装配式商业建筑平面管理技术

1. 构件堆场布置

施工场地布置时，首先进行起重机械的选型工作，然后根据起重机械布局，规划场内道路，最后根据起重机械以及道路的相对关系确定堆场位置。

1）根据场地情况及施工流水情况进行塔吊布置。考虑塔吊相互关系与臂长，应尽可能使塔吊所承担的吊运作业区域大致相当。

2）根据最重预制构件重量及其位置进行塔吊选型，使得塔吊能够满足最重构件起吊要求。

3）根据其余各构件重量、其他需吊运的施工材料重量对已经选定的塔吊进行校验。

4）塔吊选型完成后，根据预制构件重量与其安装部位相关关系进行道路布置于堆场布置。由于预制构件运输的特殊性，需对运输道路宽度及转弯半径进行控制，并依照塔吊覆盖情况，综合考虑构件堆场布置。

5）预制构件动态管理

根据安装顺序对每个 PC 构件进行了编码，编码包含楼层号，区号，构件编号，轴线号，吊装顺序号等信息，并统一喷涂在构件正视图一侧的两端处，以保证安装方向。

2. 垂直运输平面布置

经过综合考虑，本工程共布置 5 台塔吊图 19-32，其中 3 台 STT553（R＝70m），2 台 STT200（R＝50m），部分塔吊无法覆盖的区域采用汽车吊进行垂直运输。按照塔吊的布置位置共设置 5 个单独的 PC 堆场（共 3000m²），可满足 2 天的吊装量，PC 构件由运输车辆卸载后堆放于每区的 PC 专用堆场，并按照指定顺序进行归类堆放。

（1）塔吊选择与布置

根据现场分区布置、材料运输能力要求、覆盖范围等因素，地基与基础、主体结构施工阶段计划布置 3 台 STT553 塔吊和 2 台 QTZ160 塔吊，支撑施工之前安装完毕，待屋面采光顶全部施工完毕后拆除。塔吊基本能满足垂直运输需要。

（2）施工电梯选择与布置

砌体及装饰装修施工阶段拟布置 5 台 SC200/200 型人货电梯。

（3）因 PC 构件吊装期间将长时间占用塔吊，为了便于材料的倒运，地上主体结构施工阶段拟布置 3 台 50t 汽车吊配合施工。

因屋面影厅位置预制双 T 板重量分别为 15t、25t，为配合吊装，拟投入 1 台 500t 汽车吊进行屋面预制板的吊装。

（4）地下结构施工阶段平面布置

如图 19-33 所示。

 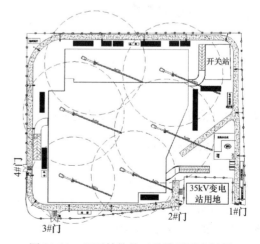

图 19-32　塔吊的平面布置　　　　图 19-33　地下结构施工阶段平面布置图

（5）地上结构施工阶段平面布置

如图 19-34 所示。

（6）装饰安装施工阶段平面布置

如图 19-35 所示。

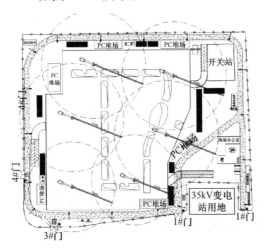

图 19-34　地上结构施工阶段平面布置图

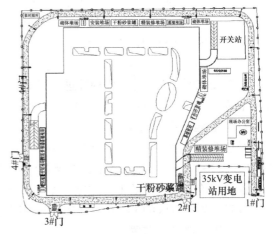

图 19-35　装饰安装施工阶段平面布置图

3. 施工现场动态管理

应用 BIM 技术将施工现场进行动态化管理，提前一天模拟出第二天拟进场构件运输车辆的交通动线、其他施工材料的交通动线、辅助吊装用的汽车吊及混凝土泵车的站位，然后生成动态管理报告，报告中体现不同车辆进出场的时间、顺序安排、汽车吊及泵车架设的具体位置，确保施工现场的有序组织安排。如图 19-36 所示。

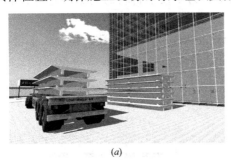

(a)　　　　　　　　　　　　　　　　(b)

图 19-36　基于 BIM 技术施工现场动态管理

(a) 运输车辆进场路线；(b) 汽车吊辅助吊装模拟

19.2.9　高效施工信息化管理技术

1. 二次深化设计

本工程通过 BIM 技术对所有预制构件关键节点进行二次深化设计，确保施工现场各工序节点准确无误进行。

（1）图纸校核：为确保预制构件现场吊装施工的准确性，在建模期对图纸进行审查校核，建模过程主要检查构件尺寸、类别是否合理并反推设计图纸是否存在错漏碰缺，同时校核预制构件族建立是否出错。统计问题形成文件记录并作为图纸问题的原始文件，反馈设计院审核修改。

（2）碰撞检查：建模完成后进行预制构件碰撞检查，重点分析了钢筋与钢筋之间和钢筋与预制构件之间发生的碰撞。生成碰撞检查报告反馈设计审核并跟踪问题解决的情况，确保预制构件加工生产无误，进而研究预制构件吊装施工顺序及方案。

（3）设计方案优化：对预制构件的截面形式优化可以简化施工，利于梁底钢筋排布，节省工期及成本。

2. 技术管理应用

本项目运用 BIM 技术对施工方案及工艺进行了动画模拟，主要包括 PC 吊装方案模拟、梁柱核心区钢筋绑扎施工模拟等方面。同时为验证方案准确性，BIM 小组实时将方案模拟与现场实际操作进行对比，从而实时优化施工方案模拟。

3. 成本、物料管理应用

精细化管理是行业的大趋势和一致追求的目标，BIM 技术在本项目成本、物料的精细化管理应用是通过在施工中将模型按施工段进行划分，并根据施工段提取工程量，辅助生产申报材料计划，通过与实际进场量对比分析，实现物料精细化管理。

（1）预制构件明细表核对：本工程各层预制构件量在 1300～1600 件左右，为确保预制构件数量准确无误，采用 BIM 构件明细表、构件生产厂家数量清单及设计图纸清单三者结合对比的方式确保构件数量准确。

（2）混凝土工程量提取：利用 BIM 模型按现场实际施工段进行拆分，分段提取混凝土工程量、二次结构砌体量等辅助生产申报材料计划，同时跟踪材料部门实际用量对比分析，实现精细化管理。

4. 质量管理应用

现场验收时利用移动端平台查看构件的规格尺寸大小、预留预埋，校核现场实际构件与模型是否一致，并扫描产品二维码进行核对，确保产品合格并使用正确。

5. 生产进度管理

（1）利用 BIM 模型根据施工段划分进行施工进度计划模拟，将三维结构与进度计划信息整合在一个可视的 4D（3D＋Time）模型中，不仅可以直观、精确地反映整个建筑的施工过程，还能够实时追踪当前的进度状态，分析影响进度的因素，协调各专业，制定应对措施，以缩短工期、降低成本、提高质量，如图图 19-37 所示。

图 19-37 地上阶段结构施工进度模拟

（2）预制构件预加工模拟：预制构件生产及运输的及时与否，直接影响结构施工的进度，为验证预制构件的生产加工及运输是否满足现场实际施工需求，及直观地反映加工厂施工流程，利用 BIM 技术模拟了不同构件在加工厂支模、钢筋绑扎、混凝土浇筑、蒸汽养护、吊装至车辆运输进场的流程。

19.2.10　采光顶施工方案

根据规划方案以及以往施工经验，本工程大商业采光顶为轻型钢架采光顶，面积较大，整个项目由大圆采光顶、条形（弧形、折线形）采光顶组成，采光顶部分部位考虑电动排烟开启扇及百叶。

1. 施工重难点分析

该工程单体多、构造复杂，包括圆形、条形（弧形、折线形）采光顶。其结构既有圆形又有条形（弧形、折线形），加工制作技术要求较高，施工安装难度较大，要实现设计师的设计效果，必须精心组织严格管理，投入精兵强将把好制作和安装关。

该工程中玻璃采购，因其生产周期长，务必要把好订货、跟踪生产和运输关，采取有效措施确保玻璃准时到达施工现场。要想按期完成，必须合理组织施工人员，制定周密施工进度计划和监督实施措施，充分考虑恶劣天气的影响及其他影响施工因素，采取相应措施赶上耽误的工期，认真贯彻落实，确保实现工期目标。

该工程为高处作业，非常危险，保证施工安全有一定难度，也非常重要。应建立有效的安全保障体系，认真落实各类施工人员的安全职责和各项安全措施。为保证施工安全，采取在作业区下方满挂安全网，在其上方拉设安全绳的双保险安全设施，确保工人作业安全。

2. 施工部署

（1）部署工作主要从技术准备、组织人员准备、材料准备及现场临时设施布置等方面做好本工程的前期准备工作。

（2）该工程主要构件制作安排在加工厂加工制作和防腐，经预拼装符合要求后，运到施工现场进行安装。其中条形（弧形、折线形）钢架的横梁和两侧斜梁在加工厂进行预拼装，符合要求后运到施工现场，在施工现场用塔吊进行吊装，吊装顺序：吊装钢柱→钢架梁→次梁→次梁间连梁。

（3）玻璃加工制作安排在玻璃厂加工制作，经验收合格后运到施工现场进行安装。

（4）以圆形采光顶为一个施工区，条形（弧形、折线形）采光顶分为两个施工区组织施工，共有 3 个施工区，组织 3 个综合施工班组，每个综合施工班组负责 1 个区的施工，每个区分两个施工段，每个区在施工段上组织班组进行流水施工。

（5）圆形采光顶和条形（弧形、折线形）采光顶同时施工，搭设满堂脚手架作为操作架，构件吊装采用塔吊吊装。

（6）幕墙材料选择方案

主要从选材依据即选用材料参考的相关国家标准、材料类型、材料要求、材料所要达到的技术参数及本项目主要幕墙加工制作的具体要求等方面进行阐述。

（7）产品加工工艺

主要从加工工艺流程、加工过程中的质量控制、成品所要达到的质量标准、加工过程关键工艺的监控等方面进行阐述。本部分着重介绍了产品的工艺流程及相关的技术参数及质量控制标准。

3. 钢结构的安装施工

（1）圆形采光顶钢结构安装

1）构件分段

采光顶钢结构采用分块吊装（局部散件补缺）。组合构件重量均考虑控制在 1.5t 以内。

2）安装方案

① 临时支撑架设

钢结构施工前，利用周边的塔吊将脚手架吊运至施工现场，由现场操作人员在地面搭设临时支撑以及防坠落措施。

② 构件驳运

待临时支撑安装完毕后，采光顶钢构件由加工厂分批运至现场并通过塔吊或吊车将构件驳运至施工区域。

③ 采光顶主结构安装

施工过程中，利用脚手支撑先安装顶部环形构件，再根据"中心对称"的顺序安装径向组合构件。

钢结构组合构件的最大重量应能满足起重机的起重要求。

④ 采光顶次结构安装

采光顶主结构安装完毕后（图 19-38），利用周边塔吊及吊脚手架，安装环向次结构（图 19-39）。

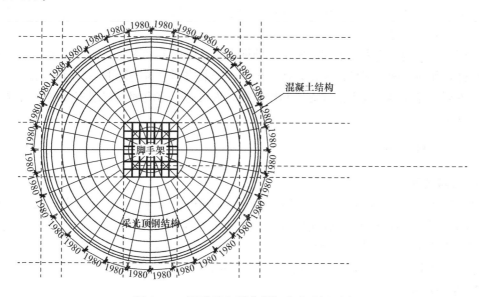

图 19-38　圆形采光顶满堂脚手平面布置图

（2）长廊采光顶钢结构安装

1）构件分段

采光顶钢结构采用散件吊装。

2）安装方案

长廊采光顶钢结构借用周边起重机械吊装。构件分散件运至现场后，直接由塔吊负责吊运至堆场内。

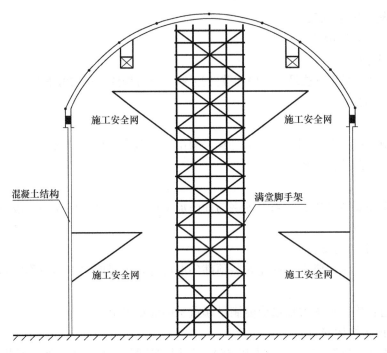

图 19-39　圆形采光顶满堂脚手立面布置图

穹顶顶部标高超过 20m，施工时先由下而上安装两侧龙骨，安装完毕后，应立即拉设缆风绳以免侧向失稳。

顶部采光顶钢结构采用节间法施工，即横向主龙骨施工完毕后立即补缺次龙骨及相应连系杆件，使该节间形成稳定体系，待一个节间安装完毕后再进行下一节间施工。

考虑到采光顶钢结构下部并无可利用结构，人员施工前应铺设双层安全网，以保证人员施工安全。

19.2.11　管理成果

1. 工期成果

地上区域自 2017 年春节后 2 月 15 日开始大面积施工，在 4 月 27 日完成结构，共计 72d，平均每层 18d，整体工期提前 23d，满足业主节点要求。

若本工程采用现浇结构，预计完成时间为 51d，预制完成 72d，差异为 21d。核心原因在于本工程预制构件复杂，难以实现少种类、多组合的原则。

2. 经济效益

（1）在满足预制率的同时，双 T 板的成本为 2150 元/m³，同传统的叠合板、叠合梁相比，每立方减少 1000 元，直接材料总收益为 209 万元。

（2）采用此技术，可实现快速施工，双 T 板直接搁置在梁上，达到快速施工的目的，节约工期，降低塔吊使用时间，整体节约工期 23d，合计 96 万元。

3. 社会效益

本工程解决了大跨度商业建筑的 PC 构件选型问题，施工简单，节约工期，同时也是万达的第一个 PC 项目，且比模块化计划提前 23 天完成，为类似商业项目的 PC 构件选型及施工提供了参照依据。同时在上海颛桥万达工程得到了成功应用，得到了业主、设计院及业内专家的一致认可，获得了业主表扬，彰显了企业技术实力，提高了企业的经营绩效。

19.3 案例三　大型民居装配式保障性住宅

19.3.1 工程概况

××市××区民乐大型居住社区 K04-03 地块动迁安置房项目（图 19-40），位于××市××区惠南镇，北临拱为路，南临拱亮路，东临通济路，西临听潮路，工程占地面积 28230m²，建筑总面积 71456.26m²，共包括 6 栋装配整体式住宅楼及地下车库、开关站、街坊站、垃圾房等 10 个单体组成。地上建筑面积 52448.8m²，其中配套设施 1817.57m²，住宅总户数 658 户，地下建筑面积 19227.46m²。

图 19-40　K04-03 装配式保障性住宅项目效果图

项目单体预制率均超过 40%，设计和施工难度大。6 栋楼 16 个户型，各楼号户型不对称，预制构件标准程度低，型号多，模具数量多。预制构件类型包括 6 种：预制剪力墙、填充墙、预制叠合楼板、预制叠合阳台、预制楼梯、预制空调板。预制剪力墙三层起，预制填充墙 1 号、6 号楼一层起，2 号、3 号、4 号、5 号二层起，预制叠合板二层起。采用全灌浆套筒，拼缝防水采用无收缩砂浆＋防水雨布。6 类预制构件模型示意如图 19-41 所示，构件拆分示意如图 19-42 所示。

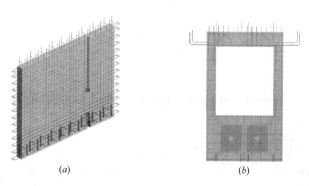

(a)　　　　　　　(b)

图 19-41　六类预制构件模型示意图（一）

(a) 预制剪力墙（200mm）；(b) 预制填充墙（100mm、200mm）

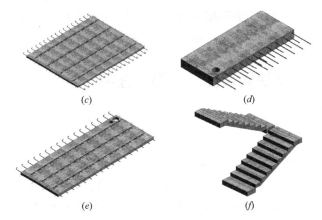

图 19-41 六类预制构件模型示意图（二）

（c）叠合楼板（60mm）；（d）预制空调板（130mm）；（e）预制阳台板（60mm）；（f）预制楼梯

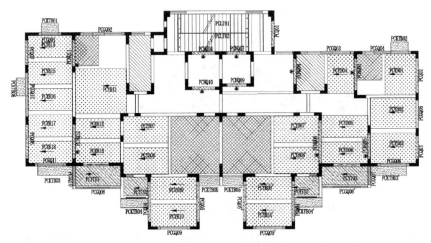

图 19-42 预制构件拆分平面示意图

19.3.2 项目组织架构

装配式建筑项目管理组织架构中，相对于传统现浇混凝土结构项目需增加驻厂监造员、深化设计经理、深化设计工程师等职务，组织架构见图 19-43 所示。

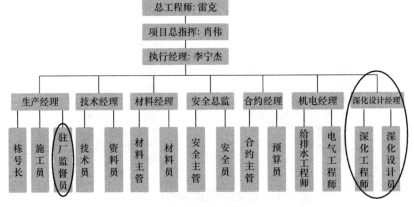

图 19-43 K04-03 地块装配式住宅项目组织架构

19.3.3 计划管理

1. 标准层进度计划图

如图 19-44 所示。

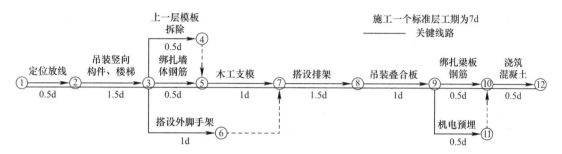

图 19-44 装配式结构标准层 PC 构件与现浇结构施工进度双代号网络图

2. 项目利用 BIM 技术对施工过程进行动画模拟

如图 19-45 所示。

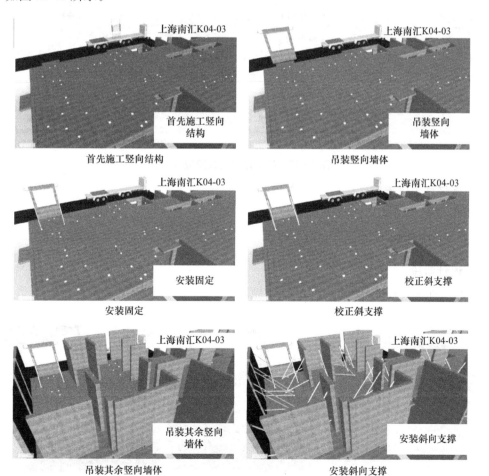

图 19-45 施工过程动画模拟（一）

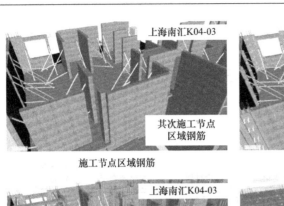

施工节点区域钢筋	完成现浇区域合模

搭设竖向支撑和排架	布设叠合板后浇区域模板

安装叠合板及版面钢筋、管线	完成现浇区域混凝土

图 19-45　施工过程动画模拟（二）

3. 现场施工进度

如图 19-46 所示。

19.3.4　质量管理

1. 设计阶段

（1）设计单位构件拆分过程考虑实际施工工序。

第一天

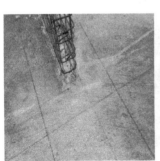  

测量放线　　　　PC墙板吊装　　　　PC楼梯吊装

图 19-46　现场施工进度（一）

第二天

现浇段钢筋绑扎

第三天

柱模板安装

排架搭设

第四天

排架搭设

梁、板底膜安装

叠合板支撑标高调节

第五天

预制叠合板吊装

梁、叠合板钢筋绑扎

水电管线预埋

第六天

梁、叠合板钢筋绑扎

水电管线预埋

图 19-46 现场施工进度（二）

第七天

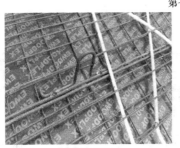
预埋件预埋

混凝土浇筑

图 19-46　现场施工进度（三）

（2）优化连接节点，采用合理构造提高结构整体性，大量使用开口箍，方便施工。

（3）设计过程中，采用 BIM 进行碰撞检查，减少设计变更。

2. 构件生产阶段

（1）协同设计单位做好构件厂 PC 设计交底工作（图 19-47）。

（2）派驻专人监督构件厂生产情况，及时反馈构件生产质量与生产进度情况。

（3）加强对生产原材料质量检验和隐蔽工程验收。

1）构件厂脱模导致上部预留钢筋变形。

2）预制外墙板存在裂缝。

3）叠合板桁架钢筋高度超出设计值（45mm），保护层厚度过小，为了避免露筋，混凝土用量增多，成本增大。

（a）

（b）

（c）

图 19-47　质量管理措施

（a）PC 设计交底会；（b）原材料检查；（c）生产过程质量检查

3. 样板引路

装配式结构施工前执行样板引路制度（图 19-48）。

图 19-48　样板引路

4. 方案研讨和技术交底

如图 19-49 所示。

(a)   (b)

图 19-49 方案研讨和技术交底

(a) 方案研讨；(b) 技术交底

5. 构件进场验收

如图 19-50 所示。

图 19-50 构件进场验收

6. 质量例会制度

如图 19-51 所示。

图 19-51 质量例会

7. 现场质量检查

如图 19-52 所示。

图 19-52 现场质量检查

8. 灌浆施工关键过程质量控制

注浆口清洁，确保所有的注浆孔通畅无杂物，设置分仓缝，分仓缝长度不大于 1.5m，如图 19-53 所示。

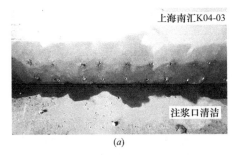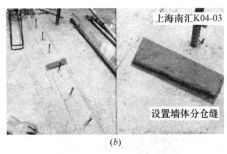

(a)　　　　　　　　　　　　　　　　　　　　(b)

图 19-53 灌浆施工关键过程
(a) 注浆口清洁；(b) 设置墙体分仓缝

图 19-54 墙底封堵

采用高强无收缩砂浆对墙底拼缝进行封堵，确保在注浆过程中墙底不漏浆（图 19-54）。

检查灌浆机具的清洁度，保证输送软管不残存水泥，防止堵塞灌浆机，同时确保灌浆用水泥在有效期内。利用自来水进行灌浆料的配制，用量筒测量水的体积，用电子秤对灌浆料进行称重，确保配合比满足要求。使用搅拌器对灌浆料进行搅拌，保证均匀性。对制备的灌浆料进行流动性测试，如图 19-55 所示。

灌浆时应从底部注浆孔注入，当浆料从顶部出浆孔呈圆柱状均匀流出后，方可采用软木塞塞进。每层楼均需做至少三组灌浆料试块并送检，对砂浆 1d、7d、28d 强度进行测定（图 19-56）。

19.3.5 信息化管理

1. BIM 信息化管理

模型数据集成在云平台之上，全体人员可通过不同端口随时查看项目模型（图 19-57）。

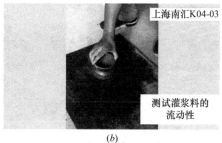

图 19-55 灌浆料制备与测试

（a）制备无收缩水泥砂浆灌浆料；（b）测试灌浆料的流动性

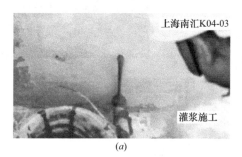
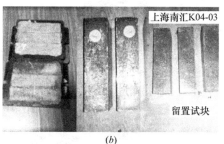

图 19-56 灌浆施工及留置试块

（a）灌浆施工；（b）留置试块

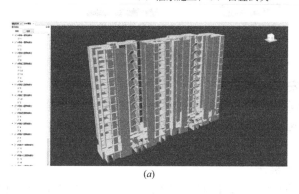

图 19-57 信息化管理

（a）PC 端；（b）移动端

2. EBIM 信息化管理-构件编码

在预制构件的工业化生产中，采用 BIM 平台通过项目自定义编码，对单个构件实现唯一编码，在平台方便将二维码导出，通过施工现场扫描可查看对应的构件信息、图纸、设计变更等，实现数字化施工管理。

3. 信息共享

项目管理人员可将图纸、工艺视频等上传到平台并进行施工交底，施工负责人可通过手机模型查看相对应的施工图纸，施工负责人可以及时获取图纸变更信息。

4. 构件跟踪

通过 BIM＋二维码，对构件生产、验收、运输、安装过程进行跟踪（图 19-58）。

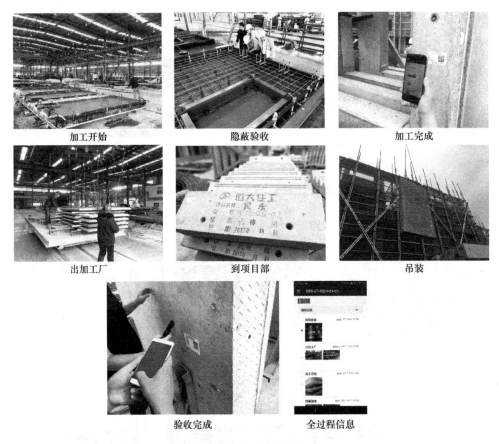

图 19-58 构件跟踪

5. 利用移动终端对质量安全问题管理

发现的安全以及质量问题随时记录，问题可追溯，问题与 BIM 模型构件双向关联，通过质量问题记录可在 BIM 模型中定位到对应部位。问题解决后，可形成闭环，以供后期查看，资料归档。

6. 利用 BIM 技术进行进度展示

通过平台可查询最真实的材料数据，同时通过 BIM 构件颜色区分体现项目目前进度。解决项目信息传递不及时的问题，便于沟通交流管理。

7. 4D 协调办公

进度计划导入平台，实现多人协同。结合二维码材料跟踪实现任务计划实际节点数据录入，达到数据及时性与准确性。项目各个参与方均可通过 4D 进度模型展示工程项目进度计划。

19.3.6 项目管理成果

（1）项目被中国建筑科学研究院标准处王晓锋副处长、高迪博士授予"十三五"国家重点研发计划绿色建筑及建筑工业化重点专项示范工程荣誉。示范内容为"装配式剪力墙高层住宅标准化装配技术与工艺体系"（图 19-59）。

（2）完成装配式结构相关专利 8 项，其中 4 项实用新型和 4 项发明，论文 2 篇。

（3）项目荣获全国"绿色施工科技示范工程"荣誉。

装配施工工序标准化

预制构件安装工序
现浇结构施工工序
各工序穿插施工技术

套筒灌浆标准化技术

施工准备
灌浆工艺流程
灌浆技术要点

现浇区段施工技术

节点连接技术
钢筋绑扎工艺
避免钢筋碰撞技术
模板工艺

示范内容

施工工具标准化

PC吊装工具
定位工具
支撑工具
PC堆放工具

辅材标准化

接缝辅材
防水辅材
节点连接辅材
定位调节辅材

管理标准化

施工组织
进度控制
资源调配
成本管控

图 19-59 示范内容

（4）项目被评为"上海市浦东新区观摩工地"。

（5）项目迎接各省市建委、建设局、建设单位和兄弟单位观摩二百余次。

19.4 案例四 装配式商业住宅建筑

19.4.1 工程概况

某高新技术服务园区 NO70501 单元 10-03 地块住办商品房项目位于高新技术服务园区核心位置，本项目位于中外环间，紧邻中环，南邻汶水路，北临规划云飞路，东临平陆路，西邻云照路，属于未来中外环商业发展带北区区域辐射范围（图 19-60）。该项目是 2015 年上海市开发体量最大的夹心保温装配式住宅项目，项目占地 7.6 万 m^2，建筑面积 30 万 m^2，开工日期 2015 年 12 月 1 日，竣工日期 2018 年 10 月 14 日。

图 19-60 某装配式商业住宅项目效果图

工程地库为框架结构，地上所有单体均为剪力墙结构，混凝土强度等级 C30～C50。

1～12 号共 12 栋单体南北面选择部分凸窗、阳台、外墙、内墙、楼梯板进行预制。PC 预制率 31.7～34.8%。从 4 层开始，外围所有居室房间统一采用预制夹心保温外墙，外页墙厚度 60mm，夹心保温层厚度 30mm，内页墙厚度同现浇剪力墙厚度。为保证施工便捷性和结构抗震安全性，楼梯间、核心筒均采用现浇结构。户型设计中全区考虑采用重复的户型以增加 PC 构件复制率，1、5、9 号楼为相同的户型，3、10、11 号楼为相同的户型，6、7、8、12 号楼为相同户型。

13-22 号为现浇框架剪力墙结构（别墅），其中 13 号、14 号为 6F，15-22 号为 4F，室外楼梯均采用预制构件。

针对本工程特点、难点进行分析。具体内容及措施见表 19-11。

工程施工特点、难点分析及应对措施　　　　　　　　表 19-11

序号	内容	分析	应对措施
1	预制构件吊装	本工程有 7 栋高层采用预制装配式结构，预制率达 33%，构件数量多，构件重量重（最重构件达 6.8t），因现场工期紧，每栋楼单层吊装时间仅为 1 天，吊装工作任务艰巨	根据预制构件的单件重量、形状、安装高度、吊装距离，通过各构件精确的吊装分析，每栋单体采用 TC7030/TC7525 塔吊进行吊装。按总进度计划，编制详细吊装计划，确定每日吊装构件数量及时间安排，提早做好劳动力及现场堆场准备工作
2	PC 构件成品保护	现场预制构件为甲供，构件类型多，构件现场堆放场地、堆放方式、成品保护等要求高	预制构件运至现场后，根据总平面布置进行构件存放，构件存放应按照吊装顺序及流水段配套堆放。堆放场地应设在起重设备吊重的作业半径内，场地应压实平整。根据每个构件的受力特点，设计加工堆放架，确保堆放安全可靠，方便吊装
3	现浇和预制连接节点质量控制	预制构件安装前，连接筋的定位及校正技术要求高，竖向构件底部与楼面保持 20mm 间隙控制难度大	采用横向、纵向定位措施筋加固固定预埋连接筋，采用定位控制钢板辅助连接筋定位及校核。采用 1~10mm 的垫片，并采用测量仪器，确保竖向构件安装就位后符合设计标高
4	预制构件连接区节点施工难度高	预制平窗、预制剪力墙与预制凸窗，预制外墙之间连接区节点施工难度大、防水要求高	严格控制钢筋绑扎质量，保证钢筋与预制墙体甩出筋、箍筋绑扎固定形成一体。两块预制墙板之与"一"字型现浇节点，采用内侧单侧支模。外侧利用两侧墙板外装饰面作为外模板。外装饰面之间的缝隙外侧采用聚氯乙烯棒填塞，填塞完毕后从内侧打发泡胶后用壁纸刀修平。外保温接缝处，首先采用聚氯乙烯棒塞紧，然后用耐候胶填缝
5	灌浆质量控制	灌浆料的拌合与使用技术要求高，接缝密封难度大，灌浆施工质量控制难度大，突发事件发生的可能性大	开工前，通过实验及产品提供的检测报告计算得出适合本工程灌浆料技术参数，灌浆料的拌合和使用严格按照技术要求执行。在灌浆施工前，应采用坐浆料对该接缝进行封堵，形成灌浆空腔。封堵一定要严密，避免漏浆导致灌浆不密实。针对施工现场可能会发生一些影响灌浆作业的突发事件，对此进行考虑，制定详尽的应急预案
6	防渗漏处理	屋面、楼地面、阳台等关键部位防渗漏处理是房屋正常使用的基本保障，也是施工控制的关键部位	(1) 屋面防治措施：在女儿墙内侧和水箱脚墩的下部做挑泛水，防水层贴到挑泛水底，并采用金属压条等将防水层上口压牢，防止翘起泛水。采用侧面落水口为好，且落水口要比天沟防水层落低 10~15mm。落水口和出屋面立管洞必须采用水泥砂浆、细石混凝土和防水油膏等材料分皮嵌密实，并应两天成活。在出屋面立管四周还须用水泥砂浆粉出"馒头"状。对泛水处防水层要作淋水检验，对落水口和出屋面立管洞应作蓄水检验。 (2) 楼地面、阳台地面落水口和立管洞处防治措施：凿除预留洞周边疏松部分，清除洞壁和洞面四周垃圾，撑好底模。洒水湿润洞壁和管壁，对粘接面一度水泥砂浆，先灌 10~15mm 厚 1:2 水泥砂浆，再灌 C20 细石混凝土，用铁棒捣实刮平。第二天再刷嵌一层防水涂料或油膏，再粉 10~15mm 的 1:2 水泥砂浆。待洞口修补料硬化后进行蓄水检验，无漏水现象后再做地坪。落水口要比地面落低 10~15mm，立管四周要用水泥砂浆粉出"馒头"状

序号	内容	分析	应对措施
7	总承包管理	工程专业分包多（含指定分包），工程体量大，多专业、多工种的交叉作业、立体作业情况多，总承包管理难度大	建立共享平台，加强各专业间的沟通，定期组织召开协调会议，统一进度计划、协调技术方案、沟通深化设计方案、共享社会信息与资源等。 分解各合同工期、质量安全等指标，逐项落实相关责任，确保总体的目标的实现

19.4.2 组织架构及岗位职责

项目管理组织机构设置企业保障层、领导层、管理层、作业层四个层次，具体的总承包管理机构如图 19-61 所示。

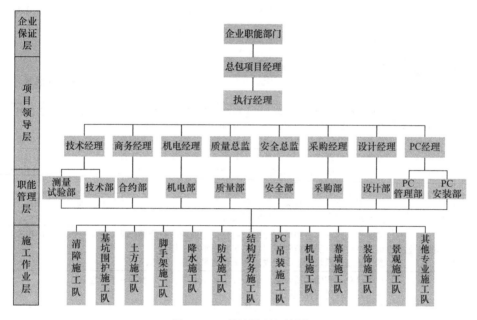

图 19-61 项目管理机构图

项目管理人员配备及职责权限如表 19-12 所示。

项目管理人员及职责权限一览表

表 **19-12**

序号	岗位名称	职责和权限
1	项目总指挥	对工程质量、施工进度、施工安全负全面行政责任，保质保量按时完成施工任务。 要加强行政管理工作，合理安排施工，并督促工程管理，坚守工作岗位，开展有效监督。 定期检查项目管理成员单位工作运行情况，了解各单位项目在实施过程中存在的问题
2	项目经理	贯彻执行国家和地方政府法律、法规和政策，执行企业的各项管理制度。 遵守财经制度，加强成本核算，积极组织工程款回收。 签订和履行"项目管理目标责任书"，执行企业与业主签订的"项目承包合同"中由项目经理负责的各项条款。 组织制定项目经理部各类管理人员的职责和权限、各项管理制度，并认真贯彻执行。 做好建设单位、监理和各分包单位之间的协调工作。 做好工程竣工结算、资料整理归档，接受企业审计并做好项目经理部解体与善后工作。 做好内、外层各种关系的协调工作，为施工创造优越的施工条件。 搞好与公司各职能部门的业务联系和经济往来，接受公司的宏观控制

序号	岗位名称	职责和权限
3	项目总工	在项目经理领导下，负责项目的全面技术管理工作。 按照项目总工期的要求实施年度进度计划，审核施工季（月）度施工计划。 主持深化设计文件审核，主持复测、控测及竣工测量，督促并检查技术人员作好技术交底工作。 负责编制施工组织设计，参与重大方案的制定，审核单位工程的施工组织设计。 主持并审核施工计划、物资计划、设备、调度、统计、工程报验表的编制。 负责组织对专业分包项目、直接分包项目重大方案的研讨论证、审核和监督实施，主持工程竣工文件编制
4	生产经理	在项目经理的领导下，负责工程生产管理。 参与编制和下达年、季、月度施工生产计划，并组织实施。 采取一切措施，确保工程质量和人身安全，杜绝各类事故的发生。 负责组织土建、机电预留单位、供应商参与工程验交竣工文件编制与移交、工程验交计价等工作。 协调项目施工期间的资源利用，接受公共部门对分包管理的建议和工作联系，并为其工作提供帮助
5	PC深化部经理	在项目经理的领导下，负责BIM的深化及项目应用。 参与编制PC施工计划，并组织实施。 负责组织分深化PC图纸 协调项目PC施工期间的资源利用，接受公共部门对分包管理的建议和工作联系，并为其工作提供帮助
6	机电经理	在项目经理的领导下，负责机电项目的施工管理，对机电进行组织安排，落实各项工作。 根据参与编制与下达年、季、月度施工生产计划，并组织实施。 负责组织分包单位和供应商参与工程验交、竣工文件编制与移交、工程验交计价等工作
7	商务经理	协助项目经理进行工作，具体负责现场采购和商务合约管理工作。 在项目经理的领导下，对施工管理的重要或重大决策进行研究，形成决议，并分别予以落实。 负责分包商工作之间的互相协调，主持财务工作
8	安全总监	贯彻国家及地方的有关工程安全与文明施工规范，确保本工程总体安全与文明施工目标和阶段安全与文明施工目标的顺利实现
9	质量总监	贯彻落实国家的各项质量标准、规范，对现场的各分部分项工程进行质量监督和验收。 负责对接政府质量监管部门，落实各项整改工作。 参与现场的质量验收，对现场的工程质量具有一票否决权
10	技术质量部	在项目总工程师和质量总监的领导下负责本项目技术管理和质量管理工作。 对工程节点进行深化设计。 积极推广新技术、新工艺，开展创优活动、降低施工成本，督促、指导项目贯标工作的正常进行。 负责技术资料统一上报、统一发放、统一收集整理，建立包括各分包工程在内的工程统一档案。 对分包单位的质量检查和监督，确保各专业分包单位的质量符合规范要求。 负责现场分项工程验收
11	生产部	编制土建项目月施工进度计划、生产要素需用计划，并组织、协调现场计划落实施工。 协调组织各分包单位和供应商对现场进行规划和平面布置工作。 负责收集、整理土建工程质量、安全、工期等各种相关资料、信息，并填写施工日志。 参与单位工程质量评定，办理交工手续，整理竣工资料，编写施工技术总结。 组织开展现场土建施工人员的质量、安全教育和日常工作，落实质量、安责任制，并做好相关记录。 组织编制机电项目施工进度计划、生产要素需用计划，组织、协调现场施工。编制机电工程专项施工方案
12	安全部	在项目安全总监的领导下负责本项目安全管理工作，负责项目安全生产、文明施工和环境保护工作。 负责编制项目职业健康安全管理计划、环境管理计划和管理制度并监督实施，制定员工安全培训计划。 定期和不定期组织安全生产和文明施工的检查，负责对各专业分包单位的安全监督和管理工作。 负责项目经理部施工现场文化建设、CI形象实施

续表

序号	岗位名称	职责和权限
13	物资部	负责设备、材料供应管理工作，依据施工图预算和施工进度计划，编制设备进场、材料采购计划。 负责甲供材料、构件提货、进场验收、保管、发货和现场二次搬运工作，办理材料出、入库手续。 负责材料市场询价调查，参与材料的采购活动，组织材料进场、回收和处理剩余材料。 负责协调现场周转材料租赁及管理。 负责现场工程材料、设备、半成品月度盘点，负责月度材料核算，分析物料消耗和材料成本
14	合约部	在商务经理领导下负责本项目合约商务管理工作。 编制测算项目成本控制计划，负责项目合约工作，工程施工合同和各分包合同、分承包商的管理及登记工作。 负责施工计划、统计、计量、造价管理工作

19.4.3　预制夹心保温剪力墙主要施工流程

预制夹心保温剪力墙结构施工总体流程如图 19-62 所示。

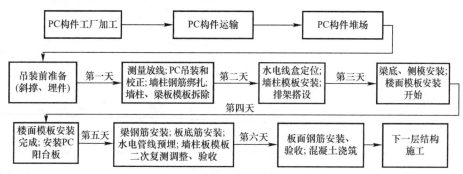

图 19-62　预制夹心保温剪力墙结构施工流程图

结构各工序施工流程如表 19-13、表 19-14 所示。

预制墙板安装流程　　　　　　　　　　　　　　　　　　　　　表 19-13

序号		预制墙板安装流程
1	预制墙板安装准备	(1) 测量放线； (2) 用钢筋定位框，复核连接钢筋、校正偏位钢筋； (3) 垫垫片找平； (4) 粘贴外侧橡胶条
2	预制墙板吊装	(1) 吊运构件至操作面； (2) 安装斜支撑、卸钩，并校正

序号	预制墙板安装流程			
3	墙板灌浆	(1) 墙底座浆料塞缝； (2) 搅拌浆料，并灌浆		
4	现浇节点钢筋绑扎	(1) 两预制板间塞缝； (2) 暗柱钢筋搁置在挑出钢筋上； (3) 顶端插入竖向钢筋； (4) 箍筋与竖向钢筋绑扎固定		
5	节点区模板安装，浇筑混凝土	(1) 模板用穿墙螺栓固定； (2) 节点区混凝土浇筑		

预制楼梯安装流程　　　　　　　　　　　　　　　　　　　　　表 19-14

序号	预制楼梯安装流程			
1	预制楼梯安装准备	测量放线，砂浆找平		
2	预制楼梯吊装	(1) 采用专用吊具与长短钢丝绳起吊； (2) 并运至操作面； (3) 距操作面 1000mm 时停止降落，操作工稳住预制楼梯，对准控制线校正； (4) 摘钩，校正，焊接固定		
3	成品保护及栏杆安装	(1) 成品保护； (2) 临边护栏安装		

序号	预制阳台板安装流程			
1	预制阳台装饰板吊装	(1) 挂钩，起吊并运至操作面 (2) 距操作面10，00mm时停止降落		
2	预制阳台装饰板就位安装	(1) 操作工稳住预制阳台装饰板，并向内拉直至阳台装饰板就位 (2) 安装拉杆，校正，焊接固定		

预制阳台板安装流程 表 19-15

19.4.4 预制夹心保温剪力墙安装节点

如图 19-63～图 19-68 所示。

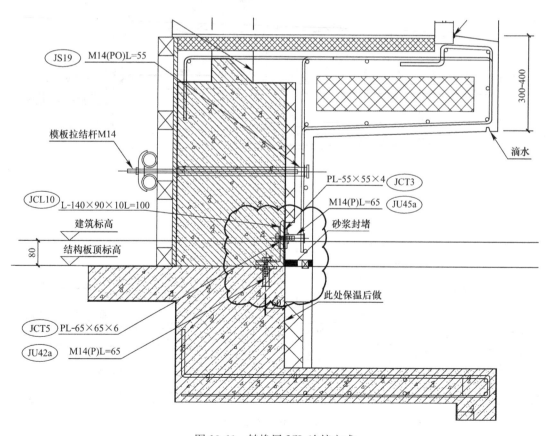

图 19-63 转换层 JCL 连接方式

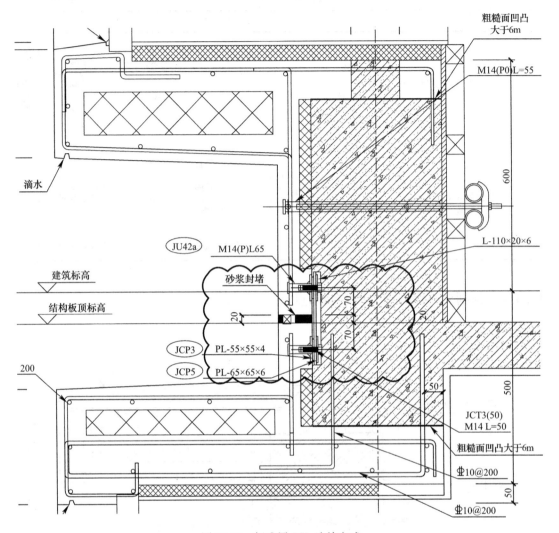

图 19-64　标准层 JCL 连接方式

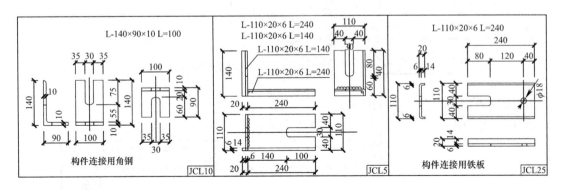

图 19-65　JCL 连接板图例

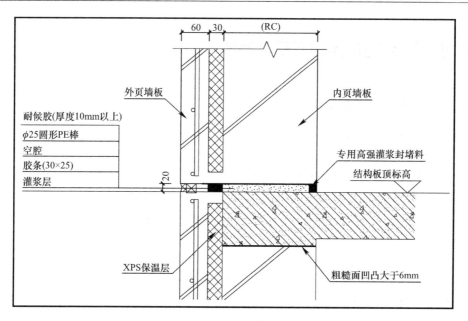

图 19-66 竖向构件水平拼缝处理节点

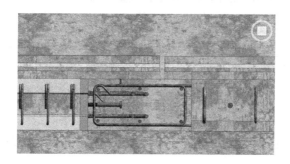

图 19-67 竖向构件现浇核心区钢筋连接节点

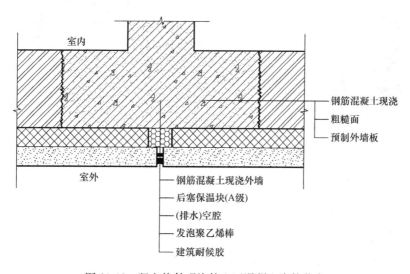

图 19-68 竖向构件现浇核心区混凝土浇筑节点

19.5 装配式住宅应用的问题与对策

19.5.1 针对成本问题对策

（1）前期控制（四因素）：

1）预制率：预制率对成本影响 20%；

2）PC 方案：PC 方案对成本影响 50%；

3）构件厂商：构件厂商对成本影响 5%；

4）项目管理（安装施工水平）安装施工水平对成本影响 20%。

（2）规模化效应

1）由多个标准楼型简化几个楼型；

2）由单个项目同化多个项目；

3）多个项目集中构件厂。

（3）推进全装修住宅，充分发挥工期缩短的资金节约优势

（4）应用好国家、地方政府出台的装配式建筑政策：

1）各地市出台文件，满足预制率赠送面积（以当地文件为准）；

2）成本奖励；

3）专项基金免征；

4）房屋预售。

19.5.2 质量问题

（1）构件质量问题：预制构件结合面粗糙度不足。预制构件混凝土强度不足，构件进场有裂纹，见图 19-69。

构件结合面粗糙
强度不足

预制构件混凝土强度不足，
构件进场有裂纹

预留钢筋的长度不足、
位置有误

图 19-69 构件质量问题

（2）灌浆套筒、灌浆料问题，见图 19-70。

（3）装配式施工质量问题

1）预制墙体

① 墙体底部预留空隙达不到要求。

② 接缝处漏浆。

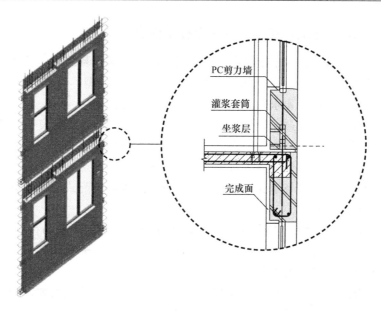

PC剪力墙

灌浆套筒

坐浆层

完成面

图 19-70　灌浆套筒、灌浆料问题

对策：

① 墙体底部预留空隙达不到要求。

② 接缝处漏浆。

③ 清理预制墙体就位处的楼板，保证清洁、干净。

④ 预制墙体底部两端采用 2cm 高成品垫块控制间隙，如有高低差时，应采用高强混凝土补充。

⑤ 预制墙体吊装就位后，不移除底部垫块，采用无收缩砂浆封堵两侧。

⑥ 墙体顶部阴角和两侧与现浇段连接处，采用海绵条或泡沫胶带封堵结实，防止漏浆。

2）叠合板

① 叠合楼板浇筑完成后，板底、板面平整度差。

② 接缝处漏浆。

对策：

① 叠合楼板现浇段结合处采用泡沫胶带封堵，防止漏浆。

② 预制板和现浇板拼缝处采用网格布搭接（20cm 宽，一边各 10cm），防止开裂，满刮腻子两遍。

③ 叠合板面层采用平板振动器振捣密实，并用滚筒碾压。

19.5.3　产业工人

培训、提高专业吊装劳务队伍的施工水平

19.5.4　市场培育

加强构件厂和预制构件的市场监管；控制预制率，提高对企业的政策扶持和资金扶持；应用装配式建筑利好政策。

19.5.5　加强装配式建筑在实施过程重点控制内容

（1）深化设计要求高。由于上海市近两年刚开始大力推行装配式，设计中尚有许多不足，构件厂拿到确认图纸后，会组织模具采购，一旦模具成型，再修改图纸导致成本较大。这就对图纸的深化设计要求较高，需设计院进一步完善。

（2）预制构件采购把控严。近年，预制构件厂大量出现，市场上良莠不齐，在选择构件厂时，要严格考察其产值产能、生产体系、生产规模、质量、工艺、物流、后期跟踪服务等。预制构件的供应直接影响施工进度，需提前做好准备。

（3）场地布置合理，现场道路通畅。为保证施工进度，装配式项目现场需设置构件堆场，至少保证一层供应量。

（4）垂直运输方案合理。本项目构件最大重量约 4.5t，选取塔吊型号为 7030。项目应结合自身特点合理选择塔吊型号。施工过程中塔吊较忙碌，需协调各工种班组之间塔吊使用，尽量保证预制构件的卸车与吊装。

（5）分包队伍选择。吊装单位选择有经验的班组，因装配式项目要求预留精度高。这就要求队伍操作熟练，避免因工人操作失误以致影响工期。

（6）进度计划编制合理。

（7）现场质量控制精度要求高。

重要节点控制策划见表 19-16。

重要节点控制策划　　　　　　表 19-16

项目管理表格				
重要节点控制策划			表格编号	
项目名称及编码				
编制单位		编制时间		
内容	总进度计划工期节点（满足合同节点工期要求）			
序号	施工阶段施工内容	计划开始时间	计划完成时间	备注
1	施工准备			
2	开工			
3	土方支护			
4	土方开挖			
5	地下室封顶			
6	土方回填			
7	二结构施工			
8	主体结构封顶			
10	机电安装　地下			
	机电安装　地上			
11	装饰工程　外装			
	装饰工程　内装			
12	屋面施工			
13	竣工验收			
编制人	审核人		批准人	
时间	时间		时间	

19.6 装配式建筑实施经验与教训

（1）深化设计要求高。由于上海市近两年刚开始大力推行装配式，设计中尚有许多不足，构件厂拿到确认图纸后，会组织模具采购，一旦模具成型，再修改图纸导致成本较大。这就对图纸的深化设计要求较高，需设计院进一步完善。

（2）预制构件采购把控严。近年，预制构件厂大量出现，市场上良莠不齐，在选择构件厂时，要严格考察其产值产能、生产体系、生产规模、质量、工艺、物流、后期跟踪服务等。预制构件的供应直接影响施工进度，需提前做好准备。

（3）场地布置合理，现场道路通畅。为保证施工进度，装配式项目现场需设置构件堆场，至少保证一层供应量。

（4）垂直运输方案合理。本项目构件最大重量约 4.5t，选取塔吊型号为 7030。项目应结合自身特点合理选择塔吊型号。施工过程中塔吊较忙碌，需协调各工种班组之间塔吊使用，尽量保证预制构件的卸车与吊装。

（5）分包队伍选择。吊装单位选择有经验的班组，因装配式项目要求预留精度高。这就要求队伍操作熟练，避免因工人操作失误以致影响工期。

（6）进度计划编制要合理。

（7）现场质量控制要求高。

附　　表

附表1　装配整体式混凝土结构房屋建筑工程施工——预制构件首件进场验收

装配整体式混凝土结构房屋建筑工程施工

（预制构件首件进场验收）

工程名称		建设单位	
施工单位		监理单位	
设计单位		生产单位	
验收时间		形象进度	
验收构件 具体部位 （拟使用部位）	写明抽查到的检验批的预制构件拟使用部位		
验收内容	（1）质量证明文件 （2）强度复验 （3）钢筋保护层厚度复验 （4）构件堆放货架及场地		
验收方式	（1）核查合格证、出厂检验报告等质量证明文件 （2）核查强度复验报告 （3）核查钢筋保护层厚度复验报告 （4）核查堆放货架力学计算书及场地情况是否符合要求		
验收记录			
处理意见			
参加验收 人员及 单位签章	建设单位：		施工单位：
	监理单位：		设计单位：
	生产单位：		

附表2 装配整体式混凝土结构房屋建筑工程施工——预制构件首段安装验收

装配整体式混凝土结构房屋建筑工程施工
（预制构件首段安装验收）

工程名称		建设单位	
施工单位		监理单位	
设计单位		生产单位	
验收时间		形象进度	
验收构件 具体部位 （拟安装 使用部位）	写明抽查到的检验批的预制构件拟安装使用部位		
验收内容	（1）套筒灌浆 （2）临时支撑设置 （3）防水措施		
验收方式	（1）核查套筒抗拉实验报告及灌浆料检测报告，观察灌浆是否饱满 （2）核查支撑设置是否符合要求 （3）核查防水节点是否符合要求		
验收记录			
处理意见			
参加验收 人员及 单位签章	建设单位：	施工单位：	
	监理单位：	设计单位：	
	生产单位：		

附表3 装配整体式混凝土结构工程施工质量检查表

装配整体式混凝土结构工程施工质量检查表

检查项目		检查内容	评价		备注
			符合	不符合	
一、工程资料					
（一）原材料、成品、半成品、构配件	1	钢筋及钢筋焊接、机械连接材料			
	2	墙体保温材料			
	3	预制构件、构件连接件			
	4	预制混凝土构件连接用灌浆套筒、波纹管及灌浆料			
	5	钢材及焊接、紧固件连接材料			
	6	密封及防水材料			
（二）施工试验报告	7	预制混凝土构件的产品合格证书、出厂验收记录和复试报告等质量证明文件			
	8	构件混凝土、后浇混凝土试块抗压强度及统计评定			
	9	灌浆料试块抗压强度试验报告及统计评定			
	10	钢筋焊接、机械连接和灌浆套筒连接工艺试验报告			
	11	密封材料及接缝防水检测报告			
	12	焊接、螺栓连接质量检测报告			
	13	预制外墙现场施工的节能及装饰检测报告			
（三）施工记录	14	重点建材如钢筋及连接接头、保温材料、防水材料、灌浆料等进场验收记录及见证取样和送检记录			
	15	预制构件进场验收记录			
	16	预制构件吊装记录			
	17	预制混凝土构件吊装记录			
	18	装配式专项图纸会审记录			
	19	装配式施工专项技术交底			
（四）质量验收记录	20	连接构造节点隐蔽验收记录			
	21	套筒灌浆、浆锚连接及机械连接的施工检验记录			
	22	预制构件的安装施工验收记录			
	23	装配式结构分部验收记录			
	24	工程质量问题处理及验收记录			
二、工程实体					
（五）钢筋工程	25	预留钢筋品种、级别、规格和数量			
	26	现浇混凝土结构和预制构件结点连接的钢筋采用焊接或机械连接的接头质量			
	27	钢筋加工制作：检查加工、绑扎质量是否满足要求			
	28	钢筋连接：检查连接方式和连接质量			
	29	受力钢筋位置和混凝土保护层厚度：检查作业面上的受力钢筋间距、固定措施，节点部位的箍筋间距，混凝土保护层厚度			

检查项目		检查内容	评价		备注
			符合	不符合	
（六）预埋件	30	预埋吊件的承载力要求			
	31	预埋件规格、数量及位置			
	32	预埋管线规格、数量及位置			
（七）结构构件连接	33	套筒灌浆连接、浆锚搭接时检查套筒、波纹管内连接钢筋位置和长度			
	34	灌浆施工质量（密实、饱满）			
	35	螺栓连接节点紧固性			
	36	装配式结构接缝施工质量、防水质量			
（八）预制构件质量抽测	37	预制构件钢筋原材料、钢筋位置、数量、保护层厚度			
	38	混凝土构件强度：使用混凝土回弹仪现场抽测			
	39	构件表面标识应规范			
	40	构件外观质量、尺寸偏差			
	41	预制构件结构面成型质量			
（九）其他	42	装配式工程施工方案、监理细则			
	43	构件堆放、吊装机械及吊具			
	44	构件堆放、驳运、运输过程中是否有成品保护措施			

附表4 项目策划任务表

<table>
<tr><td rowspan="2"></td><td colspan="4" style="text-align:center">项目管理表格</td></tr>
<tr><td colspan="2" style="text-align:center">项目策划任务表</td><td colspan="2" style="text-align:center">表格编号</td></tr>
<tr><td>项目名称及编码</td><td colspan="5"></td></tr>
<tr><td>项目基本情况</td><td colspan="5"></td></tr>
<tr><td colspan="6" style="text-align:center">项目策划依据</td></tr>
<tr><td>序号</td><td colspan="2" style="text-align:center">项目前期工作事项</td><td>完成程度</td><td>生成时间</td><td>联系人</td><td>联系方式</td></tr>
<tr><td>1</td><td colspan="2">项目中标通知书</td><td></td><td></td><td></td><td></td></tr>
<tr><td>2</td><td colspan="2">项目合同及合同谈判资料</td><td></td><td></td><td></td><td></td></tr>
<tr><td>3</td><td colspan="2">项目设计文件</td><td></td><td></td><td></td><td></td></tr>
<tr><td>4</td><td colspan="2">项目建设方调查、现场调查</td><td></td><td></td><td></td><td></td></tr>
<tr><td>5</td><td colspan="2">项目投标成本测算</td><td></td><td></td><td></td><td></td></tr>
<tr><td>6</td><td colspan="2">项目招标书</td><td></td><td></td><td></td><td></td></tr>
<tr><td>7</td><td colspan="2">项目投标书</td><td></td><td></td><td></td><td></td></tr>
<tr><td>8</td><td colspan="2">类似工程的历史数据</td><td></td><td></td><td></td><td></td></tr>
<tr><td>9</td><td colspan="2">其他</td><td></td><td></td><td></td><td></td></tr>
<tr><td colspan="6" style="text-align:center">策划工作安排</td></tr>
<tr><td>序号</td><td>策划项目</td><td>要点</td><td>责任部门</td><td colspan="2">完成期限　　实际完成</td></tr>
<tr><td>1</td><td>项目策划任务表</td><td>确定策划相关内容及编制责任部门</td><td>工程管理部</td><td></td><td></td></tr>
<tr><td>2</td><td>概况及管理目标</td><td>确定项目部的管理目标</td><td>工程管理部/相关部门</td><td></td><td></td></tr>
<tr><td>3</td><td>项目管理授权书</td><td>确定企业对项目部的授权</td><td>工程管理部</td><td></td><td></td></tr>
<tr><td>4</td><td>项目部管理岗位人员配置表</td><td>确定项目机构设置及人员数量配备</td><td>人力资源部</td><td></td><td></td></tr>
<tr><td>5</td><td>重要节点控制策划</td><td>制定主要控制点和主要工序穿插时间,节点细化到月</td><td>工程管理部、科技与设计管理部</td><td></td><td></td></tr>
<tr><td>6</td><td>分包选择策划</td><td>确定分包数量、模式及招投标方式</td><td>法律事务部/工程管理部/商务管理部</td><td></td><td></td></tr>
<tr><td>7</td><td>项目设计策划</td><td>深化设计策划</td><td>科技与设计管理部</td><td></td><td></td></tr>
<tr><td>8</td><td>物资采购策划</td><td>对物资采购种类、数量、采购方式、时间及风险进行策划</td><td>法律事务部/工程管理部/商务管理部</td><td></td><td></td></tr>
<tr><td>9</td><td>机械设备选择策划</td><td>确定机械设备选择方案</td><td>工程管理部/科技与设计管理部/商务管理部</td><td></td><td></td></tr>
<tr><td>10</td><td>模板架料策划</td><td>对模板的型号、数量、提供方式进行策划</td><td>科技与设计管理部</td><td></td><td></td></tr>
</table>

序号	策划项目	要点	责任部门	完成期限	实际完成
11	监测设备配置策划	对检测设备的型号、数量、提供方式进行策划	工程管理部/科技与设计管理部		
12	办公设备配置策划	对办公设备的型号、数量、提供方式进行策划	办公室/商务管理部		
13	施工平面规划方案	对施工平面规划中的设施种类、数量及设置方案进行策划	科技与设计管理部		
14	项目现金流管理方案	确定现金流管理方案	资金管理部/商务管理部		
15	项目税收策划方案	确定项目税收管理方案	资金管理部		
16	保密策划	对成本数据、甲方涉密工程管理和技术秘密等内容进行策划	办公室/相关部门		
17	项目部文化建设策划	确定文化建设实施目标，了解当地文化风俗禁忌。	市场与客户管理部/政工部		
18	合同主要风险	收集重大法律、法规、条款，对风险点及防控措施进行策划	法律事务部/市场与客户管理部		
19	盈亏点分析策划	对项目盈利点、亏损点、开源点和节流点进行策划	商务管理部		
20	成本控制策划	确定成本控制目标，并对措施、方案进行策划	商务管理部		
21	科技推广及技术研发策划	对课题、新技术的开发、应用进行策划	科技与设计管理部		
22	技术和质量风险识别、关键及特殊过程管理要点	确定技术和质量风险，对关键及特殊过程技术的管理措施进行策划	科技与设计管理部/工程管理部		
23	职业健康安全、环境管理重大风险控制策划	对职业健康、安全和环境的风险识别、控制进行策划	安全管理部/工程管理部		

本表发放情况					
部门	签收	部门	签收	部门	签收
生产部		技术部		合约部	
安全部		材料部			
制表人		审核人		批准人	
时间		时间		时间	

注：1. 二、三级单位是项目管理策划的责任主体，各部门负责对项目管理策划进行统一规范和管理，并在运行中指导、监督、检查其实施情况。

2.《项目管理策划书》是指导项目管理工作的主体文件，对项目管理的目标、内容、组织、资源、方法、程序和控制措施进行安排，在项目确定中标后30天内完成（中标时间以市场部书面通知为准）。

3. 重点工程的项目管理策划由二级单位工程管理部组织编制，其余工程的项目管理策划由三级单位施工管理部组织编制。项目经理应参与项目管理策划编制。

4.《项目管理策划书》围绕实现项目的成本、工期、质量、安全、技术、环保等管理目标和经济指标，确定项目管理模式、分包及采购模式，明确人、机、料、物、资金、技术等资源配置措施，明确项目目标定位（市场开拓、战略客户、质量创优、经济效益、社会影响等侧重点）、项目管理过程中公司层面和项目部的职责、授权关系及服务关系等内容。

5. 项目管理策划应满足国家有关法律法规和强制性标准要求、满足合同规定的目标和要求，并按精益建造、绿色施工的原则进行策划。

附表 5　概况及管理目标策划表

	项目管理表格		
	概况及管理目标	表格编号	
项目名称及编码			

项目概况	业主名称：	
	设计人名称：	
	投资性质：□国拨□企业自筹□私人□外资□世（亚）行贷款□其他：	
	工程类别：□公建□厂房□住宅□路桥□其他：	
	工程地点：	
	建筑面积（或项目规模）：	
	暂估工程总价：	
	承包模式：□总承包 □联合总承包，合作伙伴是： □分包，总承包商是： □品牌经营，合作方是： □其他方式	分包模式：□专业分包 □劳务分包 □专业分包＋劳务分包 □其他方式
	项目组织机构形式：□职能式□项目式□矩阵式	
	合同工作内容/范围简述：土建、一般安装、一般装饰装修工程施工总承包等工作内容	
	合同价格类型：□单价合同□总价合同□其他	

项目总目标	质量目标：（合同约定）□鲁班奖□省/部优□市优 □合格质量一次交验合格率____□其他
	工期目标：计划开工日期_____，计划竣工日期_____。 总工期_____日历天，区段工期（如果有）_____工期履约率_____。
	创优目标： 安全目标： 合同目标：
	环保目标：
	成本目标：
	收款目标：按照合同约定比例按时足额回收工程款，过程_____，主体____%，竣工：____%，结算完：____%
	科技目标：□完成_____技术成果，□创_____科学技术奖
	项目管理成果：达到局、公司项目管理要求
	其他目标：为公司培养一批能独当一面的施工管理及技术管理人才 □创_____，创_____√CI金奖□银奖□合格工地

编制人		审核人		批准人	
时间		时间		时间	

注：1. 本表为企业结合项目特点、营销情况及其他企业要求制定的基本目标，由营销部门综合各项条件进行初步填写。
　　2. 本表中各项指标除相关合同及招标文件外，其他具体指标和要求各部门可根据企业相关要求在策划过程中予以细化。
　　3. 本表中各项指标作为《项目管理目标责任书》的基本条件。

附表6 项目管理授权书策划表

项目管理表格					
项目管理授权书				表格编号	

兹委托____（身份证号：_____）对_____工程项目实施全面管理，执行项目承包合同中由项目经理负责履行的各项条款，并按照《项目管理策划书》、《项目管理目标责任书》要求对工程项目施工进行有效控制，执行有关技术规范和标准，积极推广应用新技术，确保工程质量和工期，实现安全、文明生产，努力提高经济效益。具体授权见下表及附件。

本授权时限为：　　年　月　日至　　年　月　日。

具体授权内容					
序号	授权分类	授权内容	工作要求	部门会签及联系人	联系方式
1	行政事务方面	项目部印章，办公室后勤管理	符合八局要求	办公室	
2	法务方面	代表八局进行合同谈判，签订经审定	符合八局要求	法务合约部门	
3	资金方面	在结算中心的统一监管下进行资金的收付、使用、筹备	符合八局要求	资金部门	
4	财务方面	工程进度款、结算款，税务款项、人员薪酬的收付、入账	符合八局要求	财务部门	
5	人事方面	项目部的人员组建、调配、任免	符合八局要求	人事部	
6	工程管理方面	施工组织设计、施工方案的审批，项目工程管理的具体实施、履约	符合八局要求	工程部	
7	审计监察方面	工程款、材料的具体使用情况，与业主、分包、材料供应商等的合同履约	符合八局要求	审计部	
更改撤销记录					
授权期满收回本授权书并检查授权执行情况的记录					

注：1. 本表经相关部门会签，由企业负责人批准后发布。

　　2. 有关授权的内容与要求由授权企业根据实际情况进行调整与完善。

　　3. 当一些栏目的内容较多时，可另行制作。

附表 7　项目部管理岗位人员配置策划

		项目管理表格			
		项目部管理岗位人员配置表			表格编号
序号	部门	岗位名称	人员配置	人员姓名	主要职责
1	项目领导班子	项目经理			
2		项目党支部书记			
3		生产经理			
4		技术经理			
5		商务经理			
6		机电经理			
7	专业职能人员	质量总监			
8		安全总监			
9	商务合约部	合约工程师			
10		商务工程师			
11	生产部	栋号长			
12		施工员			
13	技术部	技术工程师			
14		质量工程师			
15		测量工程师			
16		试验工程师			
17		资料员			
18	物资部	材料员			
19	安全部	安全主管			
20		安全员			
21		电工			
编制人		审核人		批准人	
时间		时间		时间	

注：项目部根据实际配备人员及分工填写表格内容。

附表8　重要节点控制策划表

	项目管理表格		
	重要节点控制策划	表格编号	
项目名称及编码			
编制单位		编制时间	
内容	总进度计划工期节点（满足合同节点工期要求）		
序号	施工阶段施工内容	计划开始时间	计划完成时间	备注
1	施工准备			
2	开工			
3	土方支护			
4	土方开挖			
5	地下室封顶			
6	土方回填			
7	二结构施工			
8	主体结构封顶			
10	机电安装	地下			
		地上			
11	装饰工程	外装			
		内装			
12	屋面施工			
13	竣工验收			
编制人		审核人		批准人	
时间		时间		时间	

附表9 分包选择策划表

	中国建筑项目管理表格				
	分包选择策划表			表格编号	
				CSCEC8B-PS-B10114	
工程名称：					
序号	分包项目	分包工作内容	分包方式	分包商选择方式	拟选择分包数量
1					
2					
3					
4					
5					
6					
7					
8					
9					
10					
11					
12					
13					
14					
15					
编制人		审核人		批准人	
时间		时间		时间	

附表 10 项目设计策划表

中国建筑项目管理表格					
项目设计策划表				表格编号	
项目名称及编码					
项目基本情况					
设计阶段	□方案　　□初设　　□施工图				
编制依据					
序号	内容	完成程度	生成时间	联系人	联系方式
1	项目中标通知书				
2	工程合同及合同谈判资料				
3	现场调查资料				
4	项目招标文件				
5	项目投标文件				
6	类似工程的历史数据				
管理目标					

设计范围:

设计原则与要求:

设计验收准则与标准:

设计过程控制要点及进度:

设计与采购、施工及试运行的接口及要求:

设计分包单位选择标准:

其他要求:

设计管理责任人			联系方式		
编制人		审核人		批准人	
时间		时间		时间	

附表 11　物资采购策划表

	中国建筑　项目管理表格													
	物资采购策划表									表格编号				
项目名称及编码：														
序号	物资名称	规格型号	计量单位	估算数量	估算价值（万元）	物资采购单位（打√）					采购地点	采购方式	采购时间	拟选择供应商数量	风险辨识
						业主	集中采购	分公司	项目部	分包商					
1															
2															
3															
4															
5															
6															
7															
8															
9															
10															
制表人			审核人							审批人				
日期			日期							日期				

附表 12　机械设备选择策划表

	项目管理表格							
	机械设备选择策划表						表格编号	
序号	名称	需满足性能参数	拟用型号	数量（台/套）	提供单位/形式			备注
					公司购置	公司租赁	分包自带	
1								
2								
3								
4								
5								
6								
7								
8								
编制人			审核人			审批人		
时间			时间			时间		

附表 13 模板架料策划表

	项目管理表格				
	模板架料策划表			表格编号	
序号	名称	面积（m²）	提供方式	使用部位	备注
1					
2					
3					
4					
5					
6					
7					
编制人		审核人		审批人	
时间		日期		日期	

备注：提供方式一般有自有、采购、租赁等。

附表 14　测量设备配置策划表

序号	项目管理表格					
	测量设备配置策划表					表格编号
序号	仪器/器具名称	分类规格型号	数量规格型号	使用期限提供单位	持有人员	备注
1						
2						
3						
4						
5						
6						
7						
8						
9						
10						
11						
12						
编制人			审核人		审批人	
时间			时间		时间	

附表 15 办公设备配置策划表

	项目管理表格							
	办公设备配置策划表						表格编号	
序号	名称	需满足性能参数	拟用型号	数量（台/套）	提供单位/形式			
					公司购置	公司协调	项目自购	
1	复印机							
2	打印机							
3	空调							
4	空调							
5	投影仪							
6	幕布							
7	办公桌							
8	办公椅							
9	资料柜							
10	会议桌							
11	饮水机							
12	资料盒							
13	路由器							
14	电动车							
15	相机							
16	高级计算器							
编制人			审核人			审批人		
时间			时间			时间		

附表 16　施工平面规划方案策划表

	项目管理表格		
	施工平面规划方案		表格编号
项目名称及编码			共　页　第　页
项目基本情况			
序号	施工设施	规模	设置要求
1			
2			
3			
4			
5			
6			
7			
8			
9			
10			
11			
12			
13			
14			
15			
16			
17			
18			
19			
20			
21			
22			
编制人		审核人		批准人	
时间		时间		时间	

附表 17 项目税收策划方案

	项目管理表格			
	项目税收策划方案		表格编号	
项目名称及编码				
项目中标额及合同额		项目预计开工时间		
项目预计竣工时间		项目所在城市		
税收策划方案要点	项目所在地税务局名称			
	税收优惠政策			
	项目涉及的税种			
	甲方合同			
	分包合同			
	现场间接费			
税收策划方案：				
填报单位		年 月 日		
编制人		审核人	批准人	
时间		时间	时间	

附表 18 保密策划表

	中国建筑项目管理表格			
	保密策划表		表格编号	
项目名称				
项目基本情况				
序号	保密项目清单	保密级别	责任人	备注
1				
2				
3				
4				
5				
6				
7				
8				
主要保密措施：合约部单独办公室，资料分类入柜上锁，另合约部自行打扫卫生，合约部成员离开办公室后不允许其他人员在办公室逗留。				
编制人		审核人	批准人	
时间		时间	时间	

保密要求：
1. 项目核心商务机密如项目成本、产值、利润、商务策划、签证索赔等涉及项目经济活动的数据和做法，仅限于二级单位、三级单位的主要领导、总经济师、成本管理部门相关人员和项目部"铁三角"人员掌握。
2. 在项目部迎接上级各类检查时，不能在口头汇报和书面材料中公开项目利润和相关策划案例情况。
3. 在各级举办的涉及商务的会议和培训中，应对有关具体项目名称、案例或数据做技术处理，不准发放书面材料和拷贝 PPT 资料。
4. 在日常工作和生活中，应避免在各系统书面资料中披露或各种场合谈论相关涉及商务机密的内容。

附表 19 项目部文化建设策划表

项目管理表格			
项目部文化建设策划表		表格编号	
项目名称及编码			
项目基本情况分析	工程概况		
	工程特点		
	地域特点		
	环境要求		
	业主要求		
项目部自我分析	管理优势		
	薄弱环节		

项目文化建设"五个一"工程	要点及具体措施	责任人	完成期限	实际完成
1				
2				
3				
4				
5				
6				
项目文化建设需要注意的事项（风俗禁忌等）	注意通用业主方的相关要求			
编制人		审核人	批准人	
时间		时间	时间	

附表 20 项目商务（法务）策划表

项目管理表格									
项目商务（法务）策划书								表格编号	
序号	合同条款号	内容	释义	风险级别	应对措施	预期效果	责任人	开展时间	
								开始	完成
1									
2									
3									
4									
5									
6									
7									
8									
9									
10									
11									
12									
13									
14									
15									
编制人		审核人		批准人					
时间		时间		时间					

附表 21　项目商务策划书

			项目管理表格					
							表格编号	
			投标项目工程量清单差异及盈亏分析表				单位：元	
序号	工程量清单子目名称	计量单位	投标报价	测算成本	盈亏额	投标策略	应对措施	备注
1								
2								
3								
4								
5								
6								
7								
	合计							
编制人			审核人			批准人		
时间			时间			时间		

附表 22　成本控制策划表

		项目管理表格			
				表格编号	
		成本控制策划表			
序号	策划项目	控制目标	主要措施	责任人	备注
1	钢材				
2	混凝土				
3	其他主材				
4	木模板				
5	钢管				
6	扣件				
7	分供商价格控制				
8	总包签证				
9	分包签证				
10	现场经费				
11	双优化				
12	总包决算策划				
编制人		审核人		批准人	
时间		时间		时间	

附表 23　科技推广及技术研发策划表

	项目管理表格		
	科技推广及技术研发策划表		表格编号
项目名称及编码			共　页 第　页
项目基本情况			
序号	需要解决的课题	计划开发或应用的新技术	负责人	完成时间	备注

序号	需要解决的课题	计划开发或应用的新技术	负责人	完成时间	备注
1					
2					
3					
4					
5					
6					

编制人		审核人		批准人	
时间		时间		时间	

附表 24　技术和质量风险识别、关键及特殊过程管理要点表

	项目管理表格		
	技术和质量风险识别、关键及特殊过程管理要点表		表格编号
项目名称及编码			
项目基本情况			

序号	风险内容	风险等级	控制措施	责任人	备注
1					
2					
3					
4					
5					
6					

编制人		审核人		批准人	
编制时间		审核时间		批准时间	

附表 25　职业健康安全、环境管理、重大风险控制策划表

项目管理表格				
职业健康安全、环境管理重大风险控制策划表			表格编号	
项目名称及编码			共　页第　页	
项目基本情况				
序号	类型	重大风险描述	施工部位	控制要点
1				
2				
3				
4				
5				
编制人		审核人		批准
时间		时间		时间

附表 26　职业健康安全、环境管理、重大风险控制策划表

项目管理表格		
项目管理交底记录表		表格编号
项目名称		
交底内容	□项目策划书　□项目部实施计划书　□其他	
交底内容		

1. 项目策划任务。
2. 项目概况及管理目标。
3. 项目管理授权书。
4. 项目管理人员配置。
5. 重要节点控制策划。
6. 分包选择策划。
7. 项目设计策划。
8. 物资采购策划。
9. 机械设备选择策划。
10. 模板架料策划。
11. 计量设备配置策划。
12. 办公设备配置策划。
13. 施工平面规划。
14. 项目现金流量管理。
15. 项目税收策划。
16. 保密策划。
17. 项目文化建设策划。
18. 合同风险识别。
19. 工程量清单差异及盈亏识别。
20. 成本控制策划。
21. 科技推广及技术研发策划。
22. 技术和质量及关键特殊过程重大风险控制策划。
23. 职业健康安全、环境管理重大风险控制策划

交底人		交底时间	
接收人		接收时间	

附表 27 装配式结构预制构件检验批报审表

表 B.0.7 ＿＿＿＿＿＿＿＿＿＿报审、报验表

工程名称：   编号：

致：＿＿＿＿＿＿＿＿＿＿＿＿＿＿＿＿＿＿＿＿（项目监理机构） 　　我方已完成＿＿＿＿＿＿＿＿＿＿＿＿＿＿＿＿＿＿＿＿＿＿＿＿工作，经自检合格，请予以审查或验收。附件：□隐 蔽工程质量检验资料 　　　□检验批质量检验资料 　　　□分项工程质量检验资料 　　　□施工试验室证明资料 　　　□其他   　　　　　　　　　　　　　　　　施工项目经理部（盖章） 　　　　　　　　　　　　　　　　项目经理或项目技术负责人（签字） 　　　　　　　　　　　　　　　　　　　　　　　　　　　年　月　日
审查或验收意见：   　　　　　　　　　　　　　　　　项目监理机构（盖章） 　　　　　　　　　　　　　　　　专业监理工程师（签字） 　　　　　　　　　　　　　　　　　　　　　　　　　　　年　月　日

　　注：本表一式二份，项目监理机构、施工单位各一份。

附表 28　装配式结构施工检验批质量验收记录

装配式结构施工检验批质量验收记录

02010602 _____

单位（子单位） 工程名称			分部（子分部） 工程名称	主体结构分部- 混凝土结构子分部	分项工程名称		装配式 结构分项
施工单位			项目负责人		检验批容量		
分包单位			分包单位项目负责人		检验批部位		
施工依据			《装配式混凝土结构技术规程》 JGJ 1—2014	验收依据	《混凝土结构工程施工质量验收 规范》GB 50204—2015		

		验收项目	设计要求及 规范规定	最小/实际 抽样数量	检查记录		检查结果
主控项目	1	预制构件进场检查	第 9.4.1 条	10/10	抽查 10 处，合格 10 处		
	2	预制构件的连接	第 9.4.2 条	10/10	抽查 10 处，合格 10 处		
	3	接头和拼缝的混凝土强度	第 9.4.3 条	10/10	抽查 10 处，合格 10 处		
一般项目	1	预制构件支承位置和方法	第 9.4.4 条	10/10	抽查 10 处，合格 9 处		
	2	安装控制标志	第 9.4.5 条	10/10	抽查 10 处，合格 10 处		
	3	预制构件吊装	第 9.4.6 条	10/10	抽查 10 处，合格 9 处		
	4	临时固定措施和位置校正	第 9.4.7 条	10/10	抽查 10 处，合格 9 处		
	5	接头和拼缝的质量要求	第 9.4.8 条	10/10	抽查 10 处，合格 10 处		

施工单位 检查结果	专业工长： 项目专业质量检查员： 年　月　日
监理单位 验收结论	专业监理工程师： 年　月　日

附表29 装配式结构预制构件检验批质量验收记录

装配式结构预制构件检验批质量验收记录

02010601 _____

单位（子单位）工程名称			分部（子分部）工程名称	主体结构分部-混凝土结构子分部	分项工程名称	装配式结构分项
施工单位			项目负责人		检验批容量	
分包单位			分包单位项目负责人		检验批部位	
施工依据			《装配式混凝土结构技术规程》JGJ 1—2014	验收依据	《混凝土结构工程施工质量验收规范》（2011版）GB 50204—2015	

		验收项目		设计要求及规范规定	最小/实际抽样数量	检查记录	检查结果
主控项目	1	构件标志和预埋件等		第9.2.1条	10/10	抽查10处，合格10处	
	2	外观质量严重缺陷处理		第9.2.2条	10/10	抽查10处，合格10处	
	3	过大尺寸偏差处理		第9.2.3条	10/10	抽查10处，合格10处	
一般项目	1	外观质量一般缺陷		第9.2.4条	10/10	抽查10处，合格10处	
	2	长度（mm）	板、梁	+10，−5	10/10	抽查10处，合格9处	
			柱	+5，−10	/		
			墙板	±5	10/10	抽查10处，合格10处	
			薄腹梁、桁架	+15，−10	/		
	3	板、梁、柱、墙板、薄腹梁、桁架宽度、高（厚）度（mm）		±5	8/8	抽查8处，合格8处	
	4	侧向弯曲（mm）	梁、柱、板	L/750且≤20（L=___ mm）	10/10	抽查10处，合格10处	
			墙板、薄腹梁、桁架	L/1000且≤20（L=___ mm）	10/10	抽查10处，合格9处	
	5	预埋件（mm）	中心线位置	10	10/10	抽查10处，合格10处	
			螺栓位置	5	10/10	抽查10处，合格10处	
			螺栓外露长度	+10，−5	10/10	抽查10处，合格10处	
	6	预留孔中心线位置（mm）		5	5/5	抽查5处，合格4处	
	7	预留洞中心线位置（mm）		15	5/5	抽查5处，合格5处	
	8	主筋保护层厚度（mm）	板	+5，−3	10/10	抽查10处，合格10处	
			梁、柱、墙板、薄腹梁、桁架	+10，−5	10/10	抽查10处，合格10处	
	9	板、墙板对角线差（mm）		10	10/10	抽查10处，合格10处	
	10	板、墙板、柱、梁表面平整度（mm）		5	10/10	抽查10处，合格10处	
	11	梁、墙板、薄腹梁、桁架预应力构件预留孔道位置（mm）		3	8/8	抽查8处，合格8处	
	12	板翘曲（mm）		L/750（L=___ mm）	10/10	抽查10处，合格8处	
		墙板翘曲（mm）		L/1000（L=___ mm）	10/10	抽查10处，合格10处	

施工单位检查结果	专业工长： 项目专业质量检查员： 年 月 日
监理单位 验收结论	专业监理工程师： 年 月 日

附表30　预制构件进场验收表

编号：

项目构件进场验收单

工程名称：		
建设单位：	设计单位：	验收依据：JGJ 1—2014 装配式混凝土结构技术规程
施工单位：	构件预制单位：	监理单位：
工序名称：	验收构件使用部位：	分包安装单位：
		验收时间：

序号	实测项目	允许偏差 mm	验收方法	构件验收结果
1	长度	±4	钢尺检查	
2	宽度	±3	钢尺检查	
3	厚度	±3	钢尺检查	
4	弯曲	L/1000<20	拉线、钢尺量最大侧向弯曲处	
5	平整度	3	2m靠尺和塞尺	
6	表面观感		目测	
7	预埋钢筋中心线	3	钢尺量连续三档，取最大值	
8	外漏	±5	钢尺检查	
9	对角线差	5	钢尺检查	
10	预留洞	±10	钢尺检查	
11	预埋螺栓	5	钢尺检查	
	预埋钢板	5	钢尺检查	

分包单位检查意见	总包单位检查意见	监理人员检查意见
负责人：	负责人：	负责人：

附表31 分包商评价考核表

三级单位及项目部名称：_____　考核年度：_____年度
分包商名称：_____　法定代表人：_____
资质证书编号：_____　安全证有效期：_____

序号	考核项目	考核内容	考核标准	分值	得分	得分扣分说明
1	项目经理	分包商项目经理施工经验、施工组织管理能力、个人信誉	项目经理有一级/二级项目经理证书或其他资质证书、相关管理经验10年以上5分。管理经验5-10年4分。5年以下2分。每多一项注册资质证书加1分	5		（无论得分还是扣分此栏均需简要填写情况）
2	施工管理	分包商技术、质量、安全、生产等专业管理人员素质、独立组织工程施工能力、技术资料管理	项目部管理人员配置不足或不能满足岗位需要，扣1-5分。施工组织不合理扣1-5分。管理机构/制度不健全、过程资料管理不及时不齐全扣1-5分	15		
3	技术人员及工人	分包商施工技术工人专业施工技能、持证情况、现场合格施工人员数量满足施工要求的程度	技术人员及工人数量或能力不足扣1-6分。无证上岗或证件过期者发现1人次扣1分，直至扣完	10		
4	施工设备	施工设备的数量及满足施工求的程度	施工设备不足扣1-5分。设备陈旧老化扣1-2分。设备年检、维护维修保养不及时或资料不全扣1-3分	10		
5	施工工期	月施工进度计划、控制点计、现场管理及合同工期完成情况	无进度计划扣5分。进度计划不合理或现场组织不当扣1-3分。工期滞后视情况扣1-10分，严重的列入黑名单	10		
6	施工质量	质量评定等级，质量事故情况、质量问题整改及时性	质量管理人员不足或不能满足岗位需要扣1-4分。质量管理制度不健全、资料不及时或不齐扣1-4分。质量问题整改不及时扣1-2分。发生质量事故扣10分，列入黑名单	10		
7	施工安全及HSE	施工安全措施及落实情况，安全管理网络，安全亭故情况，HSE合同条款执行情况，现场文明施工情况等	安全管理人员不足或不能满足岗位需要扣1-4分。安全管理制度不健全、资料不及时或不齐全扣1-4分。安全问题整改不及时扣1-2分。发生安全事故扣10分，列入黑名单	10		
8	合同履行	对分包合同及主合同的执行	视违反合同情况扣1-10分，严重的列入黑名单。因分包商原因造成法律纠纷的，列入黑名单	10		
9	廉洁从业管理、安全环保协议书	廉洁从业管理责任书、安全环保协议书的签署及执行情况	不签署廉洁从业管理责任书、安全环保协议书的签署的扣5分，列入黑名单。补签的扣3-5分，并予以警告	5		
10	工程各类保险	工程一切险、人员、机械等保险的购买情况	未购买或未续签视情况扣1-5分，严重的列入黑名单	5		
11	维稳情况	是否拖欠雇员工资，是否有上访、闹事等	有拖欠工资情况扣1-10分。有上访、闹事情况扣10分，列入黑名单	10		
12	其他考核					
	合计			100		

项目经理签字：　　　　　　　　　　工程处负责人签字：
（工程处盖章）

　　年　月　日　　　　　　　　　　　　年　月　日

参 考 文 献

［1］ 中国建筑业协会工程项目管理专业委员会. 建筑产业现代化背景下新型建造方式与项目管理创新研究［M］. 北京：中国建筑工业出版社，2018